Word/Excel 2013

从入门到精通

2013

凌弓创作室 编著

科学出版社

北京

内 容 简 介

本书通过Word/Excel 2013基础知识的学习，结合大量的实际操作范例讲解，让"学"与"用"完美结合，起到事半功倍的效果。

全书共分为26章，前14章是Word/Excel 2013基础功能的介绍，分别包括文档和工作簿的新建与保存、文本录入与编辑、文本格式设置、文档的排版、图文混排、长文档操作与文档自动化处理、页面设置与打印、工作表及单元格的基本操作、表格数据的输入与编辑、表格美化与打印、表格数据的计算方法、表格数据的管理、数据的统计分析、图表应用；后12章详细介绍职场应用案例，分别包括制作公司通知模板、制作员工绩效奖惩管理制度、制作新产品使用说明书、制作联合公文头样式、公司会议安排与流程设计、公司项目薪资管理办法多人协同修订、日常办公常用表格制作、管理员工档案、管理考勤数据、管理值班与加班、管理日常费用，以及管理销售数据等。

本书适合Word/Excel初学者和对Word/Excel有初步认识的办公人员，以及公司行政与文秘人员、HR人员、管理工作者、商务人员等相关人员学习和参考，也可作为大中专院校和计算机培训班的教材。

图书在版编目（CIP）数据

Word/Excel 2013从入门到精通 / 凌弓创作室编著. —北京：科学出版社，2016

ISBN 978-7-03-048619-6

Ⅰ. ①W… Ⅱ. ①凌… Ⅲ. ①文字处理系统②表处理软件 Ⅳ. ①TP391.1

中国版本图书馆CIP数据核字（2016）第127162号

责任编辑：潘秀燕　魏　胜　吴俊华 / 责任校对：杨慧芳
责任印刷：华　程　　　　　　　　 / 封面设计：宝设视点

科学出版社 出版

北京东黄城根北街16号
邮政编码：100717
http://www.sciencep.com

北京鑫山源印刷有限公司印刷
中国科技出版传媒股份有限公司发行　　各地新华书店经销

*

2016年8月第一版　　　　开本：787×1092 1/16
2016年8月第一次印刷　　印张：32 1/4
字数：784 000

定价：69.00元（含1DVD价格）
（如有印装质量问题，我社负责调换）

前　言

如今，绝大多数公司在招聘新员工时都强调应聘者既具备沟通能力，又具备熟练操作办公软件的能力。在注重效率的职场中，在追求尽可能用简便工具实现工作目标的时代背景下，Office 演变成我们展示自我、获得职业发展的最好"利器"，Word 和 Excel 更是职场人员必须掌握的工具。

　　"Office 软件常听人提起，但它们都是干什么用的？都有什么功能？"

　　"有没有轻松、简便的学习方法？不想拿起一本书就看不进去！"

　　"该学些什么？如何立即解决我现在的问题？"

　　"这些数据好麻烦，怎样可以避免重复，实现自动化操作？"

　　"那些网上的数据图表真好看，怎么做出来的？那些图表和表格说明了什么？"

　　相信以上这些问题会是很多 Word/Excel 学习者的共同心声，本书就将为大家一一揭晓这些答案。

这本书有什么？

　　夯实全面的基础：前 14 章，全面讲解 Word/Excel 2013 的基础功能，可以为初学者的学习打下坚实基础。

　　拿来就用的行业案例：后 12 章，紧密结合行业应用实际问题，有针对性地讲解办公软件的相关大型应用案例制作，将基础知识与技巧整合，前后呼应，贯穿始终，即使是零基础的读者也不会觉得晦涩难懂，还能学会如何将案例移植到不断涌现的实际工作中。

　　突出讲解，排忧解难：对一些常常困扰读者的功能特性、操作技巧等会以"提示"、"公式分析"、"知识扩展"等形式进行重点讲解，不但能为读者排忧解难，更能扩展读者的思路，从而让学到的知识应用自如。

　　图文解析，易学易懂：本书采用图文结合的讲解方式，使读者在学习过程中能够直观、清晰地看到操作过程与操作效果，更易掌握与理解。

　　随书附赠超大多媒体教学视频：为了全面提高学习效率，让读者像在课堂上听课一样轻松，我们花费数月的时间，全程录制超大多媒体教学视频。只要读者在看书前，认真看一看教学视频，然后根据书中的素材和步骤操作，就能够以最快的速度制作出各种各样的应用效果。

专业的写作团队：本书写作团队在行业办公领域曾创作出《办公高手"职"通车》等系列畅销图书，在写作中对读者的真正需要有明确的定位，提升了本书内容的实用性。

这本书是写给谁看？

在校就读行政管理专业的小 A：在学校期间，总是理论多过实际。此书的功用在于，在学习行政管理专业知识的同时，加强实际工作中的动手操作能力。

刚步入行政工作的小 B：刚入职场，面对工作中所要操作的很多办公文档、人事表格无从下手，很是迷茫。此书的功用在于帮助职场新人从象牙塔的学习转向更为有针对性的实战工作。通过本书的学习可以快速了解工作中各类文档、人事表格的制作与应用。

从行政人员转向行政主管的小 C：从事行政工作，多半是管理档案、接待、打印文件，或者少量地参与各类工作计划及总结的制定。当转到行政管理岗位后，难免需要学习制作和使用各类行政或人力资源管理方面的文档和表格。此书的功用在于快学、快用，不再因为需要制作某个管理文档、表格而费时费力地翻查相关的书籍。

从事多年人事工作的 D：从事人事工作多年的工作人员，对人事文档和表格的掌握已经很熟练，但对众多的管理文档和表格不一定全部记得。此书的功用是作为案头手册，需要查询时便于翻阅。

行政与人力资源培训机构：此书是一本易学易懂、快学快用的职场实战办公用书。对于参加行政与人力资源培训的人员来说，他们要学习如何将所学知识用于工作，此书是上上之选。作为专业培训机构，可以选择本书为培训人员的实战操作教材。

本书由中国科技出版传媒股份有限公司新世纪书局与凌弓创作室联合策划，参与编写、校对、整理与排版的人员有张发凌、吴祖珍、韦余靖、尹君、邹县芳、许艳、陈伟、张铁军、徐全锋、郝朝阳、陈媛、姜楠、杨红会、张万红、汪洋慧、周倩倩、李勇、彭丹丹、王涛、王正波、许琴、余曼曼、郑世平、朱梦婷、夏慧文、王莹莹、沈燕等，在此对他们表示深深的谢意！

由于编写水平有限，书中难免有疏漏和不足之处，恳请专家和读者不吝赐教。读者在学习本书的过程中，如果遇到一些难题或有好的建议，请随时与我们交流。QQ 群：453871160；邮箱：linggong2011@sina.cn。

编著者

2016 年 5 月

目　录

CHAPTER 01　Word/Excel文档的新建与保存

CHAPTER 02　Word文本录入与编辑

CHAPTER 03　文本格式设置

CHAPTER 04 办公文档的排版

CHAPTER 05 文档图文混排

CHAPTER 06 操作长文档及文档自动化处理

CHAPTER 07　文档页面设置及打印

CHAPTER 08　工作表及单元格的基本操作

CHAPTER 09　表格数据的输入与编辑

CHAPTER 10　表格的美化设置及打印

CHAPTER 11　表格数据的计算方法

CHAPTER 12　表格数据的管理

CHAPTER 13　数据的统计分析

CHAPTER 14　插入图表展现数据

CHAPTER 15　制作公司通知模板

CHAPTER 16　制作员工绩效奖惩管理制度

CHAPTER 22　在Excel中管理员工档案

CHAPTER 23　在Excel中管理考勤数据

CHAPTER 24　在Excel中管理值班与加班

CHAPTER 25 在Excel中管理日常费用

CHAPTER 26 在Excel中管理销售数据

CHAPTER 01

Word/Excel 文档的新建与保存

本章概述

无论是使用 Word 程序处理文件还是使用 Excel 程序处理表格，其首要工作都是文档的新建，同时创建的文档在编辑后还需要进行保存，以便于重复使用。本章内容主要带领初学者学习如何得心应手地新建及保存文档，把读者领进门。

本章知识脉络图

重点知识	相关功能	功能用途	页 码	学习等级
启动程序	单击"开始"菜单中 Microsoft Office 下的安装程序	使用程序的首要工作	3	★★★☆☆
退出程序	单击程序右上角的×按钮	不使用时需要退出	4	★★★☆☆
新建文档	双击 Microsoft Office 程序或文件→新建	编辑文档或工作簿的首要工作	4	★★★★☆
新建模板文档	文件→新建	以模板创建的文件包含一些固定信息	7	★★★☆☆
保存文档	单击 ￼ 按钮	建好的文档必须保存才能下次使用	10	★★★☆☆
另存为文档	文件→另存为	重新保存为另一份文件	11	★★★★☆
打开文档	在资源管理器中双击文本或单击"文件→打开"	重复使用文档必须要事先打开	14	★★★☆☆
以只读方式打开文档	"打开"对话框→以只读方式打开	只查看不编辑时可以选用这种方式打开	16	★★★☆☆
快速打开最近使用的文档	文件→打开	快速打开最近打开的文档	17	★★★☆☆

创建新文档

创建文档并重命名

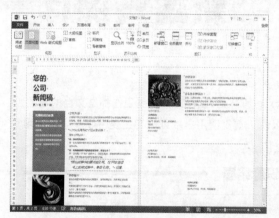
使用模板创建文档

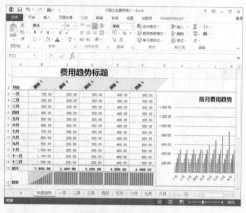
使用模板创建工作簿

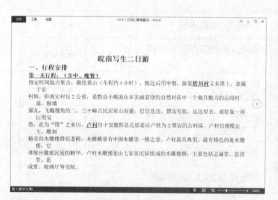
只读方式打开的文本

快速打开最近使用的文档

1.1 启动Word或Excel程序

1.1.1 启动程序

当在计算机中安装 Office 软件后，在"开始"菜单中可以看到所有安装的 Office 软件程序，单击即可启动程序。下面以启动 Word 程序为例进行介绍。

◆ **通过"开始"菜单启动 程序**

1 在桌面上单击左下角的"开始"按钮，在展开的菜单中单击"所有程序"选项，展开所有程序。

2 鼠标依次单击"Microsoft Office → Microsoft Office 2013 → Word 2013"（见图 1-1），即可启用 Microsoft Word 2013 程序（单击"Excel 2013"则启动 Microsoft Excel 2013 程序）。

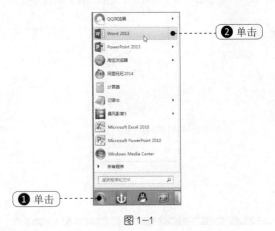

图 1-1

◆ **在桌面上创建 Microsoft Word 程序的快捷方式**

1 在桌面上单击左下角的"开始"按钮，在展开的菜单中将鼠标依次指向"所有程序→ Microsoft Office → Microsoft Office 2013 → Word 2013"，接着再右击鼠标，在弹出的快捷菜单中单击"发送到→桌面快捷方式"（见图 1-2），则会在桌面上创建"Microsoft Word 2013"的快捷方式，如图 1-3 所示。

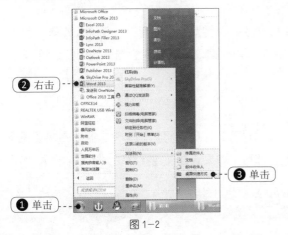

图 1-2

图 1-3

2 当需要启动程序时，则在桌面上双击该程序的快捷图标即可启动（按相同的方法可以创建"Microsoft Excel 2013"程序的快捷图标并启动程序）。

1.1.2 退出程序

当编辑完成后，需关闭或退出程序。下面以退出 Word 程序为例介绍退出程序的方法。

1 在 Word 界面中，单击右上角的"关闭"按钮 ☒（见图1-4），即可退出 Word 程序。

图1-4

2 在退出程序时，如果未对当前文档进行保存或未对最新操作进行保存，则会弹出提示对话框提示保存，如图1-5所示（关于保存的操作将在后面详细介绍）。

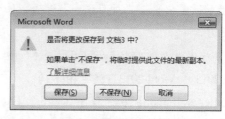

图1-5

1.2 新建文档或工作簿

使用 Word 编辑文档或使用 Excel 编辑处理数据都需要首先创建新文档或工作簿。创建 Word 文档与创建 Excel 工作簿的操作类似，下面以创建 Word 2013 文档为例进行介绍。

1.2.1 新建空白文档

在 1.1 节中介绍启动 Office 程序时讲到在启动程序的同时即可新建一个文档。在创建的新文档中执行相关的编辑操作，操作完成后保存起来即可。如果正在使用程序时，也可以通过"新建"功能来新建空白文档。

1. 在文件夹中创建新文档

除此之外，还可以直接在文件夹中创建新文档，然后双击打开，这一操作同时实现了文档的创建及保存。

1 依次单击进入目标文件夹中，在空白处右击鼠标，在弹出的快捷菜单中选择"新建→Microsoft Word 文档"（见图 1-6），即可在该文件夹中新建 Microsoft Word 文档图标，如图 1-7 所示。

图 1-6

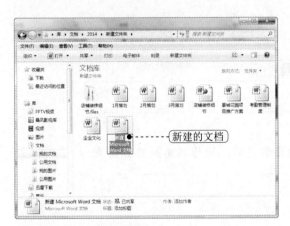

图 1-7

2 执行上面的操作后，文件夹中就有了一个名称为"新建 Microsoft Word 文档"的 Word 文档，双击它即可打开该文档。我们可以对其进行重命名的操作，方法是在"新建 Microsoft Word 文档"图标上单击，再在"新建 Microsoft Word 文档"文字上单击，即可进入文字编辑状态，如图 1-8 所示。

图 1-8

3 重新输入新名称，如"员工加班管理制度"，如图 1-9 所示。

图 1-9

4 双击"员工加班管理制度"文档，打开的文档如图 1-10 所示。

图 1-10

提示

通过此操作可以看到打开的文档名称为"员工加班管理制度",而并非默认的"文档1、文档2、……",因此我们说此种方法创建文档同时实现了文档的新建、保存及命名的操作。

2. 在文档编辑过程中新建空白文档

当正在编辑或处理某一个 Word(或 Excel)程序时,如果想重新创建一个空白文档(或工作簿)来处理另一项内容,可以按以下方法立即新建。

1 在 Word 2013 主界面中,单击"文件"标签,在打开的菜单中单击"新建"命令,在中间窗口中单击"空白文档"选项(见图 1-11),即可快速新建一个空白文档。

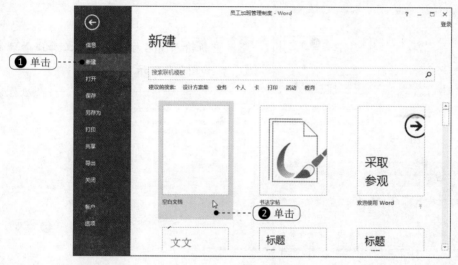

图 1-11

2 Excel 工作簿的创建与 Word 文档的创建方法相类似,操作界面如图 1-12 所示。

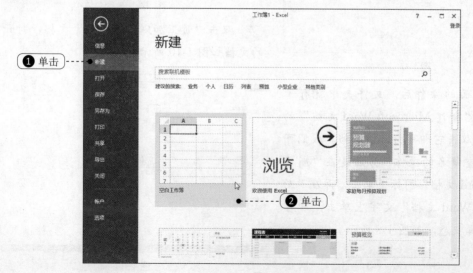

图 1-12

1.2.2　新建基于模板的文档

Office 程序为用户提供了一些成形的模板文档，所谓模板是指有些文件使用的是同样的格式（包括文字格式、目录级别、页眉/页脚等）。如果没有模板，每次用的时候就只能重新设置。做成模板以后，只需直接调出来进行局部修改即可。因此，除了创建空白文档外，我们还可以对 Office 程序提供的模板文档进行查看，如果有符合需要的则可以基于模板来创建，并且默认模板不够使用时，还可以从网络下载。

1.　使用已安装的模板新建模板文档

❶ 在 Word 2013 主界面中，单击"文件"标签，在打开的菜单中单击"新建"命令。

❷ 在右侧窗口中，第一个为空白文档，其他的都为模板文档（见图 1-13），可以拖动右侧滑块寻找需要的模板。找到需要的模板后，在上面单击。

图 1-13

❸ 此为模板创建的新文档，如图 1-14 所示。

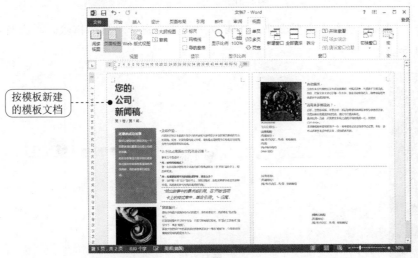

图 1-14

2.　搜索联机模板文档

如果找寻的模板比较具有针对性，则可以采用搜索联机模板的方法快速找寻。

1 在 Word 2013 主界面中，单击"文件"标签，在打开的菜单中单击"新建"命令，"建议的搜索"中提供了几个搜索链接，单击"业务"链接，如图 1-15 所示。

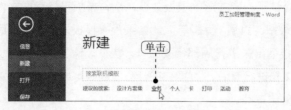

图 1-15

2 单击"业务"链接后，下面会显示找到的模板，同时右侧出现"分类"列表，如图 1-16 所示。

图 1-16

3 在右侧"分类"列表中单击"小型企业"，窗口中又显示出针对性的模板，单击想要的模板，如图 1-17 所示。

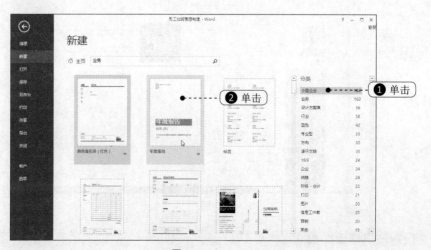

图 1-17

4 找到模板并单击它后，即可进入如图 1-18 所示的界面，再单击"创建"按钮。

图 1-18

5 单击"创建"按钮后，即可以此为模板创建出新文档，如图 1-19 所示。

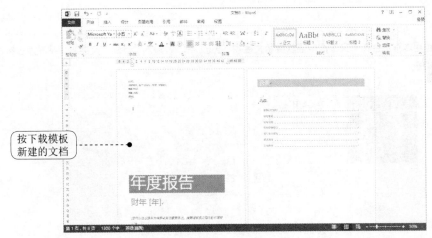

图 1-19

6 在 Excel 中同样可以依据模板创建新工作簿，操作方法与 Word 的类似，操作界面如图 1-20 所示。如图 1-21 所示为依据"小型企业费用表"创建的 Excel 文档。

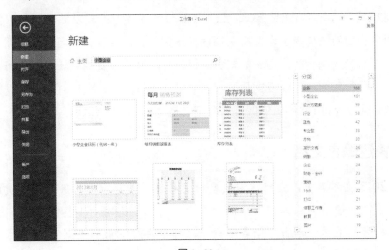

图 1-20

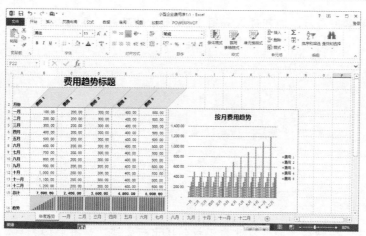

图 1-21

也可以在"主页"文本框中输入搜索关键字（见图 1-22，输入"计划"文字），从而通过搜索快速寻找需要的模板。

信息	新建
新建	⌂ 主页 计划
打开	

图 1-22

1.3 保存文档

　　无论是创建 Word 文档还是 Excel 工作簿都需要保存下来，以便后期重复使用。首次保存文档时会弹出对话框提示设置将文档保存于何位置，保存为何名称。后期再打开已保存过的文档进行补充编辑时，还是需要随时保存，从而将最新的编辑重新更新保存下来。保存文档的操作很重要，可以根据需要使用"另存为"方式、模板方式、网页方式等多种保存方式。下面以 Word 程序为例做具体介绍。

1.3.1 快速保存文档

❶ 在 Word 2013 主界面中，当新建完成空白文档后，需要对文档进行第一次保存操作。这时可以直接单击"快速访问工具栏"中的"保存"（🖫）按钮（见图 1-23），或者单击"文件"标签，在打开的菜单中单击"保存"命令，再单击右下角的"浏览"按钮，如图 1-24 所示，打开"另存为"对话框。

图 1-23

图 1-24

2 在对话框中可以从目录树中依次定位到要将文档保存到的目录，接着在"文件名"文本框中输入保存文档的文件名，如图 1-25 所示。

图 1-25

3 完成设置操作后，单击"保存"按钮即可。

提示

后期再打开已保存过的文档进行补充编辑时，要养成间隔一会儿就单击"快速访问工具栏"中的"保存"（🔲）按钮，或者按 Ctrl+S 组合键来及时保存文件的习惯，以避免文件在编辑过程中因断电或者其他原因没有及时保存文档而引起损失。

提示

如果想将文档保存至特定的文件夹中，需要事先进入计算机，在需要的位置上创建新文件夹，以用于将文件保存到此处。创建新文件夹的方法很简单，只要在计算机中进入目录位置，单击"新建文件夹"按钮（见图 1-26）即可创建，并自动进入文字编辑状态，重新输入文件夹的名称即可。

图 1-26

1.3.2 另存为文档

若要将打开的文档保存为其他名称或保存到计算机中的其他位置上，而又要保留修改前的文档，此时就需要另存为文档。例如本例中对"员工加班管理制度"文档进行修改后，想重新保存一份，操作步骤如下。

1 在 Word 2013 主界面中，单击"文件"标签，在打开的菜单中单击"另存为"命令，再单击右下角的"浏览"按钮（见图 1-27），打开"另存为"对话框。

② 可以按需要重新设置保存位置及保存文件名，如图 1-28 所示。

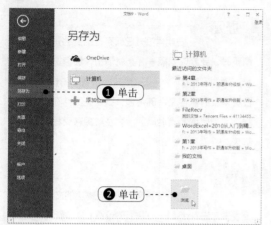

图 1-27

图 1-28

③ 单击"保存"按钮后，进入保存位置中，可以看到原来文件"员工加班管理制度"依然存在，同时还有"员工加班管理制度（修改版）"这个文件，如图 1-29 所示。

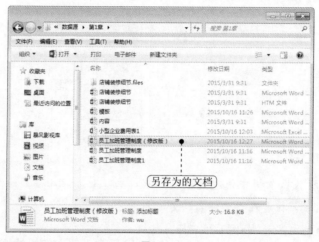

图 1-29

提示

要想将已保存的文档另存一份，则一定需要打开"另存为"对话框。如果只是单击 按钮保存，则只能将新的编辑覆盖保存到原文档上面。

1.3.3 保存为特殊类型的文档

使用上面的方法保存文档为最常规的保存方法。除此之外，还可以将文档保存为特殊类型，例如保存为与 Word 2013 的先前版本完全兼容的文档、保存为网页格式等。

◆　保存为与 Word 97-2003 完全兼容的文档

使用 Word 2013 建立文档并保存后，可能需要作为资料拿到其他计算机中使用，那么如果计算机中未安装 Word 2013，只安装了 Word 2000 或 Word 2003，则不能打开文档。为了解决这一问题，我们在 Word 2013 建立文档并保存时，可以选择"Word 97-2003 文档"保存类型。

1　新建文档后，在主程序界面中单击"文件"标签，在打开的菜单中单击"另存为"命令，再单击右下角的"浏览"按钮，打开"另存为"对话框。

2　在"保存位置"框中单击右侧的下拉按钮，重新选择要将文档保存到的目标位置；在"文件名"文本框中重新设置文件的保存名称；单击"保存类型"下拉按钮，在下拉列表中选择"Word 97-2003 文档"选项，单击"保存"按钮，如图 1-30 所示。

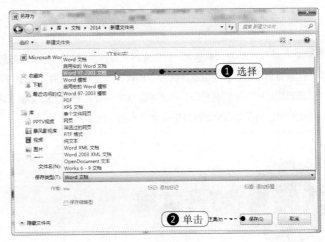

图 1-30

3　单击"保存"按钮后，即可将文档以指定的类型保存到指定的位置中。

◆　将文档保存为网页

有些文档建立完成后需要发布到网站中使用（如企业简介文档）。对于此类文档，建立完成后可以将其保存为 Web 页，后期通过后台链接即可完成上传。

1　完成对文档的编辑操作后，在主程序界面中单击"文件"标签，在打开的菜单中单击"另存为"命令，再单击右下方的"浏览"按钮，打开"另存为"对话框。

2　单击对话框中的"保存类型"下拉按钮，在下拉列表中选择"网页"类型，单击"更改标题"按钮，如图 1-31 所示。

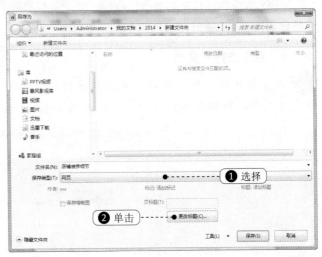

图 1-31

3 打开"输入文字"对话框，可对页面标题进行更改，如图 1-32 所示。设置完成后单击"确定"按钮，再单击"保存"按钮即可。

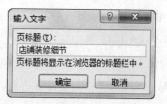

图 1-32

提示

在"另存为"对话框的"保存类型"下拉列表中还有其他多种保存类型可供选择，例如如果文档比较具有通用性，可以选择保存为模板以方便后期使用（保存为模板后，后期使用时与前面介绍的套用模板创建新文档的方法完全相同）；还可以选择保存为启用宏的文档（这项在 Excel 工作簿的保存中更加常用）等，用户可以按实际需要选择并按相同方法进行保存。

1.4 打开文档

创建文档并保存后，后期使用时则需要打开它们。本节介绍打开不同状态下目标文件的方法。

1.4.1 快速打开文档

Office 文档被打开一般有两种方法：一种是进入保存目录下双击文档直接打开；另一种是在软件启动状态下直接打开文档。

◆ 双击法打开文档

1 在"计算机"中依次进入文档的保存位置，如本例中进入 E 盘的"制度及规范"这个文件夹中，找到需要打开的文档，如图 1-33 所示。

图 1-33

2 双击目标文档即可将其打开。

◆ 在 Word 2013 程序中打开文档

1 如果当前已经启动了程序，直接在程序中单击"文件"标签，在打开的菜单中单击"打开"命令，单击"计算机"，单击"浏览"按钮（见图 1-34），打开"打开"对话框。

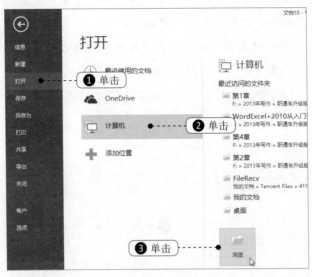

图 1-34

2 在对话框中依次单击定位到要打开文件的保存位置，选中文件（见图 1-35），单击"打开"按钮即可。

图 1-35

提示

如果一次性想打开多个文档，可以先将 Ctrl 键或 Shift 键按住，再用鼠标依次选中想要打开的文档或选中首末文件，然后单击"打开"按钮。

1.4.2 以只读方式打开文档

如果只想查看文档而不想对文档进行修改等编辑操作，可以将文档以只读方式打开。以此方法打开文档可以在一定程度上保护文档，以免被随意修改。

1 在 Word 2013 主界面中，单击"文件"标签，在打开的菜单中单击"打开"命令，单击"计算机"，单击"浏览"按钮，打开"打开"对话框。

2 在对话框中选中要打开的文件，接着单击"打开"按钮右侧的下拉按钮，在下拉列表中选择"以只读方式打开"选项，如图 1-36 所示。

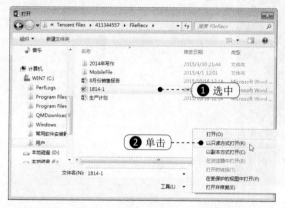

图 1-36

3 单击此选项后即可以只读方式打开文档，如图 1-37 所示。

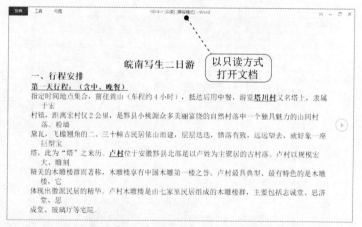

图 1-37

提示

在 Office 2013 之前的版本中，以只读方式打开的文件只在文件名后面添加"只读"字样，当对文档内容进行修改、添加、删除操作后，单击"保存"按钮，会弹出"另存为"对话框，而不是直接保存修改的文档。而在 Word 2013 版本中，以只读方式打开的文档直接进入阅读页面状态下，是无法进行任意修改的。

在 Excel 2013 中以只读方式打开工作簿，其页面仍然沿用 2013 之前的版本状态。

1.4.3 快速打开最近使用的文档

程序会将你近期打开的文档保存为一个临时的列表，如果你近期经常使用某些文件，那么打开的时候不需要逐层进入保存目录下去打开，只要启动程序，然后到这个临时列表中即可找到，找到后单击即可打开。

1 在 Word 2013 主界面中，单击"文件"标签，在打开的菜单中单击"打开"命令，单击"最近使用的文档"标签，右侧即可显示出文档列表，如图 1-38 所示。

2 找到目标文档，单击鼠标即可打开。

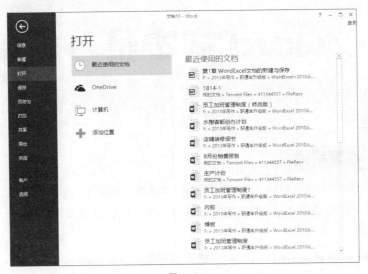

图 1-38

提示 列表的数目是有限制的，当超过限数时，总是用最新打开的文档替换最早打开的那个文档。

CHAPTER 02

Word 文本录入与编辑

本章概述

　　文本录入与编辑是我们制作文档的首要工作。掌握相应的知识，在录入与编辑文本时可以提高我们的工作效率。本章主要介绍文本输入、文本复制／粘贴、文本查找与替换等的相关知识，为后面文档的处理打下基础。

本章知识脉络图

重点知识	相关功能	功能用途	页 码	学习等级
输入中英文	键盘录入英文时，注意大小写转换	编辑文本	20	★★★★☆
输入符号	插入→符号→其他符号	有些符号无法手工输入	21	★★★★☆
连续文本选取	鼠标左键拖动选取	编辑目标文本前的操作	23	★★★★☆
不连续文本选取	鼠标左键配合 Ctrl 键选取	编辑目标文本前的操作	23	★★★★☆
句、行、段落选取	常用的选取技巧，见正文	编辑目标文本前的操作	24	★★★★☆
移动／复制文本	Ctrl+C 和 Ctrl+V：复制操作 Ctrl+C 和 Ctrl+X：移动操作	移动／复制提高编辑效率	27/28	★★★★★
选择性粘贴	复制后，单击右键或打开"选择性粘贴"对话框	利用"选择性粘贴"达到特殊的粘贴效果	30	★★★★☆
查找文本	开始→编辑→查找	从文档中快速找到目标文本	31	★★★★☆
替换文本	开始→编辑→替换	找到目标文本并实现替换	34	★★★★☆

 应用效果

插入"注册"符号

插入箭头符号

准确选中文本（一）

准确选中文本（二）

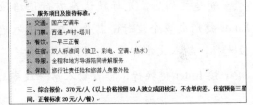

复制文本

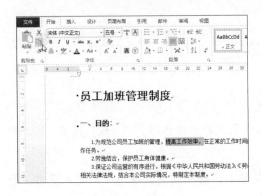

将查找到的文本以特殊方式显示

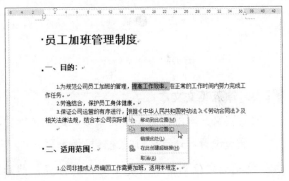

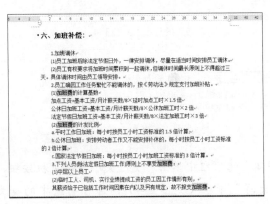

让替换后的文本以特殊格式显示

2.1 输入文本

新建文档后，需要在文档中输入文本内容时，直接录入中文文本即可，但是有些特殊字符需要借助 Word 中的"符号"功能进行插入，如输入特殊符号等。

2.1.1 输入中英文文本

文本编辑过程中，中文或英文占绝大篇幅，下面具体介绍各自的输入方法。

1. 输入中文文本

1 新建文档后，光标默认在首行顶格位置闪烁，可以直接输入文本，也可以按键盘上的 Enter 键形成多个空行，需要在哪里录入内容，则将光标移至目标位置处，单击一次即可定位光标，输入文本即可，如图 2-1 所示。

2 按 Enter 键换行，接着输入第一段内容，如图 2-2 所示。

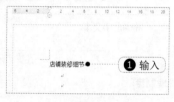

图 2-1

图 2-2

2. 输入英文文本

输入英文文本的方法与中文相似，定位光标后，在英文输入法状态下即可输入英文。输入英文后，通过设置可让首字母快速转换为大写。

1 将光标定位到需输入英文文本的位置，然后将输入法切换到英文状态下，输入英文，如图 2-3 所示。

图 2-3

2 选中英文文本，在"开始"选项卡的"字体"选项组中单击"更改大小写"下拉按钮，在展开的下拉菜单中选择"每个单词首字母大写"命令（见图 2-4），即可将选中的英文文本首字母设置为大写，如图 2-5 所示。

图 2-4

图 2-5

2.1.2　输入符号

在 Word 文档中不但可以输入中英文、数字等文本，还可以输入特殊符号，例如用符号修改小标题、输入商标符号或版权符号等。

1.　插入符号

❶ 将光标定位到要插入符号的位置，在"插入"选项卡的"符号"选项组中，单击"符号"下拉按钮，在展开的下拉菜单中选择"其他符号"命令（见图 2-6），打开"符号"对话框。

图 2-6

❷ 在"符号"选项卡中，单击"字体"右侧的下拉按钮，在下拉列表中选择符号类别，如"Wingdings"，然后在下面的符号框中选中想使用的符号，单击"插入"按钮，如图 2-7 所示，即可将符号插入到光标处。

❸ 按照相同的方法，在其他位置插入符号。完成后，单击"关闭"按钮，即可看到插入符号的效果，如图 2-8 所示。

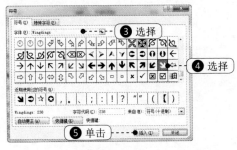

图 2-7

图 2-8

提示

在"符号"列表框中,可以通过拖动右侧的滑块向下滑动,逐一寻找需要使用的符号。

2. 插入特殊符号

特殊符号包括版权符、商标符、注册符等几种常用的符号,需要使用时,可以通过插入符号的方法实现。下面以插入"注册"符号为例进行介绍。

1 将光标定位于需要插入"注册"符号或"商标"符号的文档中。在"插入"选项卡的"符号"选项组中单击"符号"下拉按钮,在展开的下拉菜单中选择"其他符号"命令,如图 2-9 所示;或者在需要插入"注册"符号的位置右击鼠标,打开快捷菜单,选择"插入符号"命令。

2 打开"符号"对话框,选择"特殊字符"选项卡,在"字符"列表框中选择"注册"符号,单击"插入"按钮,如图 2-10 所示。

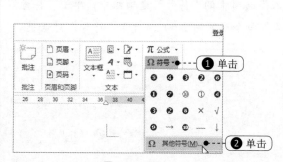

图 2-9

图 2-10

3 单击"关闭"按钮,即可插入注册符号,如图 2-11 所示。

图 2-11

提示

对于版权符、商标符等几种常用的符号,可以记住如下组合键,从而实现快速输入。

★ **版权符**:按 Ctrl+Alt+C 组合键,即可得到"©"。

★ **商标符**:按 Ctrl+Alt+T 组合键,即可得到"™"。

★ **注册符**:按 Ctrl+Alt+R 组合键,即可得到"®"。

★ **欧元符号**:按 Alt+Ctrl+E 组合键,即可得到"€"。

2.2 准确选取文本

在文档编辑过程中，经常需要选取文本内容进行移动、复制、删除等操作。这时候，就需要学会文本的快速选取方法。

2.2.1 连续文本的选取

在打开的 Word 文档中，先将光标定位到想要选取文本内容的起始位置，按住鼠标左键拖曳，拖曳经过的区域都被选中，如图 2-12 所示。

店铺装修细节（Shop Decoration Detail）

店铺装修并不是店主一个人的事情，他关系到买家对店铺的整体印象。做好这方面的细节工作，除了可以赢得买家的心，更重要的是可以使后面的工作变得事半功倍。

商品描述要完整具体、一目了然

商品描述是买家了解一件宝贝的主要途径，所以，他们所关心的商品产地、质地、规格尺寸、颜色款式、使用方法、保修说明等问题，都要在商品详情页中一一进行描述，以帮助他们更加了解商品，从而才能激发购买的兴趣。

商品图片要清晰明朗、细节入胜

拖动选取任意文本

图 2-12

2.2.2 不连续文本的选取

如果需要选择文档中多个不连续的区域，可以利用 Ctrl 键配合鼠标单击实现。

在文档操作中，使用鼠标拖曳的方法先将不连续的第一个文字区域选中，接着按住 Ctrl 键不放，继续用鼠标拖曳的方法选取余下的文字区域，直到最后一个区域选取完成后，松开 Ctrl 键即可，如图 2-13 所示。

店铺装修细节（Shop Decoration Detail）

店铺装修并不是店主一个人的事情，他关系到买家对店铺的整体印象。做好这方面的细节工作，除了可以赢得买家的心，更重要的是可以使后面的工作变得事半功倍。

商品描述要完整具体、一目了然

商品描述是买家了解一件宝贝的主要途径，所以，他们所关心的商品产地、质地、规格尺寸、颜色款式、使用方法、保修说明等问题，都要在商品详情页中一一进行描述，以帮助他们更加了解商品，从而才能激发购买的兴趣。

选定不连续文本内容

图 2-13

提示

在"开始→编辑"选项组中，单击"选择"按钮，展开下拉菜单，选择"全选"命令可以选择全部文本，或按 Ctrl+A 组合键也可以选中整篇文档的文本内容。

2.2.3 选取句、行、段落、块区域等

1. 句子的快捷选取法

要在文档中快速选取句子文本内容（所谓句子，就是以句号、问号、感叹号等为结束的文本），可以使用以下操作来实现。

在文档操作中，先按住Ctrl键，再在该整句的任意处单击鼠标，即可将该句全部选中，如图2-14所示。

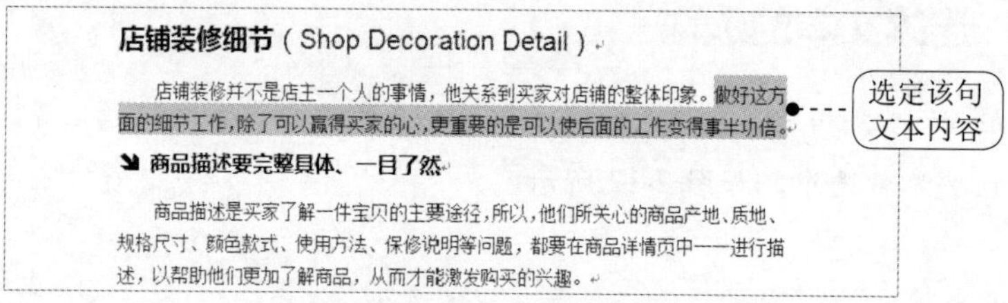

店铺装修细节（Shop Decoration Detail）

店铺装修并不是店主一个人的事情，他关系到买家对店铺的整体印象。做好这方面的细节工作，除了可以赢得买家的心，更重要的是可以使后面的工作变得事半功倍。 ┈┈ 选定该句文本内容

➦ **商品描述要完整具体、一目了然**

商品描述是买家了解一件宝贝的主要途径，所以，他们所关心的商品产地、质地、规格尺寸、颜色款式、使用方法、保修说明等问题，都要在商品详情页中一一进行描述，以帮助他们更加了解商品，从而才能激发购买的兴趣。

图 2-14

2. 行的快捷选取法

要在文档中快速选定一行内容，可以使用以下操作来实现。

❶ 将鼠标指针指向要选择行的左侧空白位置，如图 2-15 所示。

店铺装修细节（Shop Decoration Detail）

店铺装修并不是店主一个人的事情，他关系到买家对店铺的整体印象。做好这方面的细节工作，除了可以赢得买家的心，更重要的是可以使后面的工作变得事半功倍。

商品图片要清晰明朗、细节入胜

网络购物，买家只能通过图片了解商品，商品图片不光要漂亮、精美，更重要的是要让买家能够通过视觉了解商品的功能、细节。

所以商品的图片一定要做到清晰明朗，而且要将其正面、反面、内部、外部、特别局部等细节之处展示给买家，这样才能让他们真正得了解商品的整体结构、质地、以及各方面细节。

图 2-15

❷ 双击鼠标左键即可选中该行，如图 2-16 所示。

店铺装修细节（Shop Decoration Detail）

店铺装修并不是店主一个人的事情，他关系到买家对店铺的整体印象。做好这方面的细节工作，除了可以赢得买家的心，更重要的是可以使后面的工作变得事半功倍。

商品图片要清晰明朗、细节入胜

网络购物，买家只能通过图片了解商品，商品图片不光要漂亮、精美，更重要的 ┈┈ 选中行
是要让买家能够通过视觉了解商品的功能、细节。

所以商品的图片一定要做到清晰明朗，而且要将其正面、反面、内部、外部、特别局部等细节之处展示给买家，这样才能让他们真正得了解商品的整体结构、质地、以及各方面细节。

图 2-16

3. 段落的快捷选取法

要在文档中快速选定整段内容，可以使用以下操作来实现。

❶ 将鼠标指针指向要选择段的左侧空白位置。

2 连击鼠标左键 3 次即可选中该段落，如图 2-17 所示。

图 2-17

4. 块区域文本选取

在文档操作中，若要选取文档中某个块区域内容，则需要利用 Alt 键配合鼠标才能实现。

先将光标定位在想要选取区域的开始位置，按住 Alt 键不放，拖曳至结束位置处，即可实现块区域内容的选取，如图 2-18 所示。

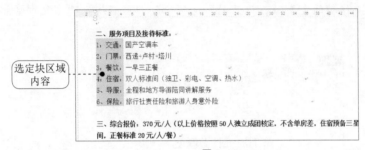

图 2-18

5. 选定较长文本（如多页）内容

如果要选定较长文本内容，使用鼠标拖动的方法选取可能会造成选取不便或选取不准确，此时可以使用如下方法来实现选择（注：由于篇幅限制，本例中选择的长文本并非很长，但操作方法相同）。

将光标定位到想要选取内容的开始位置，接着滑动鼠标到要选择内容的结束位置处（见图 2-19），按住 Shift 键，在想要选取内容的结束处单击鼠标，即可将两端内的全部内容选中，如图 2-20 所示。

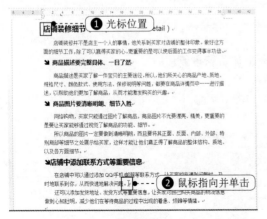

图 2-19　　　　　　　　　　　　　　图 2-20

2.3 文本移动与复制

在文档录入、编辑过程中，复制、移动文本是最常用的操作。学会得心应手地应用它们，可以提高编辑效率。

2.3.1 移动文本

文本的移动在文档的编辑过程中经常被反复使用，快速地移动文本可以有效地提高文档编辑的效率。

◆ 利用功能按钮移动文本

① 拖动鼠标选择需要移动的文本，在"开始"选项卡的"剪贴板"选项组中单击"剪切"按钮，如图 2-21 所示。

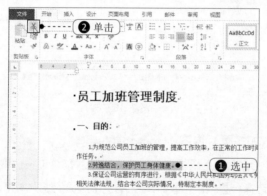

图 2-21

② 将光标定位在需要粘贴文档的位置处，在"开始"选项卡的"剪贴板"选项组中单击"粘贴"按钮（见图 2-22），即可完成文本的移动，如图 2-23 所示。

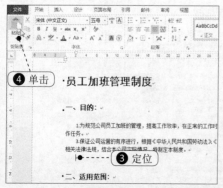

图 2-22

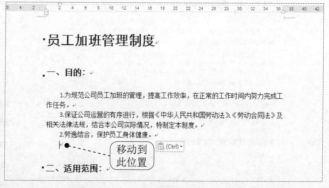

图 2-23

◆ 利用快捷键移动文本

1 将光标定位在剪切内容的开始处，拖动鼠标选择目标文本，如图 2-24 所示。

2 按 Ctrl+X 快捷键剪切选择的文档内容，原文档的内容消失，被复制到剪贴板中。

3 将光标定位在需要粘贴文档的位置（见图 2-25），按 Ctrl+V 快捷键，完成剪切文档的移动，如图 2-26 所示。

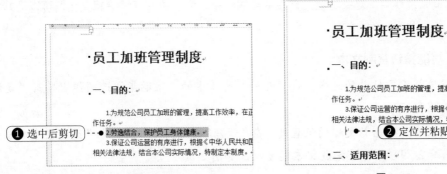

图 2-24

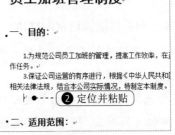

图 2-25

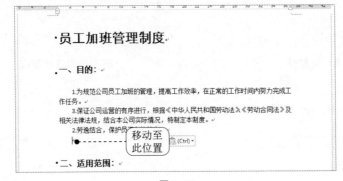

图 2-26

◆ 利用鼠标左键拖动移动文本

选中需要移动的文本，按住鼠标左键不放，拖至目标位置，鼠标指针变为形状（见图 2-27），松开鼠标即可实现移动。

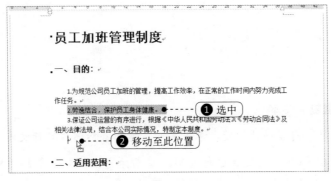

图 2-27

> **提示**
>
> 　　在拖动文本到目标位置时，如果移动的文本想作为单独段落，则注意事先要在欲移动的位置处留出空白段落。如果不作为单独段落，则在拖动时直接接到目标文本的后面即可。

2.3.2　复制文本

　　在文档的编辑过程中，复制与粘贴是最常用的命令。为了更快速地编辑文档，可以巧妙地使用快捷键和鼠标，节约写作时间。

◆　利用功能按钮复制文本

1 拖动鼠标选择需要移动的文本，在"开始"选项卡的"剪贴板"选项组中单击"复制"按钮，如图 2-28 所示。

2 将光标定位在需要粘贴文档的位置处，在"开始"选项卡的"剪贴板"选项组中单击"粘贴"按钮（见图 2-29），即可完成文本的复制，如图 2-30 所示。

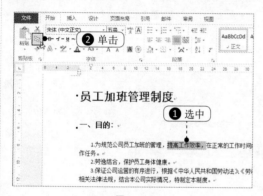

图 2-28

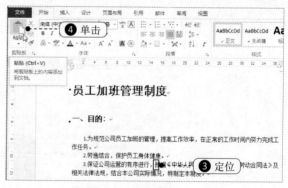

图 2-29

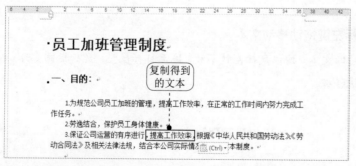

图 2-30

◆　通过快捷键复制文本

1 将光标定位在复制内容的开始处，单击鼠标，拖动鼠标选择目标文本。

2 结束选择后，按 Ctrl+C 快捷键进行复制，将光标定位到需要复制的文档处，按 Ctrl+V 快捷键，可完成快速地复制粘贴。

◆ **拖动鼠标右键进行文本复制**

1 单击鼠标，拖动选择需要复制的文本，结束选择后再按住鼠标右键不放，拖至目标位置。

2 松开鼠标，弹出快捷菜单，选择"复制到此位置"命令，如图 2-31 所示。文本被自动复制到选择位置处，即可完成复制。

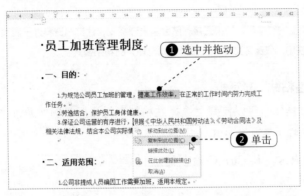

图 2-31

提示

通过上面两小节的操作可以看到，移动和复制操作相类似。总结一下，即移动文本前先执行剪切操作，复制文本前先执行复制操作，之后都执行粘贴操作。

2.3.3 "选择性粘贴"功能

在执行剪切或复制操作后，再执行粘贴时，默认保持源文本的原样粘贴，而程序中提供了一个"选择性粘贴"功能，可以实现一些特殊效果的粘贴，例如粘贴时保留源文本的格式、将文本粘贴为图片等。

◆ **右键菜单执行几种粘贴操作**

复制或剪切文本后，将鼠标定位到需要粘贴的位置，右击鼠标，在弹出的快捷菜单中有"保留源格式"、"合并格式"和"只保留文本"3 种粘贴方式，如图 2-32 所示，可据需要选择粘贴方式。

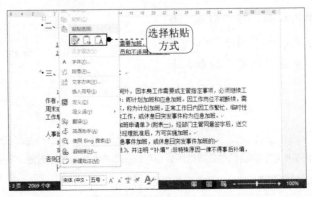

图 2-32

★ 单击"保留源格式"（）按钮，被粘贴的内容会完全保留原始内容的格式和样式。

★ 单击"合并格式"（ ）按钮，被粘贴的内容保留原始内容的格式，并且合并粘贴目标位置的格式。

★ 单击"只保留文本"（ ）按钮，被粘贴内容删除所有格式和图形，保留无格式的文本。

提示

复制网页上的文本后，如果直接粘贴会包含源格式，让文档资料过于混乱，因此在从网页中复制使用资料时，一般都要使用"只保留文本"（即无格式粘贴）的粘贴模式。

◆ 利用"选择性粘贴"对话框

想执行选择性粘贴操作也可以打开"选择性粘贴"对话框，例如通过"选择性粘贴"对话框可以将编排好的文本转换为图片来使用。

1 选择需要复制的内容，按 Ctrl+C 组合键进行复制。

2 在"开始"选项卡的"剪贴板"选项组中单击"粘贴"下拉按钮，在展开的下拉菜单中选择"选择性粘贴"命令（见图 2-33），打开"选择性粘贴"对话框。

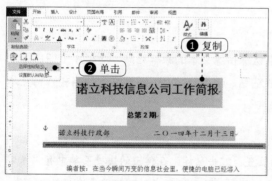

图 2-33

3 选择"粘贴"单选按钮，在"形式"框中选择需要的粘贴方式，如"图片"（增强型图示文件）选项，单击"确定"按钮，如图 2-34 所示。

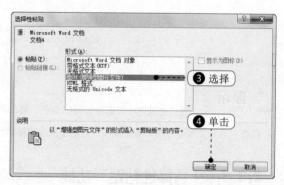

图 2-34

4 文本即以图片的方式粘贴在文档中，如图 2-35 所示。

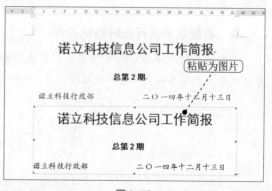

图 2-35

提示

粘贴得到图片可以移到其他位置使用，也可以在图片上单击鼠标右键，在弹出的快捷菜单中单击"另存为"命令，将图片提取保存起来，以发挥更加广泛的作用。

2.4　文本查找与替换

　　Word 程序具备智能查找的功能，当需要寻找文本中某些特定的文本时，可以利用查找功能实现，并且在查找的同时也可以实现文本的替换。

2.4.1　查找文本

　　Word 2013 中查找和替换的功能相比较早期版本有了较大的改进，不仅保留有原来基本的功能，还增加扩展了较多的新功能。

1.　利用导航进行查找

1 在"视图"选项卡的"显示"选项组中选中"导航窗格"复选框（见图2-36），调出"导航"窗口。

图 2-36

2 在"导航"文本框中，输入需要查找的文字，如"商品"，文档中找到的文字都自动被标注出来，如图2-37所示。

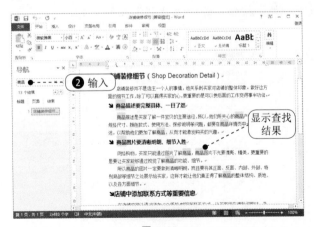

图 2-37

2.　"查找和替换"对话框

1 单击"开始"选项卡的"编辑"选项组中的"查找"下拉按钮，在展开的下拉菜单中选择"高级查找"命令（见图2-38），打开"查找和替换"对话框。

图 2-38

2 在"查找内容"框中输入需要查找的字符，如"加班费"，如图 2-39 所示。

图 2-39

3 单击"阅读突出显示"按钮，在下拉列表中选择"全部突出显示"命令，如图 2-40 所示。

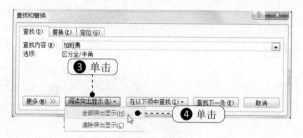

图 2-40

4 执行"全部突出显示"命令后，所有满意的文本都突出显示出来，如图 2-41 所示。也可以依次单击"查找下一处"按钮，逐一查找到满足的文本。

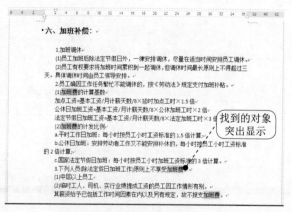

图 2-41

提示

如果想清除突出显示，则可以再次打开"查找和替换"对话框，在"阅读突出显示"下拉列表中单击"清除突出显示"命令。

3. 使用通配符查找同类数据

在设置查找内容时，还可以使用通配符实现查找同类数据。通配符有"？"和"*"，"？"代表一个字符，"*"代表多个字符。下面通过一个例子介绍通配符的使用方法。

① 单击"开始"选项卡的"编辑"选项组中的"查找"下拉按钮，在展开的下拉菜单中选择"高级查找"命令，打开"查找和替换"对话框。

② 单击"更多"按钮，展开对话框的扩展选项，选中"使用通配符"复选框，在"查找内容"框中输入"《*》"，如图 2-42 所示。

③ 单击"阅读突出显示"按钮，在下拉列表中单击"全部突出显示"命令，如图 2-43 所示。

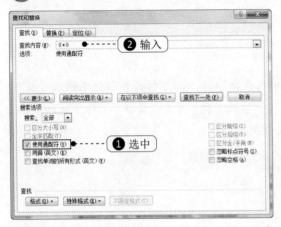

图 2-42

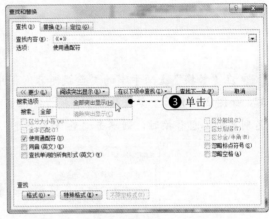

图 2-43

④ 执行"全部突出显示"命令后，可以看到所有带"《》"的文本全部突出显示，从而实现找到同一类数据，如图 2-44 所示。

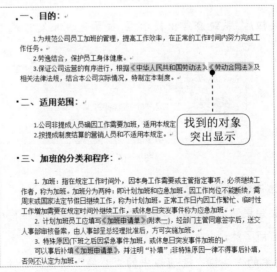

图 2-44

2.4.2　替换文本

编辑文本时难免会有疏漏，或者有时编辑好的文档中个别文本需要批量统一修改，此时可以利用替换功能来实现。

1.　批量替换文本

❶ 单击"开始"选项卡的"编辑"选项组中的"替换"按钮（见图2-45），打开"查找和替换"对话框，或者按Ctrl+H快捷键调出该对话框。

图2-45

❷ 在"替换"选项卡下的"查找内容"框中输入查找字符，在"替换为"框中输入替换内容，如图2-46所示。单击"全部替换"按钮可实现一次性替换，单击"替换"按钮可逐一替换，遇到某处不想替换时，则单击"查找下一处"按钮跳过即可。

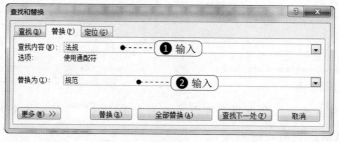

图2-46

❸ 单击"全部替换"按钮后，系统会弹出提示框，提示完成几处替换，如图2-47所示，单击"确定"按钮即可。

图2-47

2.　让替换后的文本以特殊格式显示

在替换文本时，如果想更清晰地了解哪些文本被替换了，则可以将替换后的文本以特殊格式显示，从而让替换结果一目了然。

❶ 单击"开始"选项卡的"编辑"选项组中的"替换"按钮，打开"查找和替换"对话框，或者按Ctrl+H快捷键调出该对话框。

2 单击"更多"按钮，展开对话框的扩展选项，选中"使用通配符"复选框，在"查找内容"与"替换为"框中分别输入目标文本，并将光标定位到"替换为"框中，如图 2-48 所示。

3 单击"格式"按钮，在展开的菜单中选择"字体"命令（见图 2-49），打开"替换字体"对话框。

图 2-48

图 2-49

4 在"字形"列表框中单击"加粗 倾斜"，在"字号"列表框中单击"小四"，单击"字体颜色"设置框右侧的下拉按钮，并选择"红色"，如图 2-50 所示。

5 单击"确定"按钮，返回到"查找和替换"对话框中，可以看到"替换为"框下面显示了所有设置的格式，如图 2-51 所示。

图 2-50

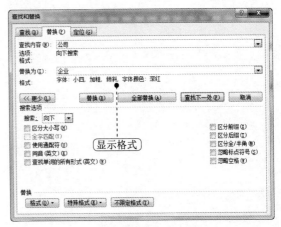

图 2-51

6 单击"全部替换"按钮,可以看到文本在替换的同时也设置了相应的格式,便于查看,如图 2-52 所示。

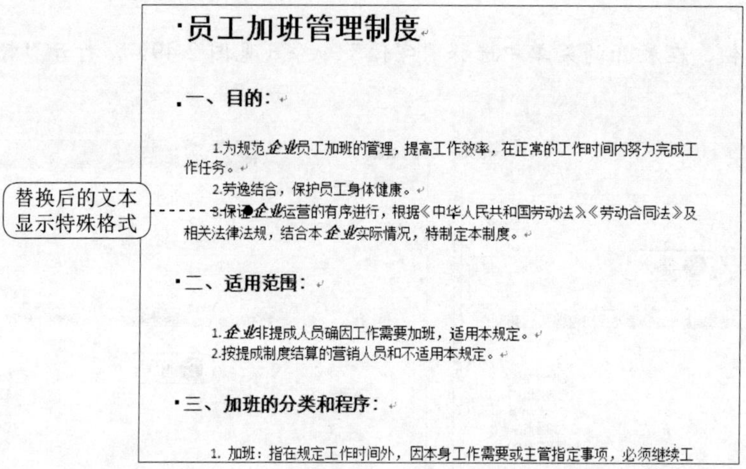

·员工加班管理制度·

·一、目的:·

1.为规范*企业*员工加班的管理,提高工作效率,在正常的工作时间内努力完成工作任务。

2.劳逸结合,保护员工身体健康。

3.保证*企业*运营的有序进行,根据《中华人民共和国劳动法》《劳动合同法》及相关法律法规,结合本*企业*实际情况,特制定本制度。

·二、适用范围:·

1.*企业*非提成人员确因工作需要加班,适用本规定。

2.按提成制度结算的营销人员和不适用本规定。

·三、加班的分类和程序:·

1. 加班:指在规定工作时间外,因本身工作需要或主管指定事项,必须继续工

替换后的文本显示特殊格式

图 2-52

CHAPTER

03

文本格式设置

本章概述

　　默认文本录入后只显示为宋体 5 号字效果，要想将编辑的文档用于办公中，则首先需要对文本的格式进行相关设置。本章中介绍对文本字体和字号的设置、字符间距调整、为文本应用边框底纹，以及下画线、带圈字符、拼音添加等操作。

本章知识脉络图

重点知识	相关功能	功能用途	页 码	学习等级
文本字体、字号	开始→字体组	美化文字	39/40	★★★★☆
文本字形与颜色	开始→字体组	美化文字	42	★★★☆☆
文本下画线效果	开始→字体→下画线	美化文字	43	★★★☆☆
文字艺术效果	开始→字体→文本效果和版式	美化文字	45	★★★☆☆
带圈字符	开始→字体→带圈字符	有时标题文字或小标题特效需要使用	49	★★★☆☆
拼音指南	开始→字体→拼音指南	需要添加拼音时使用	50	★★★☆☆
字符间距设置	文件→字体组→"字体"对话框→"高级"标签	有些排版需要加宽或紧缩字符间距	52	★★★☆☆
字符位置设置	文件→字体组→"字体"对话框→"高级"标签	有些排版需要提升或降低字符位置	53	★★★☆☆
添加边框	开始→段落→"边框和底纹"对话框	为特定的文字设置边框效果	55	★★★☆☆
添加底纹	开始→段落→"底纹"下拉按钮	为特定的文字设置底纹效果	56	★★★☆☆
引用文本格式	开始→剪贴板→格式刷	快速复制文本的格式	57	★★★★★
清除文本格式	开始→字体→清除格式	快速删除不想使用的格式	58	★★★★★

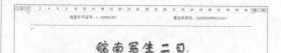

员工加班管理制度

一、目的

1. 为规范公司员工加班的管理，提高工作效率，在正常的工作时间内努力完成工作任务。
2. 劳逸结合，保护员工身体健康。
3. 保证公司运营的有序进行，根据《中华人民共和国劳动法》及《劳动合同法》及相关法律法规，结合本公司实际情况，特制定本制度。

二、适用范围

1. 公司非提成人员确因工作需要加班，适用本规定。
2. 按提成或奖励结算的营销人员和不适用本规定。

三、加班的分类和程序

1. 加班：指在规定工作时间内，因本身工作需要或主管指定事项，必须继续工作者，称为加班。加班分为两种：即计划加班和应急加班。因工作岗位不能继续，需

下画线效果

皖南写生二日

一、行程安排

第一天行程：（含中、晚餐）

指定时间地点集合，前往黄山（车程约4小时），抵达后用中餐，**游览塔川村**又名塔上，隶属于宏村镇，距高宏村仅2公里，是黟县小桃源众多美丽富饶的自然村落中一个独具魅力的山间村落。粉墙黛瓦，飞檐翘角的二、三十幢古民居依山而建，层层选选，错落有致，远远望去，就好像一座巨型宝塔，此为"塔"之来历。卢村位于安徽黟县北部是以卢姓为主聚居的古村落。卢村以规模宏大、雕刻精美的木雕楼群而著称，木雕楼享有中国木雕第一楼之誉。卢村最具典型、最有特色的是木雕楼，它体现出徽派民居的精华，卢村木雕楼是由七家里民居组成的木雕楼群，主要包括志诚堂、思济堂、思成堂、玻璃厅等宅院。

文字艺术样式

皖南写生二日

一、行程安排

第一天行程：（含中、晚餐）

指定时间地点集合，前往黄山（车程约4小时），抵达后用中餐，**游览塔川村**又名塔上，隶属于宏村镇，距高宏村仅2公里，是黟县小桃源众多美丽富饶的自然村落中一个独具魅力的山间村落。粉墙黛瓦，飞檐翘角的二、三十幢古民居依山而建，层层选选，错落有致，远远望去，就好像一座巨型宝塔，此为"塔"之来历。卢村位于安徽黟县北部是以卢姓为主聚居的古村落。卢村以规模宏大、雕刻精美的木雕楼群而著称，木雕楼享有中国木雕第一楼之誉。卢村最具典型、最有特色的是木雕楼，它体现出徽派民居的精华，卢村木雕楼是由七家里民居组成的木雕楼群，主要包括志诚堂、思济堂、思成堂、玻璃厅等宅院。

文字发光效果

皖南写生二日

一、行程安排

第一天行程：（含中、晚餐）

指定时间地点集合，前往黄山（车程约4小时），抵达后用中餐，**游览塔川村**又名塔上，隶属于宏村镇，距高宏村仅2公里，是黟县小桃源众多美丽富饶的自然村落中一个独具魅力的山间村落。粉墙黛瓦，飞檐翘角的二、三十幢古民居依山而建，层层选选，错落有致，远远望去，就好像一座巨型宝塔，此为"塔"之来历。卢村位于安徽黟县北部是以卢姓为主聚居的古村落。卢村以规模宏大、雕刻精美的木雕楼群而著称，木雕楼享有中国木雕第一楼之誉。卢村最具典型、最有特色的是木雕楼，它体现出徽派民居的精华，卢村木雕楼是由七家里民居组成的木雕楼群，主要包括志诚堂、思济堂、思成堂、玻璃厅等宅院。

文字阴影效果

员工加班管理制度

一、目的

1. 为规范公司员工加班的管理，提高工作效率，在正常的工作时间内努力完成工作任务。
2. 劳逸结合，保护员工身体健康。
3. 保证公司运营的有序进行，根据《中华人民共和国劳动法》及《劳动合同法》及相关法律法规，结合本公司实际情况，特制定本制度。

二、适用范围

1. 公司非提成人员确因工作需要加班，适用本规定。
2. 按提成或奖励结算的营销人员和不适用本规定。

三、加班的分类和程序

1. 加班：指在规定工作时间内，因本身工作需要或主管指定事项，必须继续工作者，称为加班。加班分为两种：即计划加班和应急加班。因工作岗位不能继续，需周末或国家法定节假日继续工作，称为计划加班。正常工作日内因工作繁忙、临时性工作需加需要在规定时间内继续工作，或使原日突发事件的应急加班。

加宽字符间距效果

职场精英㊙笈传授

每个人都必须懂得职场生存法则，学习和掌握应对危机的方法，这样才能职场中才能做到游刃有余。

1、不妄加评论

办公场所是人群相对聚集的地方，每个人的品行都不一样，总有那么一些人喜欢背后对某人进行说长道短，评论是非。别到公司的"新人们"，不可能对公司内部的事情了解的清清楚楚，更没有正确的判断分析能力，所以为了避免引起

带圈效果

店铺装修细节（Shop Decoration Detail）

店铺装修并不是店主一个人的事情，他关系到买家对店铺的整体印象。做好这方面的细节工作，除了可以赢得买家的心，更重要的是可以使后面的工作变得事半功倍。

阿里线购物，买家只能通过图片了解商品，商品图片不光要漂亮、精美，更重要的是要让买家能够通过视觉了解商品功能、细节等。

所以商品的图一定要款到清晰明朗，而且要将其正面、反面、内部、外部、特别局部等细节之处显示给买家，这样才能让他们真正得了解商品的整体结构、质地，以及各方面细节。

商品描述要完整具体、一目了然

商品描述是买家了解一件宝贝的主要途径，所以，们所关心的商品户型、质地、规格尺寸、成色款式、使用说明等问题，都要在商品详情页中一一进行描述，以帮助他们更加了解商品，从而才能激发购买的兴趣。

店铺中添加联系方式等客营信息

文本边框效果

一、行程安排

第一天行程：（含中、晚餐）

指定时间地点集合，前往黄山（车程约4小时），抵达后用中餐，**游览塔川村**又名塔上，隶属于宏村镇，距高宏村仅2公里，是黟县小桃源众多美丽富饶的自然村落中一个独具魅力的山间村落。粉墙黛瓦，飞檐翘角的二、三十幢古民居依山而建，层层选选，错落有致，远远望去，就好像一座巨型宝塔，此为"塔"之来历。卢村位于安徽黟县北部是以卢姓为主聚居的古村落。卢村以规模宏大、雕刻精美的木雕楼群而著称，木雕楼享有中国木雕第一楼之誉。卢村最具典型、最有特色的是木雕楼，它体现出徽派民居的精华，卢村木雕楼是由七家里民居组成的木雕楼群，主要包括志诚堂、思济堂、思成堂、玻璃厅等宅院。

住，西递/周边

第二天行程：（含早、中餐）

早餐后，**游览西递**，西递村素有"桃花源里人家"之称。西递村建房多用黑色大理石，两条清泉穿村而过，99条高墙深巷，各具特色的古民居，使游客如置身迷宫。各客户的富丽宅院，精巧的花园、黑色大理石制作的门框、涌窗，石雕的奇花异卉、飞禽走兽，砖雕的楼台亭阁、人物戏

文本底纹效果

3.1 文本字体格式

对文档中的文本进行格式设置是十分重要的，通过设置可以使文档主次分明、内容清晰、文字显示效果美观。下面就来介绍如何对文本进行全方位的设置与美化。

3.1.1 设置文本字体、字号

在新文档中录入文本后，可以根据不同的排版要求，对不同文本使用不同的字体、字号，例如大标题、小标题等，通过不同的字体、字号可以让文档更有层次感。

在 Word 2013 中，可以使用选项组中的"字体"、"字号"下拉列表来设置文字字体、字号，同时也可以进入"字体"对话框中进行设置。

1. 在"字体"选项组中设置字体、字号

在"字体"选项组中通过"字体"下拉列表可以快速设置字体。

1 在打开的 Word 文档中，先选中要设置的文字，如"员工加班管理制度"文本。

2 在"开始"选项卡的"字体"选项组中，单击"字体"下拉按钮，展开下拉列表，如图 3-1 所示。

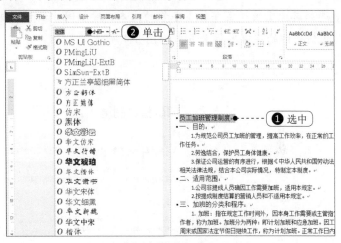

图 3-1

3 鼠标指向相应的字体时显示预览效果，单击即可应用于文本，如图 3-2 所示。

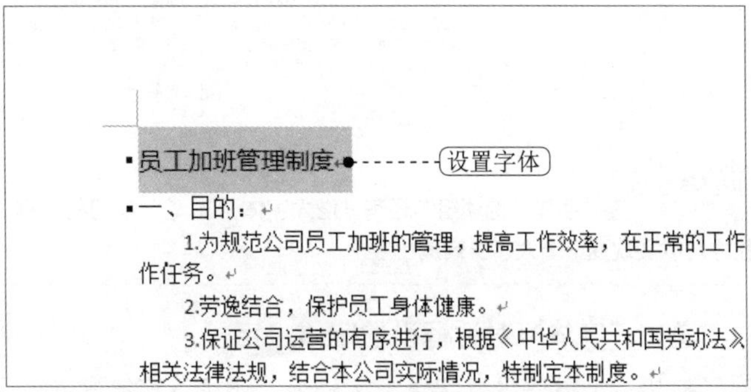

图 3-2

4 单击"字号"下拉按钮，展开下拉列表，在需要使用的字号上单击（可以先用鼠标指向某项查看预览效果），如图 3-3 所示。

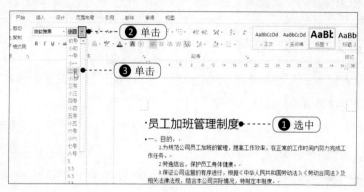

图 3-3

5 选择其他需要设置字体、字号的文本，按相同方法可以进行字体、字号设置。通过设置，可以看到文档的层次感好很多，如图 3-4 所示。

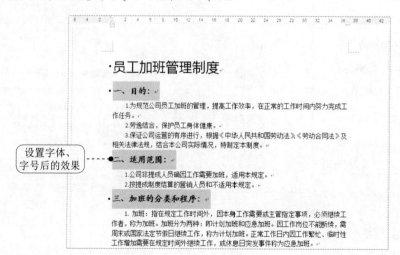

图 3-4

2. 通过"字体"对话框设置字体、字号

除了使用以上方法设置字体、字号外，还可以直接进入"字体"对话框中完成设置。"字体"对话框相较于选项组中有更多的可设置项。

① 在打开的 Word 文档中，选中要设置的文字。

② 在"开始"选项卡的"字体"选项组中单击 按钮（见图 3-5），打开"字体"对话框。

图 3-5

③ 在该对话框的"字体"选项卡中，单击"中文字体"下拉按钮，在展开的下拉列表中可以选择要设置的文字字体，如微软雅黑；在"字号"下拉列表中单击"二号"，如图 3-6 所示。

④ 设置完成后，单击"确定"按钮即可。

图 3-6

提示

在"字体"对话框的"效果"一栏中还有其他的设置项，如为选中的文字添加删除线等，可以按需要选择设置。

3.1.2 设置文本字形与颜色

在一些特定的情况下，有时需要对文本的字形和颜色进行设置，这样可以区分该文字与其他文字的不同。

1. 设置文本字形

文本字形是指"常规"、"加粗"、"倾斜"这几种，"加粗"、"倾斜"这两种字形可以叠加使用。

1 在打开的 Word 文档中，先选中要设置的文字，如本例中选中二级标题。

2 在"开始"选项卡的"字体"选项组中，如果要让文字加粗显示，单击"加粗"（B）按钮；如果要让文字倾斜显示，单击"倾斜"（I）按钮；还可以单击"下画线"按钮添加下画线，设置后的效果如图 3-7 所示。

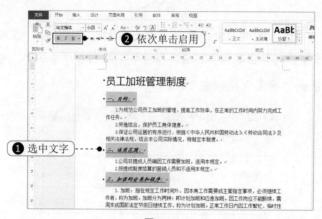

图 3-7

提示 如果要还原文本字形，再次单击设置的字形即可。如上面设置了"倾斜"字形，只需要再单击"倾斜"按钮，即可还原。

2. 设置文本颜色

1 在打开的 Word 文档中，选中要设置的文字，如本例中选中二级标题。

2 在"开始"选项卡的"字体"选项组中，单击"字体颜色"下拉按钮，展开下拉菜单，如图 3-8 所示。

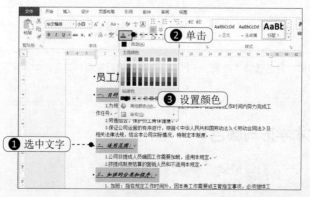

图 3-8

3 选择一种字体颜色，如深红，即可应用于选中的文字，如图3-9所示。

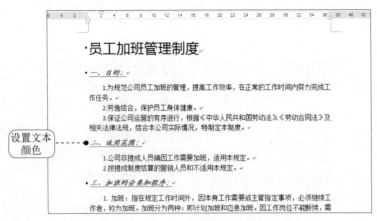

图 3-9

提示

除了选择"字体颜色"下拉菜单中的颜色外，用户还可以选择"其他颜色"命令，进入"颜色"对话框中自行选择颜色。

3.2 文本的特殊效果

在文档中有些特殊的文本，如文档标题、小标题、需要着重显示的文本等。为了突出显示它们，可以为这些文本设置特殊效果。

3.2.1 设置文本下画线效果

◆ 应用"下画线"按钮

在前面的效果中我们通过在"字体"组中单击 **u** 按钮已经看到了添加单下画线的效果。直接单击此按钮，添加的是默认的单实线下画线；单击此按钮右侧的下拉按钮，还可以选择其他样式的下画线。

1 在打开的 Word 文档中，选中要设置的文字（可以一次性选中不连续的文本）。

2 在"开始"选项卡的"字体"选项组中，单击"下画线"下拉按钮，展开下拉菜单，如图 3-10 所示。

3 从中选择一种样式，只需要单击，即可应用于选中的文字，如图 3-11 所示。

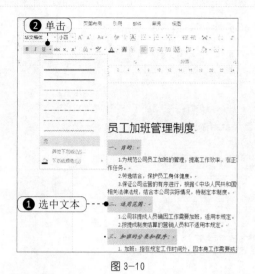

图 3-10

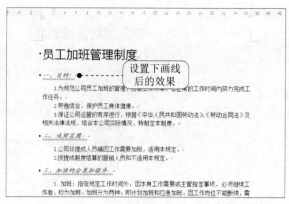

图 3-11

提示

如果要取消下画线设置，再次单击"下画线"按钮即可。

◆ 自定义下画线效果

 在打开的 Word 文档中，选中要设置的文字（可以一次性选中不连续的文本）。

2 在"开始"选项卡的"字体"选项组中单击"下画线"下拉按钮，在展开的下拉菜单中选中"其他下画线"命令（见图 3-12），打开"字体"对话框。

3 在该对话框的"下画线线型"框中，展开下画线线型列表（这里提供更多类型的线条样式），从中选中一种线型，如图 3-13 所示；在"下画线颜色"框中，展开下画线颜色设置列表，还可以重新设置下画线的颜色。

图 3-12

图 3-13

4 设置完成后，单击"确定"按钮，即可将设置的下画线线型与下画线颜色应用到选中的文字，如图 3-14 所示。

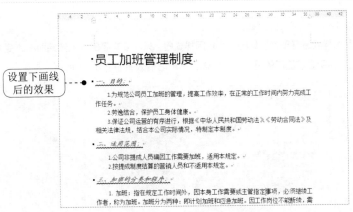

图 3-14

3.2.2　文本艺术效果

在 Word 2013 中，在"字体"选项组中有一个 A▼（文本效果和版式）按钮，此按钮用于设置文字的艺术效果，一般用于特定文档中对特定文本的修饰设置。

1.　套用艺术样式

1 在打开的 Word 文档中，选中要设置的文字。在"开始"选项卡的"字体"选项组中单击"文本效果和版式"下拉按钮，在展开的下拉菜单中有几种艺术样式可以选择套用，如图3-15所示。

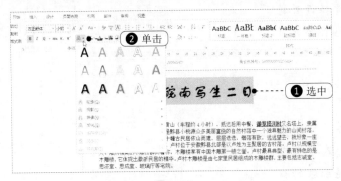

图 3-15

2 单击想使用的艺术样式即可套用艺术效果，如图 3-16 所示。

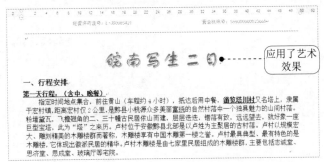

图 3-16

提示

　　套用的艺术样式是基于原字体的，即套用样式后，只改变文字的外观效果而不改变字体、字号，例如上面选择的艺术样式，如果之前使用的是另一种字体，套用后的效果如图 3-17 所示。

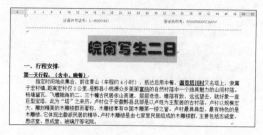

图 3-17

2. 设置轮廓线

　　在套用样式后，可以对轮廓线进行补充设置，以达到更加突出的视觉效果。

1 选中要设置的文字，在"开始"选项卡的"字体"选项组中单击"文本效果和版式"下拉按钮，在展开的下拉菜单中单击"轮廓"，打开子菜单，可以选择设置轮廓线的颜色，如图 3-18 所示。

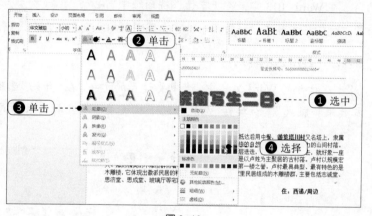

图 3-18

2 仍然在"轮廓"子菜单中单击"粗细"，在子菜单中可以选择设置轮廓线的粗细值，如图 3-19 所示。

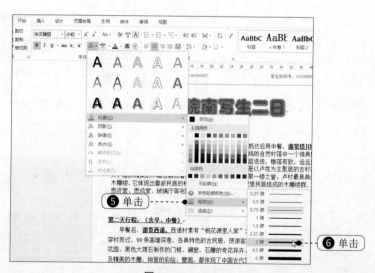

图 3-19

3 重新设置后可以看到文字的轮廓效果发生较大的变化，如图 3-20 所示。

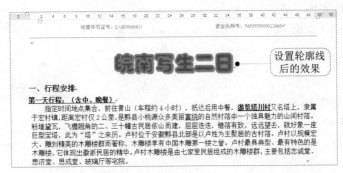

图 3-20

3. 阴影、映像、发光效果

　　阴影、映像、发光效果仍然是对文字艺术效果的补充设置。我们这里了解设置方法，以便在实际工作中灵活运用。

◆ 阴影效果

1 选中要设置的文字，在"开始"选项卡中的"字体"选项组中单击"文本效果和版式"下拉按钮，在展开的下拉菜单中单击"阴影"，打开的子菜单中提供了多个预设选项，如图 3-21 所示。

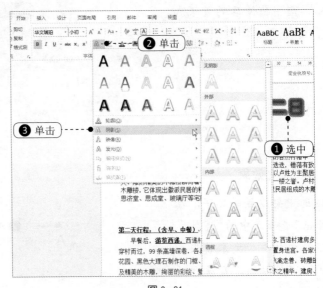

图 3-21

2 单击想要使用的预设效果，即可应用于选中的文字中，应用阴影后的效果如图 3-22 所示。

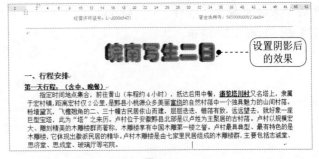

图 3-22

◆ 映像效果

1 选中要设置的文字，在"开始"选项卡中的"字体"选项组中单击"文本效果和版式"下拉按钮，在展开的下拉菜单中单击"映像"，打开的子菜单中提供了多个预设选项，如图 3-23 所示。

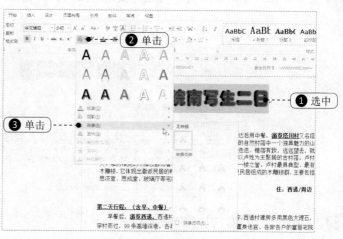

图 3-23

2 单击想要使用的预设效果，即可应用于选中的文字中，应用映像后的效果如图 3-24 所示。

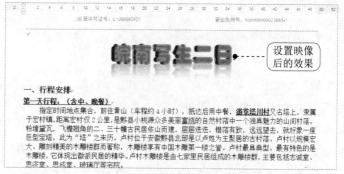

图 3-24

◆ 发光效果

1 选中要设置的文字，在"开始"选项卡中的"字体"选项组中单击"文本效果和版式"下拉按钮，在展开的下拉菜单中单击"发光"，打开的子菜单中提供了多个预设选项，如图 3-25 所示。

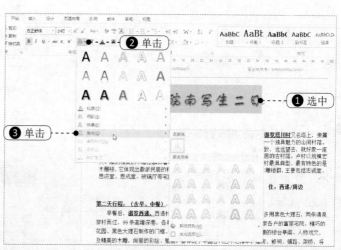

图 3-25

② 单击想要使用的预设效果，即可应用于选中的文字中，应用发光后的效果如图 3-26 所示。

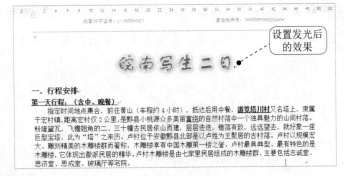

图 3-26

提示

在"阴影"、"映像"、"发光"几个设置项的子菜单底部都可以看到相应的选项（如"阴影选项"、"映像选项"等），单击即可打开右侧窗格，如图 3-27 所示，在这里可以进行除了预设项之外更加详细的参数设置。

图 3-27

3.2.3 带圈字符

为文字设置带圈效果可以用于文档标题或小标题，以达到突出显示或美化的设计目的。

① 选中要设置带圈效果的文字，在"开始"选项卡的"字体"选项组中，单击"带圈字符"按钮，如图 3-28 所示。

② 打开"带圈字符"对话框，在"样式"栏下选择"增大圈号"选项，在"圈号"列表框中选择"○"，如图 3-29 所示。

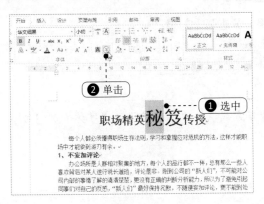

图 3-28

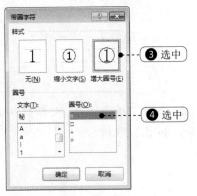

图 3-29

3 单击"确定"按钮后，即可为选中的文字设置带圈效果，如图 3-30 所示。

4 按相同的方法可以设置其他文字的带圈效果，如图 3-31 所示。

图 3-30

图 3-31

提示

设置带圈效果只能一个字一个字地设置，不能一次性设置多个文字。

3.2.4 拼音指南

Word 自带的"拼音指南"功能可以为汉字自动添加拼音。

1 选中要添加拼音的文本，在"开始"选项卡的"字体"选项组中，单击"拼音指南"按钮，如图 3-32 所示。

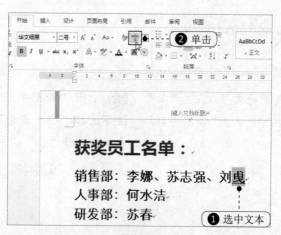

图 3-32

2 打开"拼音指南"对话框，设置合适的"对齐方式"、"偏移量"、"字体"、"字号"等，如图 3-33 所示。

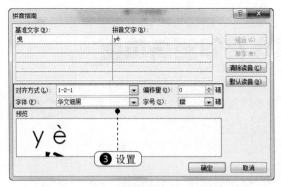

图 3-33

③ 设置好后，单击"确定"按钮，即可为选中的文本添加拼音，如图 3-34 所示。

图 3-34

默认添加拼音显示在文字上面，可以通过如下步骤将拼音以括号的形式显示在文字的后面。

① 选中添加了拼音的文本，按 Ctrl+C 组合键复制，打开"记事本"文件，按 Ctrl+V 组合键粘贴文本区域，如图 3-35 所示。

② 复制"记事本"文件中的文本，重新粘贴到 Word 文档中，效果如图 3-36 所示。

图 3-35

图 3-36

提示

"拼音指南"加注的拼音不能自动区别多音字，如果有误，可以在"拼音指南"对话框中相应的"拼音文字"文本框中修改。使用"拼音指南"一次性最多能为 49～50 个汉字添加拼音。

3.3 设置字符间距与位置

字符间距是指根据实际需要设置文字之间的距离，字符位置是指设置文字提升或降低的特殊效果。

3.3.1 加宽字符间距

设置文本字符间距可以将文本合理分布在页面中，也可以让文本显示出特殊的效果。

① 在打开的 Word 文档中，选中要设置字符间距的文本。

② 在"开始"选项卡中的"字体"选项组中单击 按钮，打开"字体"对话框，如图 3-37 所示。

③ 在该对话框中选中"高级"选项卡，在"间距"下拉列表中，选择"加宽"选项；接着在后面的"磅值"框中，单击上下三角形来增加或减小加宽磅值，这里设置为"3.5 磅"，如图 3-38 所示。

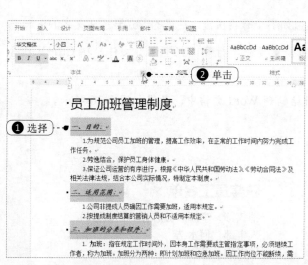

图 3-37

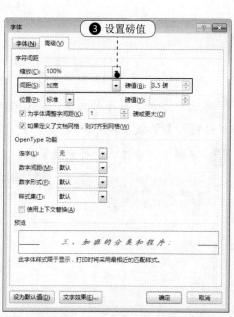

图 3-38

④ 设置完成后，单击"确定"按钮，即可将设置的文字字符间距应用到选中的文字中，如图 3-39 所示。

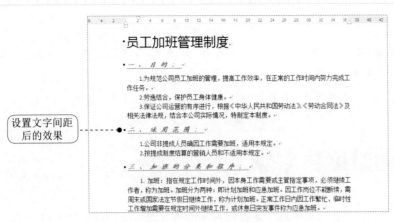

图 3-39

提示　如果要"紧缩"字符间距，可以在"间距"中选中"紧缩"，并设置紧缩磅值；如果要还原字符间距，可以在"间距"中选中"标准"，再单击"确定"按钮。

3.3.2 字符提升效果

输入文本后，可以对特殊的文字进行提升，以达到突出显示的效果。

1 在打开的 Word 文档中，选中需要提升的文字内容。

2 在"开始"选项卡的"字体"选项组中单击 按钮，打开"字体"对话框。

3 在该对话框中选择"高级"选项卡，在"字符间距"中单击"位置"下拉按钮，在展开的下拉列表中选择"提升"选项，然后在后面的"磅值"中根据实际需要设置提升的数值，如图 3-40 所示。

4 设置完成后，单击"确定"按钮即可，效果如图 3-41 所示。

图 3-40

图 3-41

3.4 添加边框与底纹

　　在文档中，为文本添加边框和底纹，可以更好地装饰文本段落，而且达到突出特定文本的效果。

3.4.1　添加边框

　　为文本添加边框可以将一个整体框在里面，有强调作用，以提醒读者注意，具体添加方法如下。

◆ 通过下拉菜单设置

1 在打开的 Word 文档中，选中需要添加文本框的文本（也可以配合 Ctrl 键，一次性选择多处），然后在"开始"选项卡中的"段落"选项组中，单击框线设置框右侧的下拉按钮，在展开的下拉菜单中选择框线，如图 3-42 所示。

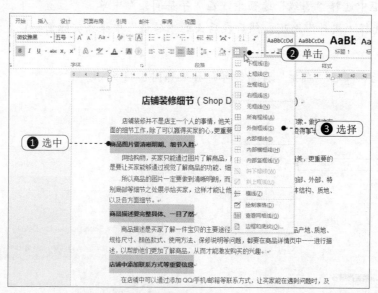

图 3-42

2 单击后即可应用，如本例选择"外侧框线"，应用后效果如图 3-43 所示。

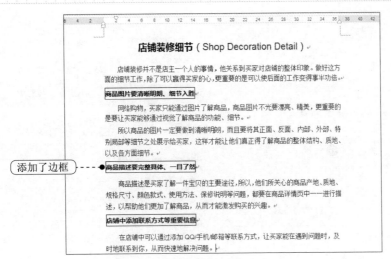

图 3-43

◆ **通过对话框设置**

① 打开 Word 文档，选中需要添加文本框的文本，然后在"开始"选项卡中的"段落"选项组中，单击框线右侧的下拉按钮，在展开的下拉菜单中选择"边框和底纹"命令，如图 3-44 所示。

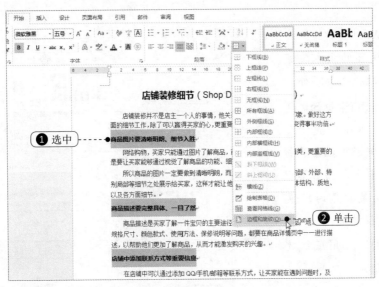

图 3-44

② 打开"边框和底纹"对话框，选择"边框"选项卡，在"设置"栏中选择样式，此处选择"阴影"，在"样式"栏下选择线条，在"颜色"下拉列表中选择线条颜色，在"宽度"下拉列表中选择粗细值，如图 3-45 所示。

③ 设置完成后，单击"确定"按钮，效果如图 3-46 所示。

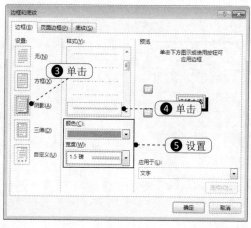

图 3-45

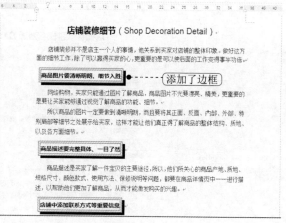

图 3-46

3.4.2 设置文字底纹效果

在文档中为了突出显示一些重要的文字，可以为这些文字设置底纹效果。下面就来介绍具体的文字底纹设置步骤。

1 在打开的 Word 文档中，选中要设置文字底纹的文本，可以配合Ctrl键一次性选择多处。

2 在"开始"选项卡中的"段落"选项组中，单击"底纹"下拉按钮，在展开的下拉菜单中可以选择需要的颜色，如图 3-47 所示（鼠标指向某颜色时就显示即时预览的底纹效果）。

3 单击颜色即可应用底纹效果，如图 3-48 所示。

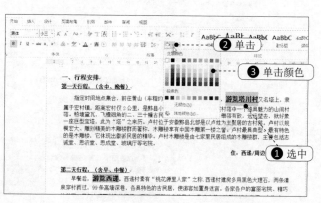

图 3-47

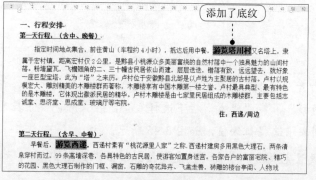

图 3-48

提示

在"字体"选项组中，还有一个"字符底纹"（ A ）按钮也可以设置文字底纹。不过此按钮只能为文字设置灰色底纹，无法设置其他颜色，操作方法与上面相同。

3.5 文本格式的引用及删除

为文本设置格式后，当其他位置的文本也需要使用相同的格式时，可以快速复制格式。对于不再需要使用的格式或想删除的格式，也可以快速地清除。

3.5.1 引用文本格式

格式刷是文本编辑中非常实用的一个工具，可以说是随时随地需要使用。当某一处设置了格式（包括字体、字号、颜色、边框效果等）后，其他位置的文档需要使用相同格式时，则可以启用格式刷快速引用格式。

1 选中包含格式的文本，在"开始"选项卡的"剪贴板"选项组中，单击"格式刷"按钮，如图 3-49 所示。

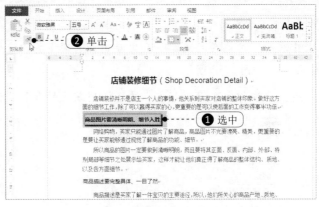

图 3-49

2 此时光标变成小刷子形状，如图 3-50 所示。

图 3-50

③ 在目标文本上拖动即可得到相同格式，如图 3-51 所示。

图 3-51

提示

单击格式刷，在引用一次格式后，格式刷会自动退出启用状态。如果多处文档需要使用相同格式，则可以双击格式刷，这样可以多次刷取格式。当不再需要使用时，需要再次单击"格式刷"按钮退出其启用状态。

3.5.2 清除文本格式

当设置文本格式后，如果不想再使用这个格式或感觉设置的效果不太好而需要重新设置，则可以快速清除文本格式。

① 选中想清除其格式的文本，在"开始"选项卡的"字体"选项组中，单击"清除格式"（ ）按钮，如图 3-52 所示。

② 执行上述操作后可以看到文本被还原到默认的 5 号宋体字效果，如图 3-53 所示。

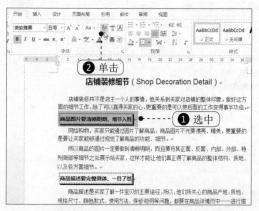

图 3-52

图 3-53

提示

引用格式与清除格式这两项操作，在文本的格式设置过程中随时随地在使用，是两项非常实用的功能。

CHAPTER

04

办公文档的排版

本章概述

我们制作的有些 Word 文档不仅会在公司内部使用，而且会对外使用。因此，除了对文本的格式进行设置之外，还需要学习相关的排版知识，从而让文档更加专业。

本章带领读者学习办公文档的排版操作，包括段落格式的设置、项目符号的应用、文档样式的应用、文档分栏排版等知识点。

本章知识脉络图

重点知识	相关功能	功能用途	页 码	学习等级
段落的对齐方式	开始→段落组→"段落"对话框	文本排版	61	★★★★★
段落的缩进	开始→段落组→"段落"对话框	文本排版	62	★★★★★
标尺调整缩进	视图→显示→标尺	文本排版	64	★★★★☆
文本行间距	开始→段落组→行距	文本排版	67	★★★★☆
文本段落间距	开始→段落组→"段落"对话框	文本排版	69	★★★★★
首字下沉效果	插入→文本→首字下沉	实现首字下沉的排版效果	70	★★★☆☆
双行合一	开始→段落组→中文版式	实现双行合一的特殊效果	72	★★★☆☆
项目符号	开始→段落组→项目符号	美化，使文档条理更清晰	75	★★★★★
编号	开始→段落组→编号	美化，使文档条理更清晰	75	★★★★★
文档格式	设计→文档格式	程序提供的可以直接套用于整篇文档的样式	80	★★★☆☆
新建样式	开始→样式→新建样式	创建样式方便套用，提高编排效率	81	★★★☆☆
分栏排版	页面布局→页面设置→分栏	实现分栏的排版效果	84	★★★☆☆

应用效果

左缩进效果

调整段落间距

首字下沉效果

双行合一效果

项目符号效果

为选中的文本应用编号

分栏排版效果

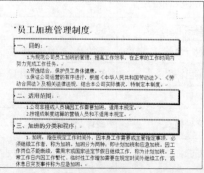

应用样式的效果

4.1 设置段落格式

文档由多个段落组成，文本段落也需要进行一些格式设置，如段前缩进、段前段后间距、行间距等，从而让文档达到相应的排版效果。

4.1.1 设置对齐方式

默认情况下输入的文档内容都是以左对齐方式显示的。如果需要其他对齐效果，则可以重新进行设置。

1 在打开的 Word 文档中，选中目标文本（默认为左对齐）。

2 在"开始"选项卡中的"段落"选项组中，如果想以居中方式对齐文本，单击"居中"（≡）按钮，即可将文档居中对齐，如图 4-1 所示。

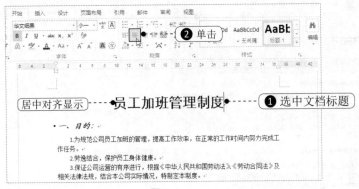

图 4-1

3 如果要两端对齐文本，单击"两端对齐"（≡）按钮，即可将文档两端对齐；如果要分散对齐文本，单击"分散对齐"（≣）按钮，即可将文档分散对齐，如图 4-2 所示。

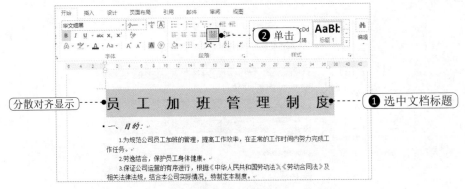

图 4-2

4 利用与上面同样的操作，可以对其他文字或段落进行对齐设置。

4.1.2 设置段落缩进

在 Word 2013 中，可以使用首行缩进、悬挂缩进、左缩进和右缩进来设置段落的缩进方式。下面就来逐一介绍这些功能的具体操作。

1. 设置首行缩进

默认情况下输入的文档内容都是顶行的，这完全不符合文档格式要求。通常应该是缩进两个字符，再开始输入。在 Word 2013 中可以使用首行缩进的方法来让段落缩进两个字符，具体操作如下。

1 在打开的 Word 文档中，选中要设置首行缩进的所有段落。在"开始"选项卡中的"段落"选项组中单击 按钮（见图 4-3），打开"段落"对话框。

2 在"缩进"右侧的"特殊格式"框中，选中"首行缩进"选项（默认值为"2 字符"），如图 4-4 所示。

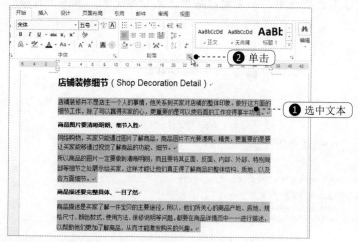

图 4-3

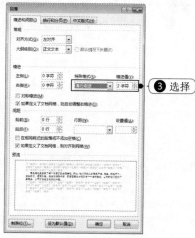

图 4-4

3 设置完成后，单击"确定"按钮，可以看到所有选中的段落都应用首行缩进的效果，如图 4-5 所示。

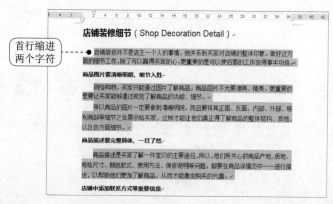

图 4-5

2. 设置悬挂缩进

悬挂缩进的效果是让选中文本所在段落除首行之外的所有行都进行缩进。下面通过实例进行介绍。

1 在打开的 Word 文档中，选中要设置悬挂缩进的所有段落。在"开始"选项卡中的"段落"选项组中单击 按钮（见图 4-6），打开"段落"对话框。

2 在"缩进"右侧的"特殊格式"框中，选中"悬挂缩进"选项，并设置缩进值为"6字符"，如图 4-7 所示。

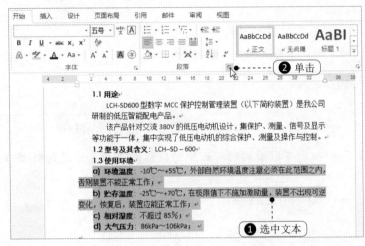

图 4-6

图 4-7

3 设置完成后，单击"确定"按钮，可以看到所有选中的段落都应用悬挂缩进的效果，如图 4-8 所示。

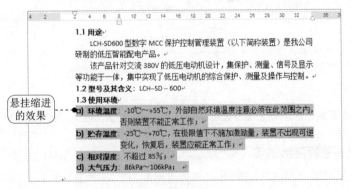

图 4-8

3. 设置左、右缩进

左缩进是指让文本整体向左缩进，右缩进是指让文本整体向右缩进。

1 在打开的 Word 文档中，选中要设置左缩进的所有段落。在"开始"选项卡中的"段落"选项组中单击 按钮（见图 4-9），打开"段落"对话框。

② 在对话框中的"缩进"栏下，在"左侧"框中设置左缩进字符，如"8字符"，如图4-10所示。

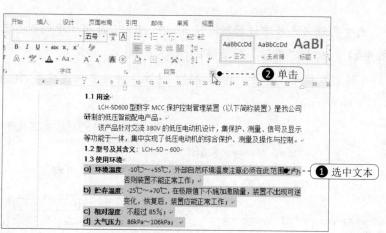

图 4-9 　　　　　　　　　　　　　　　　　图 4-10

③ 设置完成后，单击"确定"按钮，可以看到所有选中的段落都应用左缩进的效果，如图 4-11 所示。

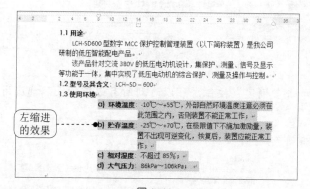

图 4-11

> **提示**
>
> 在"段落"对话框的"缩进"栏中还可以在"右侧"框中设置值，以实现对选中的文本应用右缩进的效果。

4. 利用标尺调整段落缩进值

在"段落"对话框的"缩进"栏中可以调整段落的左、右缩进值和首行缩进值。为了便于更加直观地调整以及查看段落的缩进效果，可以直接在文档中利用标尺进行调节。

◆ 调整首行缩进

① 单击编辑窗口右上角的"　"按钮，在页面的上方（即工具栏的下方）显示出标尺。

② 将光标定位到要设置缩进值的段落上，如果想一次性调整多个段落，可以一次性选中多个段落。接着用鼠标选中标尺中的"首行缩进"滑块，鼠标指针在滑块上停顿片刻则出现提

示文字，如图 4-12 所示。

③ 按住鼠标左键向右进行拖动，如图 4-13 所示。

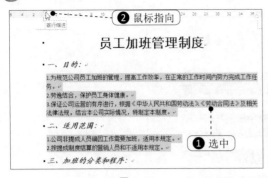

图 4-12

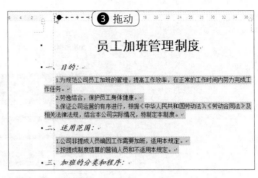

图 4-13

④ 释放鼠标，即可看到选中的段落被设置了首行缩进的效果，如图 4-14 所示。

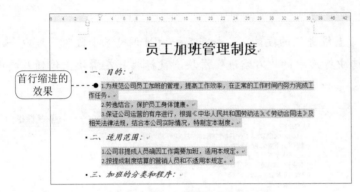

图 4-14

◆　调整左缩进

① 将光标定位到要设置缩进值的段落上，如果想一次性调整多个段落，可以一次性选中多个段落。接着用鼠标选中标尺中的"左缩进"滑块，鼠标指针在滑块上停顿片刻则出现提示文字，如图 4-15 所示。

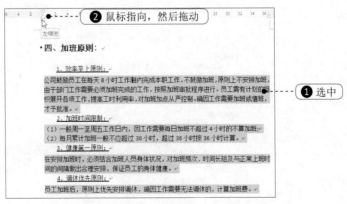

图 4-15

② 按住鼠标左键向右进行拖动，释放鼠标，即可看到选中的段落被设置了左缩进的效果，如图 4-16 所示。

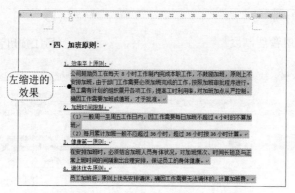

图 4-16

◆ 调整右缩进

① 将光标定位到要设置缩进值的段落上，如果想一次性调整多个段落，可以一次性选中多个段落。接着用鼠标选中标尺中的"右缩进"滑块，鼠标指针在滑块上停顿片刻则出现提示文字，如图 4-17 所示。

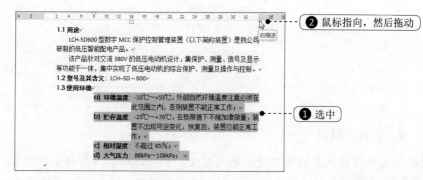

图 4-17

② 按住鼠标左键向左进行拖动，释放鼠标，即可看到选中的段落被设置了右缩进的效果，如图 4-18 所示。

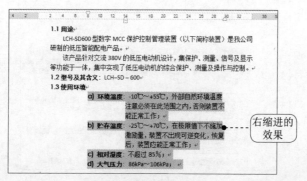

图 4-18

提示 标尺上还有一个"悬挂缩进"滑块，按相同的方法可以拖动"悬挂缩进"滑块，设置悬挂缩进效果。

4.1.3 设置行间距

在文档中，行与行之间并非都是一样的距离。有时候，调整行间距可以让文档的阅览效果更好。根据特定的排版需求，应该学会调整行与行之间的距离，从而使文档排版效果更美观。

1. 快速设置几种常用行间距

① 在打开的 Word 文档中，将光标定位到要设置行间距的段落中，或可选中目标文本。

② 在"开始"选项卡中的"段落"选项组中单击"行距"（↕≡）下拉按钮，展开下拉菜单，如图 4-19 所示。

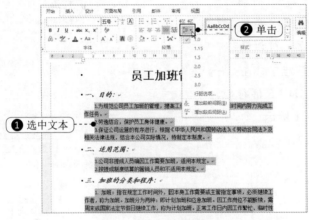

图 4-19

③ 在展开的行距下拉菜单中，用户可以根据需要选择对应的行距，如 1.5 倍行距（默认为 1.0 倍行距）。选中后直接将 1.5 倍行距应用到光标所在的段落中，如图 4-20 所示。

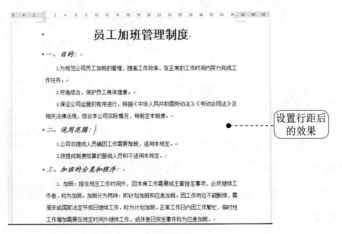

图 4-20

4 其他段落也要设置行间距，使用与上面相同的方法即可。

提示

通过组合键可以在几种常用的行间距间进行切换。

★ 按 Ctrl+1 组合键，即可设置当前段落为单倍行距。

★ 按 Ctrl+2 组合键，即可设置当前段落为双倍行距。

★ 按 Ctrl+5 组合键，即可设置当前段落为 1.5 倍行距。

2. 通过"段落"对话框设置行间距

1 在打开的 Word 文档中，将光标定位到要设置行间距的段落中。在"开始"选项卡中的"段落"选项组中，单击"行距"（⇟▾）按钮，在展开的下拉菜单中选中"行距选项"，打开"段落"对话框。或者可以单击"段落"组中的 ❒ 按钮，打开"段落"对话框。

2 在对话框中的"间距"栏下，在"行距"框中要选择设置的行距，如 1.5 倍行距，单击"确定"按钮，如图 4-21 所示。

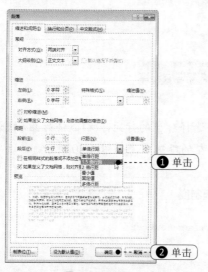

图 4-21

3 设置完成后，即可将设置的行距应用到光标所在的段落中。

4 在设置行间距时，默认状态下最小值只能设置为单倍行距（即 12 磅），如果文档需要较小的行间距，则可以在"间距"栏的"行距"下拉列表中选择"固定值"选项，然后在右边的"设置值"数值框中任意输入所需的值，如 10 磅，如图 4-22 所示。

图 4-22

5 设置完成后，单击"确定"按钮，即可缩小选中文档的行距，如图 4-23 所示。

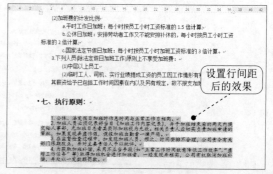

图 4-23

4.1.4 设置段落间距

段落间距是指段前或段后的间隔距离。段落间距的设置是文档编排过程中的必要操作。

1. 快速设置段前、段后间距

1 在打开的 Word 文档中，将光标定位到要设置段间距的段落中并选中。

2 在"开始"选项卡中的"段落"选项组中，单击"行距"（≡·）下拉按钮，展开下拉菜单（见图 4-24）。如果要设置段前间距，可以选中"增加段前间距"；如果要设置段后间距，可以选中"增加段后间距"。

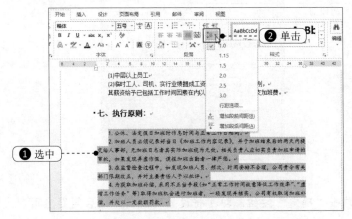

图 4-24

3 例如这里选中"增加段后间距"，即可为选中的所有段落设置段后间距，效果如图 4-25 所示。

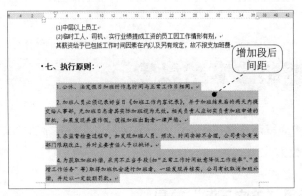

图 4-25

2. 自定义段前、段后的间距值

1 在打开的 Word 文档中，将光标定位到要设置段间距的位置。

2 在"开始"选项卡中的"段落"选项组中单击 按钮，打开"段落"对话框。

③ 在对话框中的"间距"栏下，在"段前"和"段后"框中，可以自定义段前、段后的间距。例如这里将"段前"和"段后"的间距都设置为"1 行"，如图 4-26 所示。

设置段前、段后间距

图 4-26

④ 设置完成后，单击"确定"按钮，即可将设置的段前、段后间距应用到文档中。

提示

在设置"段前"和"段后"间距时，有时候会发现间距单位是"磅"，而不是"行"。遇到这样的情况，用户不用担心，只是设置单位不一样了，但设置效果是一样的。这里"1 行"等价于"6 磅"，依此类推。

4.2 设置首字下沉效果

在 Word 文档中为段落设置首字下沉，一方面可以突出显示首个文字；另一方面也可以美化文档的编排效果。

4.2.1 直接套用"首字下沉"效果

如果要直接套用首字下沉效果，可以使用"首字下沉"功能来实现，具体实现步骤如下。

① 在打开的 Word 文档中，将光标定位到要设置首字下沉的段落中。

② 在"插入"选项卡中的"文本"选项组中，单击"首字下沉"下拉按钮，展开下拉菜单，如图 4-27 所示。

图 4—27

③ 在"首字下沉"下拉列表菜单中,可以看到 Word 2013 所提供的两种首字下沉效果,分别是"下沉"和"悬挂"。用户可以根据需要来选择,如选中"下沉"选项,即可为段落首字设置下沉效果,效果如图 4-28 所示。

图 4—28

④ 如选中"悬挂"选项,即可为段落首字设置悬挂下沉效果,效果如图 4-29 所示。

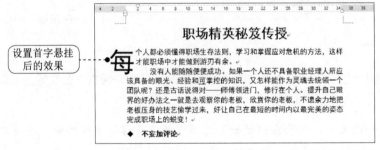

图 4—29

4.2.2 自定义"首字下沉"格式

如果要自定义"首字下沉"格式,可以通过下面的操作来实现。

① 在打开的 Word 文档中,将光标定位到要设置首字下沉的段落中。

② 在"插入"选项卡中的"文本"选项组中,单击"首字下沉"下拉按钮,在展开的下拉菜单中选择"首字下沉选项"命令,打开"首字下沉"对话框。

③ 在对话框中的"位置"中,选择下沉位置,如"下沉";在"选项"下的"字体"框中,

重新设置字体为"华文行楷";在"下沉行数"框中设置为"3";在"距正文"框中设置间距为"0厘米",如图 4-30 所示。

4 设置完成后,单击"确定"按钮,即可将设置的首字下沉效果应用到段落首字中,效果如图 4-31 所示。

图 4-30

图 4-31

4.3 中文版式设置

在 Word 2013 中,可以为文档设置多种中文版式,如为文本设置双行合一效果、纵横混排效果等,在进行一些特殊排版时可以应用。

4.3.1 双行合一

双行合一是指将选中的文本以两行的形式显示在文档的一行中,通常在公文等办公类文档中使用比较多。

1 选中需要双行合一的文本,然后在"开始"选项卡的"段落"选项组中,单击"中文版式"下拉按钮,在展开的下拉菜单中选择"双行合一"命令,如图 4-32 所示。

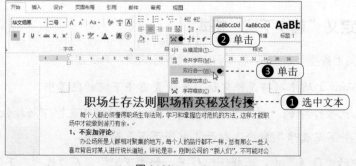

图 4-32

2 打开"双行合一"对话框，选中"带括号"复选框，如图 4-33 所示。直接单击"确定"按钮，效果如图 4-34 所示。如果觉得合并后的字体太小，可以选中文本，进行字号设置。

图 4-33

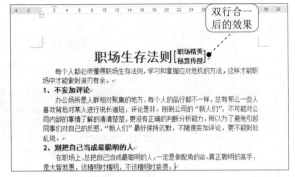

图 4-34

4.3.2 纵横混排

利用纵横混排功能，可以实现一个文档的页面有横排和竖排两种方式，使文档生动活泼。

1 在打开的 Word 文档中，选中需要混排的文本，然后在"开始"选项卡的"段落"选项组中，单击"中文版式"下拉按钮，在展开的下拉菜单中选择"纵横混排"命令，如图 4-35 所示。

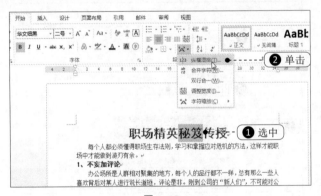

图 4-35

2 打开"纵横混排"对话框，选中"适应行宽"复选框，如图 4-36 所示。

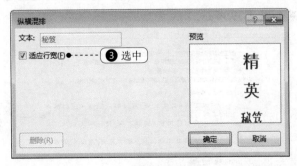

图 4-36

③ 设置完成后，单击"确定"按钮，效果如图4-37所示。

图4-37

 字符缩放

利用字符缩放功能可以使文本放大或缩小一定的百分比，有突出或强调作用。

① 在打开的 Word 文档中，选中需要放大或缩小的文本，然后在"开始"选项卡的"段落"选项组中，单击"中文版式"下拉按钮，在展开的下拉菜单中选择"字符缩放"命令，如图4-38所示。

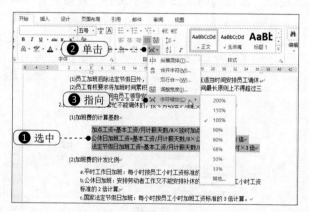

图4-38

② 在展开的子菜单中有不同的缩放比例，正常大小是100%，这里选择放大到"150%"，单击后即可应用，效果如图4-39所示。

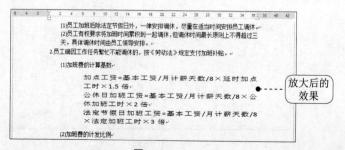

图4-39

4.4 应用项目符号与编号

在文档中应用项目符号与编号是为了使文档的层次更加清晰，一般在一些小标题或条目性的文档中经常需要使用。

4.4.1 添加默认项目符号与编号

在文档中有的地方需要使用项目符号与编号，可以直接引用 Word 2013 提供的默认项目符号与编号。

1. 添加项目符号

如果要添加项目符号，可以使用 Word 2013 提供的"项目符号"下拉菜单来实现，具体实现步骤如下。

1 在打开的 Word 文档中，将光标定位到要设置项目符号的位置，如"网络密码保护"小节标题。

2 在"开始"选项卡中的"段落"选项组中单击"项目符号"（三·）下拉按钮，在展开的项目符号下拉菜单中，用户可以根据需要选择对应的项目符号，选中后直接将选中的项目符号应用到光标所在的小节标题前，如图 4-40 所示。

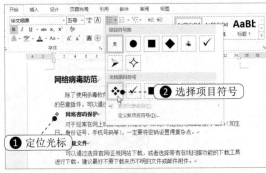

图 4-40

3 利用相同的方法，可以再次对其他需要

设置项目符号的小节标题进行设置，设置后的效果如图 4-41 所示。

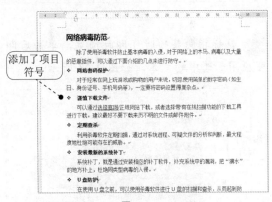

图 4-41

提示

如果有多处文本需要使用相同的项目符号，可以在设置前一次性选中文本，也可以设置一处文本，再使用格式刷快速刷取格式。

2. 添加编号

如果要添加编号，可以使用 Word 2013 提供的"编号"下拉菜单实现，具体实现步骤如下。

1 在打开的 Word 文档中，将光标定位到要设置编号的位置，或者一次性选中所有需要添加编号的文本（可以是连续的，也可以是不连续的）。

② 在"开始"选项卡中的"段落"选项组中单击"编号"（三▼）下拉按钮，展开下拉菜单，如图 4-42 所示。

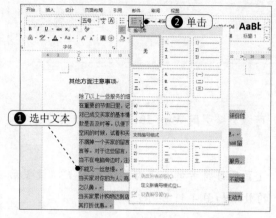

图 4-42

③ 鼠标指向某项时可即时预览，单击后即可应用于选中的文本，如图 4-43 所示。

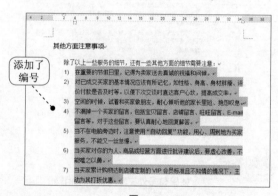

图 4-43

提示　　　除了使用"段落"选项组中的"项目符号"和"编号"来设置项目符号和编号外，还可以右击鼠标，在弹出的快捷菜单中选中"项目符号"和"编号"选项来实现。

4.4.2　自定义项目符号与编号

如果感觉 Word 2013 提供的项目符号与编号并不符合文档所需，这时候用户可以自定义项目符号与编号。

1.　自定义项目符号

如果要自定义项目符号，可以使用如下操作来实现。

① 在打开的 Word 文档中，将光标定位到要设置项目符号的位置，或者一次性选中所有需要添加项目符号的文本（可以是连续的，也可以是不连续的）。

② 在"开始"选项卡中的"段落"选项组中单击"项目符号"（三▼）下拉按钮，在展开的下拉菜单中选择"定义新项目符号"命令（见图 4-44），打开"定义新项目符号"对话框，如图 4-45 所示。

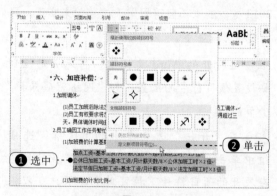

图 4-44

图 4-45

③ 在对话框中单击"符号"按钮，打开"符号"对话框，在其中可以选择其他符号作为项目符号使用，如图 4-46 所示。

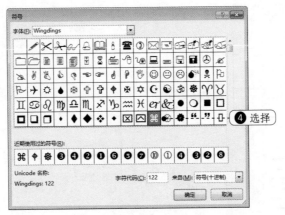

图 4-46

④ 选择后单击"确定"按钮，返回到"定义新项目符号"对话框中，再次单击"确定"按钮，即可将设置的项目符号应用于选中的文本中。按相同的方法可以设置其他项目符号，效果如图 4-47 所示。

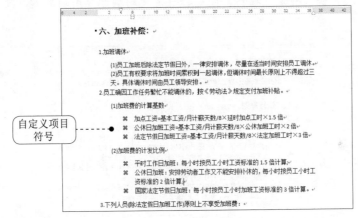

图 4-47

2. 自定义编号与设置编号起始值

如果要自定义编号与设置编号起始值，可以使用如下操作来实现。

◆ 自定义编号

① 在打开的 Word 文档中，将光标定位到要设置编号的位置，或者一次性选中所有需要添加编号的文本（可以是连续的，也可以是不连续的）。

② 在"开始"选项卡中的"段落"选项组中单击"编号"（≡▾）下拉按钮，在展开的下拉菜单中选中"定义新编号格式"选项，打开"定义新编号格式"对话框。在"编号格式"下，用户可以选择编号样式，如图 4-48 所示。

③ 设置完编号样式后，单击"字体"按钮，打开"字体"对话框，可以对编号的字体格式重新设置，如此处重新设置了西文字体、字号等，如图 4-49 所示。

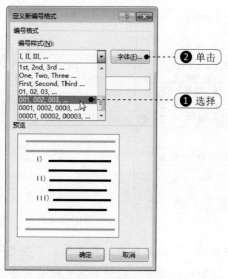

图 4-48　　　　　　　　　　　　　　　　　　图 4-49

4 设置完成后，依次单击"确定"按钮，即可将自定义的编号应用到文本，效果如图 4-50 所示。

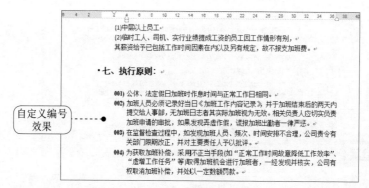

图 4-50

> **提示**
>
> 如果文档中需要设置多级编号，可以单击"编号"（三▾）按钮，在展开的编号下拉菜单中选中"更改列表级别"选项，展开编号级别子菜单。用户根据当前编号所在级别，选中对应的级别选项即可（在 Word 2013 中，为用户提供了 9 级别编号）。

◆ 设置编号起始值

当为文本应用编号后，文本会一直应用连续编号，如图 4-51 所示。而像本例中这种情况下明显需要重新从 1 开始编号，这里就需要重新设置编号的起始值。

1 选中需要重新编号的文本，在"开始"选项卡中的"段落"选项组中单击"编号"（三▾）下拉按钮，在展开的下拉菜单中选中"设置编号值"选项，打开"起始编号"对话框，将起始值设置为"1"，如图 4-52 所示。

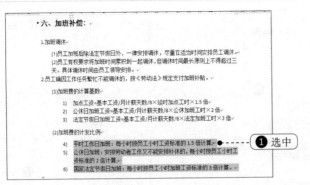

图 4-51

图 4-52

2 设置完成后，单击"确定"按钮，即可看到下面的编号起始值已经发生了变化，如图4-53所示。

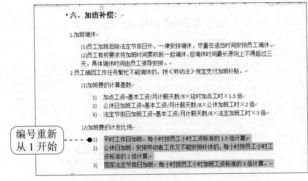

图 4-53

4.5 应用样式

样式是指一组已经命名的字符和段落格式。它规定了文档中标题以及正文等各个文本元素的格式，可以将一种样式应用于某个段落，或者段落中选定的文本上。

使用样式最大的优势就是能非常方便地修改某一类格式，例如在编辑一篇较长的文档时，需要对许多的文字和段落进行相同的排版工作，如果只是利用字体格式编排和段落格式编排功能，会是一项繁重的重复劳动。这时使用样式能减少许多重复的操作，在短时间内排出高质量的文档。

Word 程序内置了一些样式，想使用时可以直接套用。但更多的时候，我们可能还需要根据实际情况创建新样式。

选择应用样式的文本，在"开始"选项卡的"样式"选项组中单击"其他"（⊡）按钮（见图4-54），可看到程序提供的样式。通过套用这些样式，可以快速设置标题格式或其他正文格式。这里选择"明显引用"样式（见图4-55），单击即可应用，效果如图4-56所示。

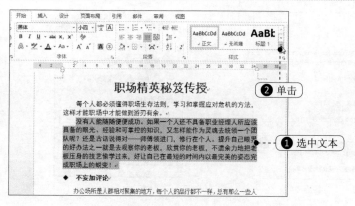

图 4-54　　　　　　　　　　　　图 4-55

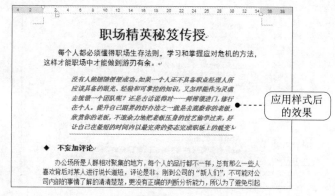

图 4-56

4.5.1　套用文档格式

文档格式是程序预定义的包含多种样式的一个集合。选择格式后，可以一次性为整篇文档应用一套样式。

① 在"设计"选项卡的"文档格式"选项组中显示的就是可套用的文档格式，通过单击"其他"按钮（见图 4-57），可以打开更多格式库，选择一种样式，如图 4-58 所示。

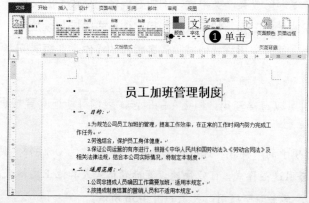

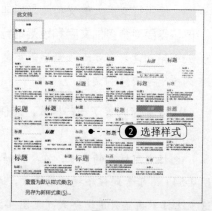

图 4-57　　　　　　　　　　　　图 4-58

② 单击选择的样式后，即可让整篇文档应用效果，如图 4-59 所示。

图 4-59

4.5.2 新建自己的样式

程序自带的样式有限，一般并不能满足实际编排文档的需要，因此更多时候，我们需要自己创建样式。创建样式后，哪里需要使用这个样式就直接套用即可。下面新建一个自己的强调二级标题的样式。

◆ 创建样式

① 在"开始"选项卡的"样式"选项组中单击 按钮（见图 4-60），打开"样式"窗格（此列表中显示的是当前文档所有可应用的样式）。

② 单击窗格下方的"新建样式"（ ）按钮（见图 4-61），打开"根据格式设置创建新样式"对话框。

图 4-60

图 4-61

③ 在"名称"文本框中输入样式的标题，本例命名为"二级标题"，然后在"格式"栏中单击"字体"设置框右侧的下拉按钮，选择需要的字体；单击"加粗"和"下画线"按钮设置字形；单击"颜色"设置框右侧的下拉按钮，选择文字的颜色为"蓝色"，如图4-62所示。

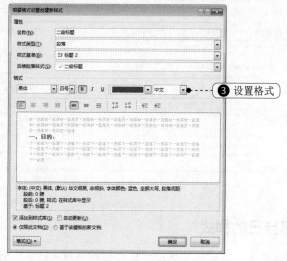

图4-62

④ 单击"格式"按钮，在下拉菜单中单击"边框"命令（见图4-63），打开"边框和底纹"对话框。

⑤ 切换到"边框"选项卡，选中"阴影"边框样式，然后在"样式"下拉列表中选择线条样式；在"颜色"设置框中单击右侧的下拉按钮，选择线条颜色；在"宽度"设置框中单击右侧的下拉按钮，选择想使用的线条粗细值，如图4-64所示。

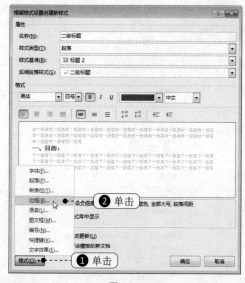

图4-63

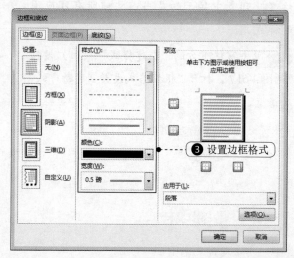

图4-64

⑥ 依次单击"确定"按钮，完成此样式的设置，可以看到名称为"二级标题"的样式显示于样式库中。

◆ 应用样式

1 光标定位到正文中需要应用此样式的文本，如图4-65所示，在"样式"窗格中单击新建的"二级标题"样式，应用后的效果如图4-66所示。

2 按相同的方法，当有文本需要应用此样式时，只要将光标定位到该文本，然后在"样式"窗格中单击样式名称即可，如图4-67所示。

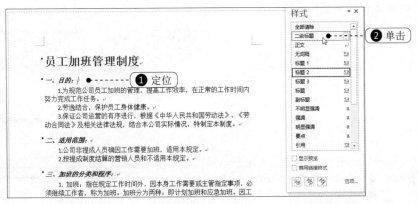

图 4-65

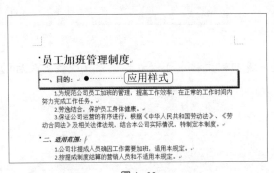

图 4-66

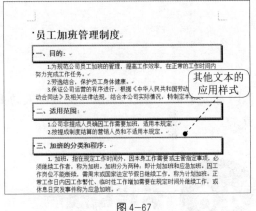

图 4-67

提示　在"根据格式设置创建新样式"对话框中，单击"格式"按钮，在下拉菜单中单击"字体"命令，打开"字体"对话框，可以对字体格式进行更为详细的设置；单击"段落"命令，打开"段落"对话框，可以对段落格式进行更为详细的设置。

4.5.3 修改样式

如果对样式集中程序预设样式或自己创建的样式效果不满意，可以随时对样式进行修改。修改样式后，如果文档中有应用此样式的文本，文本会同步自动更新。例如对上一节中创建的"二级标题"样式进行修改。

1 在"开始"选项卡的"样式"选项组中，需要修改的样式上右击鼠标（如"二级标题"），在弹出的快捷菜单中选择"修改"命令（见图4-68），打开"修改样式"对话框，如图4-69所示。

2 可在"格式"栏中重新设置字体、字号、颜色、下画线等格式，也可以单击"格式"按钮，在下拉菜单中选择相应的命令，打开对话框以实现对格式的修改（修改格式的方法与设置格式的方法相同）。

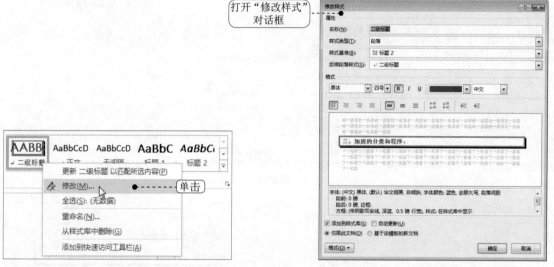

图4-68

图4-69

3 依次单击"确定"按钮，完成样式的更改，返回到文档中可以看到文档样式被更改后的效果。

4.6 分栏排版

在 Word 2013 默认状态下文档内容都是一栏显示的。但为了文档的编排效果更加合理与美观，可以对文档内容进行分栏设置，如分两栏、三栏等。

4.6.1 创建分栏版式

如果要为整篇文档设置分栏编排效果，可以使用"分栏"功能来实现，具体实现步骤如下。

1 在打开的 Word 文档中，选中需要设置分栏的文本。

2 在"页面布局"选项卡中的"页面设置"选项组中，单击"分栏"下拉按钮，展开下拉菜单，如图4-70所示。

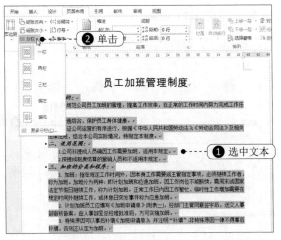

图 4-70

③ 在展开的分栏下拉菜单中，可以看到 Word 2013 所提供的 5 种分栏方式，分别是"一栏"、"两栏"、"三栏"、"偏左"和"偏右"。如单击"两栏"选项，即可以"两栏"方式编排文档，效果如图 4-71 所示。

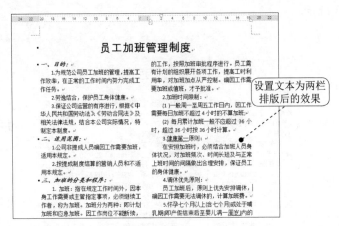

图 4-71

4.6.2 调整栏宽

除了使用 Word 2013 提供的默认分栏宽度和间距外，还可以自行调整分栏的宽度和间距，同时也可以为分栏添加辅助分隔线。

① 在打开的 Word 文档中，选中需要设置分栏的文本。

② 在"页面布局"选项卡中的"页面设置"选项组中单击"分栏"下拉按钮，在展开的下拉菜单中选中"更多分栏"选项，打开"分栏"对话框。

③ 在对话框中，如果要调整分栏宽度和间距，先取消"栏宽相等"复选框，并在对应的第一栏"宽度"设置框中通过单击上下调节钮来调节栏宽；在后面的"间距"设置框中通过单击上下调节钮来设置第一栏与第二栏的间距。

4 选中"分隔线"复选框，如图 4-72 所示。

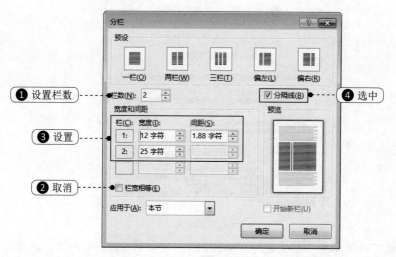

图 4-72

5 设置完成后，单击"确定"按钮，可以看到改变栏宽和间距以及添加分隔线后的分栏效果，如图 4-73 所示。

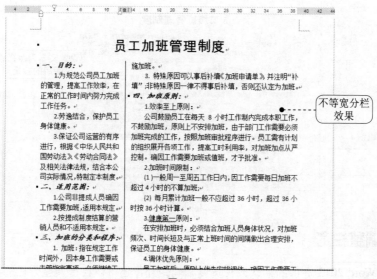

图 4-73

CHAPTER
05

文档图文混排

本章概述

文档的内容多样化，有些文档并不只有文本信息，还需要应用图片辅助说明、运用图形辅助设计、运用表格显示相关统计数据等。因此要编辑专业化的文档，需要学会在文档中得心应手地应用图形、图片、文本框、表格等对象。

本章知识脉络图

重点知识	相关功能	功能用途	页 码	学习等级
插入图片	插入→插图→图片	图片修饰文档	89	★★★★★
裁剪图片	图片工具→格式→大小→裁剪	裁剪只保留有用部分	90	★★★★★
设置图片样式	图片工具→格式→图片样式	美化图片	90	★★★★☆
设置图文混排	图片工具→格式→排列→自动换行	让图片与文本合理排版	91	★★★★★
使用图形对象	插入→插图→形状	图形修饰文档	93	★★★★☆
使用文本框	插入→文本→文本框	文本框可以实现混合排版	98	★★★☆☆
使用 SmartArt 图形	插入→插图→ SmartArt	SmartArt 图形可以体现一些逻辑关系	100	★★★☆☆
插入表格	插入→表格→表格	在文档中应用表格	105	★★★☆☆
编辑调整表格	表格工具→布局→对齐方式 / 合并 / 行和列	让表格的结构更加合理	105	★★★☆☆
美化表格	表格工具→设计→表格样式	美化默认的表格	109	★★★☆☆

应用效果

裁剪图片

应用图片样式

图片四周型环绕效果

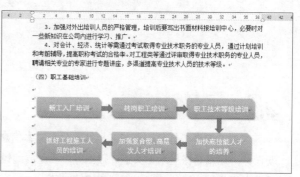

图形应用效果

文本框效果（一）

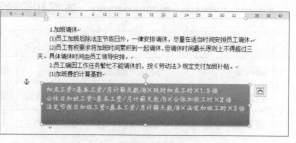

文本框效果（二）

SmartArt 图形效果

表格效果

5.1 应用图片

图片是编辑某些商务文档时必备的元素之一。图片一方面能辅助文本信息的表达，另一方面能起到点缀、美化文档的作用。因此应学会如何在 Word 文档中让图片与文本完美结合，这才是使图片真正为文档增色的关键。

5.1.1 插入图片

使用到文档中的图片需要事先下载并保存到电脑中，然后按如下步骤插入。

❶ 将光标定位到需插入图片的位置，在"插入"选项卡的"插图"选项组中，单击"图片"按钮（见图 5-1），打开"插入图片"对话框。

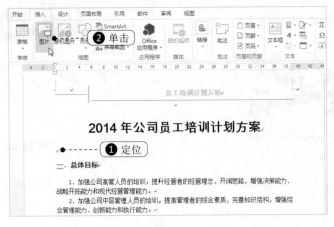

图 5-1

❷ 找到并选中需插入的图片（见图 5-2），单击"插入"按钮即可插入图片，如图 5-3 所示。

图 5-2

图 5-3

5.1.2 裁剪修整图片

在文档中插入图片后,如果只需要使用图片的部分内容,可以利用裁剪命令对图片进行修剪,裁去不需要的部分,只保留需要的部分。

① 选择图片,在"图片工具→格式"选项卡的"大小"选项组中单击"裁剪"按钮(见图5-4),图片周围即会出现裁剪的符号,如图5-5所示。

图 5-4

图 5-5

② 将鼠标放置在需剪裁一边的符号上,当鼠标指针变成与此符号项对应的形状后,按住鼠标拖动(见图5-6)。拖动到目标位置后,释放鼠标,在图片以外的位置单击即可剪裁成功,如图5-7所示。

图 5-6

图 5-7

5.1.3 设置图片样式

Word 中预置了很多种图片外观样式,用户可以根据需求直接套用样式。

① 选择图片,在"图片工具→格式"选项卡的"图片样式"选项组中单击"其他"(▾)按钮(见图5-8),展开图片样式库,如图5-9所示。

图 5-8

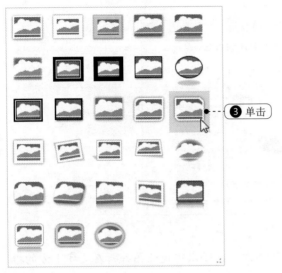

③ 单击

图 5-9

应用样式后
效果（一）

图 5-10

应用样式后
效果（二）

图 5-11

2️⃣ 在库中选择一种样式，如"圆形对角白色"，应用后效果如图 5-10 所示；选择"柔化边缘椭圆"，应用后效果如图 5-11 所示。

5.1.4　图文混排设置

在文档中插入图片后，默认是以"嵌入"的方式插入。在进行文档排版时，可以设置图片环绕、衬于底部等布局，从而达到需要的排版效果。

1️⃣ 选择图片，在"图片工具→格式"选项卡的"排列"选项组中单击"自动换行"下拉按钮，在展开的下拉菜单中选择合适的环绕方式，如"四周型环绕"（见图 5-12），应用后效果如图 5-13 所示。

① 单击
② 选择

图 5-12

四周型
环绕

图 5-13

2️⃣ 调整图片大小并拖动到合适的位置上，文档效果如图 5-14 所示。

图 5-14

3 在"自动换行"下拉菜单中选择"衬于文字下方",可以实现让图片衬在文字下方的排版效果,如图 5-15 所示。

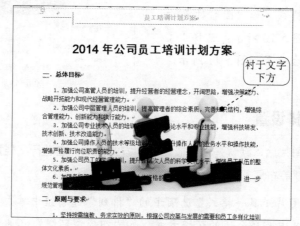

图 5-15

> **提示**
>
> 选择图片时,有的图片不易选中,特别是设置为"衬于文字下方"的图片。此时,可以在"开始"选项卡的"编辑"选项组中单击"选择"按钮,在下拉菜单中单击"选择对象"命令,然后将光标放置在需选择的图片上,单击即可选中。

5.2 应用自选图形

在编辑 Word 文档时,很多时候都需要使用到自选图形,例如绘制某流程图、设计页面特殊效果等。本节将带领大家学习在文档中添加自选图形并设置格式匹配文档。

5.2.1 插入自选图形

Word 为用户提供了各种自选图形的形状，用户可以根据需要自行绘制。

1 在"插入"选项卡的"插图"选项组中单击"形状"下拉按钮，在展开的下拉菜单中选择合适的形状，如"剪去对角的矩形"，如图 5-16 所示。

2 在文档中拖动鼠标即可绘制"剪去对角的矩形"图形，效果如图 5-17 所示。

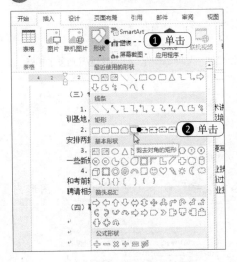

图 5-16

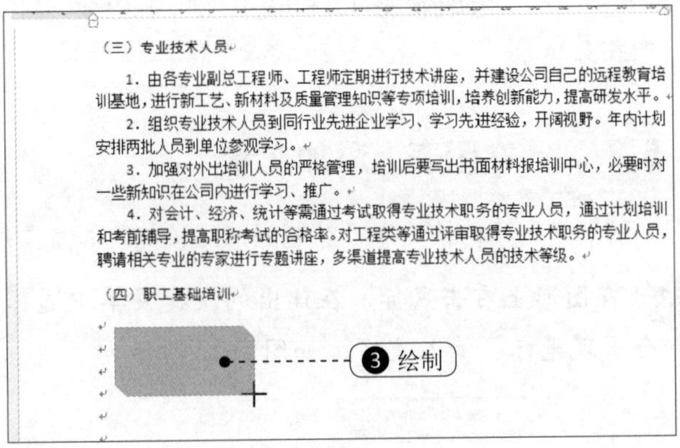

图 5-17

3 在"形状"下拉菜单中选择"右箭头"，如图 5-18 所示。

4 在文档中拖动鼠标即可绘制"右箭头"图形，如图 5-19 所示。

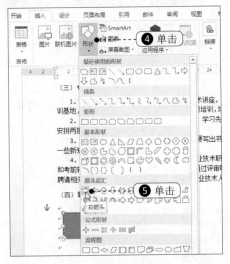

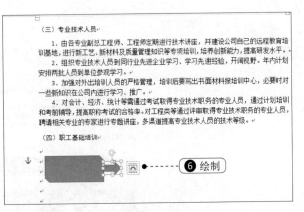

图 5-18

图 5-19

5 按照相同的方法，绘制其他图形，如图 5-20 所示。

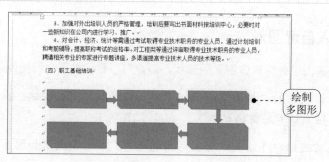

图 5-20

提示

相同的图形可以不用重新绘制，只需选中图形，执行复制→粘贴的操作，即可快速得到多个相同的图形。

5.2.2 在图表上添加文字

图形常用于修饰文本，绘制图形后该如何添加文字呢？可按如下的步骤操作。

1 在图形上右击鼠标，在弹出的快捷菜单中选择"添加文字"命令（见图 5-21），图形内即会出现光标，输入文字，如图 5-22 所示。

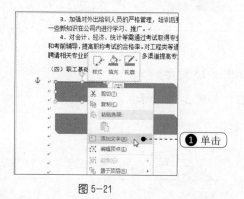

图 5-21

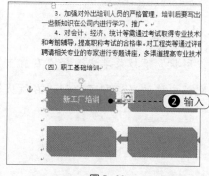

图 5-22

2 按照相同的方法操作，可在其他图形中定位光标，然后在图形内输入文字，如图 5-23 所示。

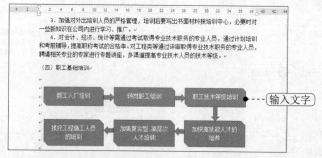

图 5-23

3 选择文本，在"开始"选项卡的"字体"选项组中，设置文本的字体、字号、颜色、字形等格式，如图 5-24 所示。

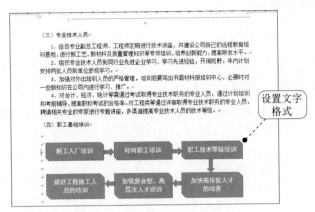

图 5-24

5.2.3 设置形状样式

绘制图形的默认格式一般效果比较单调，通过套用形状样式可以实现快速美化形状。

❶ 选择图形，在"绘图工具→格式"选项卡的"形状样式"选项组中单击"其他"（ 🔻 ）按钮（见图 5-25），在展开的库中选择合适的样式，如"强烈效果，金色，强调颜色4"（见图 5-26），应用效果如图 5-27 所示。

❷ 选择"彩色轮廓，蓝色，强调颜色 1"，应用效果如图 5-28 所示。

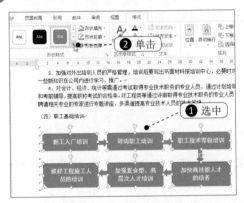

图 5-25

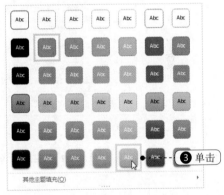

图 5-26

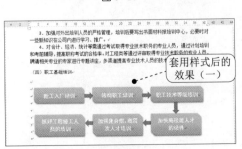

图 5-27

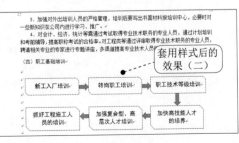

图 5-28

5.2.4 多图形对齐

在绘制多个图形时，手动拖曳放置一般不容易精确对齐，此时可以利用程序提供的"对齐"功能。

1 同时选中需要对齐的多个图形，在"绘图工具→格式"选项卡的"排列"选项组中单击"对齐"下拉按钮，在展开的下拉菜单中可以选择对齐方式，如选择"顶端对齐"，如图 5-29 所示。

图 5-29

2 执行"顶端对齐"命令后，对齐效果如图 5-30 所示。

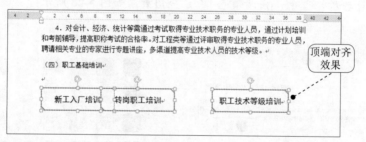

图 5-30

3 再次单击"对齐"下拉按钮，在展开的下拉菜单中选择"横向分布"，如图 5-31 所示。

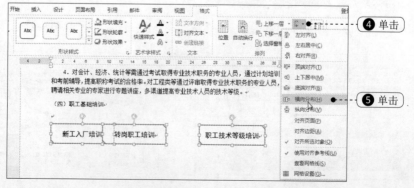

图 5-31

4 执行"横向分布"命令后，即可实现让选中的 3 个图形水平对齐且间隔距离相等，效果如图 5-32 所示。

图 5-32

5.2.5 组合多图形

在对多图形编辑完成后，将多个对象组合成一个对象，可以方便整体移动调整位置，也可以避免他人对单个图形的无意更改。

按 Ctrl 键依次选择要组合的图形，右击鼠标，在弹出的快捷菜单中单击"组合→组合"命令（见图 5-33），即可将图形组合成一个整体，如图 5-34 所示。

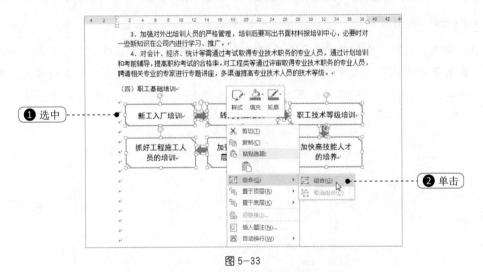

图 5-33

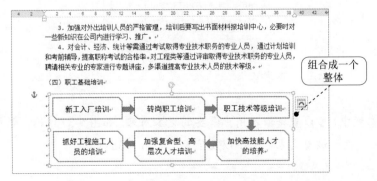

图 5-34

在文档编排的过程中，有些文本需要突出显示在文档某个位置，这时就可以配合"文本框"的形式来实现。通过使用文本框，一方面可以使文档编排不再单调；另一方面可以突出文档的重点内容。

5.3.1 插入文本框

在 Word 2013 中为用户提供了 30 种文本框样式，在旧版本中就没有这么多的样式可供选择。当用户需要使用文本框时，可以根据自身的需要直接套用文本框，也可以手工绘制文本框。

1. 直接插入内置文本框样式

如果要直接插入内置文本框样式，可以使用以下操作来实现。

1 在打开的 Word 文档中，将光标定位到所要插入文本框的位置。

2 在"插入"选项卡中的"文本"选项组中单击"文本框"按钮，展开下拉菜单，如图 5-35 所示。在展开的文本框下拉菜单中，可以看到 Word 2013 所提供的多种文本框样式。用户可以根据需要选中一种文本框样式，单击选择的文本框样式即可插入，效果如图 5-36 所示。

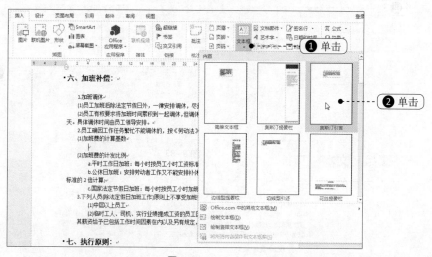

图 5-35

3 在文本框中，可以直接输入用户需要的文本内容，如图 5-37 所示。文本内容输入完成后，可以选中文本框来调整文本框大小以及位置，如图 5-38 所示。

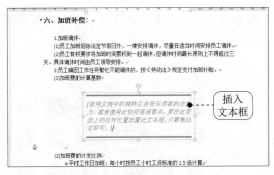

图 5-36

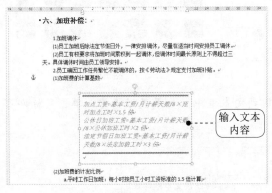

图 5-37

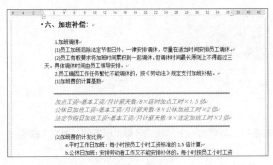

图 5-38

2. 手工绘制文本框

除了插入内置的文本框，还可以手工在任意位置上绘制文本框。

① 在"插入"选项卡中的"文本"选项组中单击"文本框"下拉按钮，在展开的下拉菜单中选择"绘制文本框"选项（见图5-39），即可激活鼠标的绘制操作状态。

② 在文档要插入的文本框位置，使用鼠标左键拖动即可绘制文本框，如图5-40所示。

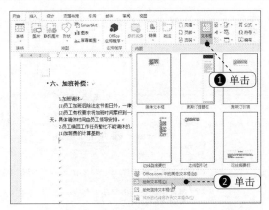

图 5-39

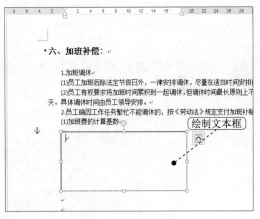

图 5-40

③ 在文本框中可输入需要的内容，如图5-41所示。

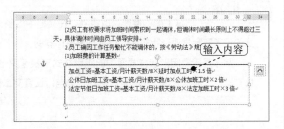

图 5-41

5.3.2 设置文本框格式

在文档中插入文本框后，用户可以对文本框进行美化设置。

① 选中绘制的文本框，即可激活"绘图工具→格式"选项卡。

② 在"形状样式"选项组中单击"其他"（ ）按钮（见图 5-42），展开样式库，如图 5-43 所示。

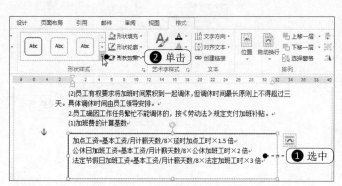

图 5-42

图 5-43

③ 在样式库中，用户可以选择一种样式来应用到文本框中。如果效果满意，单击鼠标即可应用，效果如图 5-44 所示。

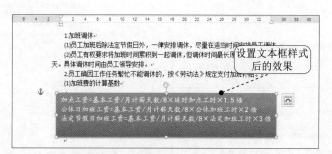

图 5-44

提示

从上面的操作可以看到，在文档中绘制文本框后，与添加一个形状的效果是相同的。对文本框格式的设置实际与对形状的格式设置方法是相同的。

除了直接套用形状样式库中的应用样式来快速美化文本框外，还可以在"形状样式"选项组中通过"形状填充"、"形状轮廓"和"更改形状"来自行设置文本框的美化效果。

5.4 在文档中使用SmartArt图形

Word 2013 中 SmartArt 图形较之过去版本丰富了很多，利用 SmartArt 功能可以实现绘制结构图、流程图等，既快捷又美观，而且条理清晰。例如，如图 5-45 所示的文本可以创建为 SmartArt 图形。

图 5-45

5.4.1 插入 SmartArt 图形

利用 SmartArt 图形可以快速添加列表、流程、关系等的图示。

① 在"插入"选项卡的"插图"选项组中单击"SmartArt"按钮（见图 5-46），打开"选择 SmartArt 图形"对话框。

图 5-46

② 在该对话框中可以看到有很多 SmartArt 图形，用户可以根据需要选择合适的类型，这里选中"垂直括号列表"，如图 5-47 所示。

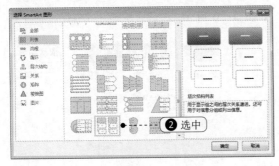

图 5-47

③ 单击"确定"按钮后，即可插入 SmartArt

图形，如图 5-48 所示。

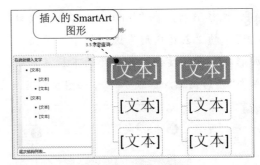

图 5-48

④ 在形状框中单击，光标处于闪烁状态，此时可以输入文本，如图 5-49 所示。按相同的方法，在各个形状中添加文本，如图 5-50 所示。

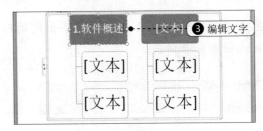

图 5-49

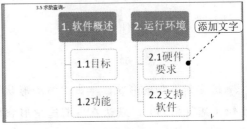

图 5-50

5.4.2 设置 SmartArt 图形的格式

插入 SmartArt 图形后，可以根据文档内容需要添加形状、样式等，使其更加符合需要。

1. 添加形状

添加 SmartArt 图形后，通常默认的形状都不够使用，此时需要添加新形状。

◆ 添加新形状

1 选择形状，在"SmartArt 工具→设计"选项卡的"创建图形"选项组中，单击"添加形状"下拉按钮，在展开的下拉菜单中，单击"在后面添加形状"命令，如图 5-51 所示。

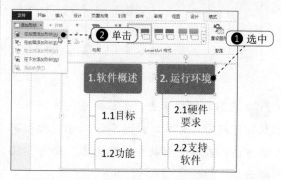

图 5-51

2 在选择形状的后面插入一个相同的形状，如图 5-52 所示。

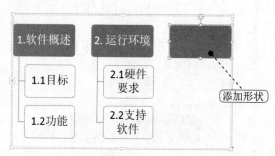

图 5-52

3 选中新添加的形状，单击"添加形状"按钮（见图 5-53），默认在当前选中形状的下方添加子形状。

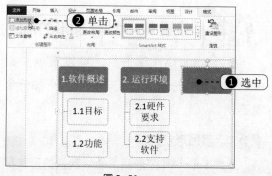

图 5-53

4 需要几个子形状就单击几次"添加形状"按钮，如图 5-54 所示。

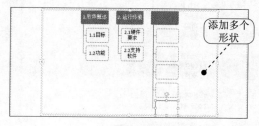

图 5-54

◆ 在新形状上编辑文字

新添加的形状中默认不包含"文本"字样，不能直接定位并输入文字。添加文字的操作如下。

1 选择形状并右击鼠标，在弹出的快捷菜单中单击"编辑文字"命令，如图 5-55 所示。

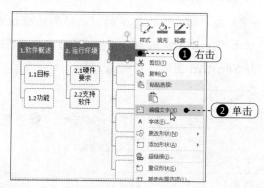

图 5-55

2 执行上述操作后，形状内出现闪烁的光标，输入文字即可。按相同的方法，可以为所有新添加的形状添加上文字信息，如图 5-56 所示。

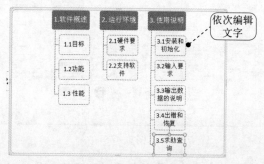

图 5-56

提示 添加形状时可能会遇到形状级别不正确的情况，此时需要准确选中要调整的图形，在"SmartArt 工具→设计"选项卡的"创建图形"选项组中，单击← 升级 或 → 降级 按钮调整；若形状的顺序不正确，可在"SmartArt 工具→设计"选项卡的"创建图形"选项组中，单击↑ 上移 或↓ 下移 按钮调整。

2. 文字格式设置

默认输入到图形中的文字都为宋体字。为获取更好的表达效果，可以对文字的格式进行设置。

① 选中形状，如果想一次性设置多个形状的文字格式（建议同一级的形状使用同一种文字格式），则可以按住 Ctrl 键不放，依次选中形状，然后在"开始"选项卡的"字体"选项组中分别设置字体、字号、颜色等（其设置方法与前面章节介绍的设置普通文本字体格式的操作方法一样），如图 5-57 所示。

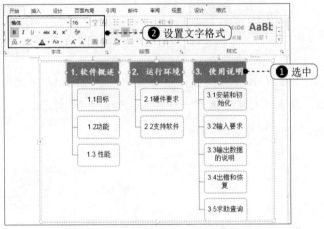

图 5-57

② 选中下一级形状，按相同的方法设置字体、字号、颜色等，如图 5-58 所示。

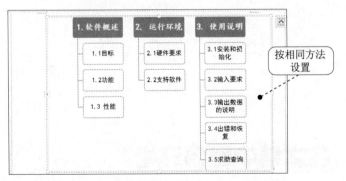

图 5-58

3. 更改 SmartArt 图形的颜色与样式

创建 SmartArt 图形后，可以利用程序提供的"更改颜色"与"SmartArt 样式"功能来套用，以达到快速美化的目的。

1 选中图形，在"SmartArt 工具→设计"选项卡的"SmartArt 样式"选项组中，单击"更改颜色"下拉按钮，在展开的下拉菜单中选择一种配色方案，如图 5-59 所示。

2 单击即可应用，效果如图 5-60 所示。

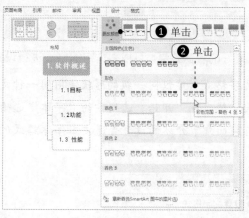

图 5-59

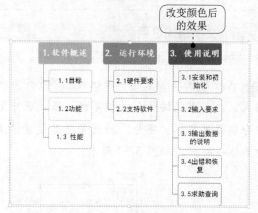

图 5-60

3 选中图形，在"SmartArt 工具→设计"选项卡的"SmartArt 样式"选项组中单击右侧的"其他"下拉按钮，在展开的库中选择一种样式，如图 5-61 所示。

4 单击即可应用，效果如图 5-62 所示。

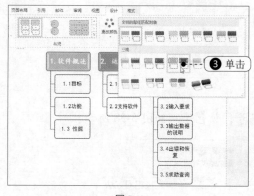

图 5-61

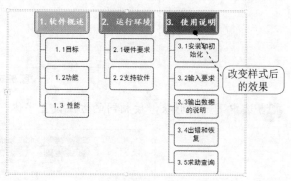

图 5-62

5.5 在文档中使用表格

有些办公文档中也需要使用表格，而正规的办公文档完全使用默认的表格效果肯定是不能达标的，因此插入默认表格后需要进行众多调整、美化才能真正投入使用，否则只会让整体文档效果打折扣。

5.5.1 插入表格

用户可根据需要插入几行几列的表格，默认行 / 列数计算有少许失误也没有关系，后期调整表格时可以插入或删除行 / 列。

1 将光标定位到插入表格的位置，在“插入”选项卡的“表格”选项组中，单击“表格”下拉按钮，在展开的下拉菜单中单击“插入表格”命令（见图 5-63），打开“插入表格”对话框。

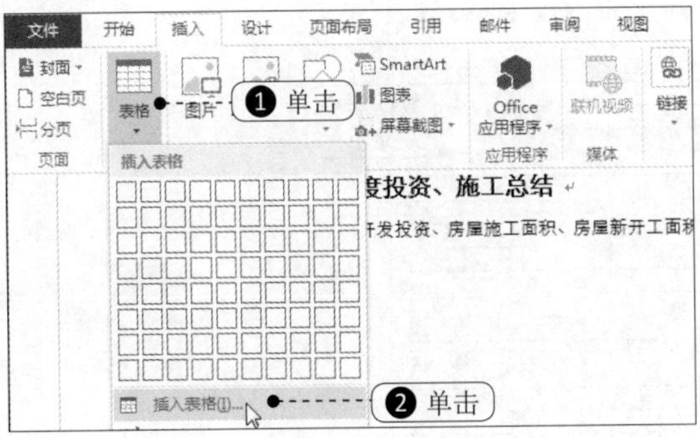

图 5-63

2 分别在“列数”和“行数”设置框中输入所需数值，如列数为 3，行数为 16，如图 5-64 所示。单击“确定”按钮，即可在光标处插入表格，如图 5-65 所示。

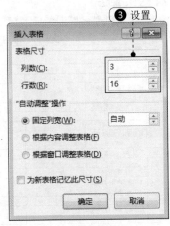

图 5-64

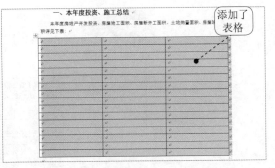

图 5-65

3 在表格中输入文字及数据信息，如图 5-66 所示。

一、本年度投资、施工总结

本年度房地产开发投资、房屋施工面积、房屋新开工面积、土地购置面积、房屋竣工面积详见下表：

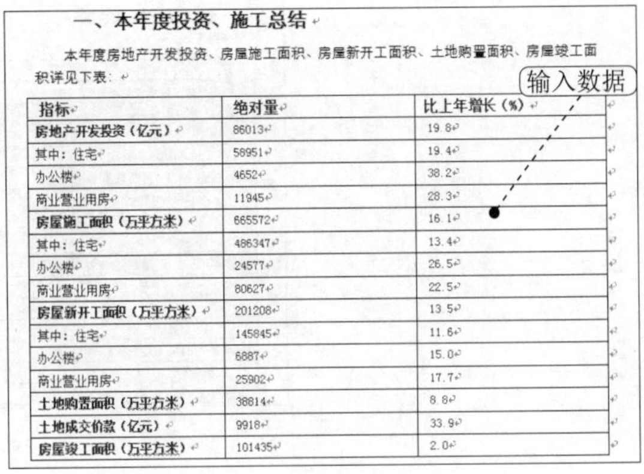

指标	绝对量	比上年增长（%）
房地产开发投资（亿元）	86013	19.8
其中：住宅	58951	19.4
办公楼	4652	38.2
商业营业用房	11945	28.3
房屋施工面积（万平方米）	665572	16.1
其中：住宅	486347	13.4
办公楼	24577	26.5
商业营业用房	80627	22.5
房屋新开工面积（万平方米）	201208	13.5
其中：住宅	145845	11.6
办公楼	6887	15.0
商业营业用房	25902	17.7
土地购置面积（万平方米）	38814	8.8
土地成交价款（亿元）	9918	33.9
房屋竣工面积（万平方米）	101435	2.0

图 5-66

5.5.2 编辑调整表格

新插入的表格需要通过调整才能达到用户的要求，如调整行高或列宽、补充行列或删除多余行列，以及合并单元格操作等。

1. 设置表格文字对齐方式

鼠标指向表格，单击表格左上角的⊞图标，选择全部表格，在“表格工具→布局”选项卡的“对齐方式”选项组中单击“水平居中”按钮（见图 5-67），即可将表格内的内容设置为水平居中，如图 5-68 所示。

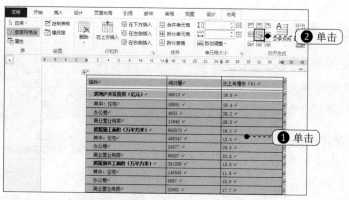

图 5-67

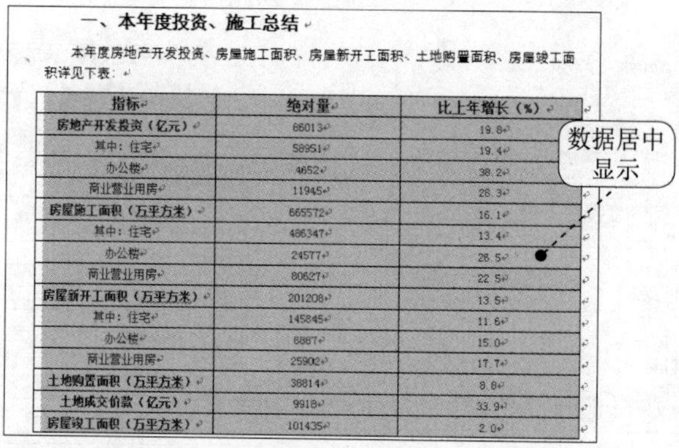

图 5-68

2. 按需要插入表格行或列

定位光标（可以定位到第一列的任意一个单元格中），在"表格工具→布局"选项卡的"行和列"选项组中单击"在左侧插入"按钮（见图 5-69），即可在光标的左侧插入一列，如图 5-70 所示。

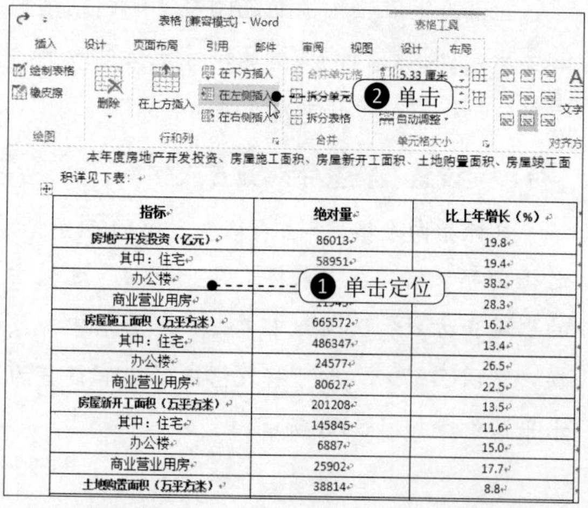

图 5-69

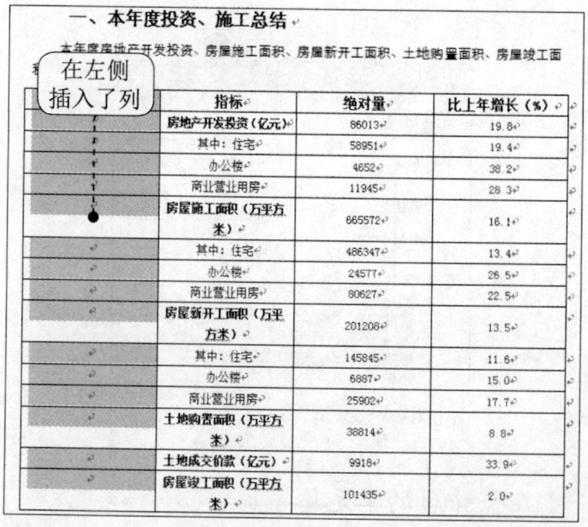

图 5-70

提示

在“表格工具→布局”选项卡的“行和列”选项组中，单击“在下方插入”按钮，即可在光标下方插入一行；单击“在上方插入”按钮，即可在光标上方插入一行；单击“在右侧插入”按钮，即可在光标右侧插入一列。如果一次性选择多行或多列，在执行插入行或插入列的操作后，将一次性插入多行或多列。

3. 按需要合并单元格

当表格中出现一对多的关系时，需要对单元格进行合并操作。

1 选择需合并的单元格，在“表格工具→布局”选项卡的“合并”选项组中，单击“合并单元格”按钮（见图 5-71），即可合并选择的单元格，如图 5-72 所示。

表格 [兼容模式] - Word
表格工具
插入 设计 页面布局 引用 邮件 审阅 视图 设计 布局
在下方插入
在左侧插入
在右侧插入
在上方插入
删除
合并单元格
拆分单元格
拆分表格
自动调整
行和列
合并
单元格大小
2 单击
1 选中
本年度房地产开发投资、房屋施工面积、房屋新开工面积、土地购置面积、房屋竣工面积详见下表：
指标
比上年增长（%）
房地产开发投资（亿元） 86013 19.8
其中：住宅 58951 19.4
办公楼 4652 38.2
商业营业用房 11945 28.3
房屋施工面积（万平方米） 665572 16.1
其中：住宅 486347 13.4

图 5-71

合并了单元格
积详见下表：
指标
绝对量
房地产开发投资（亿元） 86013
其中：住宅 58951
办公楼 4652
商业营业用房 11945
房屋施工面积（万平方米） 665572
其中：住宅 486347

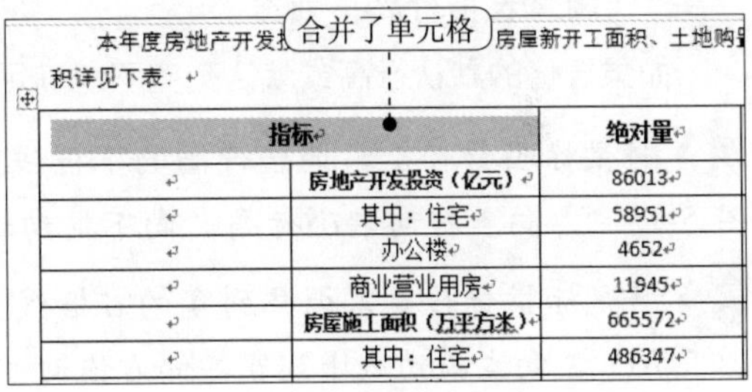

图 5-72

2 按照同样的方法，合并其他需合并的单元格，最后效果如图 5-73 所示。

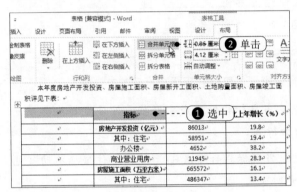

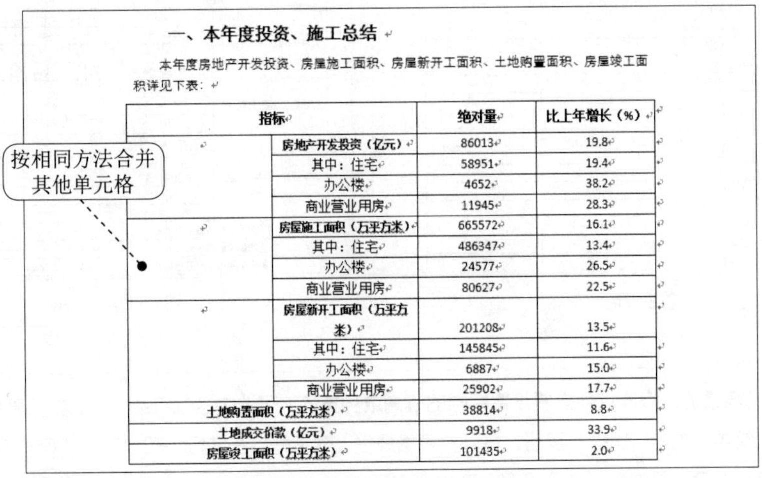

一、本年度投资、施工总结
本年度房地产开发投资、房屋施工面积、房屋新开工面积、土地购置面积、房屋竣工面积详见下表：
按相同方法合并其他单元格
指标 绝对量 比上年增长（%）
房地产开发投资（亿元） 86013 19.8
其中：住宅 58951 19.4
办公楼 4652 38.2
商业营业用房 11945 28.3
房屋施工面积（万平方米） 665572 16.1
其中：住宅 486347 13.4
办公楼 24577 26.5
商业营业用房 80627 22.5
房屋新开工面积（万平方米） 201208 13.5
其中：住宅 145845 11.6
办公楼 6887 15.0
商业营业用房 25902 17.7
土地购置面积（万平方米） 38814 8.8
土地成交价款（亿元） 9918 33.9
房屋竣工面积（万平方米） 101435 2.0

图 5-73

3 在合并后的单元格中，将数据重新输入或调整，效果如图 5-74 所示。

一、本年度投资、施工总结

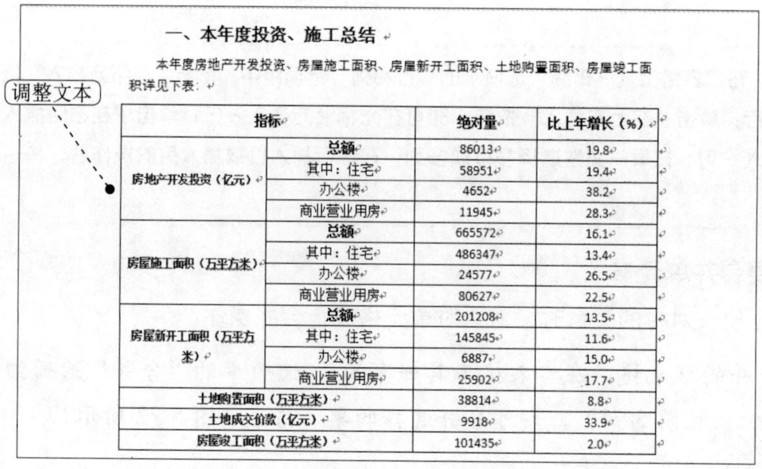

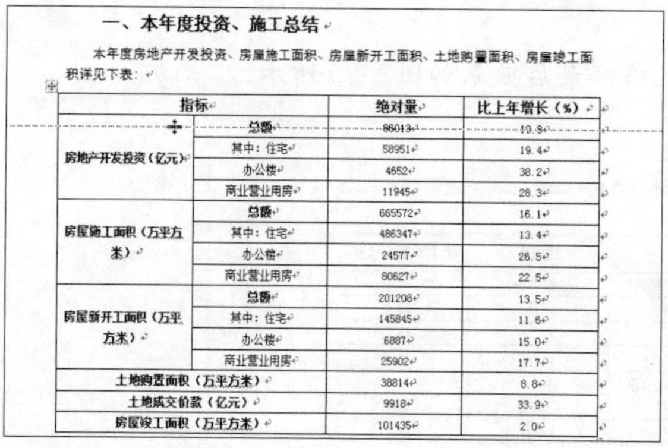

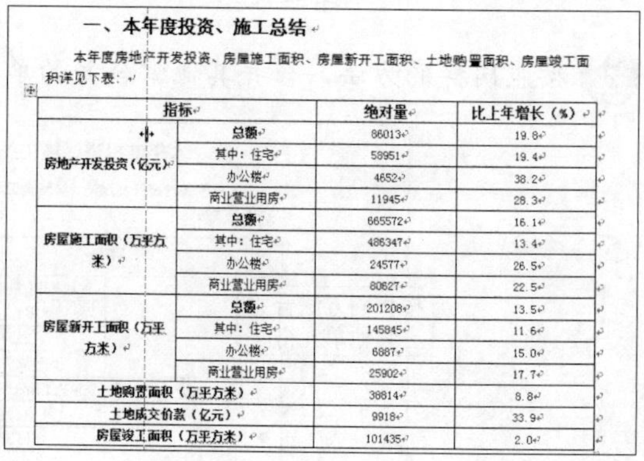

本年度房地产开发投资、房屋施工面积、房屋新开工面积、土地购置面积、房屋竣工面积详见下表：

调整文本

指标		绝对量	比上年增长（%）
房地产开发投资（亿元）	总额	86013	19.8
	其中：住宅	58951	19.4
	办公楼	4652	38.2
	商业营业用房	11945	28.3
房屋施工面积（万平方米）	总额	665572	16.1
	其中：住宅	486347	13.4
	办公楼	24577	26.5
	商业营业用房	80627	22.5
房屋新开工面积（万平方米）	总额	201208	13.5
	其中：住宅	145845	11.6
	办公楼	6887	15.0
	商业营业用房	25902	17.7
土地购置面积（万平方米）		38814	8.8
土地成交价款（亿元）		9918	33.9
房屋竣工面积（万平方米）		101435	2.0

图 5-74

4. 调整表格行高、列宽

如果表格的默认行高或默认列宽不能满足实际需要，可以利用鼠标拖动的办法调整。

1 将鼠标指针移至需调整行高的下框线上，当鼠标指针变成⬌形状，按住鼠标拖动（见图 5-75），向上拖动缩小行高，向下拖动增加行高。

2 将鼠标指针移至需调整列宽的右框线上，当鼠标指针变成◀▮▶形状，按住鼠标拖动（见图 5-76），向左拖动减小列宽，向右拖动增大列宽。

图 5-75

图 5-76

提示　若表格的几行或几列需要设置相同的行高或列宽值，可选中这几行或几列，在"表格工具→布局"选项卡的"表"组中，单击"属性"按钮，打开"表格属性"对话框，在"行"和"列"选项卡中分别选中"指定高度"和"指定宽度"复选框，然后设置行高和列宽值。

5.5.3 美化表格

默认插入的表格线条单调，也没有任何填充效果，因此一般需要进行一系列美化设置。

1.　直接套用表格样式

　　选择表格，在"表格工具→设计"选项卡的"表格样式"选项组中单击"其他"（⚏）按钮（见图 5-77），在表格样式库中选择合适的样式，如"网格表 4- 着色 2"（见图 5-78），单击即可应用，效果如图 5-79 所示。

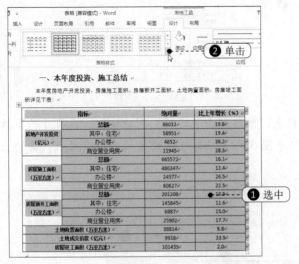

图 5-77

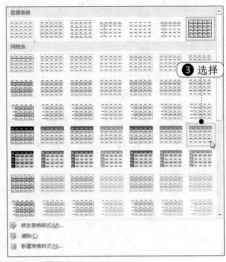

图 5-78

图 5-79

2.　自定义设置表格底纹和边框

①　选择需设置填充颜色的单元格，在"表格工具→设计"选项卡的"表格样式"选项组中，单击"底纹"下拉按钮，在展开的库中选择底纹颜色（见图 5-80），如"水绿色，着色 5，淡色 40%"，单击即可应用。

②　选择整个表格，在"表格工具→设计"选项卡的"绘图边框"选项组中，分别设置好线条样式、线条粗细、线条颜色，然后单击"边框"下拉按钮，在展开的下拉菜单中先单击"无框线"，再单击"所有框线"命令（见图 5-81），即可将设置的线条应用于表格的内部。

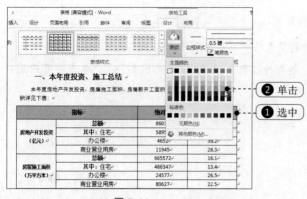

图 5-80

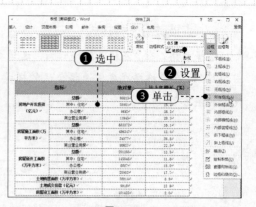

图 5-81

3 再重设置线条样式、线条粗细、线条颜色，然后单击"边框"下拉按钮，在展开的下拉菜单中单击"下框线"和"上框线"命令（见图 5-82），即可将设置的线条应用于表格的上框线与下框线。

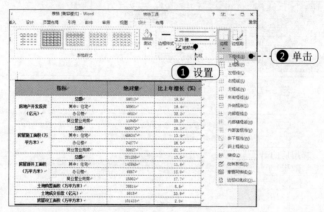

图 5-82

4 再选中列标识行（即第一行），然后单击"边框"下拉按钮，在展开的下拉菜单中单击"下框线"命令，最终表格效果如图 5-83 所示。

一、本年度投资、施工总结		

本年度房地产开发投资、房屋施工面积、房屋新开工面积、土地购置面积、房屋竣工面积详见下表：

自定义美化效果

指标		绝对量	比上年增长 (%)
房地产开发投资（亿元）	总额	86013	19.8
	其中：住宅	58951	19.4
	办公楼	4652	39.2
	商业营业用房	11945	28.3
房屋施工面积（万平方米）	总额	665572	16.1
	其中：住宅	486347	13.4
	办公楼	24577	26.5
	商业营业用房	80627	22.5
房屋新开工面积（万平方米）	总额	201208	13.5
	其中：住宅	145845	11.6
	办公楼	6887	15.0
	商业营业用房	25902	17.7
土地购置面积（万平方米）		38814	8.8
土地成交价款（亿元）		9918	33.9
房屋竣工面积（万平方米）		101435	2.0

图 5-83

CHAPTER 06

操作长文档及文档自动化处理

本章概述

　　日常办公中少不了对长文档的操作，在长文档的查看编辑中需要掌握一些特定的知识，如对长文档的定位查看、比较查看、建立目录等。本章主要介绍长文档的操作知识，以及邮件合并等非常实用的自动化处理技术。

━━━ 本章知识脉络图 ━━━

重点知识	相关功能	功能用途	页码	学习等级
长文档定位查看	视图→显示→导航窗格	通过目录快速定位到目标位置	113	★★★★☆
添加书签	插入→链接→书签	通过书签快速定位	114	★★★☆☆
以阅读方式显示	视图→视图→阅读视图	隐藏功能区便于阅读	115	★★★☆☆
拆分文档	视图→窗口→拆分	便于对同一篇文档的不同部分比较	116	★★★☆☆
创建文档目录	视图→视图→大纲视图	长文档必须具备清晰的目录	117	★★★★★
添加批注	审阅→批注	添加批注对个人建议或修改方法进行说明	120	★★★★☆
修订文档	审阅→修订	多人协同编辑时让他人看到哪些地方进行了修改	122	★★★☆☆
邮件合并	邮件→开始邮件合并→选择收件人 邮件→编写和插入域→插入合并域	应用域功能批量生成文件	124	★★★☆☆

应用效果

阅读视图

添加书签

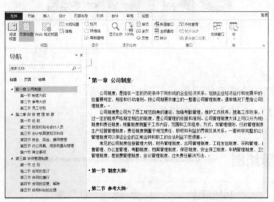

清晰的导航目录

提取的目录

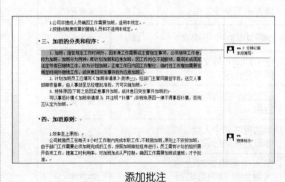

添加批注

邮件合并效果

6.1 长文档的阅读与查看

在使用长文档时，为了方便阅读与查看，可以学习掌握以下几个知识点。

6.1.1 定位到目标位置

对于长文档来说，可以利用定位的方式快速进入到目标位置。

1. 通过目录定位

长文档都具有清晰的目录结构，要快速查看长文档的目录结构，可以通过显示文档导航来查看。

1 在"视图"选项卡的"显示"选项组中，勾选"导航窗格"复选框，打开"导航"任务窗格。

2 在"导航"任务窗格中单击"标题"标签，然后在"导航"列表中显示出文档的目录，如图 6-1 所示。

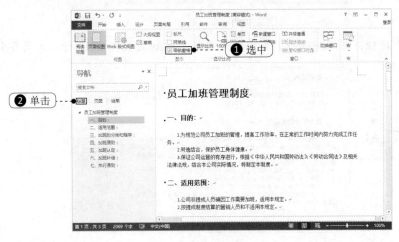

图 6-1

3 在需要的目录上单击鼠标，即可快速定位到目标位置上，如图 6-2 所示。

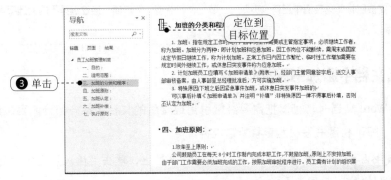

图 6-2

2. 目标定位

如果明确知道要定位的目标，利用"定位"功能则能更快、更灵活地定位到指定的目标。

1 在"开始"选项卡的"编辑"选项组中单击"替换"按钮，打开"查找和替换"对话框，单击切换到"定位"选项卡。如需要定位到"第16行"，在"定位目标"列表框下选择"行"，在"输入行号"文本框中输入"16"，单击"定位"按钮，如图6-3所示。

图 6-3

2 单击"关闭"按钮，关闭对话框。可以看到光标定位到文档的第16行，如图6-4所示。

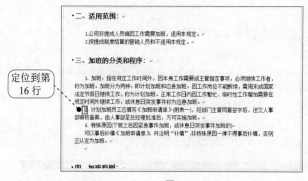

图 6-4

6.1.2 在长文档中添加书签标识

在编辑较长的 Word 文档时，可以把需要经常引用或查看的文档中某一部分内容建成一个书签。当需要查看时，即可利用书签快速查看所需内容。

1 选中想要做成书签的内容或者将光标定位到特定位置上，单击"插入"选项卡的"链接"选项组中的"书签"按钮，如图 6-5 所示。

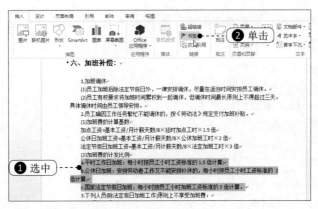

图 6-5

② 打开"书签"对话框，在"书签名"文本框中输入书签名称，单击"添加"按钮，即可将书签添加到文档中，如图 6-6 所示。用户可以继续按照同样的方式添加更多的书签。

③ 如果需要快速定位到书签位置，则无论现在在什么位置上，只要打开"书签"对话框，在"书签名"的列表框中选择要查找的书签，如图 6-7 所示。单击"定位"按钮，系统自动定位到查找的书签。

图 6-6   图 6-7

6.1.3 以阅读方式显示长文档

如果想使长文档显示得较快，并且方便阅读查看，可以将文档切换到阅读视图方式下。

① 在"视图"选项卡的"视图"选项组中，单击"阅读视图"按钮，如图 6-8 所示。

图 6-8

2 单击按钮后即可查看,如图 6-9 所示。要想关闭阅读视图,重新返回到页面视图,则可以在页面底部单击 ▤ 按钮。

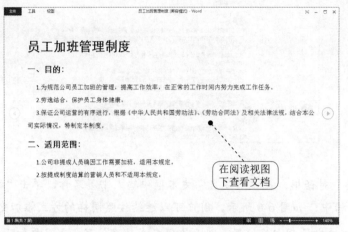

图 6-9

6.1.4 拆分文档方便比较查看

在长文档编辑过程中,由于文档包含多页,当文档下面的内容需要参考上面的内容进行编辑时,则可以将文档拆分为两个窗口。拆分成的两个窗口都可以自由滑动,定位到目标位置上。

图 6-10

打开长文档,在"视图"选项卡的"窗口"选项组中单击"拆分"按钮,如图 6-10 所示,单击后即可将窗口拆分为两个窗口(见图 6-11)。在每一个窗口中均可查看与编辑文档的任意部分,也便于对文档不同位置的比较查看。

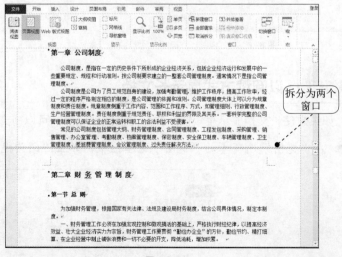

图 6-11

6.2 文档目录创建与提取

如果是日常办公的较短文档，可能不需要使用目录。但对于较长的文档来说，一般都需要创建清晰的目录，一方面便于写作时理清思路，另一方面便于文档的快速定位和查看。

6.2.1 创建目录

创建文档后，可以在"导航"窗格中查看文档的目录，如图 6-12 所示。但默认情况下，不经过特殊设置，文档是不存在各级目录的，当然更不会显示在"导航"窗格中。

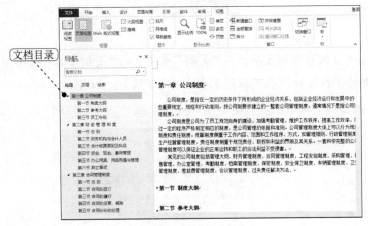

图 6-12

大纲视图可以用来审阅和处理文档的结构，让生成目录的操作更加便捷，从而为用户调整文档结构提供方便。下面介绍利用大纲视图创建文档目录。

1 打开文档，在"视图"选项卡的"视图"选项组中单击"大纲视图"按钮，如图 6-13 所示。

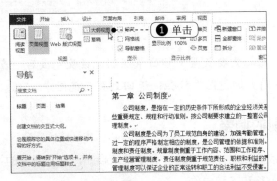

图 6-13

2 切换到大纲视图下，选中要设置文本为 1 级目录的文字，在"大纲"选项卡的"大纲工具"选项组中单击"正文文本"设置框（因为默认都为"正文文本"）右侧的下拉按钮，在下拉列表中单击"1级"命令，如图6-14所示。

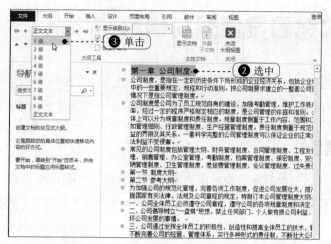

图 6-14

3 选中要设置文本为2级目录的文字，在"大纲"选项卡的"大纲工具"选项组中单击"正文文本"设置框右侧的下拉按钮，在下拉列表中选择"2级"，如图6-15所示。

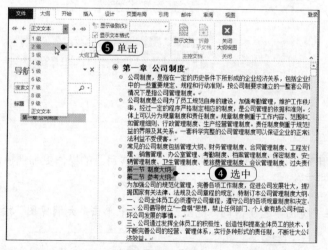

图 6-15

4 按照相同的方法，根据需要设置文档目录级别。设置完成后，在"大纲"选项卡的"关闭"选项组中单击"关闭大纲视图"按钮，返回到页面视图中。

6.2.2 目录级别的调整

当用户后期需要更改文档时，可以通过调整目录顺序，达到想要的效果。用户可以在任意级别标题的目录之间进行上移和下移操作。

1 打开文档，在大纲视图下，首先将光标移至需要调整目录的标题后，在"大纲"选项卡的"大纲工具"选项组中单击"下移"（▼）按钮，如图6-16所示。

图 6-16

2　单击"下移"按钮后，即可将选中的目录向下移动一次，如图 6-17 所示。

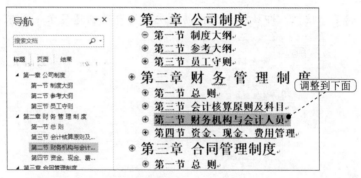

图 6-17

提示

　　在调整目录级别的时候，如果一个目录下面包含多级目录，可以先将目录进行折叠。折叠方法：选中需要折叠目录的一级标题，在"大纲"→"大纲工具"选项组中单击"折叠"（－）按钮即可。如果想要重新显示一级标题后的详细目录内容，用户可以直接单击"折叠"按钮左侧的"展开"按钮。

　　当目录移动时，下面包含的子目录也会被同时移动。

6.2.3　提取文档目录

　　为了帮助用户快速了解整个文档的层次结构及其具体内容，可以将文档目录提取出来，打印查看或者插入到正文的前面。

1　打开文档，将光标置于文档开头，在"引用"选项卡的"目录"选项组中，单击"目录"下拉按钮，在展开的下拉菜单中单击"自定义目录"命令，如图 6-18 所示。

2　打开"目录"对话框，在其中可以设置目录的格式。例如，设置"制表符前导符"为细点线；在"Web 预览"栏中显示了目录在 Web 页面上的显示效果；单击"格式"下拉按钮，在下拉列表中列出了 7 种目录格式，这里选择"来自模板"选项；设置"显示级别"为"3"级，如图 6-19 所示。

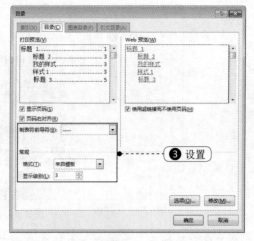

图 6-18   图 6-19

3 单击"确定"按钮，即可根据文档的层次结构自动创建目录，效果如图 6-20 所示。

图 6-20

6.3 文档批注与修订

在多人协同编辑文档时经常需要使用文档批注与修订功能，本节将对此两项功能展开介绍。

6.3.1 审阅时添加批注

在用 Word 编写长篇文稿时，如果需要多人参与编辑，通常需要给一些重要的地方或需要修改的地方加以批注，给予详细的说明，这样可以方便其他编辑者查看。

◆ 添加批注

1 选中需要插入批注的段落或文字，在"审阅"选项卡的"批注"选项组中单击"新建批注"按钮，如图 6-21 所示。

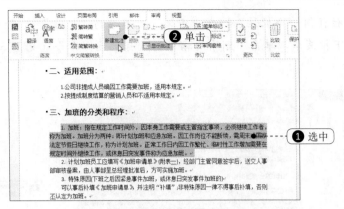

图 6-21

2. 单击该按钮后，即可插入批注（见图 6-22）。在批注框中可以输入注释，这样就可以一目了然地看到哪里进行了修改。

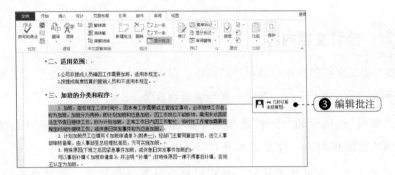

图 6-22

◆ 删除批注

如果不需要批注，可以将批注删除。

1. 将光标定位到需要删除的批注上，在"审阅"选项卡的"批注"选项组中单击"删除"按钮（见图 6-23），即可将选中的批注删除。

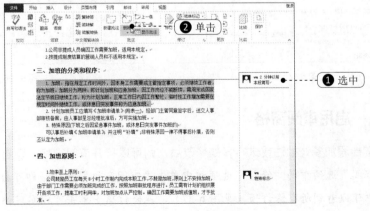

图 6-23

② 将光标定位任何一个批注上，在"审阅"选项卡的"批注"选项组中单击"删除"下拉按钮，展开下拉菜单，单击"删除文档中的所有批注"命令（见图 6-24），即可删除所有批注。

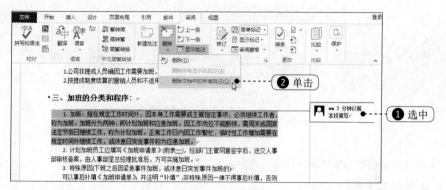

图 6-24

6.3.2 修订文档内容

在多人编辑文档时，可以启用修订功能，从而让对文档所做的修改（如删除、插入等操作）都能以特殊的标记显示出来，以便于其他编辑者查看。

① 在"审阅"选项卡的"修订"选项组中单击"修订"下拉按钮，在展开的下拉菜单中单击"修订"命令（见图 6-25），即可进入修订状态。

② 当用户在文档中进行编辑时，即可对修改位置进行标记，同时会在修订的左侧显示修订行标记，如图 6-26 所示。

图 6-25

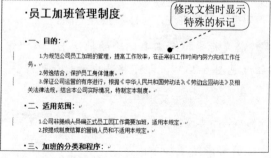

图 6-26

6.3.3 启用审阅窗格

当为文档添加多处批注或进行多处修改后，则可以打开审阅窗格，查看所有的修订项。

在"审阅"选项卡的"修订"选项组中单击"审阅窗格"按钮，即可打开"修订"窗格。在其列表框中可以看到所有修订项（见图 6-27），在修订项上单击可以实现快速定位。

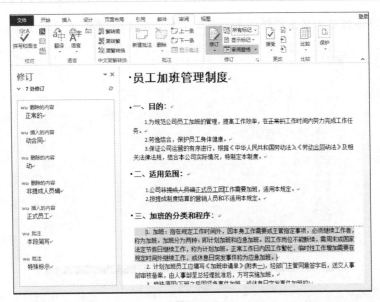

图 6-27

6.4 邮件合并

邮件合并主要应用的是域功能，将两个文件进行合并，从而生成批量文档，提高工作效率。邮件合并可用在批量打印请柬、批量打印工资条、批量打印学生成绩单等方面。下面以批量创建学生成绩单为例，讲解邮件合并功能的使用方法。

6.4.1 准备好主文档与数据源文档

邮件合并前需要建立主文档与数据源文档两个文档，如图 6-28 所示为主文档，如图 6-29 所示为数据源文档。主文档是固定不变的文档，数据源文档中的各个字段将作为域的形式插入到主文档中，从而实现自动替换，一次生成多份文档的目的。

1 编辑好成绩通知单的模板，如图 6-28 所示。

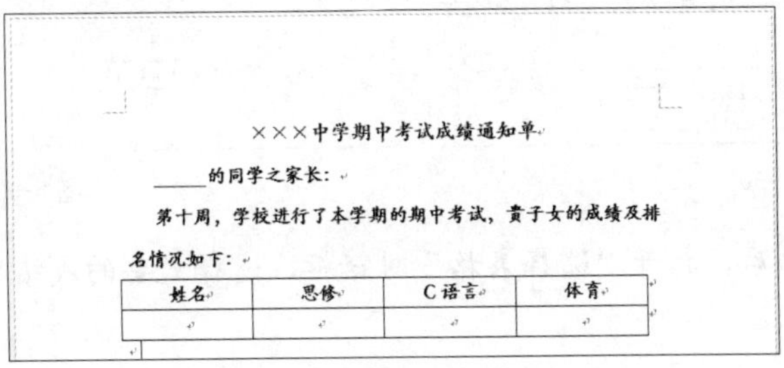

×××中学期中考试成绩通知单

_____的同学之家长：

第十周，学校进行了本学期的期中考试，贵子女的成绩及排名情况如下：

姓名	思修	C语言	体育

图 6-28

2 同时也要准备好显示学生成绩的 Excel 工作簿，如图 6-29 所示。

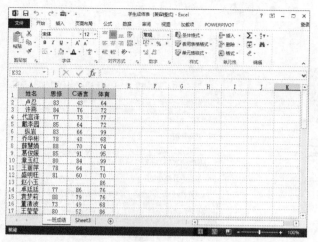

图 6-29

6.4.2 邮件合并生成批量文档

准备好主文档与数据源文档后，可以通过邮件合并功能让两个文档进行合并。例如上面的成绩通知单文档，通过合并可以一次性生成填入各学生正确成绩的批量文档。

1 在"邮件"选项卡的"开始邮件合并"选项组中单击"选择收件人"下拉按钮，在展开的下拉菜单中选择"使用现有列表"命令，如图 6-30 所示。

2 打开"选取数据源"对话框，找到需要的数据源，例如"学生成绩表"，这是之前准备好的 Excel 文件，如图 6-31 所示。

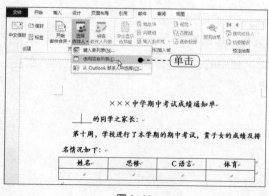

图 6-30

图 6-31

3 单击"打开"按钮后，打开"选择表格"对话框，选择需要的成绩表，如图 6-32 所示。

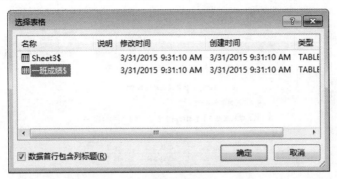

图 6-32

④ 单击"确定"按钮后，此时 Excel 数据表与 Word 已经关联好了。

⑤ 定位光标于需要插入域的位置上（如填写姓名的位置），在"邮件"选项卡的"编写和插入域"选项组中单击"插入合并域"下拉按钮，在展开的下拉菜单中单击"姓名"（见图 6-33），完成一个域的插入。

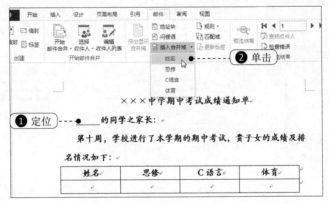

图 6-33

⑥ 依次按如上步骤设置其他合并域，如图 6-34 所示为设置好所有合并域的效果。

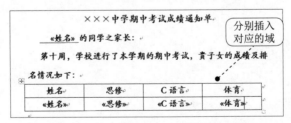

图 6-34

⑦ 在"邮件"选项卡的"完成"选项组中单击"完成并合并"下拉按钮，在展开的下拉菜单中单击"编辑单个文档"（见图 6-35），打开"合并到新文档"对话框。

图 6-35

⑧ 选中"全部"单选按钮（见图 6-36），单击"确定"按钮，即可进行邮件合并，生成批量文档。如图 6-37 所示为其中两个页面。

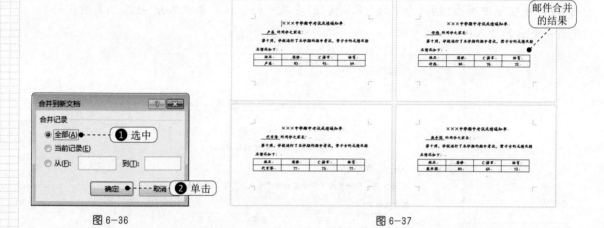

图 6-36

图 6-37

CHAPTER 07

文档页面设置及打印

本章概述

　　版式设置包括对页边距的设置、纸张的设置、页眉／页脚的设置及页面背景的设置等。对文档进行版式设置是文档打印出来使用前的必要操作。本章将带领读者学习办公文档版式设置的相关知识，并同时实现将编排后的文档打印输出使用。

━━━ 本章知识脉络图 ━━━

重点知识	相关功能	功能用途	页 码	学习等级
设置页边距	页面布局→页面设置→页边距	根据需要设置合适的页边距	129	★★★☆☆
设置纸张方向	页面布局→页面设置→纸张方向	根据需要设置合适的纸张方向	130	★★★☆☆
设置纸张大小	页面布局→页面设置→纸张大小	根据需要设置合适的纸张大小	131	★★★☆☆
插入页码	插入→页眉和页脚→页码	为文档添加页码	133	★★★★☆
内置页眉／页脚	插入→页眉和页脚→页眉／页脚	快速添加页眉、页脚	134	★★★★★
自定义页眉／页脚	插入→图片	添加图片、图形等，实现自定义的设计效果	135	★★★★★
设置页面背景	设计→页面背景→页面颜色	美化页面	137	★★★☆☆
设置文字水印	设计→页面背景→水印	水印用于美化或提醒注意	139	★★★☆☆
设置图片水印	设计→页面背景→水印	水印用于美化或提醒注意	140	★★★☆☆
打印输出	文件→打印	打印输出使用	141	★★★★★

应用效果

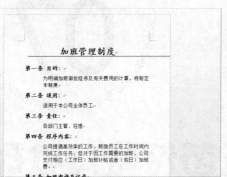

大 32 开纸张　　　　　　　　页码效果

横向页面

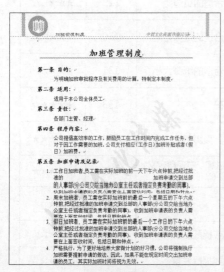

文字水印效果

文档打印

7.1 设置页面大小

为了使制作的文档版面整洁、便于阅读，在编辑完文档后需要对文档的页面进行设置。通过对文档进行页面设置，可以改变文档的纸张方向、纸张大小、页边距等，让文档的版式更加美观。

7.1.1 设置页边距

在 Word 2013 中为用户提供了最为常用的几种页边距规格，用户可以选择直接快速套用。另外，还可以通过手工设置的方法来自行定义页边距。

1. 快速套用内置的页边距尺寸

如果要直接套用内置的页边距尺寸，可以使用"页边距"下拉菜单来实现，具体操作如下。

1 在打开的 Word 文档中，在"页面布局"选项卡中的"页面设置"选项组中，单击"页边距"下拉按钮，展开页边距下拉菜单，如图 7-1 所示。

2 在页边距下拉菜单中，可以看到 Word 2013 提供的内置页边距尺寸。默认页面上边距、下边距、左边距和右边距，分别是 2.54 厘米、2.54 厘米、3.18 厘米和 3.18 厘米。这里选中"窄"选项，设置后的效果如图 7-2 所示。

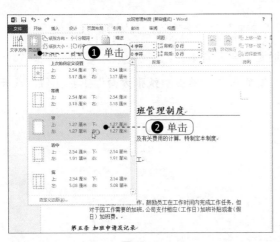

图 7-1

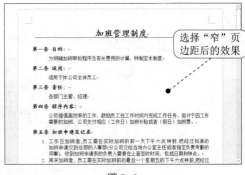

图 7-2

2. 自定义页边距尺寸

如果要自定义页边距尺寸，可以通过下面的操作来实现。

1 在打开的 Word 文档中，在"页面布局"选项卡中的"页面设置"选项组中，单击"页边距"下拉按钮，在展开的页边距下拉菜单中选中"自定义边距"选项，打开"页面设置"对话框。

② 在"页边距"下的"上"、"下"、"左"和"右"框中，分别设置对应边距为"3.7"、"1.7"、"2"和"2"；在"装订线"框中，设置装订线边距为"0"，单击"确定"按钮，如图7-3所示。

③ 完成这些设置后，即可按照自定义的页边距尺寸来设置文档页面边距，效果如图7-4所示。

图 7-3

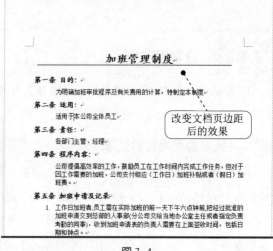

图 7-4

7.1.2 设置纸张方向

如果要设置文档的纸张方向，可以使用"纸张方向"功能来实现，具体实现步骤如下。

① 在打开的 Word 文档中，按 Ctrl+A 组合键选中全部文本。

② 在"页面布局"选项卡中的"页面设置"选项组中，单击"纸张方向"下拉按钮，展开下拉菜单，选择"横向"选项，如图7-5所示。

图 7-5

③ 默认状态下纸张方向是"纵向"，如果选中"横向"选项，即可将整篇文档的纸张方向以横向显示，如图 7-6 所示。

图 7-6

7.1.3 设置纸张大小

在 Word 2013 中为用户提供了 33 种纸张大小样式，用户可以根据所拥有的纸张来选择合适的纸张大小，还可以自定义设置纸张大小。

1. 快速套用内置的纸张大小

如果要直接套用内置的纸张大小，可以使用"纸张大小"下拉菜单来实现，具体操作如下。

① 在打开的 Word 文档中，按 Ctrl+A 组合键选中全部文本。

② 在"页面布局"选项卡中的"页面设置"选项组中，单击"纸张大小"下拉按钮，展开纸张大小下拉菜单，可以看到 Word 2013 提供的 33 种规定的纸张大小，单击"大 32 开"选项，如图 7-7 所示。

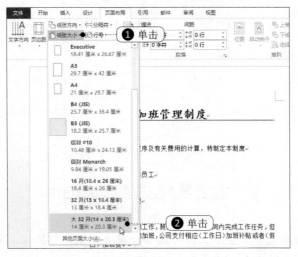

图 7-7

3 默认状态下纸张大小为"A4",本例选择"大 32 开"选项后,即可改变默认的纸张大小,如图 7-8 所示。

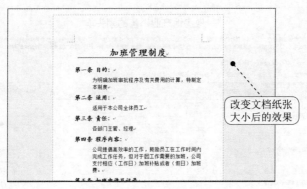

图 7-8

4 如果用户需要设置其他规格的纸张大小,可以继续在"纸张大小"下拉菜单中选择。

2. 自定义纸张大小

如果用户要自定义纸张大小,可以通过下面的操作来实现。

1 在打开的 Word 文档中,按 Ctrl+A 组合键选中全部文本。

2 在"页面布局"选项卡中的"页面设置"选项组中,单击"纸张大小"下拉按钮,在展开的下拉菜单中选中"其他页面大小"选项,打开"页面设置"对话框。

3 在"纸张"选项卡中,在"纸张大小"下拉菜单中选择"自定义大小"选项;接着在"宽度"和"高度"框中自定义纸张宽度和高度,具体尺寸如图 7-9 所示。

图 7-9

4 在"应用于"框中选中"整篇文档"选项,单击"确定"按钮。完成这些设置后,即可按照自定义纸张大小来调整文档的纸张。

7.2 插入页码

页码是文档的必备元素之一，尤其是在长文档中一般必须插入页码，一方面便于阅读，另一方面如果要打印出文档，则也便于文档的整理。

7.2.1 在文档中插入页码

如果要直接套用内置的页码样式，可以使用"页码"下拉菜单来实现，具体操作如下。

1 在打开的 Word 文档中，在"插入"选项卡中的"页眉和页脚"选项组中，单击"页码"下拉按钮，展开下拉菜单，如图7-10所示。

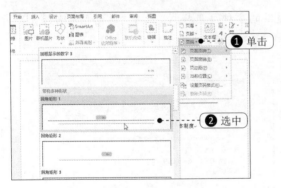

图 7-10

2 在页码下拉菜单中，可以看到 Word 2013 提供的 4 种位置的页码选项（可以在底端，也可以在顶端等）。如此处选择"页面顶端"选项，打开的子菜单中有多种内置样式，如果选中"圆角矩形 1"页码样式，即可将页码应用到文档顶部，效果如图7-11所示。

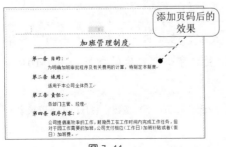

图 7-11

7.2.2 设置页码编号格式

在文档中插入页码样式后，还可以重新设置页码编号格式。

1 在"插入"选项卡中的"页眉和页脚"选项组中，单击"页码"下拉按钮，展开下拉菜单，单击"设置页码格式"命令（见图 7-12），打开"页码格式"对话框。

图 7-12

2 在对话框中的"编号格式"下拉列表中，选中要重新设置的编号格式，如图7-13所示。

图 7-13

3 如果还要设置页码的起始页码，可以在"起始页码"框中设置。设置完成后，单击"确定"按钮即可。

7.3 插入页眉和页脚

一份完整的办公文档不能缺少页眉和页脚的点缀。它是企业文件的体现，同时也是文件专业化的体现。

7.3.1 快速应用内置页眉和页脚

在 Word 2013 中为用户提供了 20 多种页眉和页脚样式以供用户直接套用，用户可以根据自身的需要插入统一的页眉、页脚样式或自行设计页眉样式。

插入页眉和插入页脚的方法相似，下面以插入"页眉"的方法为例进行介绍。

1 在打开的 Word 文档中，在"插入"选项卡中的"页眉和页脚"选项组中，单击"页眉"按钮，展开页眉下拉菜单，单击"运动型（偶数页）"，如图 7-14 所示。

2 在页眉下拉菜单中，可以看到 Word 2013 提供的多种页眉样式。选中"运动型（偶数页）"页眉样式后，即可应用到文档页眉中，效果如图 7-15 所示。

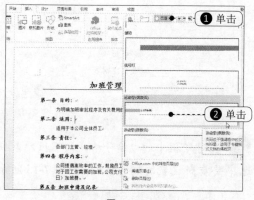

图 7-14

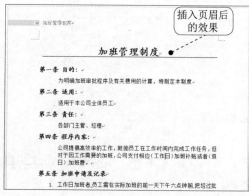

图 7-15

> **提示**
>
> 如果用户在文档中设置页眉和页脚为"奇偶页不同"，上面设置的页眉只针对文档的奇数页。对于偶数页的页眉设置，可以在页眉下拉菜单中按相同的方法再次添加。内置页眉样式中也有专用针对奇偶页页眉的设计方案。

3 在页眉中还可以手动输入其他文字。选中输入的文字，在"开始"选项卡下的"字体"选项组中，利用"字体"、"字号"、"字体颜色"来设置文字，设置后的效果如图 7-16 所示。

> **提示**
>
> 在"插入"选项卡中的"页眉和页脚"选项组中，单击"页脚"下拉按钮，展开页脚下拉菜单，在其中可以设置页脚。

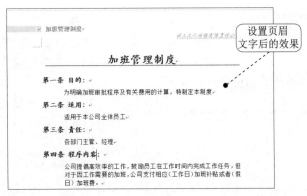

图 7-16

4 设置完成后，单击"页眉和页脚工具→设计"选项卡中的"关闭页眉和页脚"按钮即可。

7.3.2 在页眉和页脚中插入图片

如果用户需要自行设计页眉样式，如将与文档相关的图片作为页眉的一部分，就可以使用以下操作来实现。

1 在打开的 Word 文档中，在文档页眉处双击鼠标左键，即可激活页眉设置区域。

2 在"页眉和页脚工具→设计"选项卡中的"插入"选项组中单击"图片"按钮，或单击"插入"标签，在"插图"选项组中单击"图片"按钮，如图 7-17 所示，打开"插入图片"对话框。

3 在对话框中，选中要插入作为页眉的图片，单击"插入"按钮，如图 7-18 所示。

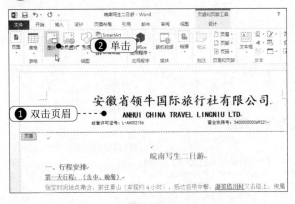

图 7-17

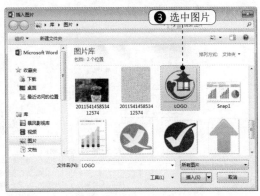

图 7-18

4 在文档页眉中显示插入的图片，如图 7-19 所示。

5 这里插入的图片是以"嵌入型"的环绕形式插入的，需要将图片环绕形式设置为"衬于文字下方"或"浮于文字上方"才便于随意移动到合适的位置。选中图片，单击图片右侧的"布局选项"按钮，在下拉菜单中单击"浮于文字上方"选项，如图 7-20 所示。

图 7-19

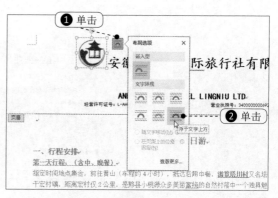

图 7-20

6 用户可以通过鼠标来调整图片大小并移动到任意合适位置，如图 7-21 所示。

图 7-21

7 设置完成后，单击"页眉和页脚工具→设计"选项卡中的"关闭页眉和页脚"按钮，即可看到效果，如图 7-22 所示。

图 7-22

提示

在对页眉中的图片进行设置时，可以使用"调整"选项组中的"亮度"、"对比度"、"重新着色"、"压缩图片"等功能来调整效果。

7.4 设置文档的页面背景

在文档中除了上面介绍的要对页面、页眉和页脚进行美化设计外，有时还需要对页的背景进行美化设计，如设置背景水印、背景颜色、页面边框等。

7.4.1 设置背景颜色

在 Word 2013 中为用户提供了 4 种背景效果设置方案，第 1 种是颜色背景效果；第 2 种是纹理背景效果；第 3 种是图案背景效果；第 4 种是图片背景效果。针对这 4 种背景设置方案，下面举例介绍。

1. 为页面背景设置单色效果

如果用户要为文档背景设置单色效果，可以使用"页面颜色"下拉菜单来实现，具体实现步骤如下。

1 在打开的 Word 文档中，在"设计"选项卡中的"页面背景"选项组中，单击"页面颜色"按钮，展开下拉菜单，如图 7-23 所示。

2 在页面颜色下拉菜单中，可以直接选中一种背景颜色，如"橙色，强调文字颜色 6，淡色 60%"，即可应用于文档页面背景中，效果如图 7-24 所示。

图 7-23

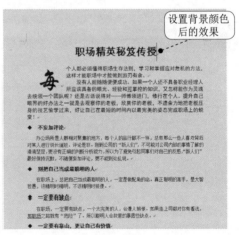

图 7-24

2. 为页面背景设置图案效果

如果用户要为文档背景设置图案效果，可以使用下面的操作来实现。

1 在打开的 Word 文档中，在"设计"选项卡中的"页面背景"选项组中单击"页面颜色"下拉按钮，在展开的下拉菜单中选中"填充效果"选项，打开"填充效果"对话框。

② 在对话框中切换到"图案"选项卡，在"图案"中选中一种图案，并在"前景"框中设置图案前景颜色，如图 7-25 所示。

③ 设置完成后，单击"确定"按钮，即可将设置的图案背景应用到文档中，效果如图 7-26 所示。

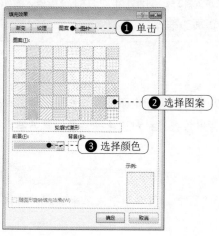

图 7-25

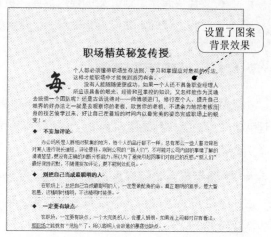

图 7-26

3. 图片背景效果

① 在打开的 Word 文档中，在"设计"选项卡中的"页面背景"选项组中，单击"页面颜色"下拉按钮，在展开的下拉菜单中选中"填充效果"选项，打开"填充效果"对话框。

② 在对话框中切换到"图片"选项卡，单击"选择图片"按钮，如图 7-27 所示。

③ 打开"选择图片"对话框，定位并选择准备好的要作为背景的图片，如图 7-28 所示。

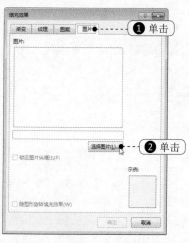

图 7-27

图 7-28

④ 单击"插入"按钮，返回到"填充效果"对话框，再次单击"确定"按钮，即可完成图片背景效果的设置，如图 7-29 所示。

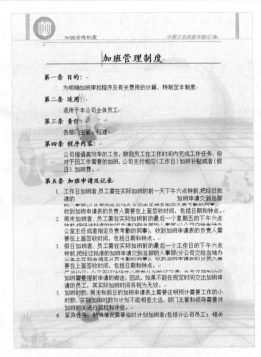

图 7-29

提示

　　除了以上介绍的 3 种页面背景设置操作外, 还可以为页面背景设置"渐变"、"纹理", 具体操作都是在"填充效果"对话框的"纹理"选项卡和"图片"选项卡中实现的。

7.4.2　设置水印效果

　　在 Word 2013 中为用户提供了两种水印方式: 一种是文字水印, 另一种是图片水印。在使用这两种水印方式时, 用户可以根据需要进行选择。

1.　快速套用内置水印效果

① 在打开的 Word 文档中, 在"设计"选项卡中的"页面背景"选项组中, 单击"水印"下拉按钮, 展开下拉菜单, 单击"严禁复制 1", 如图 7-30 所示。

② 在水印下拉菜单中, 可以看到 Word 2013

提供的 4 种水印样式。选中"严禁复制 1"水印样式后, 即可为文档添加水印效果, 如图 7-31 所示。

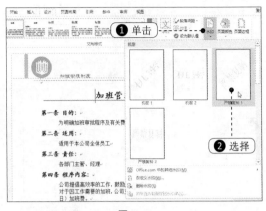

图 7-30

图 7-31

2.　自行设计文档水印效果

　　如果用户对内置水印样式不满意, 可以自行设计水印效果, 具体实现步骤如下。

① 在打开的 Word 文档中, 在"设计"选项卡中的"页面背景"选项组中, 单击"水印"下拉按钮, 在展开的下拉菜单中选择"自定义水印"选项, 打开"水印"对话框。

② 在对话框中，如果要设计文字水印，可以选中"文字水印"单选按钮，激活下面的设置选项。在"文字"框中输入水印文字，在"字体"、"字号"和"颜色"框中设置字体效果，如图 7-32 所示。

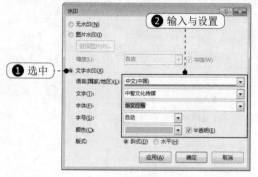

图 7-32

③ 设置完成后，单击"确定"按钮，即可为文档添加自行设计的文字水印，效果如图 7-33 所示。

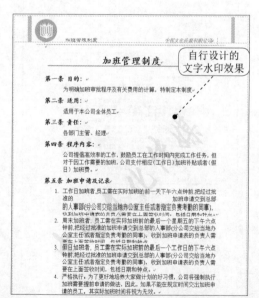

图 7-33

3. 图片水印效果

① 在打开的 Word 文档中，在"设计"选项卡中的"页面背景"选项组中，单击"水印"下拉按钮，在展开的下拉菜单中选中"自定义水印"选项，打开"水印"对话框。

② 选中"图片水印"单选按钮，激活设置选项，单击"选择图片"按钮（见图 7-34），打开"插入图片"对话框。在对话框中选中要插入的水印图片，如图 7-35 所示。

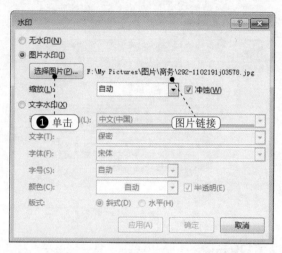

图 7-34

图 7-35

③ 单击"插入"按钮，返回到"水印"对话框中。如果要让图片水印清晰显示，可以取消"冲蚀"复选框。

④ 设置完成后，单击"确定"按钮，即可为文档添加自行设计的图片水印，效果如图 7-36 所示。

图 7—36

> **提示**
>
> 如果要取消水印设置，可以在"水印"下拉菜单中选中"删除水印"选项。

7.5 打印输出

文档编辑及排版结束后，如果文档需要打印，则需要准备好打印机与纸张。

7.5.1 打印文档

文档设置完成后，即可执行打印操作。通过下面的方法可实现快速打印。

单击"文件"标签，单击"打印"命令，然后单击中间窗口中的"打印"按钮（见图 7-37），即可将文档发送到打印机中打印。

> **提示**
>
> 执行打印前要确保打印机已经连接好。

图 7—37

7.5.2 打印多份文档

如果不只打印一份文档，则需要在执行打印前对打印份数进行设置。

单击"文件"标签，在打开的菜单中单击"打印"命令，在"份数"设置框中输入打印的份数，如"10"，如图 7-38 所示，单击"打印"按钮，即可打印 10 份。

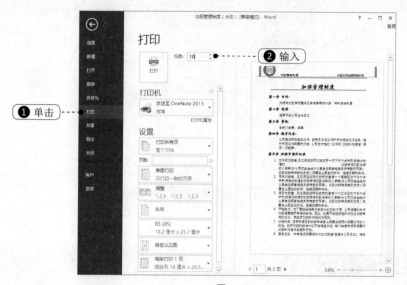

图 7-38

7.5.3 打印任意指定文本

在实际打印中，有时只需要打印出某文档的部分页面或部分章节的内容，这时就需要对打印范围进行设置。

单击"文件"标签，单击"打印"命令，在"页数"文本框中输入打印的页码，如图 7-39 所示，然后执行打印操作即可。

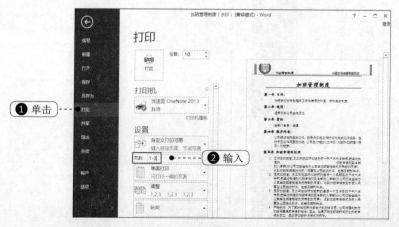

图 7-39

7.5.4 设置双面打印

默认打印的文档都只打印到正面，如果需要双面打印文档，则需要提前设置。

◆ 手动双面打印

❶ 单击"文件"标签，在打开的菜单中单击"打印"命令，在"设置"栏下单击"单面打印"按钮，在下拉菜单中单击"手动双面打印"（见图7-40），将文档属性设置成"手动双面打印"属性。

❷ 单击"打印"按钮，待单面打印结束后，弹出提示框，将打印机出纸器中已经打印好的一面纸取出，根据打印机进纸实际情况将其放回到送纸器中，单击"确定"按钮，Word将完成另一面的打印。

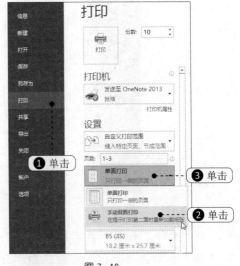

图 7-40

◆ 分奇偶页实现双面打印

❶ 单击"文件"标签，在打开的菜单中单击"打印"命令，在"设置"栏下单击"打印所有页"按钮，在下拉菜单中单击"仅打印奇数页"（见图7-41），然后单击"打印"按钮，即可打印出奇数页。

❷ 再取出已经打印好一面的纸张，根据实际情况放回送纸器中，单击"打印所有页"按钮，在下拉菜单中单击"仅打印偶数页"，单击"打印"按钮，即可实现双面打印。

图 7-41

7.5.5 打印背景

文档的背景色、背景图形等默认情况下是不被打印出来的。如果希望背景色或背景图像随文档一起打印，可以按以下方法设置。

1 单击"文件"标签，在打开的菜单中单击"选项"命令（见图 7-42），打开"Word 选项"对话框。单击"显示"标签，在"打印选项"栏中勾选"打印背景色和图像"复选框，如图 7-43 所示，单击"确定"按钮，完成设置。

图 7-42

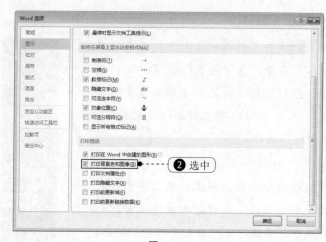

图 7-43

2 单击"文件"标签，再单击"打印"命令，在右侧的预览状态下可以看到背景色，如图 7-44 所示。单击"打印"按钮，即可打印背景色。

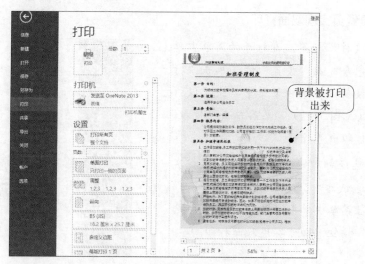

图 7-44

CHAPTER 08

工作表及单元格的基本操作

本章概述

在操作 Excel 时，实际是在工作表中完成相应的操作。一个工作簿可以包含多张工作表，以用于完成不同目标的编辑，而工作表又是由很多单元格组成的。因此要想得心应手地编辑 Excel 报表，首先要学习工作表的插入、删除、复制，以及单元格和行／列的插入与删除等相关的基础知识。

本章知识脉络图

重点知识	相关功能	功能用途	页 码	学习等级
重命名工作表	双击工作表标签并输入	将表格设置为与实际内容相关的名称	147	★★★★☆
插入新工作表	在工作表标签上击右键→插入→工作表	当默认工作表不够使用时就需要新建	147	★★★★☆
删除工作表	选中工作表后按 Delete 键	不再需要时就删除	148	★★★☆☆
移动／复制工作表	在工作表标签上击右键→移动或复制工作簿	多个工作表间调换位置就需要移动；完全复制一个工作表时就需要复制	149/150	★★★★★
插入单元格、行／列	开始→单元格→插入	编辑表格后，中间有遗漏元素时就需要插入单元格或行／列	151/152	★★★★★
合并单元格	开始→对齐方式→合并后居中	当出现一对多的关系时，就需要合并	154	★★★☆☆
保护工作表	审阅→更改→保护工作表	禁止他人编辑工作表	158	★★★★☆
加密保护工作簿	文件→信息→保护工作簿	重要的工作簿需要此操作	160	★★★★☆

重命名工作表

复制工作表

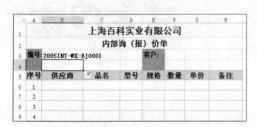

插入行

一次插入多行

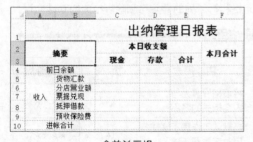

合并单元格

调整行高

保护工作表

工作簿密码保护

8.1 工作表的基本操作

一个工作簿由多张工作表组成，我们利用 Excel 创建、编辑表格都是在工作表中进行的。对工作表的基本操作通常包括工作表的重命名、工作表的插入 / 删除、工作表的复制 / 移动等。

8.1.1 重命名工作表

Excel 工作簿默认的 3 张工作表的名称分别为 Sheet 1、Sheet 2 和 Sheet 3。编辑工作表时一般都需要根据工作表的内容来命名工作表，以达到标识的作用。

1 打开工作簿，在需要重命名的工作表名称标签（如“Sheet 1”）上双击鼠标，即可进入文字编辑状态，如图 8-1 所示。

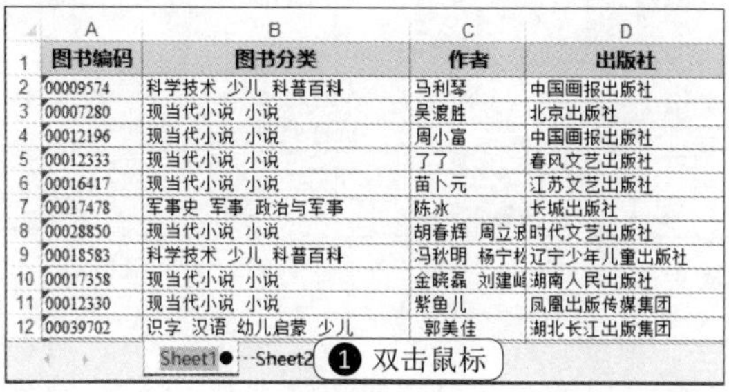

	A	B	C	D
1	图书编码	图书分类	作者	出版社
2	00009574	科学技术 少儿 科普百科	马利琴	中国画报出版社
3	00007280	现当代小说 小说	吴渡胜	北京出版社
4	00012196	现当代小说 小说	周小富	中国画报出版社
5	00012333	现当代小说 小说	了了	春风文艺出版社
6	00016417	现当代小说 小说	苗卜元	江苏文艺出版社
7	00017478	军事史 军事 政治与军事	陈冰	长城出版社
8	00028850	现当代小说 小说	胡春辉 周立	时代文艺出版社
9	00018583	科学技术 少儿 科普百科	冯秋明 杨宁	辽宁少年儿童出版社
10	00017358	现当代小说 小说	金晓磊 刘建	湖南人民出版社
11	00012330	现当代小说 小说	紫鱼儿	凤凰出版传媒集团
12	00039702	识字 汉语 幼儿启蒙 少儿	郭美佳	湖北长江出版集团

图 8-1

2 输入新名称，按 Enter 键，即可完成对该工作表的重命名，如图 8-2 所示。

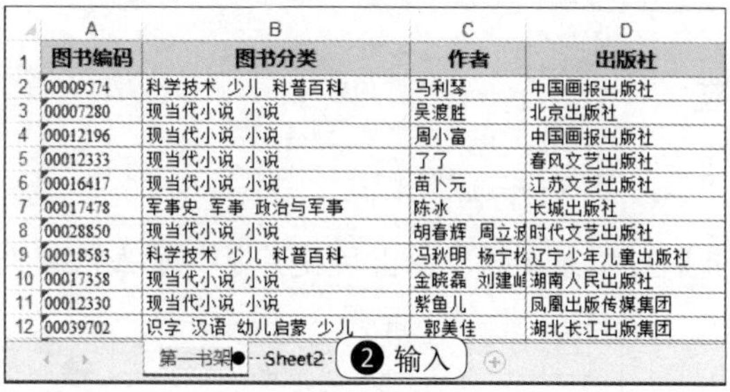

	A	B	C	D
1	图书编码	图书分类	作者	出版社
2	00009574	科学技术 少儿 科普百科	马利琴	中国画报出版社
3	00007280	现当代小说 小说	吴渡胜	北京出版社
4	00012196	现当代小说 小说	周小富	中国画报出版社
5	00012333	现当代小说 小说	了了	春风文艺出版社
6	00016417	现当代小说 小说	苗卜元	江苏文艺出版社
7	00017478	军事史 军事 政治与军事	陈冰	长城出版社
8	00028850	现当代小说 小说	胡春辉 周立	时代文艺出版社
9	00018583	科学技术 少儿 科普百科	冯秋明 杨宁	辽宁少年儿童出版社
10	00017358	现当代小说 小说	金晓磊 刘建	湖南人民出版社
11	00012330	现当代小说 小说	紫鱼儿	凤凰出版传媒集团
12	00039702	识字 汉语 幼儿启蒙 少儿	郭美佳	湖北长江出版集团

图 8-2

8.1.2 插入新工作表

新建的工作簿默认只包含 3 张工作表，当要使用的工作表多于 3 张时，就需要插入新工作表。

1 在指定的工作表标签（本例为“第一架书目”工作表）上右击鼠标，弹出快捷菜单，单击“插入”命令，如图 8-3 所示。

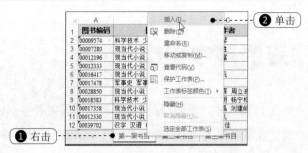

图 8-3

2 打开"插入"对话框，选择"工作表"，如图 8-4 所示。

3 单击"确定"按钮，即可在指定的工作表前面插入新工作表（本例中新插入的工作表为"Sheet 1"），如图 8-5 所示。

图 8-4

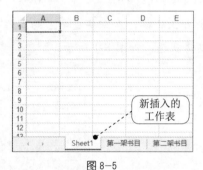

图 8-5

知识扩展

在工作表标签的右侧提供了一个"插入工作表"（⊕）按钮，单击该按钮即可实现在当前所有工作表的最后插入新工作表。利用此方法插入新工作表最为快捷。

8.1.3 删除工作表

当某些工作表不再使用时，可以将其删除。

1 在要删除的工作表标签上右击鼠标，弹出快捷菜单，单击"删除"命令，如图 8-6 所示。

图 8-6

2 单击"删除"命令后，即可将该工作表删除。

8.1.4 设置工作表标签颜色

为不同类型、不同重要程度的工作表标签设置不同的颜色，可以起到特殊标释的作用。

1️⃣ 在需要设置标签颜色的工作表标签上右击鼠标，弹出快捷菜单，鼠标指针指向"工作表标签颜色"，在展开的子菜单中可选择标签颜色，如图 8-7 所示。

图 8-7

2️⃣ 在喜欢的颜色上单击鼠标，即可设置标签颜色，如图 8-8 所示。

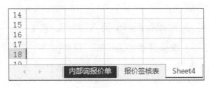

图 8-8

8.1.5 移动工作表到其他位置

在 Excel 2013 中，用户可以根据工作需要，调整工作表与工作表之间的排列顺序。要移动工作表的位置，可以使用命令，也可以直接用鼠标进行拖动。

1️⃣ 在要移动的工作表标签上右击鼠标，弹出快捷菜单，单击"移动或复制"命令（见图 8-9），打开"移动或复制工作表"对话框。

2️⃣ 在"下列选定工作表之前"列表框中选择要将工作表移动到的位置，如图 8-10 所示。

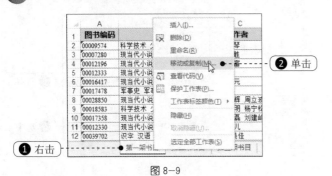

图 8-9　　　　　　　　　图 8-10

③ 单击"确定"按钮,即可实现将工作表移到指定的位置上,如图8-11所示。

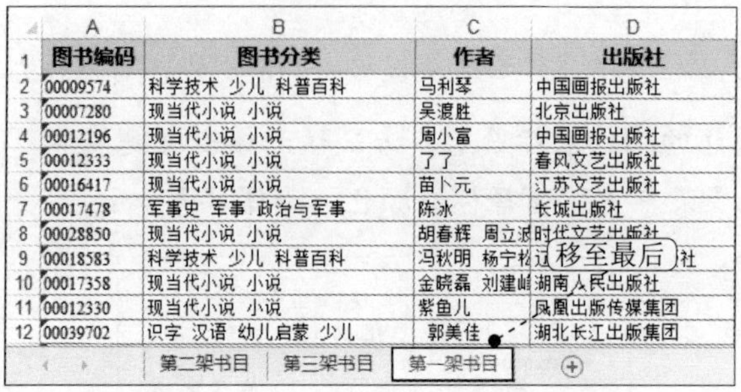

	A	B	C	D
1	图书编码	图书分类	作者	出版社
2	00009574	科学技术 少儿 科普百科	马利琴	中国画报出版社
3	00007280	现当代小说 小说	吴渡胜	北京出版社
4	00012196	现当代小说 小说	周小富	中国画报出版社
5	00012333	现当代小说 小说	了了	春风文艺出版社
6	00016417	现当代小说 小说	苗卜元	江苏文艺出版社
7	00017478	军事史 军事 政治与军事	陈冰	长城出版社
8	00028850	现当代小说 小说	胡春辉 周立波	时代文艺出版社
9	00018583	科学技术 少儿 科普百科	冯秋明 杨宁波	移至最后 社
10	00017358	现当代小说 小说	金晓磊 刘建岷	湖南人民出版社
11	00012330	现当代小说 小说	紫鱼儿	凤凰出版传媒集团
12	00039702	识字 汉语 幼儿启蒙 少儿	郭美佳	湖北长江出版集团

第二架书目 第三架书目 第一架书目

图 8-11

提示

如果想将工作表移到其他工作簿中,则可以先把目标工作簿打开,在"移动或复制工作表"对话框的"工作簿"下拉列表中选择要移动到的工作簿,然后在"下列选定工作表之前"列表框中选择要将工作表移动到的位置。

知识扩展

用鼠标拖动的方法移动工作表

使用鼠标拖动的方法也可以方便、快捷地移动工作表。在要移动的工作表标签上单击鼠标,然后按住鼠标左键拖动到目标位置上,释放鼠标,即可将该工作表移动到此位置上。

8.1.6 复制工作表

要完成工作表的复制,具体实现步骤如下。

① 在要复制的工作表标签上右击鼠标,弹出快捷菜单,单击"移动或复制"命令(见图8-12),打开"移动或复制工作表"对话框。

② 在"下列选定工作表之前"列表框中选择要将工作表复制到的位置,选中"建立副本"复选框,如图8-13所示。

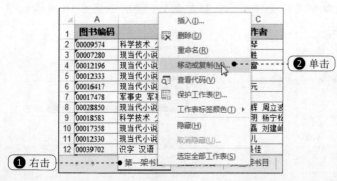

图 8-12

图 8-13

3 单击"确定"按钮，即可将工作表复制到指定的位置，如图 8-14 所示。

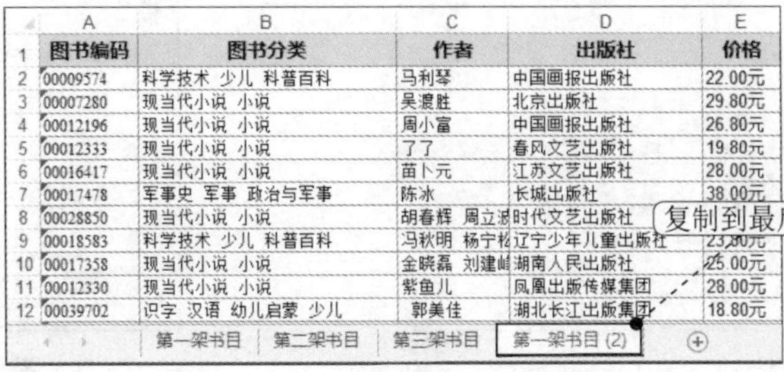

图 8-14

提示

如果想将工作表复制到其他工作簿中，则可以先把目标工作簿打开，在"移动或复制工作表"对话框的"工作簿"下拉列表中选择要复制到的工作簿，然后在"下列选定工作表之前"列表框中选择要将工作表复制到的位置。

知识扩展

用鼠标拖动的方法复制工作表

使用鼠标拖动的方法也可以方便、快捷地复制工作表。在要复制的工作表标签上单击鼠标左键，然后按住 Ctrl 键不放，再按住鼠标左键拖动到希望其显示的位置上，释放鼠标，即可将该工作表复制到此位置上。

8.2 单元格的基本操作

单元格是组成工作表的元素，对工作表的操作实际就是对单元格的操作。本节中主要介绍单元格的插入与删除、单元格的行列插入等基本操作。在后面的章节中，我们会介绍到如何在单元格中编辑数据、进行单元格格式设置以及进行数据处理等。

8.2.1 插入／删除单元格

Excel 报表在编辑过程中有时需要不断地更改，如规划好框架后发现漏掉一个元素，此时需要插入单元格；有时规划好框架之后发现多余一个元素，此时需要删除单元格。

1 打开工作表，选中要在其前面或上面插入单元格的单元格，如选中 B3 单元格，切换到"开始"选项卡，在"单元格"选项组中单击"插入"下拉按钮，在展开的下拉菜单中选择"插入单元格"命令，如图 8-15 所示。

2 弹出"插入"对话框，选择在选定单元格右侧还是下方插入单元格，如图 8-16 所示。

图 8-15

图 8-16

③ 单击"确定"按钮，即可插入单元格，如图 8-17 所示。

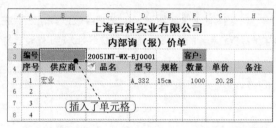

图 8-17

知识扩展

删除单元格

删除单元格时，先选中要删除的单元格，右击，在快捷菜单中选择"删除"命令，接着在弹出的"插入"对话框中选择"右侧单元格左移"或"下方单元格上移"命令即可。

8.2.2 插入行或列

在实际的工作表编辑过程中，插入整行或整列的操作更为常用。无论是插入单个单元格还是插入行或列，我们都需要掌握其方法，以便在实际应用过程中游刃有余。

1. 插入单行或单列

① 选中要在其上面插入行的单元格（如本例中选中B4），单击"开始"标签，在"单元格"选项组中单击"插入"下拉按钮，展开下拉菜单，单击"插入工作表行"命令，如图 8-18 所示。

图 8-18

2️⃣ 可在选中单元格的上面插入一整行，如图 8-19 所示。

图 8-19

3️⃣ 选中要在其前面插入列的单元格（如本例中选中 C6），单击"开始"标签，在"单元格"选项组中单击"插入"下拉按钮，展开下拉菜单，单击"插入工作表列"命令，如图 8-20 所示。

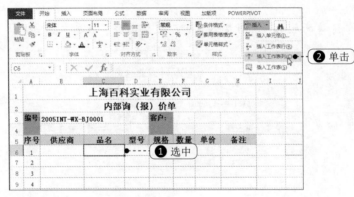

图 8-20

4️⃣ 在选中单元格的前面插入一整列，如图 8-21 所示。

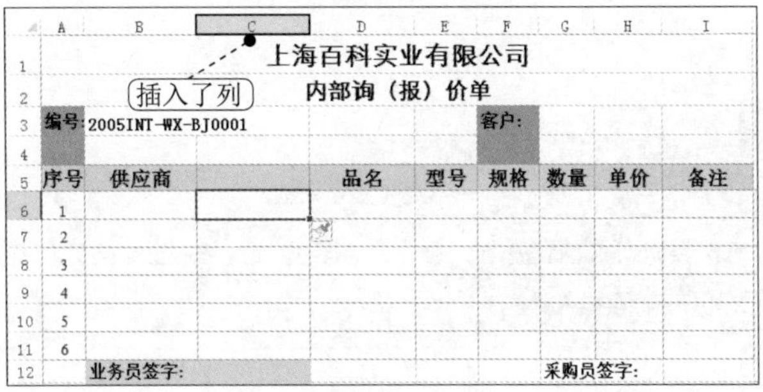

图 8-21

2. 一次性插入多行或多列

如果想一次性插入多行或多列，其操作方法与插入单行或单列相似，只是在插入前要选中多行或多列。例如想一次性插入 3 行，那么则需要先选取 3 行，再执行插入操作。

1️⃣ 选中要在其上面插入行的多个单元格（如本例中选中 C6:C8 单元格区域），单击"开始"标签，在"单元格"选项组中单击"插入"下拉按钮，展开下拉菜单，单击"插入工作表行"

命令，如图 8-22 所示。

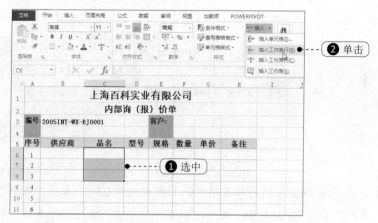

图 8-22

2 在选中单元格的上面一次性插入 3 行（之前选择了 3 行），如图 8-23 所示。

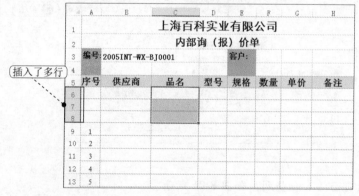

图 8-23

知识扩展

一次性插入多列

要一次性插入多列，方法类似。只需要在执行"插入工作表列"命令前先选中多列（选中单元格区域包括几列，执行命令后则在选中单元格区域前面插入几列）。

8.2.3 合并单元格

单元格合并在表格的编辑过程中经常需要使用到，包括将多行合并为一个单元格、多列合并为一个单元格、将多行多列合并为一个单元格。

1 选中要合并的多个单元格，如 A2:B3 单元格区域，在"开始"选项卡的"对齐方式"选项组中单击"合并后居中"按钮（见图 8-24），合并后的效果如图 8-25 所示。

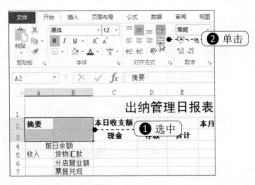

图 8-24

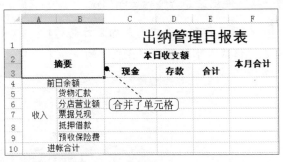

图 8-25

2 再次选中要合并的多个单元格，如 C2:E2 单元格区域，在"开始"选项卡的"对齐方式"选项组中单击"合并后居中"按钮，如图 8-26 所示，合并后的效果如图 8-27 所示。

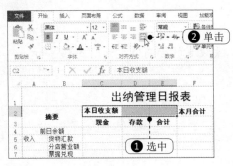

图 8-26

图 8-27

3 当前这张表格有多处需要进行合并，按相同的方法进行合并，合并后的效果如图 8-28 所示。

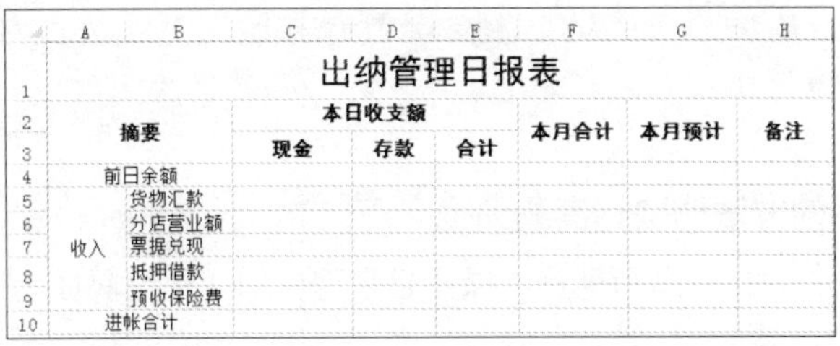

图 8-28

> **提示**
>
> 要完成其他单元格的合并，其方法都是相同的。只需要在合并前准确选中要合并的单元格区域，再执行合并操作即可。

8.2.4 设置单元格大小

在工作表的编辑过程中经常需要调整特定行的行高或列的列宽，下面介绍具体的操作方法。

1. 使用命令调整行高和列宽

1 打开工作表，选中需要调整行高的行，切换到"开始"选项卡，在"单元格"选项组中单击"格式"下拉按钮，在展开的下拉菜单中选择"行高"选项，如图 8-29 所示。

图 8-29

2 弹出"行高"对话框，在"行高"文本框中输入要设置的行高值，如图 8-30 所示。

图 8-30

知识扩展

调整列宽

要调整列宽，方法与上面类似。只需要在要调整其列宽的列标上右击鼠标，单击"列宽"命令，打开"列宽"对话框，设置要调整的列宽值即可。

2. 使用鼠标拖动的方法调整行高和列宽

使用鼠标拖动的方法调整行高和列宽，操作起来则更加方便、快捷。

1 将光标定位到要调整行高的某行下边线上，直到光标变为双向对拉箭头，如图 8-31 所示。

图 8-31

② 按住鼠标向上拖动，即可减小行高（向下拖动即可增大行高），同时右上角显示具体尺寸，如图 8-32 所示。

图 8-32

调整列宽

要调整列宽，方法与上面类似。只需要将光标定位到要调整列宽的某列右边线上，直到光标变为双向对拉箭头，按住鼠标向左拖动，即可减小列宽（向右拖动即可增大列宽）。

提示　要一次调整多行的行高或多列的列宽，关键在于调整之前要准确选中要调整的行或列。选中之后，注意要在选中的区域上右击鼠标，在弹出的快捷菜单中选择"行高"（或"列宽"）命令。只有这样，才能打开"行高"（或"列宽"）对话框进行设置。

★ 如果要一次性调整的行（列）是连续的，选取时可以在要选择的起始行（列）的行号（列标）上单击鼠标，然后按住鼠标左键不放并进行拖动，以选中多行或多列。

★ 如果要一次性调整的行（列）是不连续的，可以首先选中第一行（列），按住 Ctrl 键不放，再依次在要选择的其他行（列）的行号（列标）上单击，以选中多个不连续的行（列）。

8.2.5　隐藏含有重要数据的行或列

当工作表的某些行或列中包含重要数据时，可以根据实际需要，将特定的行或列隐藏起来。

打开工作表，选中需要隐藏的行或列，在行号或列标上右击鼠标，在弹出的快捷菜单中单击"隐藏"命令（见图 8-33），即可实现隐藏该行或该列，如图 8-34 所示。

图 8-33

	A	B	D
1	编码	姓名	工资	应缴所得税
2	NL_001	胡子强	5565	101.5
3	NL_002	刘雨洁	1800	0
4	NL_003	韩成	14900	1845
5	NL_004	李丽菲	6680	213
6	NL_005	孙菲	2200	0
7	NL_006	李一平	15000	1870
8	NL_007	苏敏	4800	39
9	NL_008	何依媚	5200	65
10	NL_009	刘可	2800	0
11	NL_010	周保国	5280	73
12	NL_011	陈春	18000	2620

图 8-34

隐藏列

利用下拉菜单隐藏列的方法与隐藏行的方法相同，只需选中相应的列，在"格式"下拉菜单中选择"列"选项，在弹出的子菜单中选择"隐藏列"即可。

8.3 数据保护

对工作表或工作簿实施保护可以为一些具有保密性的表格提升安全性，以免遭到更改或破坏。

8.3.1 保护工作表

1. 禁止他人编辑工作表

当工作表中包含重要数据且不希望他人随意更改时，可以通过相应的命令来保护工作表数据的安全。

① 打开需要保护的工作表，单击"审阅"标签，在"更改"选项组中单击"保护工作表"按钮，如图8-35所示。

图8-35

② 在打开的"保护工作表"对话框中选中"保护工作表及锁定的单元格内容"复选框，接着在"允许此工作表的所有用户进行"列表框中取消选中所有复选框，在"取消工作表保护时使用的密码"文本框中输入密码，如图8-36所示。

③ 在弹出的"确认密码"对话框中重新输入一次密码，如图8-37所示。

图8-36

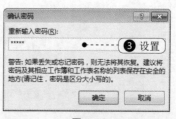

图8-37

④ 单击"确定"按钮，完成设置。此时可以看到工作表中很多设置项都呈灰色不可操作状态，如图 8-38 所示。

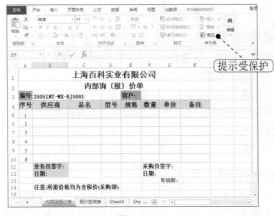

图 8-38

小知识

如果自己想重新编辑表格，则需要通过单击"审阅"选项卡中"更改"选项组的"撤销工作表保护"按钮来撤销对工作表的保护。注意在撤销工作表的保护时一定要正确输入之前所设置的密码。

提示

在"保护工作表"对话框中的"允许此工作表的所有用户进行"列表框中，可以根据需要选择允许用户进行的操作。如果不想用户进行任何操作，则取消选中所有复选框。利用该方法保护工作表，意味着将工作表设置为只读模式，即只允许查看，不允许修改。

2. 隐藏工作表实现保护

当工作表中包含重要数据时，通过将工作表隐藏的办法也可以起到一定的保护作用。

在工作簿中选中要隐藏的工作表标签，右击鼠标，弹出快捷菜单，单击"隐藏"命令（见图 8-39），即可将该工作表隐藏起来。

图 8-39

重新显示出被隐藏的工作表

如果想将隐藏的工作表重新显示出来，只需在当前工作簿的任意工作表标签上单击鼠标右键，单击"取消隐藏"命令，打开"取消隐藏"对话框，在列表框中选中要重新显示出来的工作表即可。

提示

如果工作簿中并没有被隐藏的工作表，那么在工作表标签上右击打开快捷菜单时，"取消隐藏"命令呈灰色，即表示不可操作。

8.3.2 加密保护工作簿

工作簿编辑过程中或编辑完成后，对一些机密数据所在的工作簿需要进行加密保护，以防止被他人查看。

1. 加密工作簿

对于包含重要数据的工作簿，可以进行加密设置，具体实现步骤如下。

1 工作簿编辑完成后，单击"文件"标签，在打开的菜单中单击"信息"命令，单击"保护工作簿"下拉按钮，在展开的下拉菜单中单击"用密码进行加密"命令，打开"加密文档"对话框，设置密码，如图8-40所示。

2 单击"确定"按钮，完成设置。当下次打开此文档时，会弹出对话框提示输入密码，如图8-41所示。

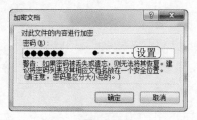

图 8-40

图 8-41

2. 设置工作簿打开或修改权限密码

如果工作簿中内容比较重要，可以为该工作簿设置一个打开权限密码，这样不知道密码的用户就无法打开工作簿。此外，也可设置个性权限密码，即无密码无法修改。

1 打开需要设置打开权限密码的工作簿。

2 单击"文件"标签，在打开的菜单中单击"另存为"命令，打开"另存为"对话框。

3 单击右下角的"工具"下拉按钮，在下拉菜单中选择"常规选项"命令（见图8-42），打开"常规选项"对话框。

4 在"打开权限密码"文本框中输入密码，单击"确定"按钮，如图 8-43 所示。

图 8-42

图 8-43

5 在打开的"确认密码"对话框中再次输入密码，单击"确定"按钮，返回到"另存为"对话框。

6 设置文件的保存位置和文件名，单击"保存"按钮，保存文件。以后再打开这个工作簿时，就会弹出一个"密码"对话框（只有输入正确的密码才能打开工作簿），如图 8-44 所示。

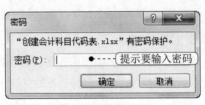

图 8-44

如果需要在设置密码前备份文档，可以在"常规选项"对话框中选中"生成备份文件"复选框。

CHAPTER 09

表格数据的输入与编辑

本章概述

　　数据输入是处理表格的首要工作，并且在 Excel 工作表中有多种不同类型的数据，因此要学会得心应手地输入各类型数据并实现编辑。

　　本章主要讲解在 Excel 表格中输入各种不同类型的数据，包括数据的批量输入、导入外部数据等，以及数据输入后的一系列编辑操作，包括表格数据的复制、移动、删除、查找、替换等。

本章知识脉络图

重点知识	相关功能	功能用途	页 码	学习等级
输入文本内容	开始→数字→文本	有些数据必须设置为文本格式	164	★★★☆☆
输入数值内容	"设置单元格格式"对话框→数值	设置小数、百分比等	165	★★★★★
批量输入数据	填充柄	实现批量填充数据	172	★★★★★
导入外部数据	数据→获取外部数据	将其他地方的数据放入 Excel 表中使用	175	★★★☆☆
移动／复制数据	Ctrl+C 和 Ctrl+V 键：复制操作 Ctrl+C 和 Ctrl+X 键：移动操作	移动／复制提高编辑效率	176/177	★★★★☆
"粘贴选项"功能	Ctrl+C →粘贴	在"粘贴选项"下拉菜单中可按需要选择粘贴项	178	★★★★★
查找数据	开始→编辑→查找和选择	从大量数据中快速找到目标数据	180	★★★☆☆
替换数据	开始→编辑→查找和选择	快速找到目标数据并替换	183	★★★☆☆

应用效果

	A	B	C
1	图书编码	图书分类	作者
2	00007280	科学技术 少儿 科普百科	马利琴
3	00007281	现当代小说 小说	吴渡胜
4	00007282	①当代小说 小说	周小富
5		现当代小说 小说	了了
6		现当代小说 小说	苗卜元
7		军事史 军事 政治与军事	陈冰
8		现当代小说 小说	胡春辉 周立波
9		科学技术 少儿 科普百科	冯秋明 杨宁松 徐永康
10		现当代小说 小说	金晓磊 刘建峰
11		现当代小说 小说	紫鱼儿
12		识字 汉语 幼儿启蒙 少儿	郭美佳

文本格式的数据

	A	B	C	D	E
1	图书编码	图书分类	作者	出版社	价格
2	00007280	科学技术 少儿 科普百科	马利琴	中国画报出版社	22.80
3	00007281	现当代小说 小说	吴渡胜	北京出版社	29.80
4	00007282	现当代小说 小说	周小富	中国画报出版社	26.80
5	00007283	现当代小说 小说	了了	春风文艺出版社	19.80
6	00007284	现当代小说 小说	苗卜元	江苏文艺出版社	28.00
7	00007285	军事史 军事 政治与军事	陈冰	长城出版社	38.00
8	00007286	现当代小说 小说	胡春辉 周立波	时代文艺出版社	10.00
9	00007287	科学技术 少儿 科普百	冯秋明 杨宁松	辽宁少年儿童出版社	23.80
10	00007288	现当代小说 小说	金晓磊 刘建峰	湖南人民出版社	25.00
11	00007289	现当代小说 小说	紫鱼儿	凤凰出版传媒集团	28.00
12	00007290	识字 汉语 幼儿启蒙 少儿	郭美佳	湖北长江出版集团	18.80

指定小数位的数值

	A	B	C
1	图书编码	图书分类	作者
2		科学技术 少儿 科普百	马利琴
3		现当代小说 小说	吴渡胜
4		现当代小说 小说	周小富
5		现当代小说 小说	了了
6		现当代小说 小说	苗卜元
7		现当代小说 小说	陈冰
8		现当代小说 小说	胡春辉 周立波
9			冯秋明 杨宁松
10			金晓磊 刘建峰

填充相同内容

	A	B	C	D	E	F
1						
2	序 号	生产日期	品 种	名 称 与 规 格	进货价格	销售价格
3	001	3-Nov-13	冠益乳	冠益乳草莓230克	¥5.50	¥8.00
4	002	3-Nov-13	冠益乳	冠益乳草莓450克	¥6.00	¥9.50
5	003	20-Jan-14	冠益乳	冠益乳黄桃100克	¥5.40	¥7.50
6	004	20-Jan-14	百利包	百利包无糖	¥3.20	¥5.50
7	005	1-Feb-14	百利包	百利包海苔	¥4.20	¥6.50
8	006	1-Feb-14	达利园	达利园蛋黄派	¥8.90	¥11.50
9	007	1-Feb-14	达利园	达利园面包	¥8.60	¥10.00

显示指定格式的日期

	A	B	C
1	NO	更新日期	单 位
2	001	01/01/14	上海怡程电脑
3	002	11/02/13	上海东林电子
4	003	02/03/14	上海瑞杨贸易
5	004	03/14/14	上海毅华电脑
6	005	12/11/13	上海汛程科技
7	006	01/06/14	洛阳赛朗科技
8	007	03/22/14	上海佳杰电脑
9	008	11/08/13	富山旭科技
10	009	05/09/14	天津宏鼎信息
11	010	01/23/14	北京天怡科技
12			

连续序号填充

	A	B	C
2	序号	品种	名称与规格
3	001	冠益乳	
4	003	冠益乳	
5	005	冠益乳	
6	007	百利包	
7	009	百利包	
8	011	单果粒	
9	013	单果粒	
10	015	单果粒	

不连续序号填充

	A	B	C	D	E	F
1	图书编码	图书名称	图书分类	作者	出版社	价格
2	00009574		科学技术 少儿 科普	马利琴	中国画报出版社	¥22.80
3	00009575		现当代小说 小说	吴渡胜	北京出版社	¥29.80
4	00009576		现当代小说 小说	周小富	中国画报出版社	¥26.80
5	00009577		现当代小说 小说	了了	春风文艺出版社	¥19.80
6	00009578		现当代小说 小说	苗卜元	江苏文艺出版社	¥28.00
7	00009579		现当代小说 小说	陈冰	长城出版社	¥38.00
8	00009580		现当代小说 小说	胡春辉 周立	时代文艺出版社	¥10.00
9	00009581		科学技术 少儿 科普	马利琴	中国画报出版社	
10	00009582					
11	00009583					
12	00009584					

复制数据

	A	B	C	D	E	F
1	NO	更新日期	单 位	联系人	性别	部门
2	001	01/01/14	上海怡程电脑	张斌	男	采购部
3	002	11/02/13	上海东林电子	李少杰	男	销售部
4	003	02/03/14	上海瑞杨贸易	王玉珠	女	采购部
5	004	03/14/14	上海毅华电脑	赵玉昔	男	销售部
6	005	12/11/13	上海汛程科技	李晓	女	采购部
7	006	01/06/14	洛阳赛朗科技	何平安	男	销售部
8	007	03/22/14	上海佳杰电脑	陈胜平	男	采购部
9	008	11/08/13	富山旭科技	霖永信	男	行政部
10	009	05/09/14	天津宏鼎信息	李杰	男	销售部
11	010	01/23/14	北京天怡科技	崔娜	女	行政部
12						

找到的数据显示为特殊格式

9.1 表格数据输入

输入任意类型的数据（如文本型数据、数值型数据、日期型数据等）到工作表中是创建表格的首要工作。不同类型数据的输入，其操作要点各不相同。另外，本节中还涉及利用填充的方法、导入的方法实现数据的批量输入。

9.1.1 输入文本内容

一般来说，输入到单元格中的中文汉字即为文本型数据。另外，还可以将输入的数字设置为文本格式。在文本单元格中，数字也将作为文本处理，单元格中显示的内容与输入的内容完全一致。

1 选中单元格，输入数据，其默认格式显示为"常规"格式（从"开始"选项卡的"数字"选项组中可以看到，见图9-1）。针对于如图9-1所示的数据，都可以设置其格式为"文本"格式。

图 9-1

2 选中要设置为"文本"格式的单元格，在"开始"选项卡的"数字"选项组中单击单元格格式设置框右侧的下拉按钮，在展开的下拉列表中单击"文本"格式即可，如图9-2所示。

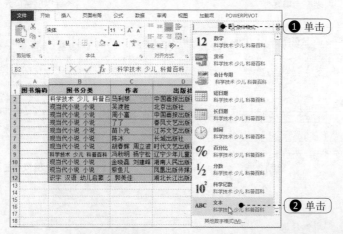

图 9-2

通过上面的操作，读者可能会认为这样设置单元格的格式为"文本"格式与其默认的"常规"格式并没有什么区别。那么在哪些情况下，我们必须设置单元格的格式为"文本"格式，以输入文本型数据呢？下面举例说明。

"图书编码"列中想显示的序号为"001"、"002"……这种形式，直接输入显示的结果为如图9-3、图9-4所示（前面的0自动省略），此时则需要首先设置单元格的格式为"文本"，再输入序号。

A2		00007280	
	A	B	C
1	图书编码	图书分类	作者
2	00007280	科学技术 少儿 科普百科	马利琴
3		现当代小说 小说	吴渡胜
4		现当代小说 小说	周小富
5		现当代小说 小说	了了
6		现当代小说 小说	苗卜元
7		军事史 军事 政治与军事	陈冰

图9-3

	A	B	C
1	图书编码	图书分类	作者
2	7280	科学技术 少儿 科普百科	马利琴
3		现当代小说 小说	吴渡胜
4		现当代小说 小说	周小富
5		现当代小说 小说	了了
6		现当代小说 小说	苗卜元
7		军事史 军事 政治与军事	陈冰
8		现当代小说 小说	胡春辉 周立波

图9-4

① 选中要输入"图书编码"的单元格区域，在"开始"选项卡的"数字"选项组中单击格式设置框右侧的下拉按钮，在展开的下拉列表中单击"文本"格式，如图9-5所示。

② 再输入以0开头的编号时即可正确显示出来，如图9-6所示。

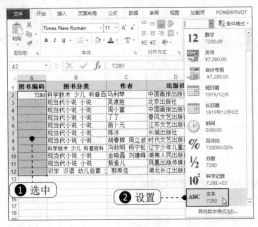

图9-5

	A	B	C
1	图书编码	图书分类	作者
2	00007280	科学技术 少儿 科普百科	马利琴
3	00007281	现当代小说 小说	吴渡胜
4	00007282	现当代小说 小说	周小富
5		现当代小说 小说	了了
6		现当代小说 小说	苗卜元
7		军事史 军事 政治与军事	陈冰
8		现当代小说 小说	胡春辉 周立波
9		科学技术 少儿 科普百科	冯秋明 杨宁松 徐永康
10		现当代小说 小说	金晓磊 刘建峰
11		现当代小说 小说	紫鱼儿
12		识字 汉语 幼儿启蒙 少儿	郭美佳

编号正确显示

图9-6

提示

如果输入文字、字母等内容，其默认作为文本来处理，无须特意设置单元格的格式为"文本"。但有些情况下必须设置单元格的格式为"文本"格式，例如，输入以0开头的编号、一串数字表示的产品编码、身份证号码等，如果不设置单元格格式为"文本"格式，这样的数据将无法正确显示。

9.1.2 输入数值

直接在单元格中输入的数字，其默认是可以参与运算的数值。但根据实际操作的需要，有时需要设置数值的其他显示格式，如包含特定位数的小数、以货币值显示、显示出千分位符等。

选中单元格，输入数字，其默认格式显示为"常规"格式（从"开始"选项卡的"数字"选项组中可以看到），例如输入小数时，输入几位小数，单元格中就显示出几位小数，如图 9-7 所示。

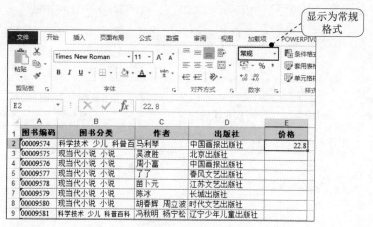

图 9-7

　　要想输入以其他格式显示的数值，则需要在输入数值前设置单元格的格式，或在输入数据后再设置单元格的数字格式。

1. 输入包含指定小数位数的数值

① 选中要输入包含两位小数数值的单元格区域，在"开始"选项卡的"数字"选项组中单击"设置单元格格式"（ ⌐ ）按钮（见图 9-8），打开"设置单元格格式"对话框。

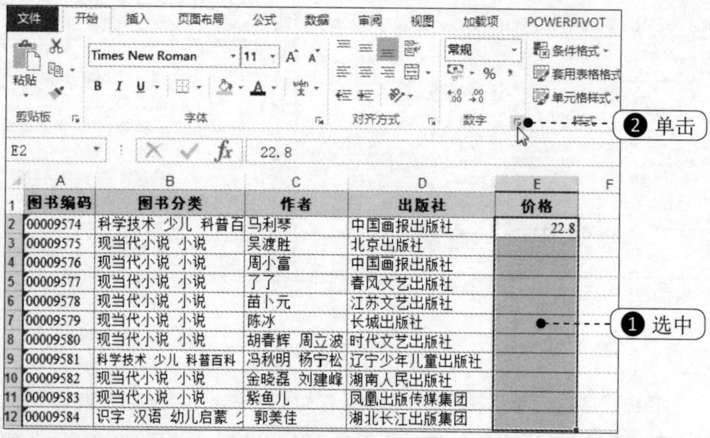

图 9-8

② 在"分类"列表框中选择"数值"类别，然后可以根据实际需要设置小数的位数，并选择负数的显示格式，单击"确定"按钮，如图 9-9 所示。

③ 在设置了格式的单元格中输入数值时自动显示为所设置的格式，如输入"22.8"，显示为"22.80"；输入"29.8"，显示为"29.80"，如图 9-10 所示。

图 9-9

	A	B	C	D	E
1	图书编码	图书分类	作者	出版社	价格
2	00007280	科学技术 少儿 科普百	马利琴	中国画报出版社	22.80
3	00007281	现当代小说 小说	吴渡胜	北京出版社	29.80
4	00007282	现当代小说 小说	周小富	中国画报出版社	26.80
5	00007283	现当代小说 小说	了了	春风文艺出版社	19.80
6	00007284	现当代小说 小说	苗卜冰	江苏文艺出版社	28.00
7	00007285	军事史 军事 政治与军	陈冰	长城出版社	38.00
8	00007286	现当代小说 小说	胡春辉 周立波	时代文艺出版社	10.00
9	00007287	科学技术 少儿 科普百	冯秋明 杨宁松	辽宁少年儿童出版社	23.80
10	00007288	现当代小说 小说	金晓磊 刘建峰	湖南人民出版社	25.00
11	00007289	现当代小说 小说	紫鱼儿	凤凰出版传媒集团	28.00
12	00007290	识字 汉语 幼儿启蒙 ź	郭美佳	湖北长江出版集团	18.80

自动包含两位小数

图 9-10

2. 输入货币格式的数值

1 选中要输入货币格式数值的单元格区域（或选中已经输入了普通数值且希望其显示为货币格式的单元格区域），在"开始"选项卡的"数字"选项组中单击"设置单元格格式"（ ）按钮，打开"设置单元格格式"对话框。

2 在"分类"列表框中选择"货币"类别，然后可以根据实际需要设置小数的位数，并选择负数的显示格式，如图 9-11 所示。

图 9-11

❸ 单击"确定"按钮，在设置了格式的单元格中输入数值时自动显示为所设置的格式，如输入"22.8"，显示为"￥22.80"；输入"29.8"，显示为"￥29.80"，如图9-12所示。

	A	B	C	D	E	F
1	图书编码	图书分类	作者	出版社	价格	
2	00007280	科学技术 少儿 科普百	马利琴	中国画报出版社	￥22.80	
3	00007281	现当代小说 小说	吴渡胜	北京出版社	￥29.80	
4	00007282	现当代小说 小说	周小富	中国画报出版社	￥26.80	
5	00007283	现当代小说 小说	了了	春风文艺出版社	￥19.80	
6	00007284	现当代小说 小说	苗卜元	江苏文艺出版社	￥28.00	
7	00007285	军事史 军事 政治与军	陈冰	长城出版社	￥38.00	
8	00007286	现当代小说 小说	胡春辉 周立波	时代文艺出版社	￥10.00	
9	00007287	科学技术 少儿 科普百	冯秋明 杨宁松	辽宁少年儿童出版社	￥23.80	
10	00007288	现当代小说 小说	金晓磊 刘建峰	湖南人民出版社	￥25.00	
11	00007289	现当代小说 小说	紫鱼儿	凤凰出版传媒集团	￥28.00	
12	00007290	识字 汉语 幼儿启蒙	郭美佳	湖北长江出版集团	￥18.80	
13						

显示设置的货币格式

图9-12

3. 输入百分比数值

百分比数据可以按加上百分比符号的方法直接来输入，但如果在计算时产生大量的数据最终需要采用百分比的形式表达出来（如求取利润率），则可以按如下方法来实现。

❶ 选中要输入百分比数值的单元格区域或选中已经输入了普通数值且希望其显示为百分比格式的单元格区域（如本例中表格中的"利润率"列已经计算出利润率，默认是按小数形式表示的），在"开始"选项卡的"数字"选项组中单击 按钮（见图9-13），打开"设置单元格格式"对话框。

❷ 在"分类"列表框中选择"百分比"类别，然后可以根据实际需要设置小数的位数，如图9-14所示。

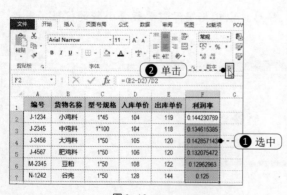

图9-13

图9-14

❸ 单击"确定"按钮，可以看到选中的单元格区域中的数据显示为百分比值且包含两位小数，如图9-15所示。

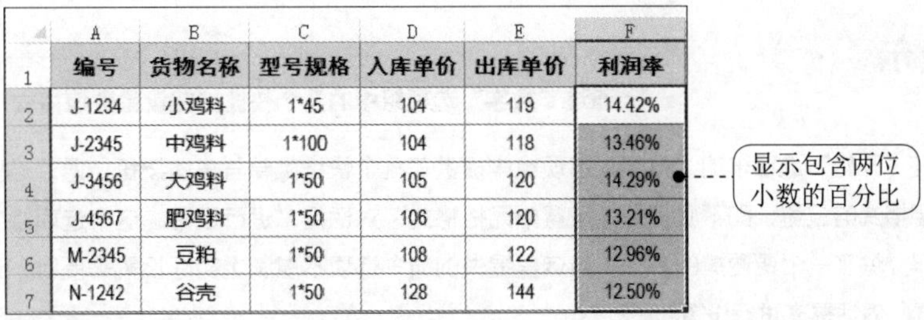

	A	B	C	D	E	F
1	编号	货物名称	型号规格	入库单价	出库单价	利润率
2	J-1234	小鸡料	1*45	104	119	14.42%
3	J-2345	中鸡料	1*100	104	118	13.46%
4	J-3456	大鸡料	1*50	105	120	14.29%
5	J-4567	肥鸡料	1*50	106	120	13.21%
6	M-2345	豆粕	1*50	108	122	12.96%
7	N-1242	谷壳	1*50	128	144	12.50%

显示包含两位
小数的百分比

图 9-15

4. 输入分数

当在单元格中输入 5/12 这样的分数形式后,则会被自动替换成"12 月 5 日"的形式(见图 9-16、图 9-17)。因此要实现输入分数,需要首先设置单元格的格式为分数格式。

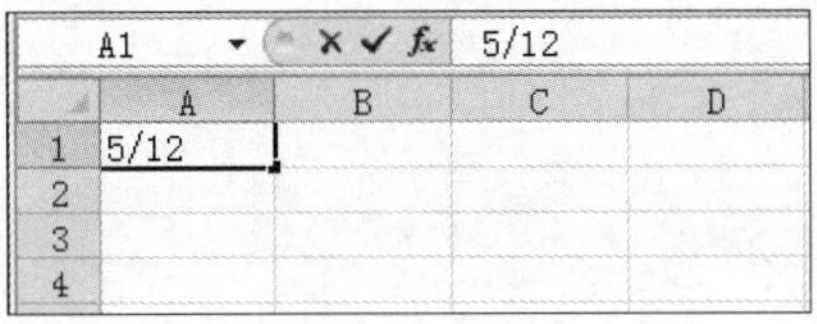

图 9-16

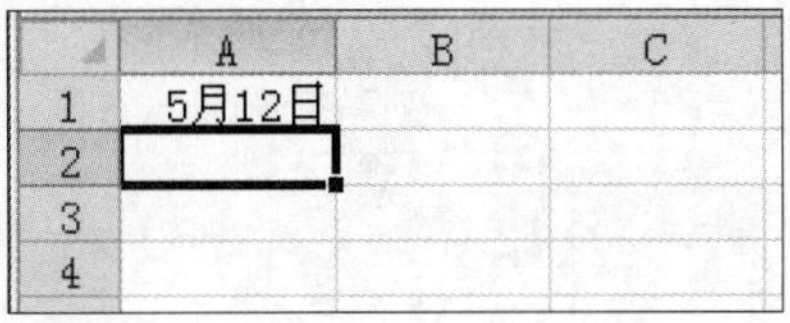

图 9-17

① 选中要输入包含两位小数数值的单元格区域,在"开始"选项卡的"数字"选项组中单击 按钮,打开"设置单元格格式"对话框。

② 在"分类"列表框中选择"分数"类别,然后可以根据实际需要选择分数类型,如图 9-18 所示。

③ 单击"确定"按钮,在设置了格式的单元格中即可输入分数,如图 9-19 所示。

图 9-18

图 9-19

通过"数字"选项组中的几个快捷按钮设置数值格式

在"开始"选项卡的"数字"选项组中提供了几个快捷菜单与快捷按钮，通过这些命令选项也可以完成某些数字格式的设置，即不必打开"设置单元格格式"对话框来进行设置。这个选项组中的工具只是为用户的常用操作提供了一个更便捷的方式，当这里提供的命令选项不能满足实际设置需要时，还需要再打开"设置单元格格式"对话框来进行设置。

如图9-20所示，选中要设置数字格式的单元格区域后，通过单击"数字"选项组中的下拉按钮，打开下拉菜单，可选择设置"数字"格式（包含两位小数的数值）、"货币"格式、"会计专用"格式、"分数"格式、"文本"格式等。

如图9-21所示，选中要设置数字格式的单元格区域后，通过单击"会计数字格式"右侧下拉按钮，可以设置不同的会计数字格式。

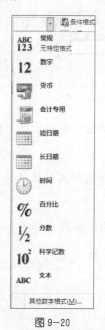

图 9-20

图 9-21

另外，选中要设置数字格式的单元格区域后，单击 % 按钮，可以将选中区域数字格式更改为百分比格式（默认不包含小数位）；在设置输入的数据为数字格式后，通过在"数字"选项组中单击 按钮可快速增加小数位；单击 按钮可快速减少小数位。

9.1.3 输入日期和时间数据

1. 输入日期

如果要实现输入日期数据，需要以 Excel 可识别的格式来输入，如输入"14-1-2"，按 Enter 键，其默认显示结果为"2014-1-2"；输入"14 年 1 月 2 日"，按 Enter 键，其默认显示结果为"2014 年 1 月 2 日"；输入"1-2"或"1/2"，按 Enter 键，其默认显示结果为"1

月2日"。除了这些默认的日期显示效果之外，如果想让日期数据显示为其他的状态，则可以首先以 Excel 可识别的最简易形式输入日期，然后通过设置单元格的格式来让其一次性显示为所需要的格式。

① 选中要输入日期数据的单元格区域（或选中已经输入了日期数据且希望其显示为特定格式的单元格区域），在"开始"选项卡的"数字"工具组中单击 按钮（见图9-22），打开"设置单元格格式"对话框。

② 在"分类"列表框中选择"日期"类别，然后在"类型"列表框中选择需要的日期格式，如图9-23所示。

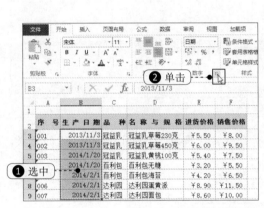

图 9-22 　　　　　　　　图 9-23

③ 单击"确定"按钮，可以看到选中的单元格区域中的日期数据显示为所指定的格式，如图9-24所示。

图 9-24

2. 输入时间

输入时间数据时，默认是怎样输入就怎样显示。要显示出其他格式的时间，需要通过设置单元格格式来实现。

1️⃣ 选中要输入时间数据的单元格区域，如 B2:C5 单元格区域。切换到"开始"选项卡，在"数字"选项组中单击 按钮（见图 9-25），弹出"设置单元格格式"对话框。

2️⃣ 在"分类"列表框中选中"时间"选项，在"类型"列表框中选中"13 时 30 分 55 秒"类型或用户根据需要设置其他类型，如图 9-26 所示。

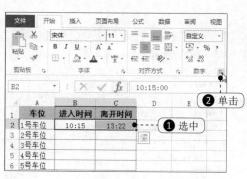

图 9-25 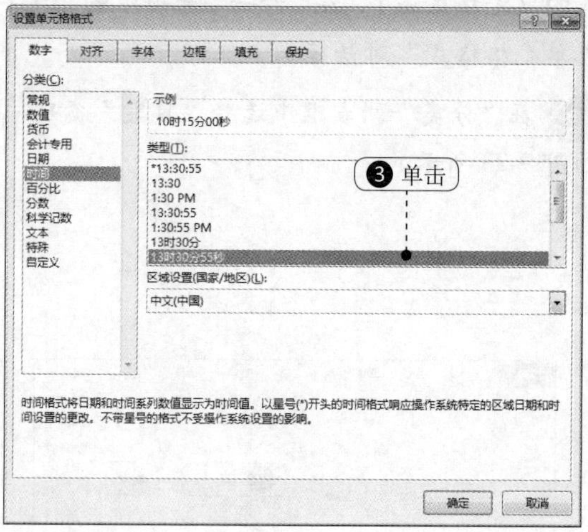　　　　　　　　　　　　　　　　图 9-26

3️⃣ 单击"确定"按钮，设置了格式的单元格数据将会自动转换为"10 时 15 秒 00 分"的形式，如图 9-27 所示。

图 9-27

9.1.4 用填充功能批量输入

在工作表特定的区域中输入相同数据或有一定规律的数据时，可以使用数据填充功能来快速输入。

1. 相同数据的快速输入

1️⃣ 在单元格中输入第一个数据（如此处在 B3 单元格中输入现当代小说 小说），将光标定位在单元格右下角的填充柄上，如图 9-28 所示。

2️⃣ 按住鼠标左键向下拖动（见图 9-29），释放鼠标后，可以看到拖动过的单元格上都填充了与 B3 单元格中相同的数据，如图 9-30 所示。

图 9-28

图 9-29

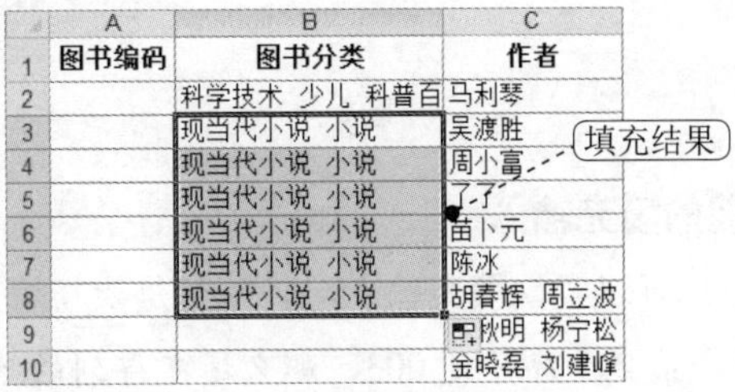

图 9-30

> **提示**
>
> 在连续的单元格中输入相同数据，还可以利用命令的操作方法来实现。首先选中需要进行填充的单元格区域（注意，要包含已经输入数据的单元格，即要有填充源），在"开始"选项卡的"编辑"选项组中单击 按钮，从打开的菜单中选择填充方向。

2. 连续序号、日期的填充输入

通过填充功能可以实现一些有规则数据的快速输入，例如输入序号、日期、星期数、月份、甲乙丙丁等。要实现有规律数据的填充，需要至少选择两个单元格来作为填充源，这样程序才能根据当前选中的填充源的规律来完成数据的填充。

1 在 A2 和 A3 单元格中分别输入前两个序号，并选中 A2:A3 单元格，将光标移至该单元格区域右下角的填充柄上，如图 9-31 所示。

2 按住鼠标左键不放，向下拖动至填充结束的位置，松开鼠标左键，拖动过的单元格区域中便填充了连续按特定规则排列的序号，如图 9-32 所示。

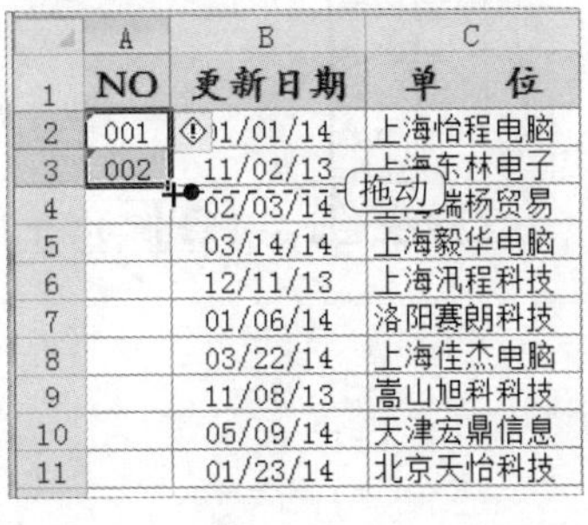

图 9-31

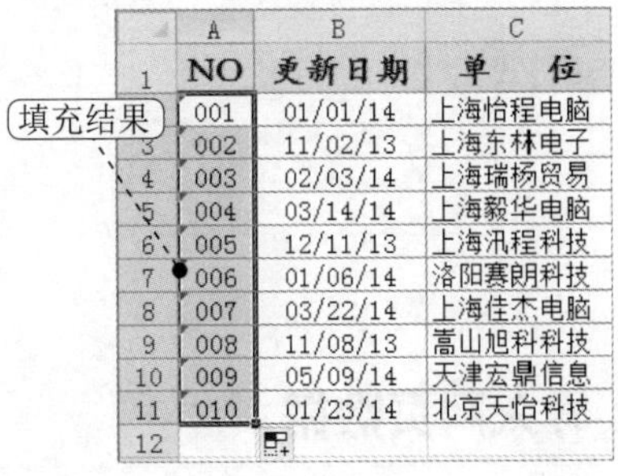

图 9-32

3 日期默认情况下会自动递增，因此要实现连续日期的填充，只需要输入第一个日期，然后按相同的方法向下填充即可，如图 9-33 所示。

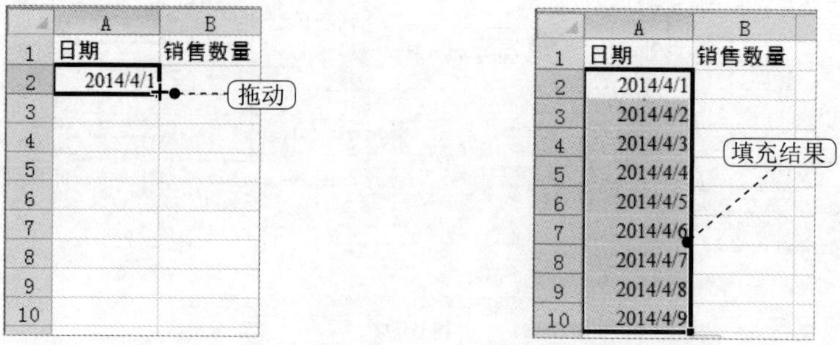

图 9-33

3. 不连续序号或日期的填充输入

如果数据是不连续的，也可以实现填充输入，其关键是要将填充源设置好。

例如第一个序号是 001，第 2 个序号是 003，那么填充得到的结果就是 001、003、0005、007 等的效果，如图 9-34 所示。

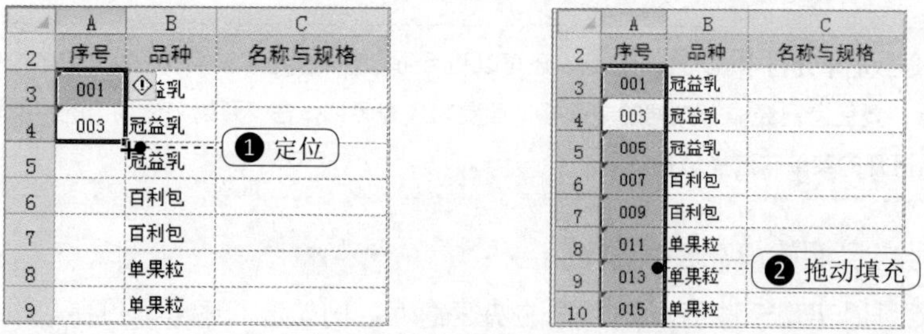

图 9-34

再如第一个日期是 2014/4/1，第 2 个日期是 2014/4/4，那么填充得到的结果就是 2014/4/1、2014/4/4、2014/4/7、2014/4/10 等的效果，如图 9-35 所示。

图 9-35

9.1.5 导入网页数据

编辑 Excel 表格时也经常需要从外部导入数据，最常用的是导入网页中的数据。

1️⃣ 打开要导入数据的工作表，选中导入数据要放置的起始单元格位置，接着切换到"数据"

选项卡，在"获取外部数据"选项组中单击"自网站"选项（见图9-36），弹出"新建Web查询"对话框。

2 在"地址"文本框中输入网站的网址，单击"导入"按钮，如图9-37所示。

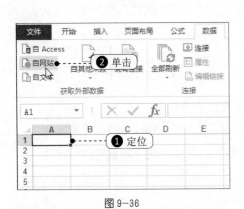

图9-36

图9-37

3 找到需要导入的内容，单击内容前的复选框，使其变为☑，即可选中内容，如图9-38所示。

图9-38

4 单击"导入"按钮，弹出"导入数据"对话框，在"数据的放置位置"下设置导入数据显示的位置，如图9-39所示。

5 单击"确定"按钮，返回到工作表，即可将网站中选定的部分数据导入到工作表，如图9-40所示。

图9-39

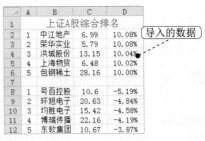

图9-40

9.2 表格数据的修改、移动、复制与删除

将数据输入到单元格中后，还需要进行相关的编辑操作，例如移动数据、修改数据、复制数据等。

9.2.1 修改数据

如果在单元格中输入了错误的数据，修改数据的方法有以下两种。

方法1：通过编辑栏修改数据。选中单元格后，单击编辑栏，然后在编辑栏内修改数据。

方法2：在单元格内修改数据。双击单元格，出现光标后，在单元格内对数据进行修改。

9.2.2 移动数据到新位置

要将已经输入到表格中的数据移动到新位置，需要先将原内容剪切，再粘贴到目标位置上。

① 打开工作表，选中需要移动的数据，按 Ctrl+X 组合键（剪切），如图 9-41 所示。

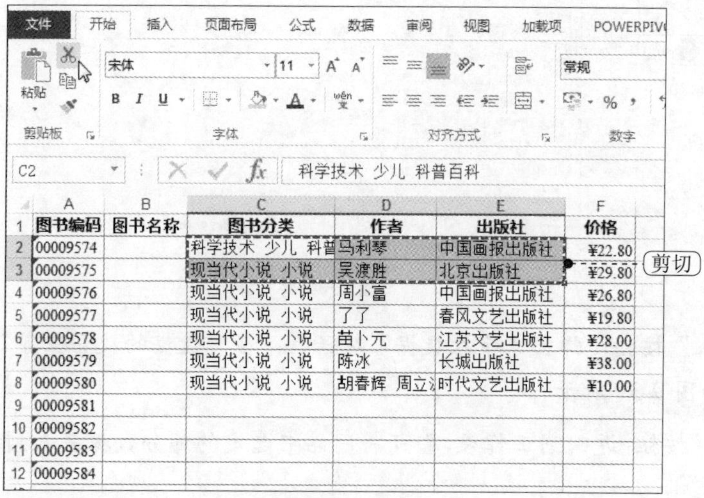

图 9-41

② 选择需要移动的位置，按 Ctrl+V 组合键或单击"开始"选项卡中"剪贴板"选项组中的"粘贴"按钮，即可移动数据，如图 9-42 所示。

提示

选中需要移动的单元格或单元格区域，将鼠标指针放到选定区域的边框上，当光标呈现 ✛ 形状时，按住鼠标左键拖动到目标单元格或单元格区域，也可以移动数据。

图 9-42

9.2.3　复制数据以实现快速输入

在表格编辑过程中，经常会出现在不同单元格中输入相同内容的情况，此时可以利用复制的方法以实现数据的快速输入。

1 打开工作表，选择要复制的数据，按 Ctrl+C 组合键或按"开始"选项卡中"剪贴板"选项组中的"复制"按钮进行复制，如图 9-43 所示。

图 9-43

2 选择需要复制数据的位置，按 Ctrl+V 组合键或单击"开始"选项卡中"剪贴板"选项组中的"粘贴"按钮，即可粘贴，如图 9-44 所示。

图 9-44

9.2.4 利用"粘贴预览"功能提前预览粘贴效果

Excel 2013 中具有"粘贴预览"功能，利用此功能可以事先对粘贴效果进行预览。

1 选择要复制的数据，按 Ctrl+C 组合键。选中要复制到的起始单元格位置，在"开始"选项卡下单击"粘贴"下拉按钮，展开下拉菜单，如图 9-45 所示。

图 9-45

2 鼠标指向时就会在目标位置上显示预览效果，例如鼠标指向"粘贴"，预览效果如图 9-46 所示。

图 9-46

3 例如鼠标指向"值"，预览效果如图 9-47 所示。

图 9-47

4　例如鼠标指向"转置"，预览效果如图 9-48 所示。

图 9-48

9.2.5　删除数据

当不需要工作表中的数据时，可以选中需要删除的数据，按 Delete 键。如果为单元格设置了格式（如边框底纹、数字格式等），按 Delete 键删除数据后，其格式将仍然保留。要想一次性将数据与格式全部删除，具体操作如下。

切换到"开始"选项卡，在"编辑"选项组中单击"清除"下拉按钮，在展开的下拉菜单中单击"全部清除"命令即可，如图 9-49 所示。

图 9-49

提示　在"清除"下拉菜单中，还可以执行"清除格式"或"清除内容"等的操作。在选中单元格后，按 Delete 键可以快速清除，但只能清除内容并不能清除格式。

9.3 查找与替换数据

当创建的表格比较大时，如果需要从庞大的数据中查找相关记录或需要对表格中个别
数据进行修改，则可以使用 Excel 2013 中的"查找"与"替换"功能来快速完成该项工作。

9.3.1 表格数据的查找

要快速查找特定数据，其操作如下。

◆ 数据查找功能的使用

1 将光标定位到数据库的首行中，单击"开始"标签，在"编辑"选项组中单击"查找和
选择"下拉按钮，在展开的下拉菜单中单击"查找"命令，如图 9-50 所示。

2 打开"查找和替换"对话框，在"查找内容"中输入查找信息，如图 9-51 所示。

图 9-50

图 9-51

通过快捷方式快速打开"查找和替换"对话框

在 Excel 2013 中，按 Ctrl+F 组合键，即可快速打开"查找和替换"对话框中的"查找"选项卡。

3 单击"查找下一个"按钮，即可将光标定位到满足条件的单元格上，如图 9-52 所示。

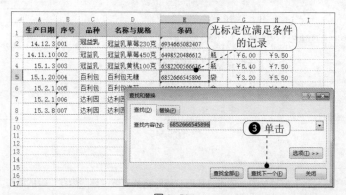

图 9-52

④ 再单击"查找下一个"按钮，可依次查找下一条满足条件的记录，最后单击"关闭"按钮，关闭对话框。

◆ 设置在整个工作簿中进行查找

在进行查找时，默认查找范围为当前工作表。要实现在工作簿中进行查找，其操作方法如下。

① 单击"开始"标签，在"编辑"选项组中单击"查找和选择"下拉按钮，在展开的下拉菜单中选中"查找"选项，打开"查找和替换"对话框。

② 单击"选项"按钮，激活设置选项，在"范围"下拉列表中可设置查找范围为"工作簿"，如图 9-53 所示。

图 9-53

③ 依次单击"查找下一个"按钮，即可实现在当前工作簿中依次查找。

提示

在查找过程中，也可以区分大小写和全／半角。只需要在"选项"按钮左侧将"区分大小写"复选框和"区分全／半角"复选框选中即可。 让查找到的内容显示特定的格式

巧用"查找"与"替换"功能还可以快速设置特定数据的格式，具体操作方法如下。

① 单击"开始"标签，在"编辑"选项组中单击"查找和选择→替换"命令，打开"查找和替换"对话框，输入"查找内容"与"替换为"的数据，单击"替换为"框后面的"格式"按钮，如图 9-54 所示。

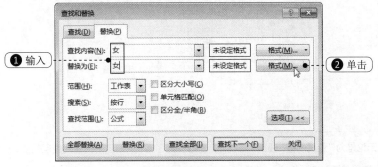

图 9-54

② 打开"替换格式"对话框，在此对话框中可以设置字体、边框、底纹格式等，如图 9-55 所示是在"填充"选项卡中设置特殊的填充颜色。

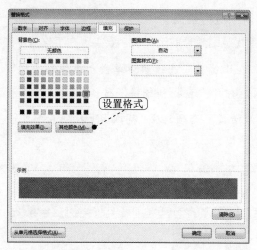

图 9-55

③ 单击"确定"按钮，返回到"查找和替换"对话框，可以看到预览效果，如图 9-56 所示。

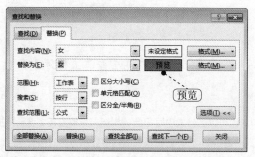

图 9-56

④ 单击"全部替换"按钮，就可实现将所有找到的记录设置为特定的格式，如图 9-57 所示。

	A	B	C	D	E	F
1	NO	更新日期	单 位	联系人	性别	部门
2	001	01/01/14	上海怡程电脑	张斌	男	采购部
3	002	11/02/13	上海东林电子	李少杰	男	销售部
4	003	02/03/14	上海瑞杨贸易	王玉珠	女	采购部
5	004	03/14/14	上海毅华电脑	赵玉普	男	销售部
6	005	12/11/13	上海汛程科技	李晓	女	采购部
7	006	01/06/14	洛阳赛朗科技	何平安	男	销售部
8	007	03/22/14	上海佳杰电脑	陈胜平	男	采购部
9	008	11/08/13	嵩山旭科科技	霏永信	男	行政部
10	009	05/09/14	天津宏鼎信息	李杰	男	销售部
11	010	01/23/14	北京天怡科技	崔娜	女	行政部
12						

让内容显示特殊格式

图 9-57

提示 无论是为"查找内容"还是"替换为"内容设置了格式，如果不再需要使用格式，则单击后面的"格式"下拉按钮，选择"清除查找格式"即可。

9.3.2 表格数据的替换

如果需要从庞大数据库中查找相关记录并对其进行更改，此时可以利用替换功能来实现。

1 将光标定位到数据库的首行中，单击“开始”标签，在“编辑”选项组中单击“查找和选择”下拉按钮，在展开的下拉菜单中单击“替换”命令，如图 9-58 所示。

2 打开“查找和替换”对话框，在“查找内容”框中输入要查找的内容，在“替换为”框中输入要替换为的内容，如图 9-59 所示。

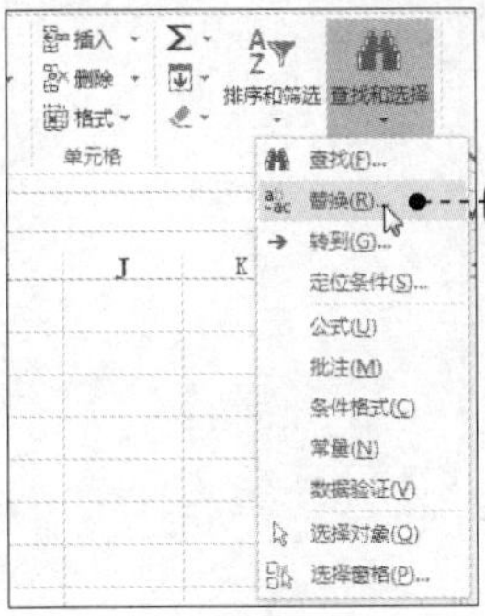

图 9-58

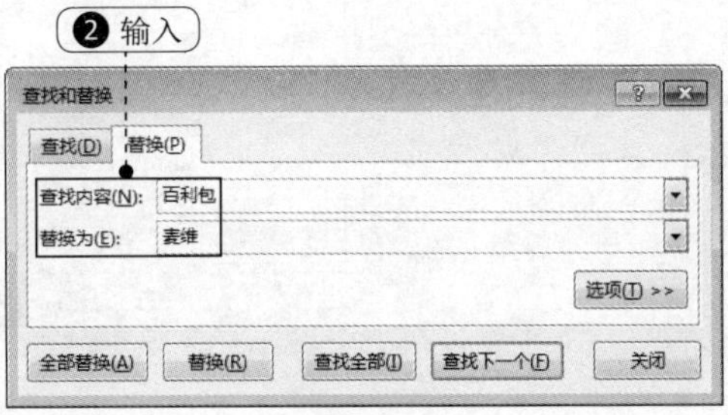

图 9-59

3 设置好查找内容与替换为内容之后，单击“查找下一个”按钮，光标定位到第一个找到的单元格中，如图 9-60 所示。

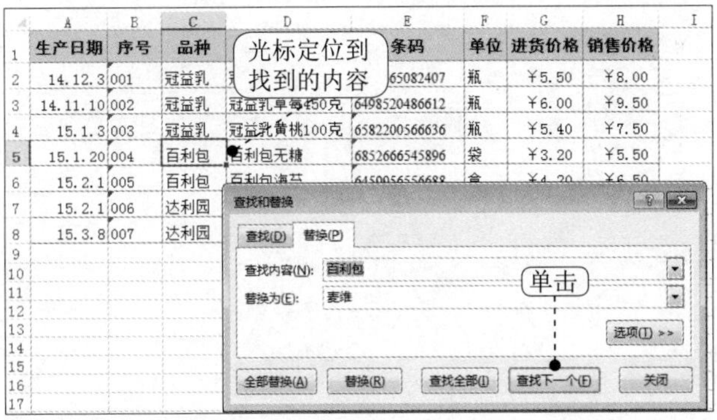

图 9-60

4 单击“替换”按钮，即可将查找的内容替换为所设置的替换为内容，如图 9-61 所示。

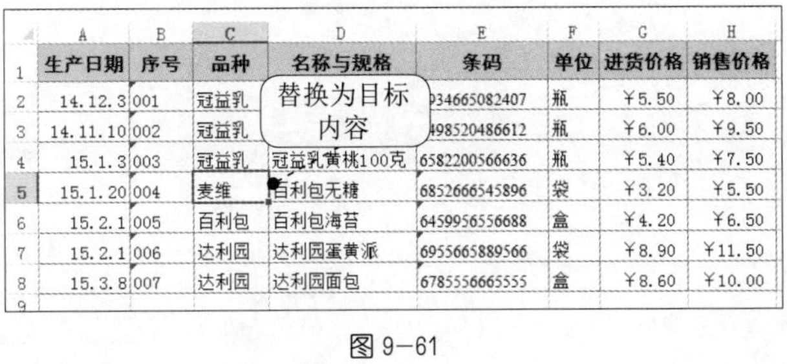

图 9-61

关于"单元格匹配"

当查找一个关键字时，默认情况下只要某个单元格中包含部分关键字就会被查找到，如本例中查找"百利包"，而有些单元格中是"百利包无糖"、"百利包海苔"等，这些也会被查找到。如果单击"全部替换"按钮，有可能会出现不想替换的也被替换的情况 ，这时解决办法是在"查找和替换"对话框中选中"单元格匹配"复选框（见图 9-62），然后进行替换即可。

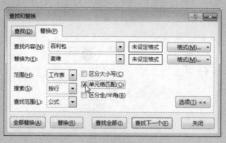

图 9-62

CHAPTER 10

表格的美化设置及打印

本章概述

表格美化设置是在创建表格后为增强表格视觉效果而进行的相关操作，包括字体格式、对齐方式、边框设置，以及单元格格式的设置和引用等。

本章知识脉络图

重点知识	相关功能	功能用途	页 码	学习等级
设置数据字体	开始→"字体"选项组	美化表格	187	★★★★★
设置数据对齐方式	开始→"对齐方式"选项组→"设置单元格格式"对话框	美化表格	188	★★★★☆
为表格设置边框与底纹	"设置单元格格式"对话框→对齐方式	美化表格	190/191	★★★★★
套用单元格样式	开始→单元格样式	快速套用程序提供的单元格样式	193	★★★☆☆
创建单元格样式	开始→单元格样式→新建单元格样式	创建样式后，方便后期快速套用	194	★★★☆☆
用格式刷复制单元格格式	开始→"剪贴板"选项组→格式刷	设置某一处格式后，方便快速引用	198	★★★★★
表格页面设置	页面设置→"页面设置"对话框	让最终打印效果最佳	202	★★★★☆
设置表格打印区域	页面布局→页面设置→打印区域	只打印需要的内容	205	★★★★☆

应用效果

设置文字居中对齐

设置文字竖排效果

设置表格边框

快速刷取复制单元格的格式

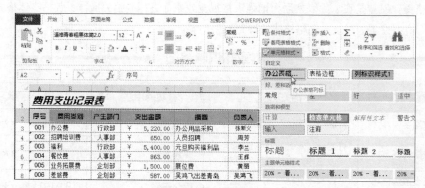

创建并套用单元格样式

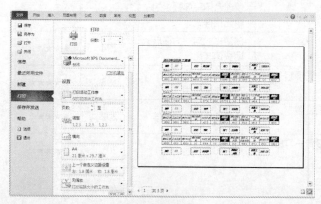

横向页面打印

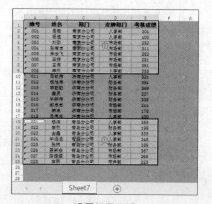

设置打印区域

10.1 表格数据字体与对齐方式设置

在单元格中输入数据后，默认情况下的显示效果是：11 号宋体字、文本左对齐、数字右对齐。而这些默认的格式通常不能满足我们的实际需要，因此需要进行相关的格式设置。

10.1.1 设置数据字体

输入数据到单元格中默认显示的为 11 号宋体字，可根据实际需要重新设置数据的字体格式。

1 在工作表中，选中要设置字体的单元格区域，如选中合并单元格后的 A1 单元格。

2 切换到"开始"选项卡，在"字体"选项组中单击"字体"下拉按钮，在展开的下拉列表中选择目标字体（见图 10-1），单击即可应用效果。

3 单击"字号"按钮，在展开的下拉列表中选择字号大小，设置后效果如图 10-2 所示。

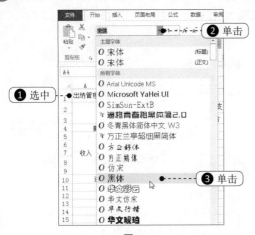

图 10-1

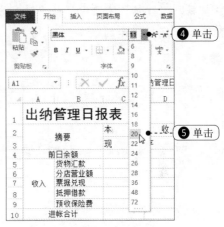

图 10-2

4 在"字体"选项组中还提供了 **B**（加粗）、*I*（倾斜）、U（下画线）几个按钮，单击它们可以快速设置文字的加粗格式、倾斜格式及添加下画线。通过 **A·** 按钮还可以设置文字颜色，如图 10-3 所示为设置了加粗，并重设了颜色的效果。

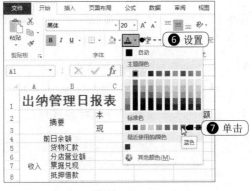

图 10-3

10.1.2 设置数据对齐方式

输入数据到单元格中默认的对齐方式为：输入的文本左对齐，输入的数字、日期等右对齐，可根据实际需要重新设置数据的对齐方式。

选中要重新设置对齐方式的单元格，在"开始"选项卡的"对齐方式"选项组中可以通过下面的快捷按钮来设置不同的对齐方式。

★ 三个按钮用于设置水平对齐方式，依次为：顶端对齐、垂直居中、底端对齐，输入的数据默认为垂直居中。

★ 三个按钮用于设置垂直对齐方式，依次为：左对齐、居中、右对齐。

★ 按钮用于设置文字倾斜或竖排显示，通过单击右侧的下拉按钮，还可以选择设置不同的倾斜方向或竖排形式。

1. 横排效果设置

1 在工作表中，选中要设置对齐方式的单元格区域，如此处选中 C2:E3 单元格。

2 切换到"开始"选项卡，在"对齐方式"选项组中单击"居中"按钮（见图 10-4），即可实现如图 10-5 所示的对齐效果。

图 10-4

图 10-5

3 选中 C2:E3 单元格区域，在"开始"选项卡的"对齐方式"选项组中单击 按钮，打开"设置单元格格式"对话框。

4 在"水平对齐"与"垂直对齐"下拉列表中有多个可选择的选项，这里在"水平对齐"下拉列表中选择"分散对齐（缩进）"，如图 10-6 所示。

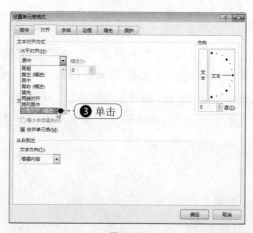

图 10-6

5 单击"确定"按钮，即可看到列标识显示的分散对齐效果，如图10-7所示。

图10-7

2. 竖排效果设置

1 选中要设置对齐方式的单元格区域，如此处选中合并后的A3单元格。

2 切换到"开始"选项卡，在"对齐方式"选项组中单击 按钮，打开下拉菜单（见图10-8），可以选择让文字以倾斜效果显示，如图10-9所示为选择"逆时针角度"的效果。

图10-8 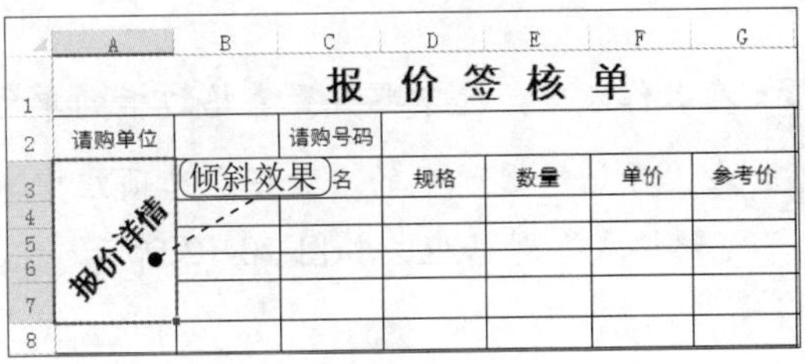   图10-9

3 如图10-10所示为选择"竖排文字"的效果。

图10-10

10.2 表格边框与底纹设置

在表格中完成字体和对齐方式设置后，为了达到美化的效果，可以接着为表格设置边框或底纹。

10.2.1 设置表格边框效果

Excel 2013 默认情况下显示的网格线只是用于辅助单元格编辑，实际上这些线条是不存在的，进入打印预览状态下可以看到的线条不能显示（见图 10-11）。如果表格需要打印使用，则需要手动为表格添加边框。

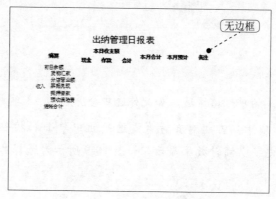

图 10-11

① 在工作表中，选中要设置表格边框的单元格区域，如 A3:H10 单元格区域。

② 在"开始"选项卡的"数字"选项组中单击"设置单元格格式"（ ⬛ ）按钮，打开"设置单元格格式"对话框，如图 10-12 所示。

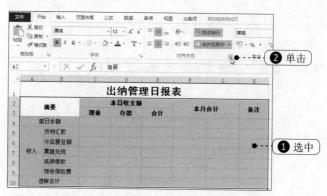

图 10-12

③ 切换到"边框"选项卡，在"样式"中选择外边框的样式，接着在"颜色"中选择外边框样式的颜色。

④ 在"预置"中，单击"外边框"按钮，即可将设置的样式和颜色应用到表格外边框中，并且在下面的"预览"窗口中可以看到应用后的效果，如图 10-13 所示。

⑤ 在"样式"中选择内边框的样式，接着在"颜色"中选择内边框样式的颜色。

⑥ 在"预置"中，单击"内部"按钮，即可将设置的样式和颜色应用到表格内边框中，并且在下面的"预览"窗口中同样可以看到应用后的效果，如图 10-14 所示。

图 10-13

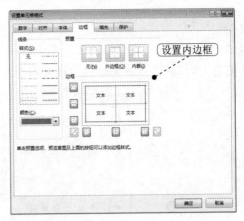

图 10-14

7 设置完成后，单击"确定"按钮，选中的单元格区域即可套用设置的边框效果，如图 10-15 所示。

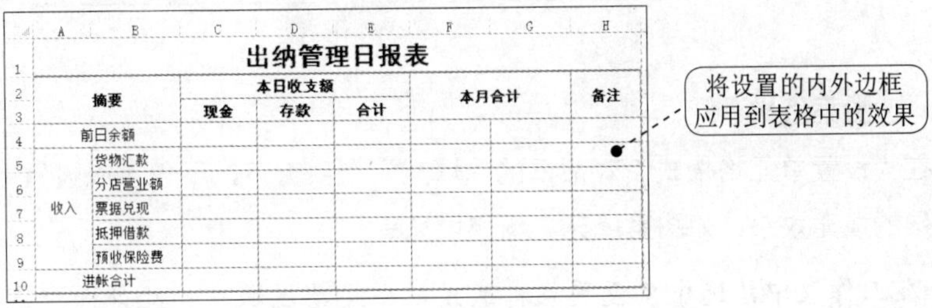

图 10-15

8 进入打印预览状态下可以看到边框可显示出来，如图 10-16 所示。

图 10-16

10.2.2 设置表格底纹效果

为特定的单元格设置底纹效果可以在很大程度上美化表格，可以设置单元格的单色填充效果，也可以设置图案、渐变等特殊填充效果。

1. 单色底纹

1 在工作表中，选中要设置表格底纹的单元格区域，如此处选中表格列标识区域。

2 在"开始"选项卡的"字体"选项组中，单击"填充颜色"按钮，展开颜色选取下拉菜单。

3 在"主题颜色"、"标准色"中，鼠标指向某种颜色时，表格中的选中区域即可进行预览（见图 10-17），单击鼠标应用填充颜色。

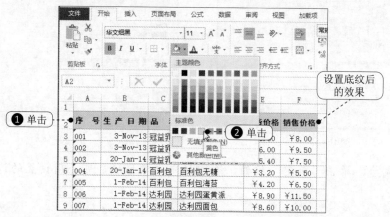

图 10-17

2. 图案底纹

在"设置单元格格式"对话框的"填充"选项卡下，不仅可以设置单色填充效果，还可以设置特殊的填充效果，如图案填充、渐变填充等。

1 在工作表中，选中要设置表格底纹的单元格区域，如此处选中表格列标识区域。

2 在"开始"选项卡的"数字"选项组中单击"设置单元格格式"（ ）按钮，打开"设置单元格格式"对话框。切换到"填充"选项卡，在"背景色"栏中可以选择采用单色来填充选中的单元格区域。

3 单击"图案颜色"右侧的下拉按钮，选择图案颜色，如图 10-18 所示；单击"图案样式"右侧的下拉按钮，选择图案样式，如图 10-19 所示。

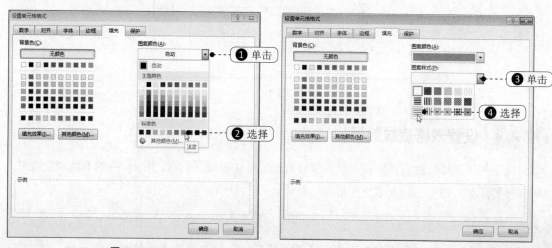

图 10-18   图 10-19

在"设置单元格格式"对话框的"填充"选项卡中，单击"填充效果"按钮，可以打开"填充效果"对话框来设置渐变填充效果。

④ 设置完成后，单击"确定"按钮，所实现的图案填充效果如图 10-20 所示。

	A	B	C	D	E	F
1						
2	序 号	生产日期	品 种	名 称 与 规 格	进货价格	销售价格
3	001	3-Nov-13	冠益乳	冠益乳草莓230克	￥5.50	￥8.00
4	002	3-Nov-13	冠益乳	冠益乳草莓450克	￥6.00	￥9.50
5	003	20-Jan-14	冠益乳	冠益乳黄桃100克	￥5.40	￥7.50
6	004	20-Jan-14	百利包	百利包无糖	￥3.20	￥5.50
7	005	1-Feb-14	百利包	百利包海苔	￥4.20	￥6.50
8	006	1-Feb-14	达利园	达利园蛋黄派	￥8.90	￥11.50
9	007	1-Feb-14	达利园	达利园面包	￥8.60	￥10.00

设置图案底纹后的效果

图 10-20

10.3 应用单元格样式来美化表格

"单元格样式"这项功能是 Excel 2007 版本之后提供的新功能。关于单元格的样式，我们可以理解为"预先定制"，在使用时就可以达到批量处理效果。因此利用该功能预定义格式，然后引用格式，即可实现批量快速地设置格式。

10.3.1 套用默认单元格样式

套用"单元格样式"，就是将 Excel 2013 提供的单元格样式方案直接运用到选中的单元格中。例如，使用"单元格样式"设置表格的标题，具体操作如下。

① 选中要套用单元格样式的单元格区域，如图 10-21 所示。

	A	B	C	D	E	F
1	序号	费用类别	产生部门	支出金额	摘要	负责人
2	001	办公费	行政部	￥ 5,220.00	办公用品采购	张新义
3	002	招聘培训费	人事部	￥ 650.00	人员招聘	周芳
4	003	福利	行政部	￥ 5,400.00	元旦购买福利品	李兰
5	004	餐饮费	人事部	￥ 863.00		王辉
6	005	业务拓展费	企划部	￥ 1,500.00	展位费	黄丽
7	006	差旅费	企划部	￥ 587.00	吴鸿飞出差青岛	吴鸿飞
8	007	招聘培训费	人事部	￥ 450.00	培训教材	沈涛
9	008	通讯费	销售部	￥ 258.00	快递	张华
10	009	业务拓展费	企划部	￥ 2,680.00	公交站广告	黄丽
11	010	通讯费	行政部	￥ 2,675.00	固定电话费	何洁丽
12	011	外加工费	企划部	￥ 33,000.00	支付包装袋货款	伍琳
13	012	餐饮费	销售部	￥ 650.00		王辉
14	013	通讯费	行政部	￥ 22.00	EMS	张华
15	014	会务费	行政部	￥ 2,800.00	研发交流会	黄丽
16	015	交通费	销售部	￥ 500.00		李佳静
17	016	差旅费	销售部	￥ 732.00	刘洋出差威海	刘洋

❶ 选中

图 10-21

2 在"开始"选项卡下的"样式"选项组中，单击"单元格样式"按钮，展开默认提供的
单元格样式方案下拉菜单，鼠标指向"解释性文本"，可以看到选中单元格区域的预览效果，
如图 10-22 所示。

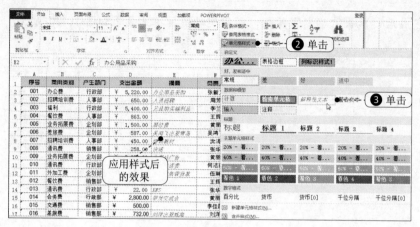

图 10-22

3 单击鼠标即可应用样式。

提示

Excel 2013 提供了 5 种不同类型的方案样式，分别是"好、差和适中"、"数据和模型"、"标题"、"主题单元格样式"和"数字格式"。这些样式可以直接套用，比如选择显示金额的单元格区域，在"数字格式"栏中单击"货币"，即可快速将金额转换为货币显示模式。

10.3.2 新建单元格样式

如果在办公中经常需要按照特定的格式来修饰表格，可以根据自己的需要新建单元格的样式。

1 在"开始"选项卡下的"样式"选项组中，单击"单元格样式"按钮，从下拉菜单中选择"新建单元格样式"命令，打开"样式"对话框。

2 在"样式名"框中输入样式名，如：办公表格列标，如图 10-23 所示。

图 10-23

③ 单击"格式"按钮，打开"设置单元格格式"对话框。在"字体"选项卡中，可以设置单元格样式的字体格式，如图 10-24 所示；切换到"边框"选项卡下，对单元格样式的边框进行设置，如图 10-25 所示。再切换到"填充"选项卡下，对单元格样式的底纹进行设置（图略）。

图 10-24

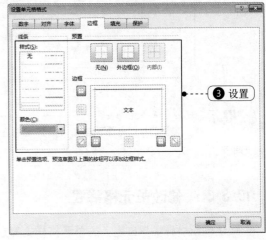

图 10-25

④ 设置完成后，单击"确定"按钮，返回到"样式"对话框中。在"包括样式（例子）"栏下可以看到设置的单元格样式，如图 10-26 所示。

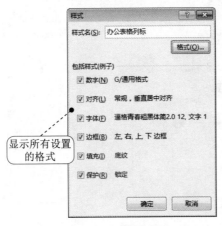

图 10-26

⑤ 确定新单元格样式设置完成后，单击"确定"按钮，该"办公表格列标"新建完成。

⑥ 当需要使用该样式时，先选中要引用的单元格或单元格区域，在"单元格样式"下拉菜单的"自定义"下可看到所自定义的"办公表格列标"样式（见图 10-27），单击即可应用到选中的单元格中。

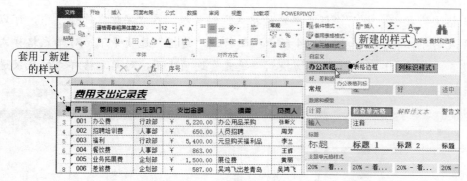

图 10-27

提示

　　创建的样式只要不删除，它就一直存在于"单元格样式"下拉菜单中。当需要使用它时，直接套用即可。

10.3.3　修改单元格样式

　　默认单元格样式与自定义的单元格样式都是可以修改的，其操作方法如下。

1　在"开始"选项卡下的"样式"选项组中，单击"单元格样式"按钮，从下拉菜单中右键单击要修改的单元格样式，如"自定义"下的"办公表格列标"，展开快捷菜单（见图 10-28），单击"修改"命令，打开"样式"对话框，单击"格式"按钮，如图 10-29 所示。

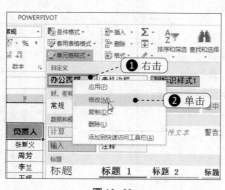

图 10-28

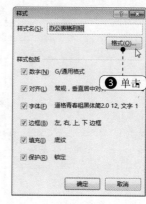

图 10-29

2　单击"格式"按钮后，打开"设置单元格格式"对话框，按照与新建单元格样式相同的方法对原样式进行修改即可。

3　设置完成后，关闭"设置单元格格式"对话框和"样式"对话框，即可完成对单元格样式的修改。

提示

　　如果不再需要使用此样式，则在样式的右键菜单中单击"删除"命令即可。

10.4 套用表格格式来美化表格

Excel 2013 中提供了"套用表格格式"功能。利用该功能，可以一次性对表格进行美化设置。

1. 选中要套用表格格式的单元格区域，如 A2:F44 单元格区域。

2. 切换到"开始"选项卡，在"样式"选项组中单击"套用表格格式"按钮，展开表格格式下拉菜单，如图 10-30 所示。

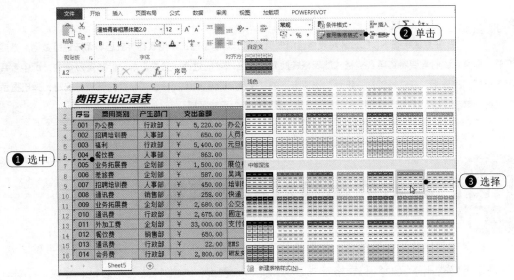

图 10-30

3. 在展开的表格格式下拉菜单中，单击任意一种想应用的方案，弹出"套用表格式"对话框，如图 10-31 所示。

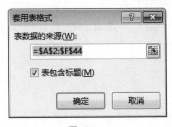

图 10-31

4. 在"表数据的来源"中已经显示要套用的单元格区域，这里直接单击"确定"按钮，即可将该表格格式方案应用到选中的单元格区域中，如图 10-32 所示。

图 10-32

> **提示**
>
> 在默认状态下，Excel 将表格套用效果与筛选功能整合。套用表格样式后将无法进行数据"分类汇总"操作，此时需要将套用表格格式的表格转换为正常区域才能进行"分类汇总"。转换方法为：选中被套用表格格式的表格，在"表工具→设计"选项卡下的"工具"选项组中，单击"转换为区域"按钮，弹出提示对话框，单击"是"按钮，即可将套用表格格式的表格转换为正常区域。

10.5 用格式刷复制单元格格式

在完成表格的格式设置后，如果其他表格需要使用相同的格式，有一个最快捷的方法就是使用格式刷来快速复制表格样式。利用此方法复制的表格样式包括边框、底纹、字体、单元格的格式等。

① 选中要复制其格式的单元格，如 A1 单元格，切换到"开始"选项卡，在"剪贴板"选项组中单击"格式刷"按钮，如图 10-33 所示。

② 光标变成小刷子状（见图 10-34），在目标位置（即需要引用格式的单元格）上单击，即可复制格式，如图 10-35 所示。

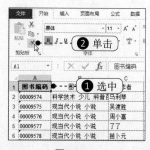

图 10-33   图 10-34   图 10-35

3 如果一个连续的单元格区域需要引用相同格式，则在单元格区域上拖动鼠标（见图 10-36），释放鼠标，即可一次性引用格式，如图 10-37 所示。

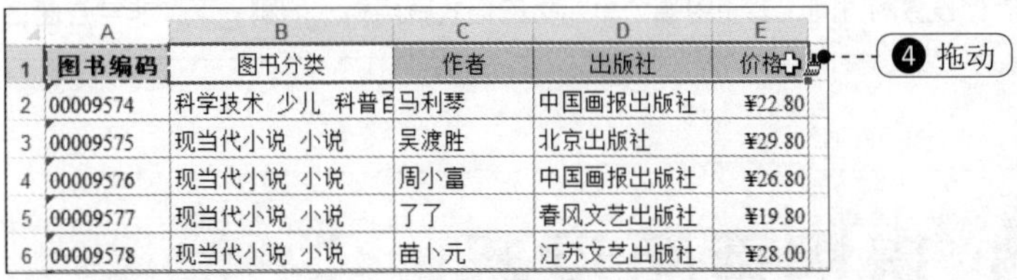

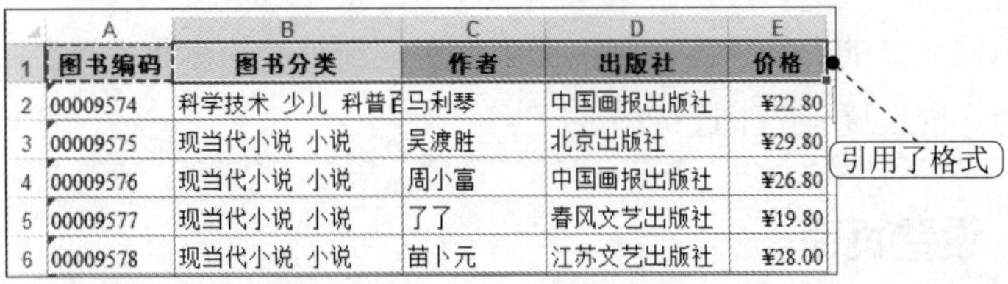

	A	B	C	D	E
1	图书编码	图书分类	作者	出版社	价格
2	00009574	科学技术 少儿 科普百	马利琴	中国画报出版社	¥22.80
3	00009575	现当代小说 小说	吴渡胜	北京出版社	¥29.80
4	00009576	现当代小说 小说	周小富	中国画报出版社	¥26.80
5	00009577	现当代小说 小说	了了	春风文艺出版社	¥19.80
6	00009578	现当代小说 小说	苗卜元	江苏文艺出版社	¥28.00

图 10-36

	A	B	C	D	E
1	图书编码	图书分类	作者	出版社	价格
2	00009574	科学技术 少儿 科普百	马利琴	中国画报出版社	¥22.80
3	00009575	现当代小说 小说	吴渡胜	北京出版社	¥29.80
4	00009576	现当代小说 小说	周小富	中国画报出版社	¥26.80
5	00009577	现当代小说 小说	了了	春风文艺出版社	¥19.80
6	00009578	现当代小说 小说	苗卜元	江苏文艺出版社	¥28.00

图 10-37

4 引用格式不仅包括字体、边框、底纹效果，数字格式也可以引用。选中 E2 单元格，切换到“开始”选项卡，在“剪贴板”选项组中单击“格式刷”按钮，如图 10-38 所示。

	A	B	C	D	E
1	图书编码	图书分类	作者	出版社	价格
2	00009574	科学技术 少儿 科普百	马利琴	中国画报出版社	¥22.80
3	00009575	现当代小说 小说	吴渡胜	北京出版社	¥29.80
4	00009576	现当代小说 小说	周小富	中国画报出版社	¥26.80
5	00009577	现当代小说 小说	了了	春风文艺出版社	¥19.80
6	00009578	现当代小说 小说	苗卜元	江苏文艺出版社	¥28.00
7	00009579	现当代小说 小说	陈冰	长城出版社	38
8	00009580	现当代小说 小说	胡春辉 周立波	时代文艺出版社	10
9	00009581	科学技术 少儿 科普百科	冯秋明 杨宁松	辽宁少年儿童出版社	23.8
10	00009582	现当代小说 小说	金晓磊 刘建峰	湖南人民出版社	25
11	00009583	现当代小说 小说	紫鱼儿	凤凰出版传媒集团	28
12	00009584	识字 汉语 幼儿启蒙 ④	郭美佳	湖北长江出版集团	18.8

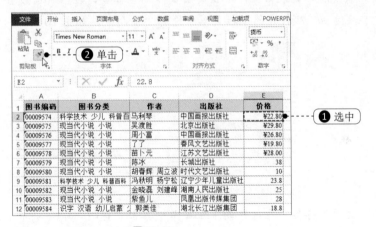

图 10-38

5 在 E7:E12 单元格区域上拖动，即可引用数字格式为包含两位小数的货币格式，如图 10-39 所示。

	A	B	C	D	E
1	图书编码	图书分类	作者	出版社	价格
2	00009574	科学技术 少儿 科普百	马利琴	中国画报出版社	¥22.80
3	00009575	现当代小说 小说	吴渡胜	北京出版社	¥29.80
4	00009576	现当代小说 小说	周小富	中国画报出版社	¥26.80
5	00009577	现当代小说 小说	了了	春风文艺出版社	¥19.80
6	00009578	现当代小说 小说	苗卜元	江苏文艺出版社	¥28.00
7	00009579	现当代小说 小说	陈冰	长城出版社	¥38.00
8	00009580	现当代小说 小说	胡春辉 周立波	时代文艺出版社	¥10.00
9	00009581	科学技术 少儿 科普百科	冯秋明 杨宁松	辽宁少年儿童出版社	¥23.80
10	00009582	现当代小说 小说	金晓磊 刘建峰	湖南人民出版社	¥25.00
11	00009583	现当代小说 小说	紫鱼儿	凤凰出版传媒集团	¥28.00
12	00009584	识字 汉语 幼儿启蒙 ④	郭美佳	湖北长江出版集团	¥18.80

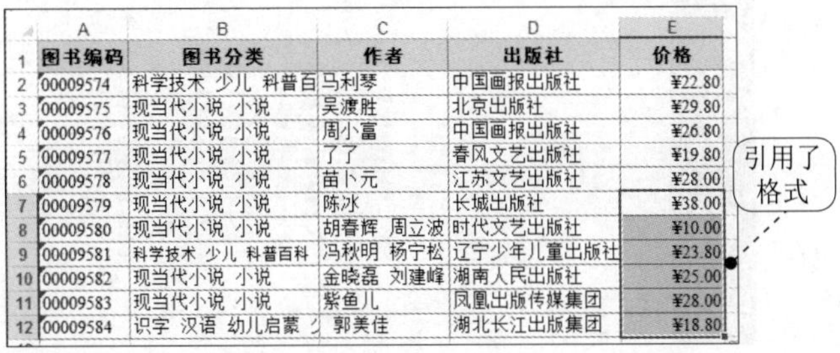

图 10-39

提示

利用格式刷复制已有格式,可以在数据输入前操作,也可以将数据输入后操作。此方法极大地节约了表格被美化设置的时间,想使用哪个单元格的格式就用格式刷刷一下,非常方便。

10.6 表格页面设置

如果编辑完成的表格需要打印输出,就要进行相关的页面设置及打印设置。页面的设置包括页面方向设置、纸张选择等。

10.6.1 设置页面

表格默认的打印方向是纵向的。如果当前表格较宽,纵向打印时不能完全显示出来,此时则可以设置纸张方向为"横向"。

1 切换到需要打印的表格中,单击"页面布局"标签,在"页面设置"选项组中单击"纸张方向"下拉按钮,从打开的下拉菜单中选择"横向",如图 10-40 所示。

图 10-40

2 单击"文件"标签,在打开的下拉菜单中单击"打印"命令,即可在右侧显示出打印预览效果,如图 10-41 所示(横向打印效果)。

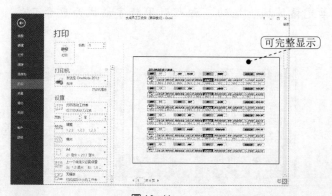

图 10-41

3 如果当前要使用的打印纸张不是默认的 A4 纸，则需要在"页面设置"选项组中单击"纸张大小"按钮，从打开的下拉菜单中选择当前使用的纸张规格，如图 10-42 所示。

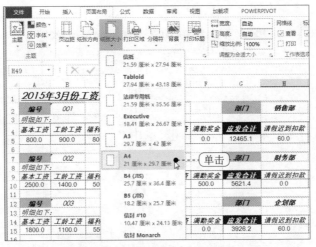

图 10-42

10.6.2 设置页边距

表格实际内容的边缘与打印纸张的边缘之间的距离就是页边距。一般在下面两种情况下需要重新设置页边距。

1. 重新调整页边距

当表格实际内容超出打印纸张时，可以通过调整页边距让其完整显示在纸张上。如图 10-43 所示的表格，在打印预览下看到还有两列没有显示出来。

图 10-43

1 在当前需要打印的工作表中，单击"文件"标签，在展开的菜单中单击"打印"命令，即可在窗口右侧显示出表格的打印预览效果。

2 拖动"设置"栏中的滑块到底部，并单击底部的"页面设置"链接，打开"页面设置"对话框。在"页边距"选项卡下，将"左"与"右"的边距调小，如此处都调整为"0.5"，如图 10-44 所示。

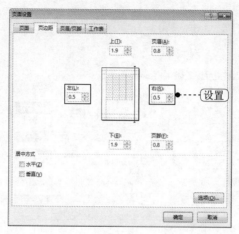

图 10-44

3 单击"确定"按钮，重新回到打印预览状态下，可以看到想打印的内容都能显示出来了，如图 10-45 所示。

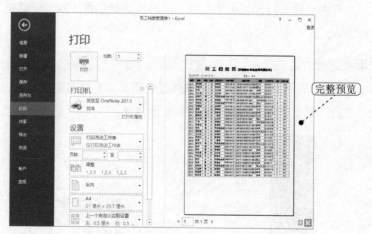

图 10-45

4 在预览状态下调整完毕后，执行打印操作即可。

提示

此方法只能应用于超出页面内容不太多的情况下。当超出内容过多时，即使将页边距调整为 0，也不能完全显示。这时就需要分多页来打印或进行缩放打印了。

2. 让打印内容居中显示

如果表格的内容比较少，默认情况下将显示在页面的左上角（见图 10-46），此时一般要将表格打印在纸张的正中间才比较美观。

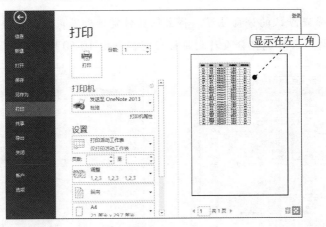

图 10-46

①　在打印预览状态下，拖动"设置"栏中的滑块到底部，并单击底部的"页面设置"链接，打开"页面设置"对话框。

②　切换到"页边距"选项卡下，同时选中"居中方式"栏中的"水平"和"垂直"两个复选框，如图 10-47 所示。

③　单击"确定"按钮，可以看到预览效果中表格显示在纸张正中间，如图 10-48 所示。

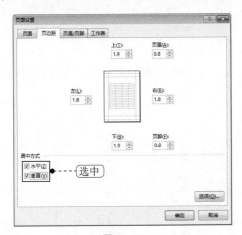

图 10-47

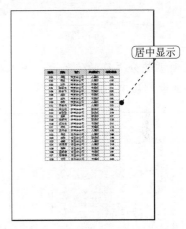

图 10-48

④　在预览状态下调整完毕后，执行打印操作即可。

10.6.3　设置分页

当表格内容不只一页时，则默认会将剩余内容自动显示到下一页中，如图 10-49 所示在分页视图中可以看到当前表格一页纸不能完全显示，剩余少量内容被打印到第 2 页中。此时可以调整一下分页位置，让内容均衡地打印到两页纸中。

①　在当前需要打印的工作表中，单击"视图"标签，在"工作簿视图"选项组中单击"分页预览"按钮，进入分页预览视图中。

② 蓝色的虚线条是默认的分页位置，将鼠标指针定位到蓝色线条上，当出现上下对拉箭头时，按住鼠标拖动，即可调整分页符到目标位置，如图 10-50 所示。

图 10-49

图 10-50

③ 重新调整分页符的位置后，进入打印预览状态下，可以看到当前工作表在指定的位置分到下一页中，如图 10-51 所示。

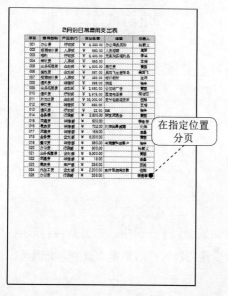

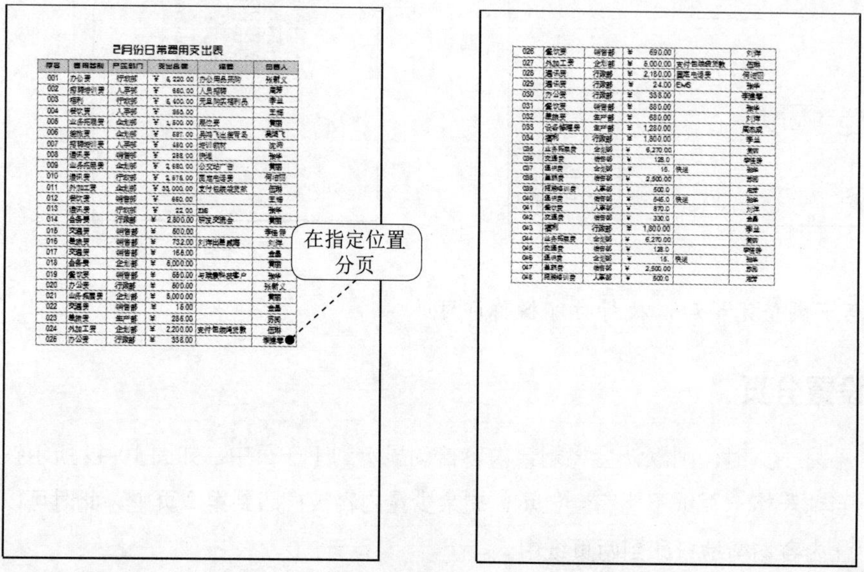

图 10-51

10.7 打印设置

在执行打印操作前一般需要对打印选项进行设置，例如设置打印份数、打印范围等。

10.7.1 添加打印区域

当整张工作表的数据较多时，若只需要打印一个连续显示的单元格区域或一次性打印多个不连续的单元格区域，需要通过添加打印区域来实现。

1. 只打印一个连续的单元格区域

如果只想打印工作表中一个连续的单元格区域，需要按如下方法操作。

1 在工作表中选中部分需要打印的内容，单击"页面布局"标签，在"页面设置"选项组中单击"打印区域"按钮，在打开的下拉菜单中单击"设置打印区域"命令，如图 10-52 所示。

2 执行上步操作后即可建立一个打印区域。进入打印预览状态下，可以看到当前工作表中只有这个打印区域将会被打印（见图 10-53），其他内容不打印。

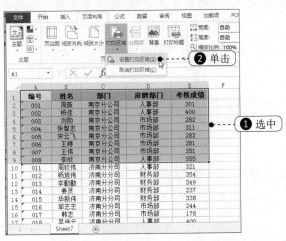

图 10-52

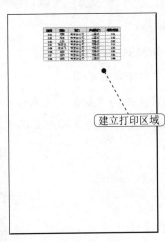

图 10-53

2. 一次性打印多个不连续的单元格区域

如果想有选择地打印工作表中多个部分的内容，则可以按如下方法添加多个打印区域。

1 切换到要打印的工作表中，单击"页面布局"标签，在"页面设置"选项组中单击 按钮，打开"页面设置"对话框。

2 切换到"工作表"选项卡，在"打印区域"文本框中设置要打印的多个单元格区域的引用地址，各地址之间以"，"隔开，如图 10-54 所示。

3 单击"打印预览"按钮，可以看到添加的区域分两页打印。如图 10-55 示为进入"分页预览"视图下看到的两个打印区域（蓝色框线内的为打印区域）。

图 10-54

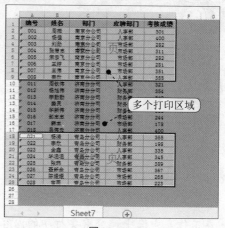

图 10-55

10.7.2 设置打印份数或打印指定页

在执行打印操作前可以根据需要设置打印份数，并且如果工作表包含多页内容，也可以设置只打印指定的页。

1 切换到要打印的工作表中，单击"文件"标签，在打开的菜单中单击"打印"命令，即可展开打印设置界面。

2 在左侧的"份数"文本框中可以填写需要打印的份数；在"设置"栏下的"页数"文本框中输入要打印的页码或页码范围，如图 10-56 所示。

图 10-56

3 设置完成后，单击"打印"按钮，即可开始打印。

CHAPTER 11

表格数据的计算方法

本章概述

只要是和数据打交道，Excel 软件几乎是不二的选择。这得力于 Excel 强大的数据计算能力，而 Excel 的这一功能又得力于公式与函数。

在使用公式时，需要引用单元格的数值进行运算，还需要使用相关的函数来完成特定的计算。因此本章主要讲解 Excel 中公式与函数的相关知识，把读者领入数据计算的大门。

本章知识脉络图

重点知识	相关功能	功能用途	页 码	学习等级
编辑公式	在编辑栏中以 " = " 开头	进行数据计算	212	★★★★☆
有关函数的帮助	"插入函数" 对话框→有关函数的帮助	辅助对函数的学习	215	★★★☆☆
公式中引用相对数据源	如 A1、A1:A10 这种引用方式	复制公式时引用区域自动变化	216	★★★★★
公式中引用绝对数据源	如 $A41、$A$1:$A$10 这种引用方式	复制公式时引用区域不变化	217	★★★★★
公式中引用其他工作表数据源	'工作表名'！数据源地址	计算时需要使用其他工作表的数据	218	★★★★★
公式中引用其他工作簿数据源	[工作簿名]工作表名！数据源地址	计算时需要使用其他工作簿的数据	220	★★★☆☆
逻辑函数	IF	进行逻辑运算	221	★★★★★
日期函数	DAYS360、DATEDIF、WEEKDAY	进行日期运算、返回日期等	222	★★★★★
数学函数	SUM、SUMIF、SUMIFS、SUMPRODUCT	进行数据计算	225	★★★★★
统计函数	AVERAGEIF、AVERAGEIFS、COUNTIF、MAX、MIN、RANK.EQ	进行统计运算	228	★★★★★
查找函数	HLOOKUP、VLOOKUP	查找满足条件的数据	232	★★★★★

规格	单价	销售数量	销售金额
50克	198	2	396
225片/190寸	332	1	
3件套	280	1	
15ml	168	1	
3件套	288	1	
30ml	190	2	
3件套	318	1	
225片/190寸	252	1	
3件套	288	1	

规格	单价	销售数量	销售金额
50克	198	2	396
225片/190寸	332	1	332
3件套	280	1	280
15ml	168	1	168
3件套	288	1	288
30ml	190	2	380
3件套	318	1	318
225片/190寸	252	1	252
3件套	288	1	288

复制公式完成批量计算

C3　　fx　=B3*IF(B3>=50000, 0.1, 0.08)

	A	B	C
1	姓名	总销售额	提成金额
2	唐敏	54500	5450
3	韩燕	22000	1760
4	柏家国	60000	6000
5	金靖	75000	7500
6	谢娟	77200	7720
7	姚金年	57540	5754
8	陈建	45670	3653.6
9	王磊	46000	3680
10	夏慧	62800	6280

C5　　fx　=B5*IF(B5>=50000, 0.1, 0.08)

	A	B	C
1	姓名	总销售额	提成金额
2	唐敏	54500	5450
3	韩燕	22000	1760
4	柏家国	60000	6000
5	金靖	75000	7500
6	谢娟	77200	7720
7	姚金年	57540	5754
8	陈建	45670	3653.6
9	王磊	46000	3680
10	夏慧	62800	6280

相对数据源的引用

C2　　fx　=YEAR(TODAY())-YEAR(B2)

	A	B	C
1	姓名	出生日期	年龄
2	侯淑媛	1984-5-12	29
3	孙丽萍	1986-8-22	27
4	李平	1982-5-21	31
5	苏敏	1980-5-4	33
6	张文涛	1980-12-5	33
7	孙文胜	1987-9-27	26
8	周保国	1979-1-2	34
9	崔志飞	1980-8-5	33

YEAR 函数效果

F2　　fx　=SUMIF($B$2:$B$12, E2, $C$2:$C$12)

	A	B	C	D	E	F
1	姓名	所属部门	工资		部门	工资总额
2	韦丽	企划部	5565		财务部	7600
3	刘玲燕	财务部	2800		销售部	47580
4	韩要荣	销售部	14900		企划部	13565
5	侯淑媛	销售部	6680		办公室	4480
6	孙丽萍	办公室	2200			
7	李平	销售部	15000			
8	苏敏	财务部	4800			
9	张文涛	销售部	5200			
10	孙文胜	销售部	5800			
11	周保国	办公室	2280			
12	崔志飞	企划部	8000			

SUMIF 函数效果

D2　　fx　=COUNTIF(B2:B11, ">"&AVERAGE(B2:B11))&"人"

	A	B	C
1	姓名	分数	大于平均分的人数
2	刘娜	78	6人
3	陈振涛	88	
4	陈自强	100	
5	谭谢生	93	
6	王家驹	78	
7	段军鹏	88	
8	简佳丽	78	
9	肖菲菲	100	
10	黄永明	78	
11	陈春	98	

COUNTIF 函数效果

D2　　fx　=VLOOKUP(B2, IF(C2<=5, $F$2:$G$4, $F$7:$G$9), 2, FALSE)

	A	B	C	D	E	F	G
1	姓名	职位	工龄	年终奖		5年或以下工龄	
2	韩伟	职员	2	1000		职员	1000
3	胡佳欣	高级职员	4			高级职员	2000
4	刘辉贤	部门经理	5			部门经理	5000
5	邓翰杰	高级职员	10				
6	仲成	职员	9			5年以上工龄	
7	李志膏	职员	4			职员	2000
8	陶龙华	部门经理	6			高级职员	5000
9	李晓	高级职员	12			部门经理	10000
10	刘纪鹏	职员	5				
11	李梅	职员	8				

VLOOKUP 函数效果

11.1　使用公式进行数据计算

在 Excel 中创建财务报表后，通常需要进行相关的数据计算，这也是我们使用 Excel 程序的目的与便利所在。在进行数据计算时，需要建立公式。而在使用公式时，需要引用单元格的值进行运算，还需要使用相关的函数来完成特定的计算。在公式中使用特定的函数可以简化公式的输入，同时可以满足一些特定的计算需求。

公式可以说成是 Excel 中由用户自行设计的对工作表进行计算和处理的计算式。比如：=SUM(A2:A10)*B1+100 这种形式的表达式就称为公式。它要以 "=" 开始（不以 "=" 开头不能称为公式），等号后面可以包括函数、引用、运算符和常量。上式中的 "SUM(A2:A10)" 是函数，"B1" 是对单元格 B1 值的引用（计算时使用 B1 单元格中显示的数据），"100" 是常量，"*" 和 "+" 是算术运算符。

11.1.1　公式的运算符

运算符是公式的基本元素，也是必不可少的元素，每一个运算符代表一种运算。在 Excel 2013 中有 4 类运算符类型，每类运算符和作用如表 11-1 所示。

表 11-1

运算符类型	运算符	作　用	示　例
算术运算符	+	加法运算	10+5 或 A1+B1
	−	减法运算	10−5 或 A1−B1 或 −A1
	*	乘法运算	10*5 或 A1*B1
	/	除法运算	10/5 或 A1/B1
	%	百分比运算	85.5%
	^	乘幂运算	2^3
比较运算符	=	等于运算	A1=B1
	>	大于运算	A1>B1
	<	小于运算	A1<B1
	>=	大于或等于运算	A1>=B1
	<=	小于或等于运算	A1<=B1
	<>	不等于运算	A1<>B1
文本连接运算符	&	用于连接多个单元格中的文本字符串，产生一个文本字符串	A1&B1

（续表）

运算符类型	运算符	作 用	示 例
引用运算符	：（冒号）	特定区域引用运算	A1:D8
	，（逗号）	联合多个特定区域引用运算	SUM(A1:C2,C2:D10)
	（空格）	交叉运算，即对两个引用区域中共有的单元格进行运算	A1:B8 B1:D8

11.1.2 输入公式

采用公式进行数据运算、统计、查询时，首先要学习公式的输入与编辑。

1. 创建公式

1 选中要输入公式的单元格，如本例中选中 G2 单元格，在公式编辑栏中输入"="，如图 11-1 所示。

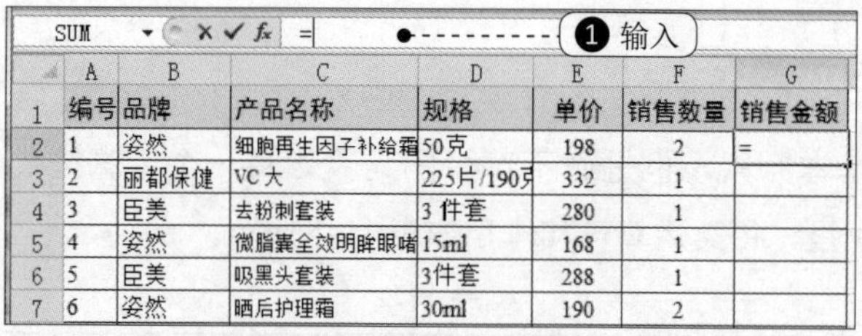

图 11-1

2 在 E2 单元格上单击鼠标，即可引用 E2 单元格数据进行运算，如图 11-2 所示。

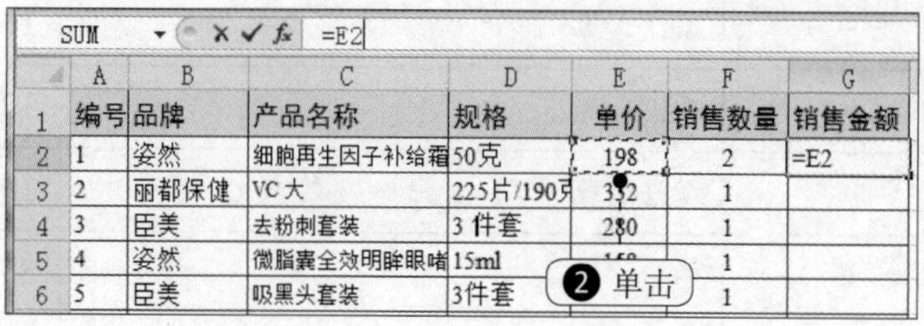

图 11-2

3 当需要输入运算符号时，手工输入运算符号，如图 11-3 所示。

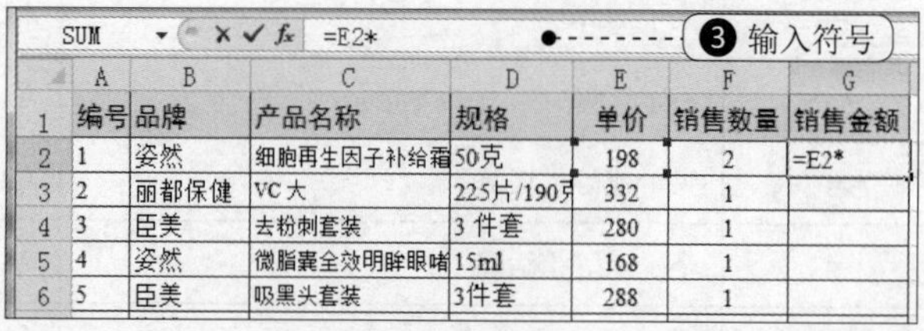

图 11-3

4 引用要参与计算的数据，本例中单击 F2，如图 11-4 所示。

SUM =E2*F2

	A	B	C	D	E	F	G
1	编号	品牌	产品名称	规格	单价	销售数量	销售金额
2	1	姿然	细胞再生因子补给霜	50克	198	2	=E2*F2
3	2	丽都保健	VC大	225片/190克	332	1	
4	3	臣美	去粉刺套装	3件套	280	1	
5	4	姿然	微脂囊全效明眸眼啫	15ml	168		
6	5	臣美	吸黑头套装	3件套	288	1	

❹ 单击

图 11-4

5 按 Enter 键即可计算出结果，如图 11-5 所示。

	A	B	C	D	E	F	G
1	编号	品牌	产品名称	规格	单价	销售数量	销售金额
2	1	姿然	细胞再生因子补给霜	50克	198	2	396
3	2	丽都保健	VC大	225片/190克	332	1	
4	3	臣美	去粉刺套装	3件套	280	1	
5	4	姿然	微脂囊全效明眸眼啫	15ml	168	1	
6	5	臣美	吸黑头套装	3件套	288	1	
7	6	姿然	晒后护理霜	30ml	190	2	

得出计算结果

图 11-5

2. 复制公式完成批量计算

在 Excel 中进行数据运算的最大特点是：在设置好一个公式后，可以通过复制公式的办法快速完成一串计算。例如，本例中完成 G2 单元格公式的建立后，可以向下复制公式快速计算出其他固定资产的残值。

1 选中 G2 单元格，将光标定位到单元格右下角，直至出现黑色十字形，如图 11-6 所示。

2 按住鼠标左键向下拖动，松开鼠标后，拖动过的单元格即可显示出计算结果，如图 11-7 所示。

G2 =E2*F2

	A	B	C	D	E	F	G
1	编号	品牌	产品名称	规格	单价	销售数量	销售金额
2	1	姿然	细胞再生因子补给霜	50克	198	2	396
3	2	丽都保健	VC大	225片/190克	332	1	
4	3	臣美	去粉刺套装	3件套	280	1	
5	4	姿然	微脂囊全效明眸眼啫	15ml	168	1	
6	5	臣美	吸黑头套装	3件套	288	1	
7	6	姿然	晒后护理霜	30ml	190	2	
8	7	臣美	吸黑头套装	3件套	318	1	

❶ 按住

图 11-6

D	E	F	G
规格	单价	销售数量	销售金额
50克	198	2	396
225片/190克	332	1	
3件套	280	1	
15ml	168	1	
3件套	288	1	
30ml	190	2	
3件套	318	1	
225片/190克	252	1	
3件套	288	1	

❷ 向下拖动

D	E	F	G
规格	单价	销售数量	销售金额
50克	198	2	396
225片/190克	332	1	332
3件套	280	1	280
15ml	168	1	168
3件套	288	1	288
30ml	190	2	380
3件套	318	1	318
225片/190克	252	1	252
3件套	288	1	288

复制公式效果

图 11-7

11.1.3 编辑公式

输入公式后，如果需要对公式进行更改或发现有错误需要更改，可以利用下面的方法来重新对公式进行编辑。

方法 1：双击法。在输入了公式且需要重新编辑公式的单元格中双击鼠标，此时即可进入公式编辑状态，直接重新编辑公式或对公式进行局部修改。

方法 2：按 F2 功能键。选中需要重新编辑公式的单元格，按键盘上的 F2 功能键，即可对公式进行编辑。

方法 3：利用公式编辑栏。选中需要重新编辑公式的单元格，用鼠标在公式编辑栏中单击一次，即可对公式进行编辑。

11.2 公式计算中函数的使用

11.2.1 函数的构成

函数是应用于公式中的一个最重要的元素。有了函数的参与，可以解决非常复杂的手工运算，甚至是无法通过手工完成的运算。

函数的结构以函数名称开始，后面依次是左圆括号、以逗号分隔的参数、标志函数结束的右圆括号。如果函数以公式的形式出现，则需要在函数名称前面输入等号。下面的公式展示了函数的结构。

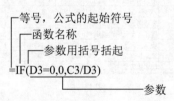

11.2.2 什么是函数参数

函数分为有参数函数和无参数函数。当函数有参数时，其参数是指函数名称后圆括号内的常量值、变量、表达式或函数，多个参数间使用逗号分隔。无参数的函数只有函数名称与"()"，如 NA()。在 Excel 2013 中绝大多数函数都是有参数的。

在使用函数时，如果想了解某个函数包含哪些参数，可以按如下方法来查看。

1 选中单元格，在公式编辑栏中输入"= 函数名 ("，此时可以看到显示出函数参数名称，如图 11-8 所示。

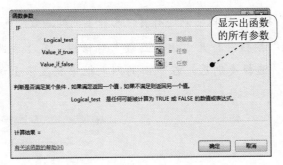

图 11-8

2 如果想更加清楚地了解每个参数该如何设置，只需单击公式编辑栏前的 fx 按钮，打开"函数参数"对话框，将光标定位到不同参数编辑框中，则可以看到该参数设置的提示文字，如图 11-9 所示。

图 11-9

函数参数类型举例如下：

★ 公式"=SUM(B2:B10)"中，括号中的"B2:B10"就是函数的参数，且是一个变量值。

★ 公式"=IF(D3=0,0,C3/D3)"中，括号中"D3=0"、"0"、"C3/D3"，分别为 IF 函数的 3 个参数，且参数为常量和表达式两种类型。

★ 公式"=VLOOKUP($A$9,$A$2:$D$6,COLUMN(B1))"中，除了使用变量值作为参数，还使用函数表达式"COLUMN(B1)"作为参数（以该表达式返回的值作为 VLOOKUP 函数的 3 个参数），这个公式是函数嵌套使用的例子。

函数可以嵌套使用，即将某个函数的返回结果作为另一个函数的参数来使用。有时为了达到某一计算要求，需要嵌套多个函数，此时则需要用户对各个函数的功能及其参数有详细的了解。

11.2.3 函数类型

在 Excel 2013 中提供了 300 多个内置函数，为满足不同的计算需求，又划分了多个函数类别。

1. 了解函数的类别及其包含的函数

1 单击"公式"标签，在"函数库"选项组中显示了多个不同的函数类别，单击函数类别可以查看该类别下所有的函数（按字母顺序排列），如图 11-10 所示。

图 11-10

②　单击"其他函数"按钮，可以看到还有其他几种类别的函数，如图 11-11 所示。

③　单击"插入函数"按钮，打开"插入函数"对话框，在"或选择类别"下拉列表中显示了各个函数类别。选择类别后，在下面的列表框中将显示出该类别下的所有函数，如图 11-12 所示。

图 11-11

图 11-12

2. "自动求和"函数的使用

"自动求和"这个按钮下集成了几个最为常用的函数，有求和、平均值、计数、最大值、最小值5个函数。如果要得到这几个函数可以从此处应用，非常方便。下面以求和函数为例进行介绍。

①　选中要计算的单元格，单击"自动求和"按钮，打开下拉菜单，如图 11-13 所示。

②　单击"求和"选项，即可在选中单元格中插入 SUM 函数并自动显示参与运算的数据源，如图 11-14 所示。

③　如果默认数据不正确，可以用鼠标重新选择，例如此处想计算"理论答题"与"技能测试"两项总分，则用鼠标在B2:D2单元格区域上拖动，即可改变求和数据源，如图 11-15 所示。

④　按 Enter 键，即可显示出计算结果，如图 11-16 所示。

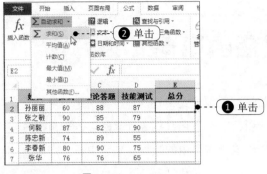

图 11-13

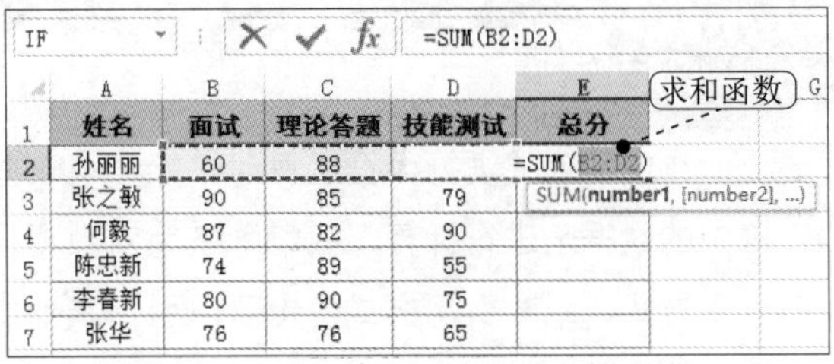

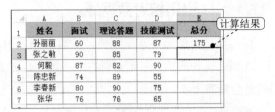

图 11-14

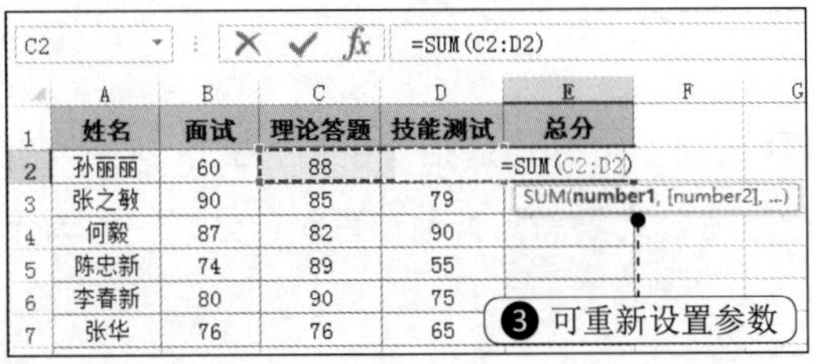

图 11-15

图 11-16

提示

在"自动求和"下拉菜单下还有其他几项，按相同的方法可以实现求平均值、计算最大值等。

3. 通过"有关函数的帮助"学习函数

如果想了解某个函数的详细用法，可以通过 Excel 帮助来实现查看。

1 单击"公式"标签，然后单击"插入函数"按钮，打开"插入函数"对话框。

2 在"选择函数"列表框中选中需要了解的函数（如 COUNTIF），单击对话框左下角的"有关该函数的帮助"链接（见图 11-17），进入"Excel 帮助"窗口，其中会显示该函数的作用、语法及使用示例（向下滑动滚动条可以看到），如图 11-18 所示。

图 11-17

图 11-18

11.3 公式计算中数据源的引用

在使用公式进行数据运算时，除了将一些常量运用到公式中外，最主要的是引用单元格中的数据来进行计算，我们称其为对数据源的引用。在引用数据源计算时可以采用相对引用方式、绝对引用方式，也可以引用其他工作表或工作簿中的数据。本节中将分别介绍几种数据源的引用方式。

11.3.1 引用相对数据源

当选择某个单元格或单元格区域参与运算时，默认的引用方式是相对引用方式，其显示为A1、A2:B2 这种形式。采用相对方式引用的数据源，当将公式复制到其他位置时，公式中的单元格地址会随着改变。

下面举出一个实例说明相对数据源的应用场合。

◆ **实例说明**

Step 01 引用相对数据源建立公式。

单击 C2 单元格，在公式编辑栏中可以看到该单元格的公式为：= B2*IF(B2>=50000,0.1,0.08)，如图 11-19 所示。

Step 02 复制公式，快速得到其他结果。

❶ 单击 C2 单元格，将光标定位到该单元格右下角，当出现黑色十字形时按住鼠标左键向下拖动，即可进行公式的复制，如图 11-20 所示。

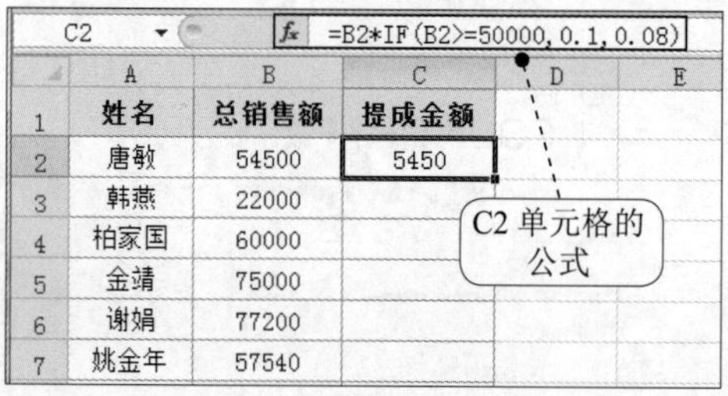

图 11-19

图 11-20

❷ 单击 C3 单元格，在公式编辑栏中可以看到该单元格的公式为：= B3*IF(B3>=50000,0.1,0.08)，如图 11-21 所示；单击 C5 单元格，在公式编辑栏中可以看到该单元格的公式为：=B5*IF(B5>=50000,0.1,0.08)，如图 11-22 所示。

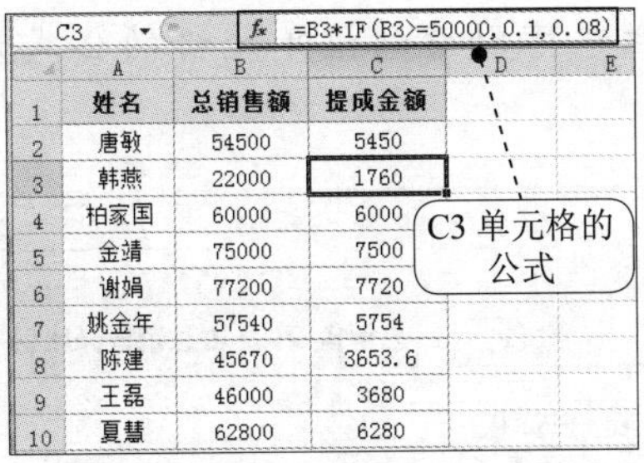

C3 =B3*IF(B3>=50000,0.1,0.08)

	A	B	C	D	E
1	姓名	总销售额	提成金额		
2	唐敏	54500	5450		
3	韩燕	22000	1760		
4	柏家国	60000	6000		
5	金靖	75000	7500		
6	谢娟	77200	7720		
7	姚金年	57540	5754		
8	陈建	45670	3653.6		
9	王磊	46000	3680		
10	夏慧	62800	6280		

图 11-21

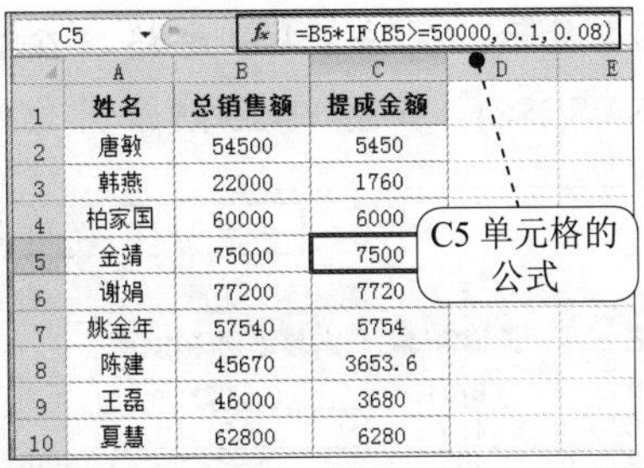

C5 =B5*IF(B5>=50000,0.1,0.08)

	A	B	C	D	E
1	姓名	总销售额	提成金额		
2	唐敏	54500	5450		
3	韩燕	22000	1760		
4	柏家国	60000	6000		
5	金靖	75000	7500		
6	谢娟	77200	7720		
7	姚金年	57540	5754		
8	陈建	45670	3653.6		
9	王磊	46000	3680		
10	夏慧	62800	6280		

图 11-22

◆ 使用相对数据源的总结

通过对比 C2、C3、C5 单元格的公式可以发现，当向下复制 C2 单元格的公式时，相对引用的数据源也发生了相应的变化，而这也正是我们计算其他销售员提成金额所需要的正确公式（复制公式是批量建立公式来求值的一种最常见方法，有效避免了逐一输入公式的烦琐过程）。在这种情况下，我们都需要相对引用的数据源。

11.3.2 引用绝对数据源

所谓数据源的绝对引用，是指把公式复制或者填入到新位置，公式中对单元格的引用保持不变。要对数据源采取绝对引用方式，需要使用“$”来标注，其显示为 $A$1、$A$2:$B$2 这种形式。

下面举出一个实例说明需要数据源绝对引用方式的场合。

◆ 实例说明

Step 01 引用绝对数据源建立公式。

单击 C2 单元格，在公式编辑栏中可以看到该单元格的公式为：=B2/SUM($B$3:$B$8)，如图 11-23 所示。

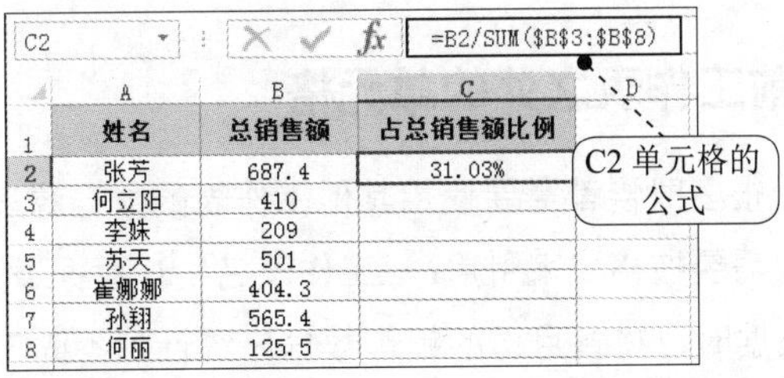

C2 =B2/SUM($B$3:$B$8)

	A	B	C	D
1	姓名	总销售额	占总销售额比例	
2	张芳	687.4	31.03%	
3	何立阳	410		
4	李姝	209		
5	苏天	501		
6	崔娜娜	404.3		
7	孙翔	565.4		
8	何丽	125.5		

图 11-23

Step 02 复制公式，快速得到其他结果。

1 单击 C2 单元格，将光标定位到该单元格右下角，当出现黑色十字形时按住鼠标左键向下拖动，即可快速复制公式。

2 单击 C3 单元格，在公式编辑栏中可以看到该单元格的公式为：=B3/SUM($B$3:$B$8)，如图 11-24 所示；单击 C4 单元格，在公式编辑栏中可以看到该单元格的公式为：=B4/SUM($B$3:$B$8)，如图 11-25 所示。

C3			fx	=B3/SUM($B$3:$B$8)

	A	B	C	D
1	姓名	总销售额	占总销售额比例	
2	张芳	687.4	31.03%	
3	何立阳	410	18.51%	C3 单元格的公式
4	李姝	209	9.43%	
5	苏天	501	22.62%	
6	崔娜娜	404.3	18.25%	
7	孙翔	565.4	25.52%	
8	何丽	125.5	5.67%	

图 11-24

C4			fx	=B4/SUM($B$3:$B$8)

	A	B	C	D
1	姓名	总销售额	占总销售额比例	
2	张芳	687.4	31.03%	
3	何立阳	410	18.51%	
4	李姝	209	9.43%	C4 单元格的公式
5	苏天	501	22.62%	
6	崔娜娜	404.3	18.25%	
7	孙翔	565.4	25.52%	
8	何丽	125.5	5.67%	

图 11-25

◆ **使用绝对数据源的总结**

通过对比 C2、C3、C4 单元格的公式可以发现，当向下复制 C2 单元格的公式时，绝对引用的数据源未发生任何变化，而相对引用的 B2 单元格则会随着公式的复制而发生相应的变化。在本例中设置公式求取第一位员工的销售额占总销售额的比例后，通过复制公式求取其他员工的销售额占总销售额的比例时，只需要更改公式 "=B3/SUM($B$3:$B$8)" 中 "B3" 部分的值即可，用于求取总销售额的 "SUM($B$3:$B$8)" 部分不必更改，因此在公式中对 "B3" 采取相对引用方式，而对 "SUM($B$3:$B$8)" 则采取绝对引用方式。

如果只想通过公式求取某一个单元格的值，绝对引用与相对引用所求取的值是相同的，但我们在 Excel 中设置公式的目的通常需要进行复制以完成批量的运算，因此需要按上述的方法，根据实际需要采取相应的引用方式。

> **提示**
>
> 在通常情况下，绝对数据源的使用都是配合相对数据源一起应用到公式（或函数）的函数中的。如果单纯引用绝对数据源，在进行公式复制后，得到的结果都是一样的，则不具有任何意义。

11.3.3 引用当前工作表之外的单元格

在进行公式运算时，很多时候都需要使用其他工作表的数据源来参与计算。在引用其他工作表的数据来进行计算时，需要按格式来引用：'工作表名'！数据源地址。

例 1：在统计销售数据时，将各月份的销售数据已统计到不同工作表中，现要在另一张工作表中统计出第一季度的销售数量总计值，则需要引用多张工作表中的数据来进行计算。

① 选中要显示统计值的单元格，在公式编辑栏中输入等号及函数等，如此处输入 "=SUM("，如图 11-26 所示。

② 用鼠标在 "一月销售统计" 工作表标签上单击，切换到 "一月销售统计" 工作表中，选中参与计算的单元格（注意公式中引用单元格的前面添加了工作表名称及标识），如图 11-27 所示。

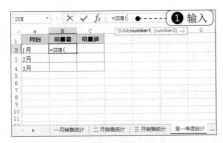

图 11-26

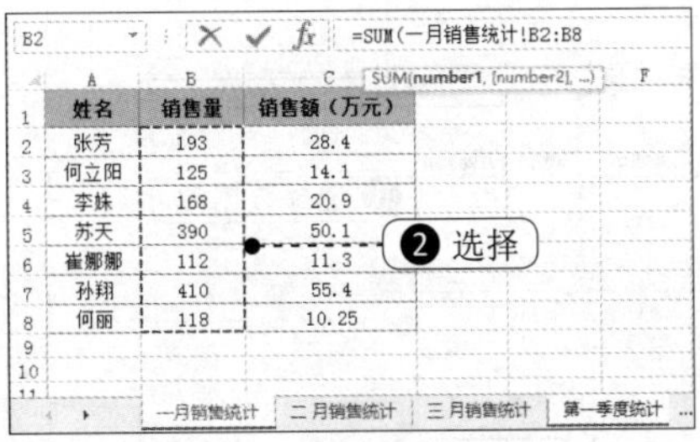

图 11-27

3 输入其他运算符（如果接着还需要引用其他工作表中的数据来运算，则按第 2 步的方法再次切换到目标工作表中选择参与运算的单元格区域），完成后按 Enter 键，得到计算结果如图 11-28 所示。

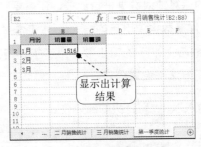

图 11-28

例 2：在统计销售数据时，将各月份的销售数据已统计到不同工作表中，现要在另一张工作表中统计出第一季度每位销售员的销售数量总计值，则需要引用多张工作表中的数据来进行计算。

1 选中要显示统计值的单元格，在公式编辑栏中输入等号及函数等，如此处输入"="，如图 11-29 所示。

2 用鼠标在"一月销售统计"工作表标签上单击一次，切换到"一月销售统计"工作表中，选中参与计算的单元格，如图 11-30 所示。

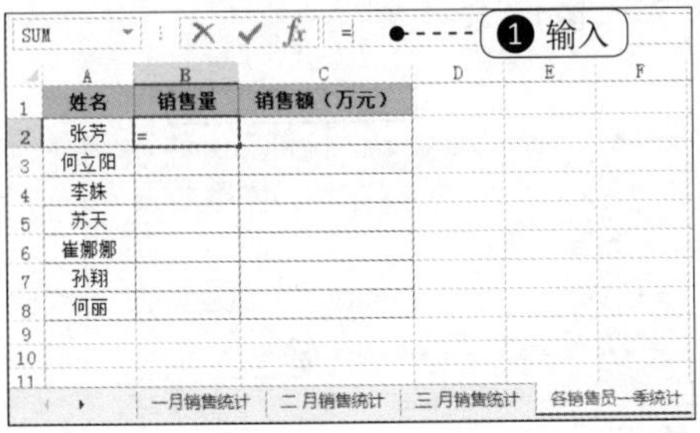

图 11-29

图 11-30

3 输入"+"运算符，用鼠标在"二月销售统计"工作表标签上单击一次，切换到"二月销售统计"工作表中，选中参与计算的单元格，如图 11-31 所示。

4 输入其他运算符或函数，需要引用单元格时切换到目标工作表中选择参与运算的单元格或单元格区域，完成后按 Enter 键，得到计算结果如图 11-32 所示。

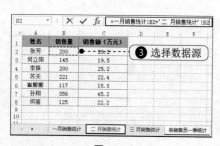

图 11-31　　　　　　　　　　　　图 11-32

11.3.4　在公式中引用其他工作簿数据源来进行计算

有时，为了实现一些复杂的运算或对数据进行比较，还需要引用其他工作簿中的数据进行计算，才能达到求解目的。多个工作簿数据源引用的格式为：[工作簿名称]工作表名！数据源地址。比如本例中要比较下半年销售额与上半年的销售额，上半年销售额与下半年销售额分别保存在两个工作簿中，此时可以按如下方法来设置公式。

Step 01　在当前工作表中输入以"="开头的部分公式。

❶ 打开"销售统计（上半年）"工作簿，其"总销售情况"工作表的 C3 单元格中显示了上半年的销售金额总计值，如图 11-33 所示。

图 11-33

❷ 在"销售统计（下半年）"工作簿中，选中要显示求解值的单元格，在公式编辑栏中输入公式的前半部分，如图 11-34 所示。

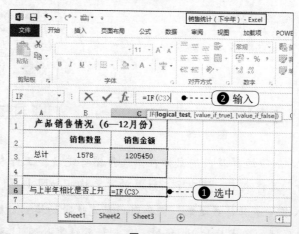

图 11-34

Step 02 切换到其他工作簿中选择参与运算的单元格区域。

1 切换到"销售统计（上半年）"工作簿，选择参与运算数据源所在工作表（即"总销售情况"工作表），再选择参与运算的单元格或单元格区域，此时可以看到选择的单元格区域前显示了工作簿名、工作表名，如图11-35所示。

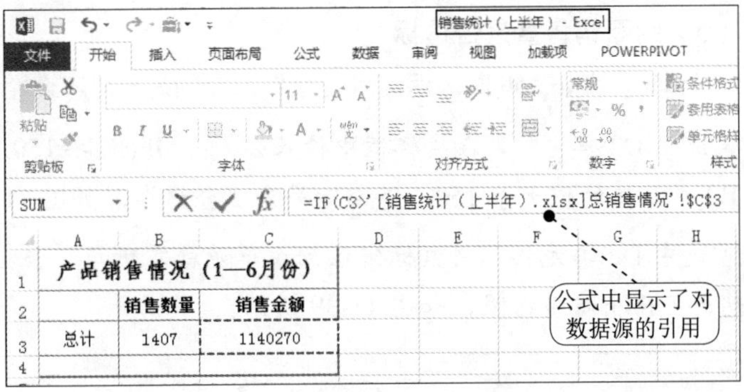

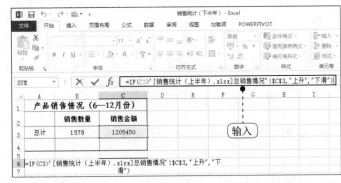

图 11-35

2 输入公式的后面部分（如果还要引用其他工作簿的单元格，则按上一步方法引用），如图11-36所示。

图 11-36

3 按Enter键，即可得到结果，如图11-37所示。

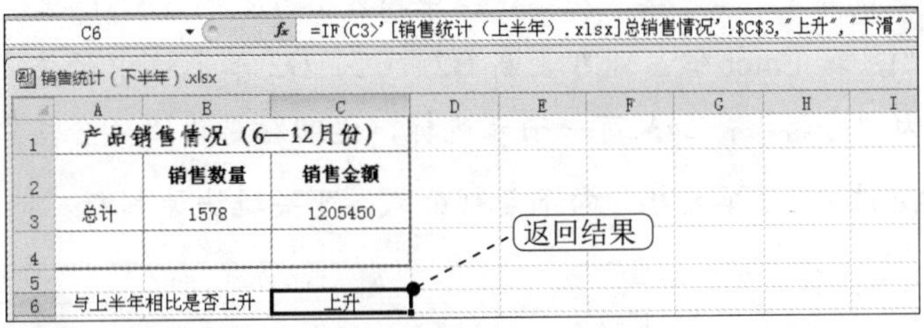

图 11-37

11.4 常用函数范例

在 Excel 2013 中，为用户提供了很多函数，用户可以根据自己的需要选择。下面举例介绍一些较为常用的函数。

11.4.1 逻辑函数

逻辑函数中 IF 函数是典型代表。IF 函数是根据指定的条件来判断其"真"（TRUE）、"假"

（FALSE），从而返回其相对应的内容，具体语法为：IF(logical_test,value_if_true,value_if_false)。

◆ **判断销售量是否达标**

当销售量大于 150 时，返回“合格”，否则返回“不合格”。

1 选中 D2 单元格，在编辑框中输入公式：=IF(B2>=150,"合格","不合格")，按 Enter 键，当 B2 单元格的值大于 150，返回结果为“合格”，如图 11-38 所示。

2 选中 D2 单元格，将鼠标定位到该单元格右下角，当出现黑色十字形时按鼠标左键向下拖动，可得出批量结果，如图 11-39 所示。

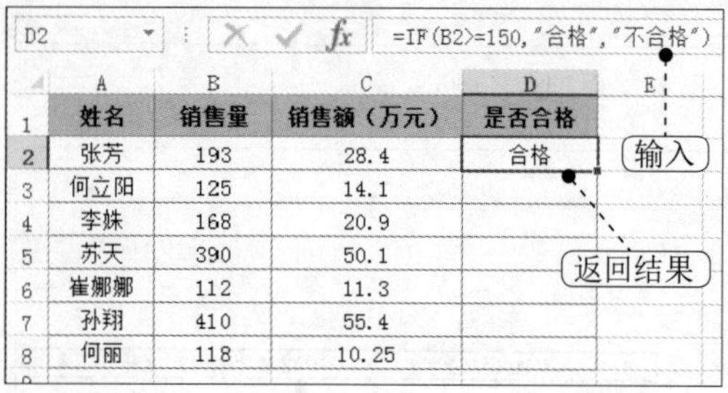

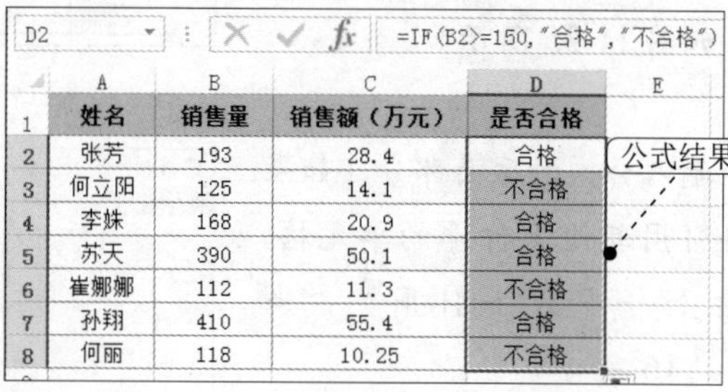

D2 =IF(B2>=150,"合格","不合格")

	A	B	C	D	E
1	姓名	销售量	销售额（万元）	是否合格	
2	张芳	193	28.4	合格	
3	何立阳	125	14.1		
4	李妹	168	20.9		
5	苏天	390	50.1		
6	崔娜娜	112	11.3		
7	孙翔	410	55.4		
8	何丽	118	10.25		

图 11−38

D2 =IF(B2>=150,"合格","不合格")

	A	B	C	D	E
1	姓名	销售量	销售额（万元）	是否合格	
2	张芳	193	28.4	合格	
3	何立阳	125	14.1	不合格	
4	李妹	168	20.9	合格	
5	苏天	390	50.1	合格	
6	崔娜娜	112	11.3	不合格	
7	孙翔	410	55.4	合格	
8	何丽	118	10.25	不合格	

图 11−39

◆ **根据多项成绩判断最终考评结果是否合格**

当 B、C、D 三列中各项成绩都达标时，在 E 列中显示为“合格”，否则显示为“不合格”。下面利用 AND 函数配合 IF 函数进行成绩评定，其中 AND 函数用来检验一组数据是否都满足条件。

1 选中 E2 单元格，在编辑栏中输入公式：=IF(AND(B2>60,C2>60,D2>60),"合格","不合格")，按 Enter 键，即可判断 B2、C2、D2 单元格中的值是否都达标，如果都达标，返回结果为“合格”；如果有一项未达标，返回结果为“不合格”。

2 选中 E2 单元格，向下复制公式，可实现快速判断其他人员考评结果，如图 11-40 所示。

E2 =IF(AND(B2>60,C2>60,D2>60),"合格","不合格")

	A	B	C	D	E	F	G
1	姓名	面试	理论答题	技能测试	考评结果		
2	孙丽莉	60	88	87	不合格		
3	张敏	90	85	79	合格		
4	何义	87	82	90	合格		
5	陈中	74	89	55	不合格		
6							

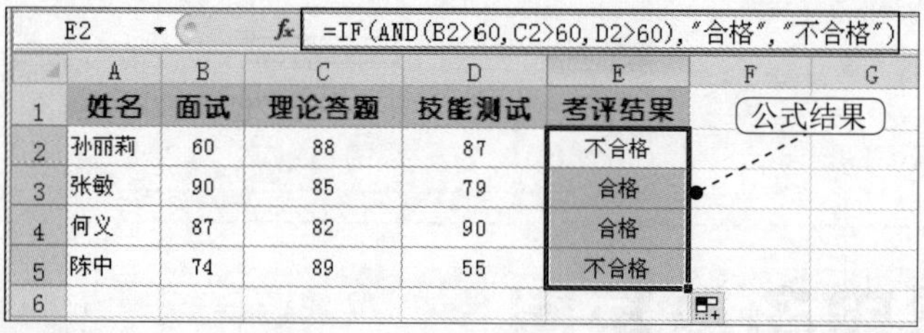

图 11−40

11.4.2 日期函数

◆ **计算总借款天数**

DAYS360 函数是按照一年 360 天的算法，返回两日期间相差的天数，具体语法为：DAYS360(start_date,end_date,method)。

1️⃣ 选中 E2 单元格，在公式编辑栏中输入公式：=DAYS360(C2,D2,FALSE)，按 Enter 键，计算出第一项借款的总借款天数。

2️⃣ 选中 E2 单元格，向下复制公式，即可快速计算出各项借款的总借款天数，如图 11-41 所示。

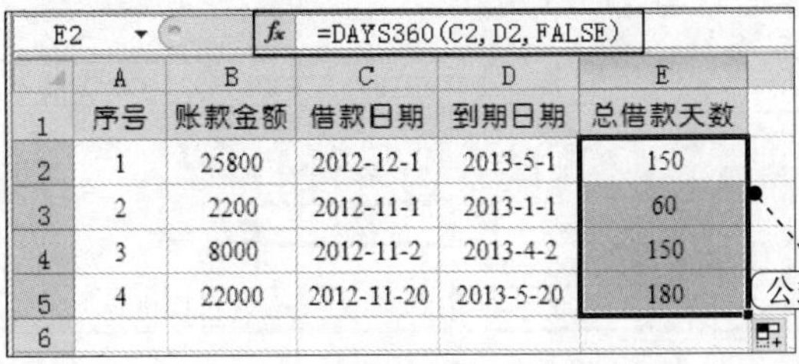

	A	B	C	D	E
	序号	账款金额	借款日期	到期日期	总借款天数
2	1	25800	2012-12-1	2013-5-1	150
3	2	2200	2012-11-1	2013-1-1	60
4	3	8000	2012-11-2	2013-4-2	150
5	4	22000	2012-11-20	2013-5-20	180
6					

E2 ▼ =DAYS360(C2,D2,FALSE)

公式结果

图 11-41

◆ **根据出生日期快速得出年龄**

YEAR 函数是返回某日期对应的年份，返回值为 1900 ～ 9999 之间的整数，其具体语法为：YEAR(serial_number)。

1️⃣ 选中 C2 单元格，在公式编辑栏中输入公式：YEAR(TODAY())-YEAR(B2)，按 Enter 键，得出一个日期值，如图 11-42 所示。

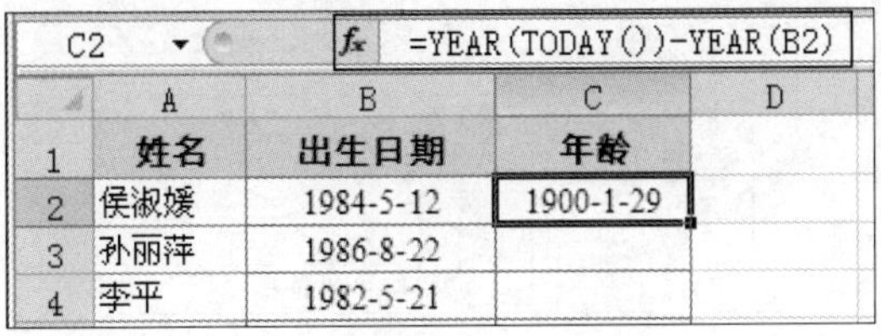

	A	B	C	D
1	姓名	出生日期	年龄	
2	侯淑媛	1984-5-12	1900-1-29	
3	孙丽萍	1986-8-22		
4	李平	1982-5-21		

C2 ▼ =YEAR(TODAY())-YEAR(B2)

图 11-42

2️⃣ 选中 C2 单元格，向下拖动右下角的填充柄，即可批量得出一列日期值。

3️⃣ 选中"年龄"列函数返回的日期值，在"开始"选项卡"数字"选项组的下拉列表中选择"常规"格式，即可得出正确的年龄值，如图 11-43 所示。

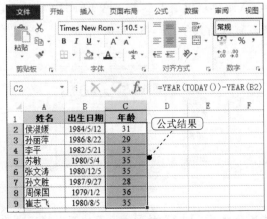

图 11-43

◆ 根据工龄自动追加工龄工资

实现根据入职日期，每满一年工龄工资自动加 100 元。

1 选中 C2 单元格，在公式编辑栏中输入公式：=DATEDIF(B2,TODAY(),"y")*100，按 Enter 键，返回值为日期值，如图 11-44 所示。

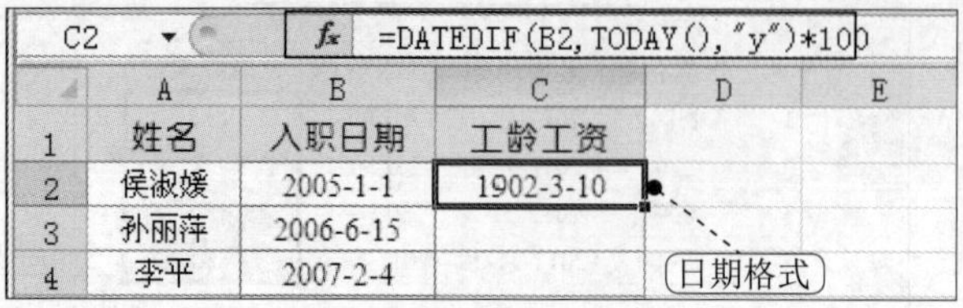

图 11-44

2 选中 C2 单元格，向下复制公式，得到的都为日期值。

3 选中"工龄工资"列函数返回的日期值，在"开始"选项卡的"数字"选项组中，设置 其格式为"常规"格式，即可正确显示出根据入职时间计算出的工龄工资，如图 11-45 所示。

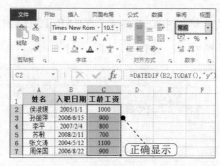

图 11-45

◆ 返回值班日期对应的星期数

WEEKDAY 函数用于返回某日期为星期几。默认情况下，其值为 1（星期天）到 7（星期六） 之间的整数。其语法为：WEEKDAY(serial_number,return_type)。

1 选中 C2 单元格，在公式编辑栏中输入公式：=WEEKDAY(B2,2)，按 Enter 键并向下复制 公式，可以看到显示的值为阿拉伯数字，如图 11-46 所示。

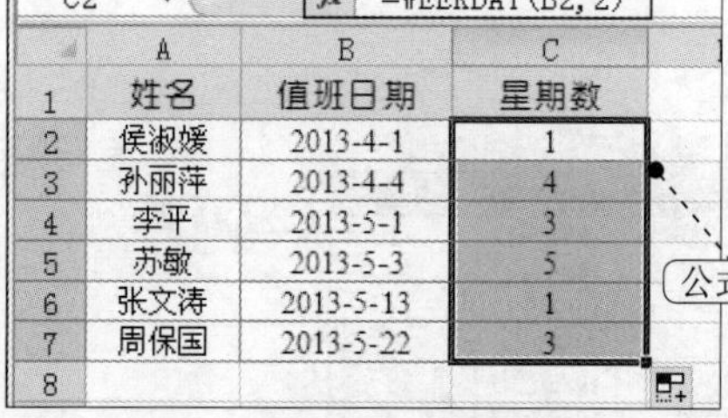

图 11-46

2 我们此处要求公式值显示为"星期*"的形式，因此可以将公式改为：=TEXT(WEEKDAY

(B2,1),"aaaa")，按 Enter 键并向下复制公式，可以看到返回了中文星期值，如图 11-47 所示。

	A	B	C	D
			=TEXT(WEEKDAY(B2,1),"aaaa")	
1	姓名	值班日期	星期数	
2	侯淑媛	2013-4-1	星期一	
3	孙丽萍	2013-4-4	星期四	
4	李平	2013-5-1	星期三	
5	苏敏	2013-5-3	星期五	
6	张文涛	2013-5-13	星期一	中文日期
7	周保国	2013-5-22	星期三	
8				

图 11-47

◆ 判断值班日期是"平时加班"还是"双休日加班"

要求根据加班日期判断出是"平时加班"还是"双休日加班"，此时可以配合 IF、OR、WEEKDAY 函数设置公式。

1 选中 E2 单元格，在公式编辑栏中输入公式：=IF(OR(WEEKDAY(A2,2)=6,WEEKDAY(A2,2)=7),"双休日加班","平时加班")，按 Enter 键，得出加班类型。

2 选中 E2 单元格，向下拖动右下角的填充柄复制公式，即可根据加班日期批量得出加班类型，如图 11-48 所示。

	A	B	C	D	E	F	G	H
			=IF(OR(WEEKDAY(A2,2)=6,WEEKDAY(A2,2)=7),"双休日加班","平时加班")					
1	加班日期	员工工号	员工姓名	加班时数	加班类型			
2	2013-3-9	NN295	侯淑媛	5	双休日加班			
3	2013-3-10	NN297	李平	6	双休日加班			
4	2013-3-13	NN560	张文涛	8	平时加班			
5	2013-3-15	NN860	苏敏	2	平时加班			
6	2013-3-15	NN560	张文涛	2	平时加班			
7	2013-3-16	NN295	侯淑媛	2	双休日加班	公式结果		
8	2013-3-18	NN297	李平	2	平时加班			
9	2013-3-20	NN291	孙丽萍	5	平时加班			
10	2013-3-23	NN560	张文涛	5	双休日加班			
11								

图 11-48

提示

公式中使用 WEEKDAY 函数判断 A2 单元格中的星期数是否为 6 或为 7，如果是，返回"双休日加班"；否则，返回"平时加班"。

11.4.3 数学函数

◆ 根据各月份预算费用一步计算总预算费用

表格中统计了各类别费用 1 月、2 月、3 月的预算金额，要求用一个公式计算出总预算费用。

选中 B10 单元格，在公式编辑栏中输入公式：{=SUM(B2:B8,C2:C8,D2:D8)}，按 Ctrl+Shift+Enter 组合键得出结果，如图 11-49 所示。

B10 fx {=SUM(B2:B8,C2:C8,D2:D8)}

	A	B	C	D
1	费用类别	1月预算	2月预算	3月预算
2	差旅费	￥4,000	￥2,000	￥3,000
3	餐饮费	￥2,000	￥2,000	￥1,000
4	通讯费	￥2,000	￥4,000	￥4,000
5	交通费	￥1,000	￥1,000	￥4,000
6	办公用品采购费	￥5,000	￥2,000	￥1,000
7	业务拓展费	￥4,000	￥10,000	￥7,000
8	招聘培训费	￥1,000	[illegible]	￥2,000
9				
10	总预算费用	￥67,000		

公式结果

图 11-49

◆ 统计各部门工资总额

表格中统计了各员工的工资（分属于不同的部门），要求统计出各个部门的工资总额，可以使用 SUMIF 函数进行统计。SUMIF 函数用于按照指定条件对若干单元格、区域或引用求和，其语法为：SUMIF(range,criteria,sum_range)。

1 在表格中建立求解标识，E2:E5 单元格区域中的内容后面公式中需要引用，如图 11-50 所示。

	A	B	C	D	E	F
1	姓名	所属部门	工资		部门	工资总额
2	章丽	企划部	5565		财务部	
3	刘玲燕	财务部	2800		销售部	
4	韩要荣	销售部	14900		企划部	
5	侯淑媛	销售部	6680		办公室	
6	孙丽萍	办公室	2200			
7	李平	销售部	15000			
8	苏敏	财务部	4800			
9	张文涛	销售部	5200			
10	孙文胜	销售部	5800			
11	周保国	办公室	2280			
12	崔志飞	企划部	8000			

求解标识

图 11-50

2 选中 F2 单元格，在公式编辑栏中输入公式：=SUMIF($B$2:$B$12,E2,$C$2:$C$12)，按 Enter 键，得出"财务部"的工资总额。

3 选中 F2 单元格，向下拖动右下角的填充柄复制公式，即可得出其他部门的工资总额，如图 11-51 所示。

F2 fx =SUMIF($B$2:$B$12,E2,$C$2:$C$12)

	A	B	C	D	E	F
1	姓名	所属部门	工资		部门	工资总额
2	章丽	企划部	5565		财务部	7600
3	刘玲燕	财务部	2800		销售部	47580
4	韩要荣	销售部	14900		企划部	13565
5	侯淑媛	销售部	6680		办公室	4480
6	孙丽萍	办公室	2200			
7	李平	销售部	15000			
8	苏敏	财务部	4800			
9	张文涛	销售部	5200			
10	孙文胜	销售部	5800			
11	周保国	办公室	2280			
12	崔志飞	企划部	8000			

公式结果

图 11-51

◆ 统计指定售点和指定时间的销售金额

当前表格中已按日期、售点统计销售记录，现在要统计出上半月各专柜产品的销售金额合计值，可以使用 SUMIFS 函数来建立公式。SUMIFS 函数是对某一区域内满足多重条件的单元格求和，其语法为：SUMIFS(sum_range,criteria_range1,criteria1,criteria_range2,criteria2,…)。

1 在工作表中输入数据并建立求解标识，F2:F3 单元格区域的内容后面公式中需要使用到，如图 11-52 所示。

	A	B	C	D	E	F	G
1	日期	专柜	全称	金额		类别	上半月销售金额
2	13-4-1	百大专柜	立弗乒拍6007	854		百大专柜	
3	13-4-3	百大专柜	立弗羽拍320A	755		中辰体育	
4	13-4-7	中辰体育	立弗乒拍4005	146			
5	13-4-9	中辰体育	立弗羽拍320A	675			
6	13-4-13	百大专柜	立弗乒拍4005	560			
7	13-4-16	中辰体育	立弗乒拍6007	485			
8	13-4-16	中辰体育	立弗乒拍6007	565			
9	13-4-17	百大专柜	立弗羽拍2211	765			

求解标识

图 11-52

2 选中 G2 单元格，在编辑栏中输入公式：=SUMIFS(D$2:D$9,A$2:A$9,"<=13-4-15", B$2:B$9,F2)，按 Enter 键，即可统计出"百大专柜"上半月销售金额。

3 选中 G2 单元格，向下复制公式到 G3 单元格，可以快速统计出其他专柜上半月销售金额，如图 11-53 所示。

G2　　　fx =SUMIFS(D$2:D$9,A$2:A$9,"<=13-4-15",B$2:B$9,F2)

	A	B	C	D	E	F	G
1	日期	专柜	全称	金额		类别	上半月销售金额
2	13-4-1	百大专柜	立弗乒拍6007	854		百大专柜	1969
3	13-4-3	百大专柜	立弗羽拍320A	755		中辰体育	821
4	13-4-7	中辰体育	立弗乒拍4005	146			
5	13-4-9	中辰体育	立弗羽拍320A	675			
6	13-4-13	百大专柜	立弗乒拍4005	560			
7	13-4-16	中辰体育	立弗乒拍6007	485			
8	13-4-16	中辰体育	立弗乒拍6007	565			
9	13-4-17	百大专柜	立弗羽拍2211	765			

公式结果

图 11-53

◆ 根据销售数量与单价计算总销售额

当前表格中统计了各产品的销售数量与单价，现在要求用一个公式计算出所有产品的总销售金额，可以使用 SUMPRODUCT 函数来建立公式。SUMPRODUCT 函数用于在指定的几组数组中，将数组间对应的元素相乘，并返回乘积之和，其语法为：SUMPRODUCT(array1,array2, array3,...)。

选中 B8 单元格，在公式编辑栏中输入公式：=SUMPRODUCT(B2:B6,C2:C6)，按 Ctrl+Shift+Enter 组合键得出结果，如图 11-54 所示。

B8　　　fx =SUMPRODUCT(B2:B6,C2:C6)

	A	B	C	D
1	产品名称	销售数量	单价	
2	登山鞋	22	225	
3	攀岩鞋	16	168	
4	沙滩鞋	26	216	
5	溯溪鞋	18	186	
6	徒步鞋	19	199	
7				
8	总销售金额	20383		

公式结果

图 11-54

11.4.4 统计函数

◆ **统计部门的平均工资**

当前表格中统计了每位员工的工资（分属于不同的部门），现在要统计出每个部门的平均工资，可以使用 AVERAGEIF 函数来建立公式。AVERAGEIF 函数用于返回某个区域内满足给定条件的所有单元格的平均值（算术平均值），其语法为：AVERAGEIF(range,criteria,average_range)。

1 在工作表中输入数据并建立求解标识，E2:E4 单元格区域中的内容后面公式中需要引用，如图 11-55 所示。

	A	B	C	D	E	F
1	姓名	部门	工资		部门	工资
2	宋燕玲	销售部	4620		销售部	
3	郑苴	企划部	3540		企划部	
4	黄嘉俐	企划部	2600		开发部	
5	区菲娅	销售部	5520			
6	江小丽	开发部	2450			求解标识
7	麦子聪	销售部	3600			
8	叶雯静	销售部	4460			
9	钟琛	开发部	3500			
10	陆樟平	开发部	2400			
11	李霞	开发部	4510			
12	周成	企划部	3000			
13	刘洋	企划部	5500			

图 11-55

2 选中 F2 单元格，在公式编辑栏中输入公式：=AVERAGEIF($B$2:$B$13,E2,$C$2:$C$13)，按 Enter 键，即可计算出"销售部"的平均工资。

3 选中 F2 单元格，向下复制公式到 F4 单元格，即可分别求出其他各个部门的平均工资，如图 11-56 所示。

F2 ▼ f_x =AVERAGEIF($B$2:$B$13,E2,$C$2:$C$13)

	A	B	C	D	E	F
1	姓名	部门	工资		部门	工资
2	宋燕玲	销售部	4620		销售部	4550
3	郑苴	企划部	3540		企划部	3660
4	黄嘉俐	企划部	2600		开发部	3215
5	区菲娅	销售部	5520			
6	江小丽	开发部	2450			
7	麦子聪	销售部	3600			公式结果
8	叶雯静	销售部	4460			
9	钟琛	开发部	3500			
10	陆樟平	开发部	2400			
11	李霞	开发部	4510			
12	周成	企划部	3000			
13	刘洋	企划部	5500			

图 11-56

◆ **计算一车间女职工的平均工资**

表格中统计了各职工的工资，现在要求统计出指定车间和指定性别职工的平均工资，即要同时满足两个条件，可以使用 AVERAGEIFS 来建立公式。AVERAGEIFS 函数用于返回满足多重条件的所有单元格的平均值（算术平均值），其语法为： AVERAGEIFS(average_range,criteria_range1,criteria1,criteria_range2,criteria2,…)。

选中 D14 单元格，在公式编辑栏中输入公式：=AVERAGEIFS(D2:D12,B2:B12," 一车间 ", C2:C12," 女 ")，按 Enter 键，得出一车间女职工的平均工资，如图 11-57 所示。

	A	B	C	D	E	F	G
	姓名	车间	性别	工资			
2	肖菲菲	一车间	女	2620			
3	简佳丽	二车间	女	2540			
4	陈振涛	二车间	女	1600			
5	陈自强	一车间	女	1520			
6	吴丹晨	二车间	女	2450			
7	谭谢生	一车间	男	3600			
8	邹瑞宣	二车间	女	1460			
9	刘璐璐	一车间	男	1500			
10	黄永明	一车间	女	2400			
11	简佳丽	二车间	女	2510			
12	周成	一车间	男	3000			
13							
14	一车间女职工平均工资			2180			

公式结果

图 11-57

◆ **计算指定班级的平均分且忽略 0 值**

当前表格中统计了各个班级学生成绩，现在要求计算指定班级的平均成绩且要求忽略 0 值，可以使用 AVERAGEIFS 来建立公式。

1 在表格中建立求解标识，E2:E3 单元格中的内容后面公式中需要引用，如图 11-58 所示。

2 选中 F2 单元格，在编辑栏中输入公式：=AVERAGEIFS($C$2:$C$11,$A$2:$A$11,E2,$C$2:$C$11,"<>0")，按 Enter 键，即可计算出班级为 "1" 的平均成绩且忽略 0 值。

3 选中 F2 单元格，向下复制公式到 F3 单元格，即可计算出班级为 "2" 的平均成绩且忽略 0 值，如图 11-58 所示。

	A	B	C	D	E	F	G	H	I
1	班级	姓名	成绩		班级	平均分			
2	1	刘娜	564		1	557.8			
3	2	陈振涛	0		2	564.6667			
4	1	陈自强	567						
5	2	谭谢生	592						
6	1	王家驹	509						
7	1	段军鹏	550						
8	2	简佳丽	523						
9	2	肖菲菲	0						
10	1	陆穗平	598						
11	2	李玉琢	579						

图 11-58

229

◆ **返回企业女性员工的最大年龄**

表格中统计了企业中员工的性别与年龄，现要求快速得知女生员工的最大年龄是多少，可以使用 MAX 函数与 IF 函数来设置公式。MAX 函数用于返回数据集中的最大数值，其语法为：MAX(number1,number2,...)。

选中 E2 单元格，在公式编辑栏中输入公式：{=MAX((B2:B14=" 女 ")*C2:C14)}，按 Ctrl+Shift+Enter 组合键，得出职工性别为"女"的最大年龄，如图 11-59 所示。

	A	B	C	D	E
	E2		f_x {=MAX((B2:B14="女")*C2:C14)}		
1	姓名	性别	年龄		女职工最大年龄
2	李梅	女	31		45
3	卢梦雨	女	26		
4	徐丽	女	45		⟵ 公式结果
5	韦玲芳	女	30		
6	谭谢生	男	39		
7	王家驹	男	30		
8	简佳丽	女	33		
9	肖菲菲	女	35		
10	邹默晗	女	31		
11	张洋	男	39		
12	刘之章	男	46		
13	段军鹏	男	29		
14	丁瑞	女	28		

图 11-59

◆ **忽略 0 值求最小值**

当前表格中统计了学生的成绩（成绩中包含 0 值），现要求忽略 0 值返回最低分数，可以使用 MIN 函数和 IF 函数来设置公式。MIN 函数用于返回数据集中的最小数值，其语法为：MIN(number1,number2,...)。

选中 E2 单元格，在公式编辑栏中输入公式：{=MIN(IF(C2:C12<>0,C2:C12))}，同时按 Ctrl+Shift+Enter 组合键，即可忽略 0 值统计出 C2:C12 单元格区域中的最小值，如图 11-60 所示。

	A	B	C	D	E	F
	E2		f_x {=MIN(IF(C2:C12<>0,C2:C12))}			
1	班级	姓名	分数		最低分	
2	1	刘娜	93		58	
3	2	钟扬	72			
4	1	陈振涛	87		⟵ 公式结果	
5	2	陈自强	90			
6	1	吴丹晨	58			
7	1	谭谢生	88			
8	2	邹瑞宣	99			
9	1	刘璐璐	82			
10	1	黄永明	0			
11	2	简佳丽	89			
12	1	肖菲菲	89			

图 11-60

◆ 统计满足条件的记录条数

当前表格中统计了每位学生的分数，现在要分别统计出大于 D2 单元格与 D3 单元格中分数的记录条数，可以使用 COUNTIF 函数来设置公式。COUNTIF 函数用于计算某区域中满足给定条件的单元格的个数，其语法为：COUNTIF(range,criteria)。

1 在工作表中输入数据并建立求解标识，其中 D2:D3 单元格区域中的数据后面公式中需要引用，如图 11-61 所示。

2 选中 E2 单元格，在公式编辑栏中输入公式：=COUNTIF($B$2:$B$15,">="&D2)，按 Enter 键，统计出大于 60 分的人数。

3 选中 E2 单元格，向下复制公式到 E3 单元格，统计出大于 80 分的人数，如图 11-62 所示。

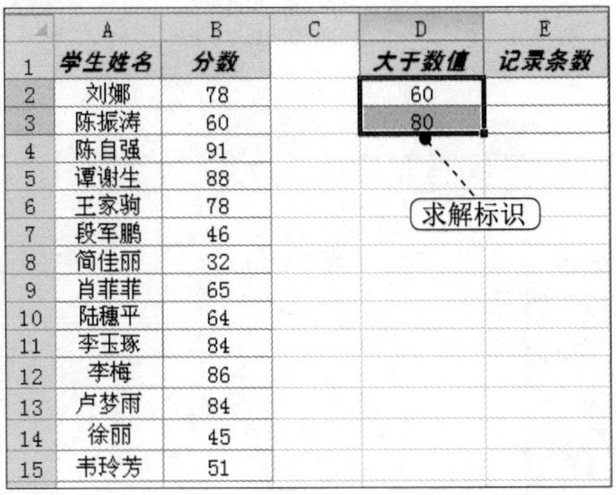

图 11-61

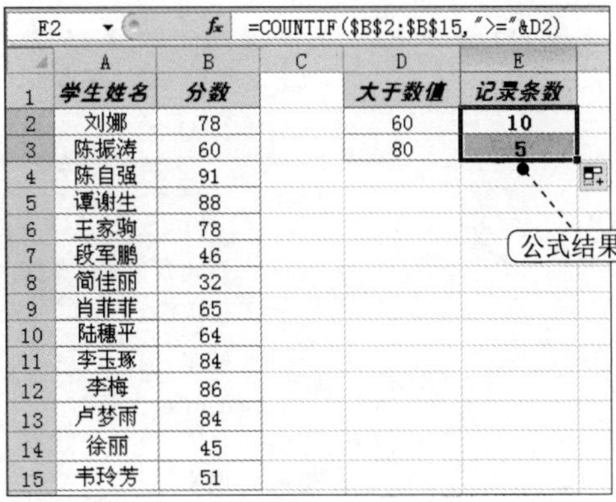

图 11-62

◆ 统计出成绩大于平均分数的学生人数

表格中统计了学生的考试分数，现要求统计出分数大于平均分的人数，可以使用 COUNTIF 函数来设置公式。

选中 D2 单元格，在公式编辑栏中输入公式：=COUNTIF(B2:B11,">"&AVERAGE(B2:B11))&"人"，按 Enter 键，得出 B2:B11 单元格区域中大于平均分的人数，如图 11-63 所示。

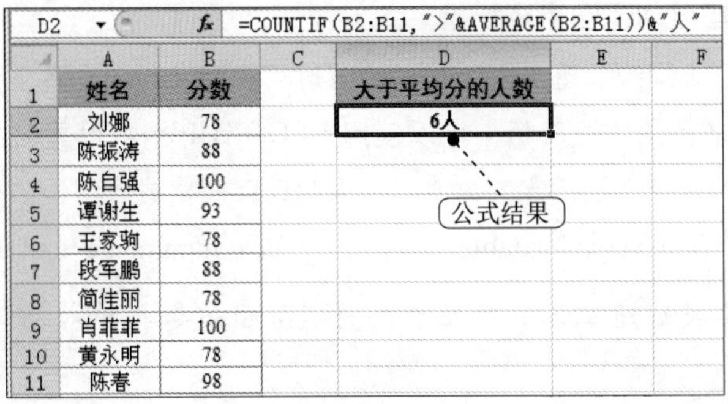

图 11-63

> **提示**
>
> 本例使用 AVERAGE 函数求出平均值，再使用 COUNTIF 函数判断 B2：B11 单元格区域中有多少条记录是大于所求出的平均值的。

◆ 为各销售员的全年销售金额排名次

当前表格中统计了各销售员的销售金额，现要求对各销售员的销售额进行排名，可以使用 RANK.EQ 函数设置公式。RANK.EQ 函数用于返回一个数值在一组数值中的排位，其语法为：RANK.EQ(number,ref,order)。

1 选中 C2 单元格，在公式编辑栏中输入公式：=RANK.EQ(B2,$B$2:$B$10,0)，按 Enter 键，得出第一位销售员的销售金额在所有销售员中的名次。

2 选中 C2 单元格，向下拖动右下角的填充柄复制公式，即可批量得出每位销售员的业绩名次，如图 11-64 所示。

C2		f_x	=RANK.EQ(B2,$B$2:$B$10,0)	
	A	B	C	D
1	姓名	总销售额(万)	名次	
2	唐敏	55.45	5	
3	韩燕	32.2	9	
4	柏家国	46	6	
5	金靖	78.5	1	
6	谢娟	77.2	2	
7	姚金年	57.54	4	公式结果
8	陈建	45.67	8	
9	王磊	46	6	
10	夏慧	62.8	3	
11				

图 11-64

11.4.5 查找函数

◆ 根据值班日期自动返回工资标准

当前表格中列出了不同的值班类别所对应的值班工资标准，现在要根据当前的值班统计表中的值班类别自动返回应计的值班工资，可以使用 HLOOKUP 函数设置公式。HLOOKUP 函数用于在表格或数值数组的首行查找指定的数值，并由此返回表格或数组当前列中指定行处的数值，其语法为：HLOOKUP (lookup_value,table_array,row_index_num,range_lookup)。

1 根据不同的值班类别建立工资标准表，将实际值班数据输入到工作表中，如图 11-65 所示。

2 选中 E7 单元格，在编辑栏中输入公式：=HLOOKUP(D7,$A$3:$G$4,2,0)*C7，按 Enter 键，即可根据日期类别返回对应的工资金额，如图 11-65 所示。

E7			fx	=HLOOKUP(D7,$A$3:$G$4,2,0)*C7	
	A	B	C	D	E	F

	A	B	C	D	E	F
1	值班工资标准					
2	值班日期	双休日	1月2日～3日	5月1日～2日	5月3日～7日	2011-1-1
3	日期类别	双休日	长假后期	长假开始初	长假后期	长假开始初
4	每日工资	150	200	320	200	320
5						
6	姓名	值班日期	值班天数	日期类别	工资金额	
7	韩薇	2011-1-2	1	长假后期	200	
8	胡家兴	2011-1-3	1	长假后期		
9	刘慧贤	2011-1-12	1	双休日		
10	邓敏建	2011-1-13	1	双休日	公式结果	
11	钟琛	2011-5-1～5-2	2	长假开始初		
12	李萍	2011-5-4～5-7	4	长假后期		

图 11-65

3 选中 E7 单元格，向下复制公式，即可得到其他员工加班类别所对应的工资金额，如图 11-66 所示。选中 E9 单元格，读者可对公式进行比较。

E9			fx	=HLOOKUP(D9,$A$3:$G$4,2,0)*C9	查看 E9 单元格的公式
	A	B	C	D	E

	A	B	C	D	E
1	值班工资标准				
2	值班日期	双休日	1月2日～3日	5月1日～2日	5月3日～7日	2011-1-1
3	日期类别	双休日	长假后期	长假开始初	长假后期	长假开始初
4	每日工资	150	200	320	200	320
5						
6	姓名	值班日期	值班天数	日期类别	工资金额	
7	韩薇	2011-1-2	1	长假后期	200	
8	胡家兴	2011-1-3	1	长假后期	200	
9	刘慧贤	2011-1-12	1	双休日	150	
10	邓敏建	2011-1-13	1	双休日	150	
11	钟琛	2011-5-1～5-2	2	长假开始初	640	
12	李萍	2011-5-4～5-7	4	长假后期	800	

图 11-66

◆ **根据员工职位和工龄自动返回年终奖金额**

表格中根据员工的工龄及职位给出了不同的年终奖金额，现在需要根据当前员工的职位和工龄来自动判断该员工应获取的年终奖，可以使用 VLOOKUP 函数来设置公式。VLOOKUP 函数用于在表格或数组的首列查找指定的值，并由此返回表格数组当前行中其他列的值，其语法为：VLOOKUP(lookup_value,table_array,col_index_num,range_lookup)。

1 选中 D2 单元格，在编辑栏中输入公式：=VLOOKUP(B2,IF(C2<=5,$F$2:$G$4,$F$7:$G$9),2,FALSE)，按 Enter 键，即可根据 B2 单元格的职位与 C2 单元格的工龄自动判断出该员工应获得的年终奖，如图 11-67 所示。

D2			fx	=VLOOKUP(B2,IF(C2<=5,$F$2:$G$4,$F$7:$G$9),2,FALSE)	
	A	B	C	D	E	F	G	H

	A	B	C	D	E	F	G	H
1	姓名	职位	工龄	年终奖		5年或以下工龄		
2	韩伟	职员	2	1000		职员	1000	
3	胡佳欣	高级职员	4			高级职员	2000	
4	刘辉贤	部门经理	5			部门经理	5000	
5	邓敏杰	高级职员	10					
6	仲成	职员	2	公式结果		5年以上工龄		
7	李志霄	职员	1			职员	2000	
8	陶龙华	部门经理	6			高级职员	5000	
9	李晓	高级职员	12			部门经理	10000	
10	刘纪鹏	职员	2					
11	李梅	职员	8					
12								

图 11-67

233

2 选中 D2 单元格，光标定位到该单元格右下角，向下复制公式，即可快速判断出每位员工应获得的年终奖，如图 11-68 所示。

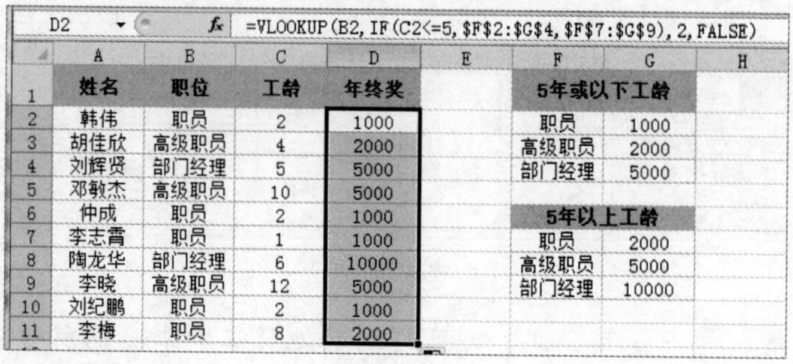

D2	▼		f_x	=VLOOKUP(B2, IF(C2<=5, $F$2:$G$4, $F$7:$G$9), 2, FALSE)			
▲	A	B	C	D	E	F	G	H
1	姓名	职位	工龄	年终奖		5年或以下工龄		
2	韩伟	职员	2	1000		职员	1000	
3	胡佳欣	高级职员	4	2000		高级职员	2000	
4	刘辉贤	部门经理	5	5000		部门经理	5000	
5	邓敏杰	高级职员	10	5000				
6	仲成	职员	2	1000		5年以上工龄		
7	李志霄	职员	1	1000		职员	2000	
8	陶龙华	部门经理	6	10000		高级职员	5000	
9	李晓	高级职员	12	5000		部门经理	10000	
10	刘纪鹏	职员	2	1000				
11	李梅	职员	8	2000				

图 11-68

CHAPTER

12

表格数据的管理

本章概述

　　将数据录入到表格后，除了相关的格式设置及计算外，其中较为重要的一个环节就是对数据的管理。对于创建的数据明细表，我们将数据验证设置、条件格式的设定、数据排序、数据筛选以及合并计算等几项知识归纳为对数据的管理。对数据进行这些管理也是辅助数据分析的过程，本章将会一一介绍。

本章知识脉络图

重点知识	相关功能	功能用途	页 码	学习等级
数据验证	数据→数据工具→数据验证	限制向单元格中输入的数据，不满足条件时弹出提示	237	★★★★★
条件格式	开始→样式→条件格式	满足条件时就以特殊格式显示出来	241	★★★★☆
按单个条件排序	数据→排序和筛选→降序 / 升序	数据排序	247	★★★★★
按多个条件排序	数据→排序和筛选→排序	第一个字段排序结果相同时按第二个字段排序	248	★★★★☆
数值筛选	数据→排序和筛选→筛选	筛选出满足条件的记录	250	★★★★★
高级筛选	数据→排序和筛选→高级	设置筛选条件，将筛选到的结果存放于其他位置上	254	★★★★☆
按位置合并计算	数据→数据工具→合并计算	将多张表格相同位置上的数据合并	256	★★★☆☆
按类别合并计算	数据→数据工具→合并计算	将多张表格中相同类别的数据合并	258	★★★☆☆

应用效果

设置输入数据的有效性（一）

设置输入数据的有效性（二）

	A	B	C	D	E
1	姓名	语文	数学	英语	
2	刘娜	92	89	88	
3	钟扬	58	55	67	
4	陈振涛	55	71	78	
5	陈自强	91	92	90	
6	吴丹晨	78	87	90	
7	谭谢生	92	90	95	

小于 60 分的显示特殊格式

	A	B	C	D
1	姓名	部门	总销售额	提成金额
4	金靖	销售1部	75000	7500
6	柏家国	销售1部	60000	6000
8	唐敬	销售1部	54500	5450
13	韩燕	销售1部	22000	1760
15				

按部门筛选结果

	A	B	C	D
1	姓名	部门	总销售额	提成金额
2	何丽年	销售3部	78906	7890.6
3	谢娟	销售2部	77200	7720
4	金靖	销售1部	75000	7500
5	夏慧	销售2部	62800	6280
6	柏家国	销售1部	60000	6000
7	姚金年	销售2部	57540	5754
8	唐敬	销售1部	54500	5450
15				

按提成金额筛选结果

	A	B	C	D	E	F	G	H	I
1	姓名	语文	数学	英语		语文	数学	英语	
2	刘娜	92	89	88		>=90			
3	钟扬	58	55	67			>=90		
4	陈振涛	76	71	78				>=90	
5	陈自强	91	92	90					
6	吴丹晨	78	87	90		姓名	语文	数学	英语
7	谭谢生	92	90	95		刘娜	92	89	88
8	邹瑞宣	89	87	88		陈自强	91	92	90
9	唐雨萱	71	88	72		吴丹晨	78	87	90
10	毛杰	92	90	88		谭谢生	92	90	95
11	黄中洋	87	89	76		毛杰	92	90	88
12	刘瑞	90	92	94		刘瑞	90	92	94

按条件高级筛选

	A	B	C
	类型	品名	销售金额
2		登山鞋	31100
3		攀岩鞋	31350
4	登山鞋系列	沙滩鞋	9440
5		溯溪鞋	8330
6		徒步鞋	9870
7		登山包	2300
8	背包系列	水袋	2100
9		登山杖	4450
10		防雨套	1370
11	户外防护	护膝	860
12		护肘	890

	A	B	C
	类型	品名	销售金额
2		登山鞋	11000
3		攀岩鞋	13005
4	登山鞋系列	沙滩鞋	44080
5		溯溪鞋	23300
6		徒步鞋	29700
7		登山包	2300
8	背包系列	水袋	1080
9		登山杖	3500
10		防雨套	1180
11	户外防护	护膝	900
12		护肘	1180

	A	B	C
	品名	销售金额	
2	登山鞋	42100	
3	攀岩鞋	44355	
4	沙滩鞋	53520	
5	溯溪鞋	31630	
6	徒步鞋	39570	
7	登山包	4600	
8	水袋	3180	
9	登山杖	7950	
10	防雨套	2550	
11	护膝	1760	
12	护肘	2070	

对两个工作表的数据进行合并计算

12.1 数据验证设置

数据验证设置是指让指定单元格所输入的数据满足一定的要求，例如只输入指定范围的整数、只输入小数、只输入特定长度的文本等；另外，还有更加高级的用法就是设置公式，即当单元格中输入的值不满足公式计算结果时会给出错误提示。根据实际情况设置数据验证后，可以有效防止在单元格中输入无效的数据。

12.1.1 设置常规数据验证

数据验证的常规设置就是指对值的界定。设置完成后，当输入的值不在界定范围之内时便提示错误信息。用户还可以自定义弹出错误信息的内容、鼠标指向时显示的提示信息等。

1. 设置数值型数据

例1：在输入产品的销售数量时，要求只允许输入整数，其设置方法如下。

1 选中设置数据验证的单元格区域，如C2:C10单元格区域，单击"数据"标签，在"数据工具"选项组中单击"数据验证"按钮，如图12-1所示。

2 打开"数据验证"对话框，在"设置"选项卡的"允许"下拉列表中选择"整数"选项，在"数据"下拉列表中选择"大于"，在"最小值"框中输入0，如图12-2所示。

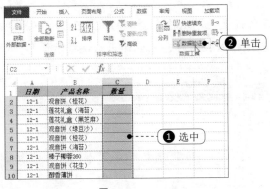

图 12-1

图 12-2

3 单击"确定"按钮，完成设置。当在设置了数据验证的单元格区域中输入整数外的任意数据时会弹出错误提示信息，如图12-3所示。

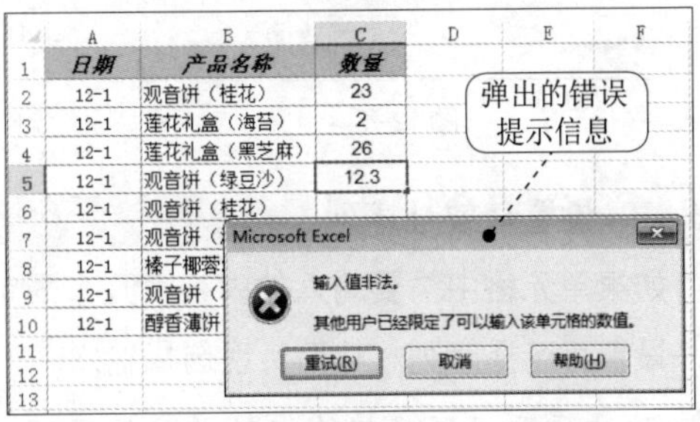

图 12-3

例2：本例中"话费预算"列的数值在 100～300 元之间，这时可以设置"话费预算"列的数据验证为大于 100 且小于 300 的整数。

1 选中设置数据验证的单元格区域，如 B2:B9 单元格区域，单击"数据"标签，在"数据工具"选项组中单击"数据验证"按钮，如图 12-4 所示。

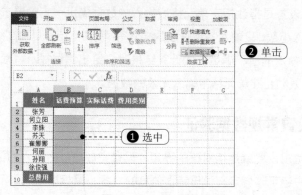

图 12-4

2 打开"数据验证"对话框，在"设置"选项卡中，选中"允许"下拉列表中的"整数"选项，在"最小值"框中输入话费预算的最小限制金额，如 100；在"最大值"框中输入话费预算的最大限制金额，如 300，如图 12-5 所示。

提示

在"允许"下拉列表中还有小数、日期、时间等选项，这几个选项的设置与本设置方法相同，只要根据实际需要进行选择即可。

3 设置完成后，单击"确定"按钮。如果在所设置的单元格中输入的值不在 100～300 之间，将会弹出提示对话框，如图 12-6 所示。正确地输入数值时，不会弹出错误提示信息。

图 12-5

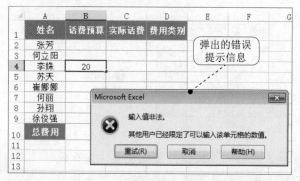

图 12-6

2. 设置有效性序列

如果单元格中需要输入的内容有几个固定值可选，此时不必手工输入，可以通过数据验证功能来设置可选择序列，从而实现选择输入。

1 选中需要设置数据验证的单元格区域，单击"数据"标签，在"数据工具"选项组中单击"数据验证"按钮（见图12-7），打开"数据验证"对话框。

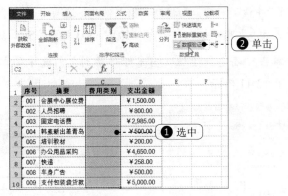

图 12-7

2　在"允许"下拉列表中选中"序列"选项，在"来源"框中输入包含在下拉数据序列中的数据或文字（注意内容之间必须用半角逗号隔开），如图12-8所示。

3　设置完成后，单击"确定"按钮。选中设置了数据序列的单元格，其右边都会出现一个下三角，单击即可打开下拉列表（见图12-9），从中选择所需要的数据即可。

图 12-8

图 12-9

 知识扩展

关于数据来源的设置

在设置序列来源时，如果要作为填充序列的数据已输入到工作表中，可以单击"来源"框右侧的拾取器（⊞）按钮，在工作表中选择该下拉序列所包含的内容。这种方法也常用于要求显示在序列列表中的数据包含较多项的情况（比逐一输入更加方便）。

12.1.2　设置输入提示信息

通过数据验证的设置，可以实现当鼠标指向时给出提示信息，从而达到提示输入的目的。

1　选中设置数据验证的单元格区域，单击"数据"标签，在"数据工具"选项组中单击"数据验证"按钮，打开"数据验证"对话框。

2 在"设置"选项卡中设置好后，切换到"输入信息"选项卡，在"标题"框中输入"请注意输入的金额"；在"输入信息"框中输入"请输入100～300之间的预算话费！！"，如图12-10所示。

3 设置完成后，单击"确定"按钮。当光标移动到之前选中的单元格上时，会自动弹出浮动提示信息框，如图12-11所示。

图 12-10

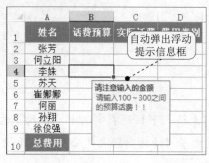

图 12-11

12.1.3 圈释无效数据

数据输入完后，若想快速找到表格中的无效数据，可以通过设定条件实现让不满足条件的数据都被圈释出来。例如成绩表中会将小于60分或大于100分的视为无效数据，可以通过如下步骤将其圈释出来。

1 选中需要设置的单元格区域，单击"数据"标签，在"数据工具"选项组中单击"数据验证"按钮，如图12-12所示。

2 打开"数据验证"对话框，切换到"设置"选项卡，在"允许"下拉列表中选择"自定义"，输入符合条件的数据必须满足的条件范围，如"=AND(B2>=60,B2<100)"，表示大于等于60且小于100的数为有效数据，如图12-13所示。

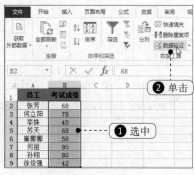

图 12-12

图 12-13

3 设置完成后，单击"确定"按钮。然后在"数据"选项卡的"数据工具"选项组中单击"数据验证"下拉按钮，展开下拉菜单，选择"圈释无效数据"命令，如图12-14所示。

④ 完成设置后，效果如图 12-15 所示。

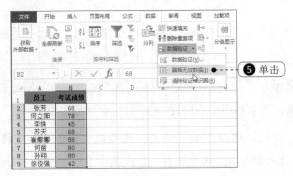

图 12-14　　　　　　　　　　　　　　　　　　　图 12-15

提示

　　如果需要清除无效数据标识圈，则在"数据"选项卡的"数据工具"选项组中单击"数据验证"下拉按钮，在下拉菜单中单击"清除验证标识圈"命令即可。

12.2 条件格式的设定

　　使用条件格式可以突出显示满足条件的数据，例于大于指定值时、小于指定值时、等于某日期时显示特殊标记等。因此条件格式的功能可以起到在数据库中筛选查看并辅助分析的目的。

　　在 Excel 2013 中提供了几个预设的条件规则，应用起来非常方便。下面介绍条件格式的设置。

　　★ 选中要设置条件格式的单元格区域，在"开始"选项卡的"样式"选项组中单击"条件格式"下拉按钮，展开下拉菜单，可以看到几种预设的条件格式规则，如图 12-16 所示。每一种规则中包含多个子命令，可以选择相关的命令完成格式设置。

　　★ 如果预设的条件规则不满足设置需要，则可以单击"新建规则"或"其他规则"，打开"新建格式规则"对话框进行设置（可以从列表框中选择规则类型），如图 12-17 所示。

图 12-16

图 12-17

12.2.1 突出显示规则

Excel 中把"大于"、"小于"、"等于"、"文本筛选"等多个条件总结为突出显示规则，下面通过两个例子介绍其使用方法。

1. 当学生成绩小于 60 分时突出显示

例如，学生成绩表中统计了众多数据，要求将小于 60 分的成绩数据突出显示出来。

1 选中显示成绩的单元格区域，在"开始"选项卡的"样式"选项组中单击"条件格式"下拉按钮，在展开的下拉菜单中可以选择条件格式，此处选择"突出显示单元格规则→小于"，如图 12-18 所示。

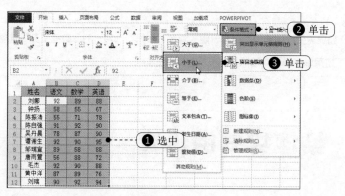

图 12-18

2 弹出设置对话框，设置单元格值小于"60"显示为"浅红填充色深红色文本"，如图 12-19 所示。

图 12-19

3 单击"确定"按钮，返回到工作表中，可以看到所有分数小于 60 的单元格都显示为红色，如图 12-20 所示。

	A	B	C	D
1	姓名	语文	数学	英语
2	刘娜	92	89	88
3	钟扬	58	55	67
4	陈振涛	55	71	78
5	陈自强	91	92	90
6	吴丹晨	78	87	90
7	谭谢生	92	90	95
8	邹瑞宣	89	58	88
9	唐雨萱	56	88	72
10	毛杰	92	90	88
11	黄中洋	87	89	76
12	刘瑞	90	92	94

小于 60 分的显示特殊格式

图 12-20

> **提示**
>
> 在设置满足条件的单元格显示格式时，默认格式为"浅红填充色深红色文本"，可以单击右侧的下拉按钮，从下拉列表中重新选择其他格式（见图12-21），或单击下拉列表中的"自定义格式"命令，打开"单元格格式设置"对话框来自定义特殊的格式。

图 12-21

2.　标识出只值班一次的员工

例如，表格中显示的是值班安排表，要求将只值班一次的员工标识出来。

1 选中显示值班人员姓名的单元格区域，在"开始"选项卡的"样式"选项组中单击"条件格式"下拉按钮，在展开的下拉菜单中选择"突出显示单元格规则→重复值"，如图12-22所示。

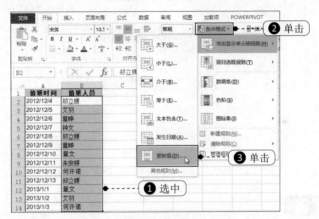

图 12-22

2 弹出设置对话框，单击左侧的下拉按钮，选择"唯一"，如图12-23所示。单击右侧的下拉按钮，选择"自定义格式"命令，打开"设置单元格格式"对话框。

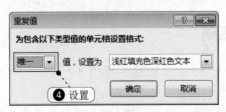

图 12-23

3 切换到"字体"选项卡下，设置满足设置的条件时显示特殊的文字格式，如图12-24所示。

4 切换到"填充"选项卡下，设置满足设置的条件时显示特殊的填充颜色，如图12-25所示。

图 12-24

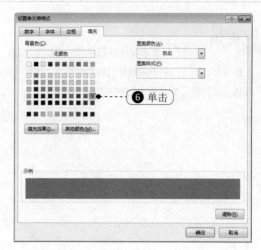

图 12-25

5 设置完成后依次单击"确定"按钮，可以看到前 3 名成绩显示为所设置的特殊格式，如图 12-26 所示。

图 12-26

"突出显示单元格规则"中的其他选项

在"突出显示单元格规则"子菜单中还包括其他设置选项，如设置小于、等于或介于某个值时显示特殊标记；设置文本包含某特定字符时显示特殊标记等。用户可以根据实际需要，按相同方法选择并设置条件格式。

12.2.2 项目选取规则

Excel 中把"值最大的 10 项"、"值最大的 10% 项"、"高于平均值"等多个条件总结为突出显示规则，下面通过例子介绍其使用方法。

例如，学生成绩表中统计了众多数据，要求将前 3 名数据突出显示出来。

1 选中 B 列中显示分数的单元格区域，在"开始"选项卡的"样式"选项组中单击条件格式 按钮，在展开的下拉菜单中选择"项目选取规则→前 10 项"，如图 12-27 所示。

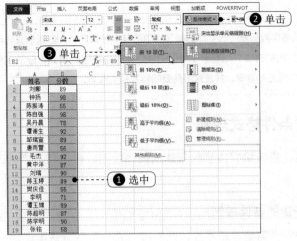

图 12-27

2 弹出设置对话框，重新设置值为"3"（因为我们只想让前3名数据显示特殊格式），如图 12-28 所示。单击右侧的下拉按钮，选择"自定义格式"命令，打开"设置单元格格式"对话框。

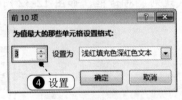

图 12-28

3 切换到"填充"选项卡下，设置满足条件时显示特殊的填充颜色，如图 12-29 所示。

4 设置完成后依次单击"确定"按钮，可以看到前3名成绩显示为所设置的特殊格式，如图 12-30 所示。

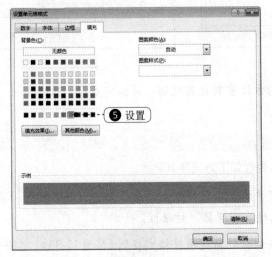

图 12-29

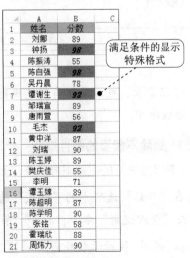

图 12-30

245

12.2.3 管理条件格式规则

如果用户想查看、重新编辑或删除新建的条件规则，可以打开"管理规则"对话框来完成相关操作。

1. 重新编辑新建的条件规则

如果已经建立的规则需要重新修改，此时可以通过如下方法实现。

① 在"开始"选项卡的"样式"选项组中单击"条件格式"下拉按钮，在弹出的下拉菜单中单击"管理规则"命令，打开"条件格式规则管理器"对话框。

② 在"规则（按所示顺序应用）"下，选中要编辑的新建条件格式规则（见图12-31），单击"编辑规则"按钮，打开"编辑格式规则"对话框，如图12-32所示。

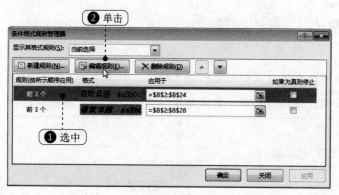

图 12-31

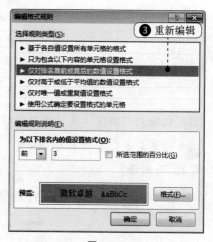

图 12-32

③ 根据需求，可以按照与新建规则相同的方法重新设置规则。编辑完成后，依次单击"确定"按钮即可。

2. 删除不需要的条件规则

如果已经建立的规则不再需要，此时可以通过如下方法将其删除。

① 在"开始"选项卡的"样式"选项组中单击"条件格式"下拉按钮，在展开的下拉菜单中单击"管理规则"命令，打开"条件格式规则管理器"对话框。

② 在"规则（按所示顺序应用）"下，选中要删除的新建条件格式规则（见图12-33），单击"删

除规则"按钮，即可从规则列表中清除。

图 12-33

提示 打开"条件格式规则管理器"对话框后，默认显示的是当前选择单元格中所包含的条件规则，还可以在"显示其格式规则"下拉列表中选择显示本工作表中的条件规则，如图 12-34 所示。

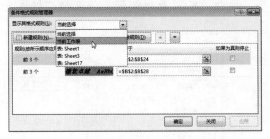

图 12-34

12.3 数据的排序

数据排序功能是将无序的数据按照指定的关键字进行排列，通过排序结果实现方便地比较数据。

12.3.1 按单个条件排序

通过排序可以快速得出指定条件下的最大值、最小值等信息。下面针对"提成金额"进行降序操作。

1 将光标定位在"提成金额"列的任意单元格中，在"数据"选项卡中的"排序和筛选"选项组中单击"降序"按钮，如图 12-35 所示。

2 单击该按钮后，即可看到整张工作表按"提成金额"从大到小排列，如图 12-36 所示。

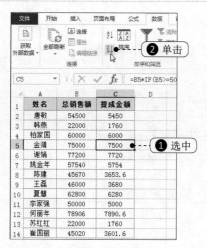

	A	B	C	D
1	姓名	总销售额	提成金额	
2	唐敏	54500	5450	
3	韩燕	22000	1760	
4	柏家国	60000	6000	
5	金靖	75000	7500	
6	谢娟	77200	7720	
7	姚金年	57540	5754	
8	陈建	45670	3653.6	
9	王磊	46000	3680	
10	夏慧	62800	6280	
11	李家强	50000	5000	
12	何丽年	78906	7890.6	
13	苏红红	22000	1760	
14	崔国丽	45020	3601.6	

图 12-35

	A	B	C
1	姓名	总销售额	提成金额
2	何丽年	78906	7890.6
3	谢娟	77200	7720
4	金靖	75000	7500
5	夏慧	62800	6280
6	柏家国	60000	6000
7	姚金年	57540	5754
8	唐敏	54500	5450
9	李家强	50000	5000
10	王磊	46000	3680
11	陈建	45670	3653.6
12	崔国丽	45020	3601.6
13	韩燕	22000	1760
14	苏红红	22000	1760

图 12-36

3 将光标定位在“提成金额”列的任意单元格中，在“数据”选项卡中的“排序和筛选”选项组中单击“升序”按钮，可以看到整张工作表按“提成金额”从小到大排列，如图 12-37 所示。

	A	B	C
1	姓名	总销售额	提成金额
2	韩燕	22000	1760
3	苏红红	22000	1760
4	崔国丽	45020	3601.6
5	陈建	45670	3653.6
6	王磊	46000	3680
7	李家强	50000	5000
8	唐敏	54500	5450
9	姚金年	57540	5754
10	柏家国	60000	6000
11	夏慧	62800	6280
12	金靖	75000	7500
13	谢娟	77200	7720
14	何丽年	78906	7890.6

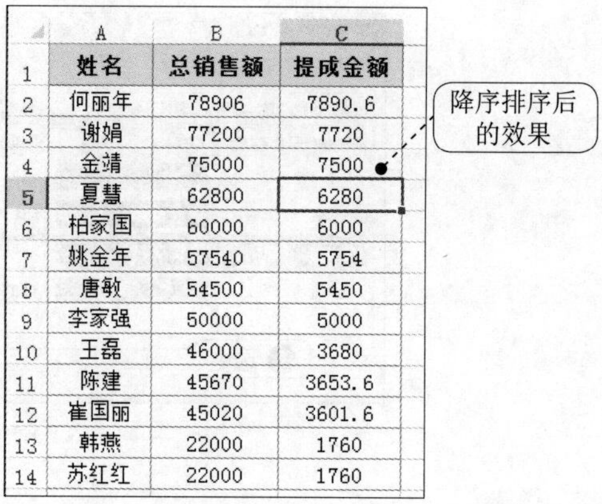

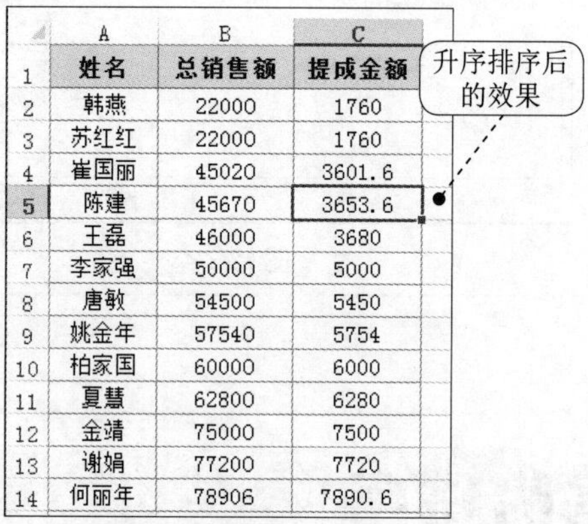

图 12-37

12.3.2 按多个条件排序

双关键字排序用于当按第一个关键字排序时出现重复记录再按第二个关键字排序的情况下。例如在本例中，可以先按“所属部门”进行排序，再根据“实发工资”进行排序，从而方便查看同一部门中各员工的工资排序情况。

1 选中表格编辑区域内的任意单元格，在“数据”选项卡中的“排序和筛选”选项组中，单击“排序”按钮，打开“排序”对话框。

2 在“主要关键字”下拉列表中选择“所属部门”，在“次序”下拉列表中可以选择“升序”或“降序”，如图 12-38 所示。

3 单击“添加条件”按钮，添加“次要关键字”，如图 12-39 所示。

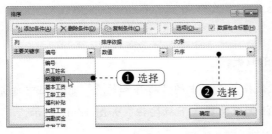

图 12-38　　　　　　　　　　　　　　　图 12-39

4 在"次要关键字"下拉列表中选择"实发工资"，在"次序"下拉列表中选择"降序"，如图 12-40 所示。

图 12-40

5 单击"确定"按钮，可以看到表格中首先按"所属部门"升序排序，对于所属部门相同的记录按"实发工资"降序排序，如图 12-41 所示。

	A	B	C	D	E	F	G	H	I
1	编号	员工姓名	所属部门	基本工资	工龄工资	福利补贴	加班工资	满勤奖金	实发工资
2	JX004	石晓静	办公室	1523	563	256	213	200	2755
3	JX003	童红	办公室	1532	325	562	153	0	2572
4	JX002	张发	办公室	1360	155	266	120	0	1901
5	JX017	张一倩	财务部	2466	966	866	266	0	4564
6	JX008	张凯	财务部	1523	656	996	236	200	3611
7	JX009	胡琴	财务部	1266	665	966	145	200	3242
8	JX001	李良敏	财务部	1250	456	245	200	200	2351
9	JX012	周苗苗	人事部	2100	866	969	266	0	4201
10	JX015	梅耶	人事部	1535	963	945	155	200	3798
11	JX016	于宝强	人事部	2056	896	285	256	200	3693
12	JX014	潘静	人事部	1566	966	756	125	200	3613
13	JX005	翁诗培	人事部	1582	596	463	156	200	2997
14	JX013	丁宇	市场部	2456	966	599	524	200	4745
15	JX011	张久涛	市场部	2100	569	563	596	0	3828
16	JX010	李晓燕	市场部	1589	526	966	65	0	3146
17	JX006	陈志强	市场部	1533	962	366	232	0	3093
18	JX018	戚修文	研发部	2456	452	663	450	0	4021
19	JX007	葛信	研发部	1452	556	663	563	0	3234

图 12-41

12.4 数据筛选

数据筛选常用于对数据库的分析。通过设置筛选条件可以快速查看数据库中满足特定条件的记录。

12.4.1 自动筛选

添加自动筛选功能后，可以筛选出符合条件的数据。

1 选中表格编辑区域内的任意单元格，在"数据"选项卡的"排序和筛选"选项组中单击"筛选"按钮，则可以在表格的所有列标识上添加自动筛选下拉按钮，如图 12-42 所示。

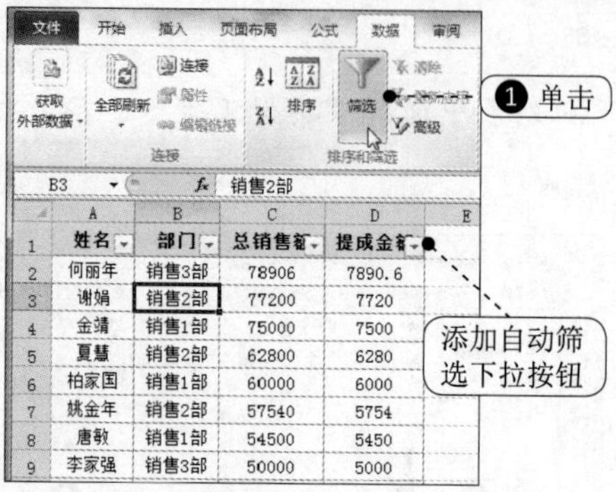

图 12-42

2 单击要进行筛选的字段右侧按钮，如此处单击"部门"列标识右侧的下拉按钮，可以看到下拉菜单中显示了表格包含 3 个部门。

3 取消"全选"复选框，选中要查看的某个部门，此处选中"销售 1 部"，如图 12-43 所示。

4 单击"确定"按钮，即可筛选出所有满足条件的记录，如图 12-44 所示。

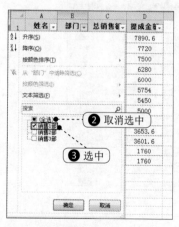

图 12-43

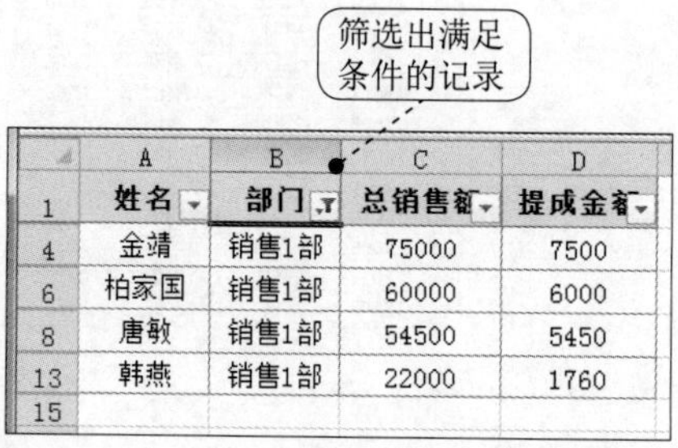

图 12-44

12.4.2 自定义筛选

1. **筛选出大于指定数值的记录**

利用数字筛选功能可以筛选出等于、大于、小于指定数值的记录。例如本例中要求筛选出提成金额大于 5000 的记录，具体实现步骤如下。

1 添加自动筛选后，单击"提成金额"列标识右侧的下拉按钮，在打开的菜单中鼠标指向"数字筛选→大于"，如图 12-45 所示。

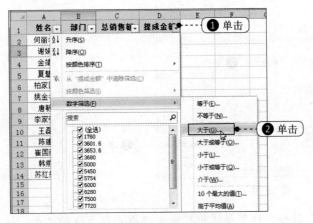

图 12-45

2 单击该命令后，打开"自定义自动筛选方式"对话框，设置大于数值为"5000"，如图 12-46 所示。

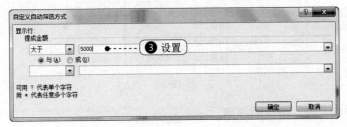

图 12-46

3 单击"确定"按钮，即可筛选出提成金额大于 5000 的记录，如图 12-47 所示。

	A	B	C	D
1	姓名	部门	总销售额	提成金额
2	何丽年	销售3部	78906	7890.6
3	谢娟	销售2部	77200	7720
4	金靖	销售1部	75000	7500
5	夏慧	销售2部	62800	6280
6	柏家国	销售1部	60000	6000
7	姚金年	销售2部	57540	5754
8	唐敏	销售1部	54500	5450
15				

筛选出提成金额大于 5000 的记录

图 12-47

2. 筛选出前 5 名记录

在进行数字筛选时，还可以按指定关键字筛选出前几名的记录。

1 添加自动筛选后，单击"实发工资"列标识右侧的下拉按钮，在打开的菜单中鼠标指向"数字筛选→10 个最大的值"，如图 12-48 所示。

2 单击该命令后，打开"自动筛选前 10 个"对话框，设置最大值为"5"（默认是 10），如图 12-49 所示。

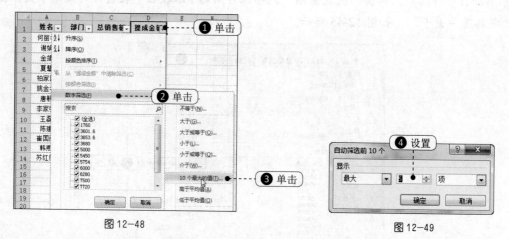

图 12-48　　　　　　　　　　　　　图 12-49

3 单击"确定"按钮，即可筛选出提成金额排名前 5 位的记录，如图 12-50 所示。

	A	B	C	D
1	姓名	部门	总销售额	提成金额
2	何丽年	销售3部	78906	7890.6
3	谢娟	销售2部	77200	7720
4	金靖	销售1部	75000	7500
5	夏慧	销售2部	62800	6280
6	柏家国	销售1部	60000	6000

筛选出排名前 5 位的数据

图 12-50

3. 自动筛选中"或"条件的使用

例如本例中要同时筛选出提成金额大于 7000 或小于 3000 的记录，具体实现步骤如下。

1 添加自动筛选后，单击"提成金额"列标识右侧的下拉按钮，在打开的菜单中鼠标指向"数字筛选→大于"，单击鼠标，打开"自定义自动筛选方式"对话框。

2 设置大于数值为"7000"，选中"或"单选按钮，设置第二个筛选方式为"小于"→"3000"，如图 12-51 所示。

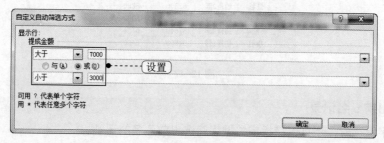

图 12-51

3 单击"确定"按钮，即可同时筛选出提成金额大于 7000 或小于 3000 的记录，如图 12-52 所示。

图 12-52

4. 筛选出同时满足两个或多个条件的记录

要筛选出同时满足两个或多个条件的记录可以首先按某一个关键字进行筛选，在筛选出的结果中再按另一关键字进行筛选。如本例中要筛选出"销售 2 部"中"提成金额"大于 5000 元的记录。

① 单击"部门"列标识筛选下拉按钮，取消"全选"复选框，选中"销售 2 部"（见图 12-53），单击"确定"按钮，即可显示出所有"部门"为"销售 2 部"的记录，如图 12-54 所示。

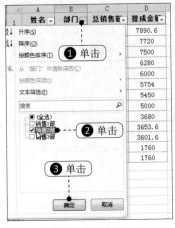

图 12-53

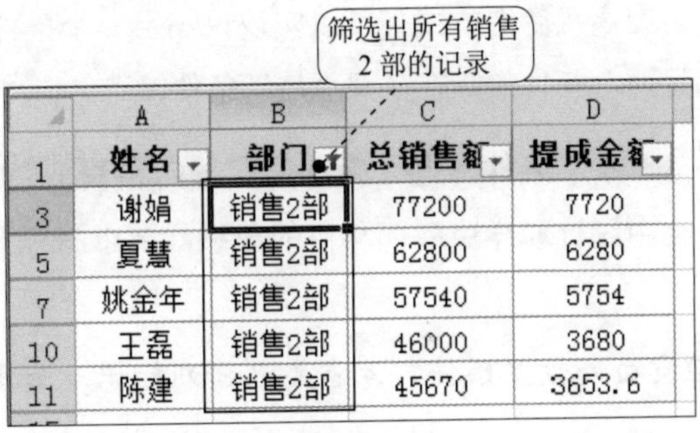

图 12-54

② 单击"提成金额"列右侧的下拉按钮，在打开的菜单中鼠标指向"数字筛选→大于"，如图 12-55 所示。

图 12-55

③ 单击鼠标，打开"自定义自动筛选方式"对话框，设置大于数值为"5000"，如图 12-56 所示。

④ 单击"确定"按钮，即可筛选出"销售 2 部"中"提成金额"大于 5000 元的记录，如图 12-57 所示。

图 12-56

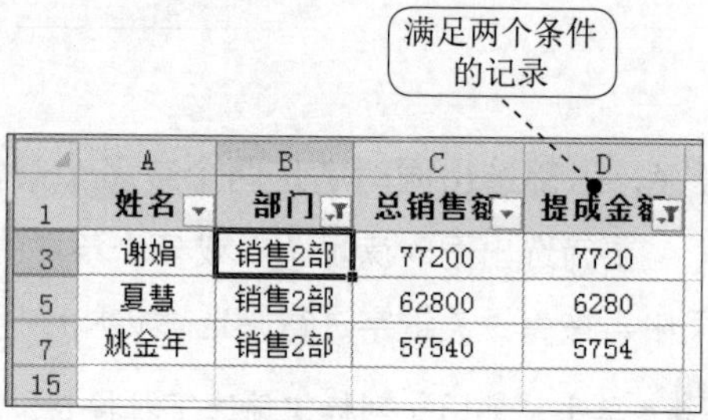

图 12-57

12.4.3 高级筛选

采用高级筛选方式可以将筛选到的结果存放于其他位置上，以便于得到单一的分析结果，进行使用。在高级筛选方式下可以实现只满足一个条件的筛选（即"或"条件筛选），也可以实现同时满足两个条件的筛选（即"与"条件筛选）。

1. "或"条件筛选（筛选只要一门科目成绩大于等于 90 分的记录）

表格中统计了学生各门科目的成绩，要求将只要有一门科目成绩大于等于 90 分的记录都筛选出来。

① 在空白处设置条件，注意要包括列标识，如图 12-58 所示的 F1:H4 单元格区域为设置的条件。

② 在"数据"选项卡的"排序和筛选"选项组中单击"高级"按钮，打开"高级筛选"对话框。

③ 在"列表区域"中设置参与筛选的单元格区域（可以单击右侧的圆按钮在工作表中选择），在"条件区域"中设置条件单元格区域，选中"将筛选结果复制到其他位置"单选按钮，在"复制到"中设置要将筛选后的数据放置的起始位置，如图 12-59 所示。

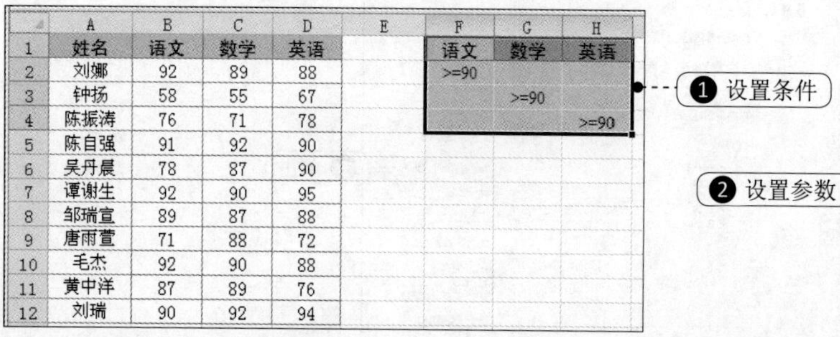

图 12-58

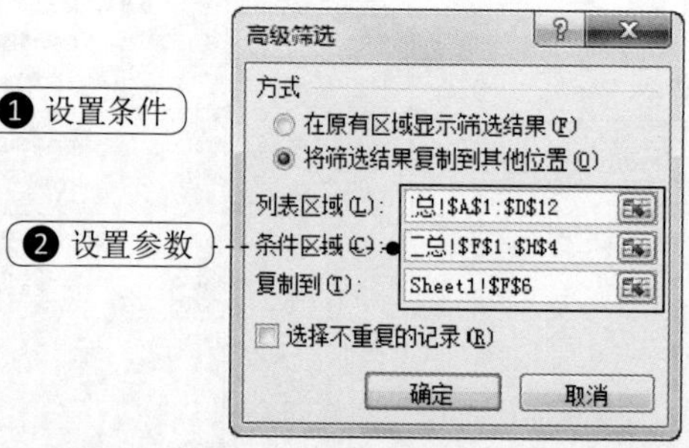

图 12-59

4 单击"确定"按钮，即可筛选出满足条件的记录，如图 12-60 所示。

	A	B	C	D	E	F	G	H	I
1	姓名	语文	数学	英语		语文	数学	英语	
2	刘娜	92	89	88		>=90			筛选结果
3	钟扬	58	55	67			>=90		
4	陈振涛	76	71	78				>=90	
5	陈自强	91	92	90					
6	吴丹晨	78	87	90		姓名	语文	数学	英语
7	谭谢生	92	90	95		刘娜	92	89	88
8	邹瑞宣	89	87	88		陈自强	91	92	90
9	唐雨萱	71	88	72		吴丹晨	78	87	90
10	毛杰	92	90	88		谭谢生	92	90	95
11	黄中洋	87	89	76		毛杰	92	90	88
12	刘瑞	90	92	94		刘瑞	90	92	94

图 12-60

2. "与"条件筛选（筛选出各门科目成绩都大于等于 90 分的记录）

表格中统计了学生各门科目的成绩，要求将各门科目成绩都大于等于 90 分的记录筛选出来。

1 在空白处设置条件，注意要包括列标识，如图 12-61 所示的 F1:H2 单元格区域为设置的条件。

2 在"数据"选项卡的"排序和筛选"选项组中单击"高级"按钮，打开"高级筛选"对话框。

3 在"列表区域"中设置参与筛选的单元格区域（可以单击右侧的 📷 按钮在工作表中选择），在"条件区域"中设置条件单元格区域，选中"将筛选结果复制到其他位置"单选按钮，再在"复制到"中设置要将筛选后的数据放置的起始位置，如图 12-62 所示。

	A	B	C	D	E	F	G	H
1	姓名	语文	数学	英语		语文	数学	英语
2	刘娜	92	89	88		>=90	>=90	>=90
3	钟扬	58	55	67				
4	陈振涛	76	71	78				
5	陈自强	91	92	90				
6	吴丹晨	78	87	90				
7	谭谢生	92	90	95				
8	邹瑞宣	89	87	88				
9	唐雨萱	71	88	72				
10	毛杰	92	90	88				
11	黄中洋	87	89	76				
12	刘瑞	90	92	94				

图 12-61

1 设置条件

2 设置参数

高级筛选

方式
- ○ 在原有区域显示筛选结果(F)
- ● 将筛选结果复制到其他位置(O)

列表区域(L): 总!$A$1:$D$12
条件区域(C): 二总!$F$1:$H$2
复制到(T): Sheet1!$F$4

☐ 选择不重复的记录(R)

确定　　取消

图 12-62

4 单击"确定"按钮，即可筛选出满足条件的记录，如图 12-63 所示。

	A	B	C	D	E	F	G	H	I
1	姓名	语文	数学	英语		语文	数学	英语	筛选结果
2	刘娜	92	89	88		>=90	>=90	>=90	
3	钟扬	58	55	67					
4	陈振涛	76	71	78		姓名	语文	数学	英语
5	陈自强	91	92	90		陈自强	91	92	90
6	吴丹晨	78	87	90		谭谢生	92	90	95
7	谭谢生	92	90	95		刘瑞	90	92	94
8	邹瑞宣	89	87	88					
9	唐雨萱	71	88	72					
10	毛杰	92	90	88					
11	黄中洋	87	89	76					
12	刘瑞	90	92	94					
13									

图 12-63

12.4.4 取消筛选

在设置数据筛选后，如果想还原到原始数据表中，需要取消设置的筛选条件。

★ 单击设置了筛选的列标识右侧的下拉按钮，在打开的下拉菜单中单击"从'**'中清除筛选"命令即可，如图 12-64 所示。

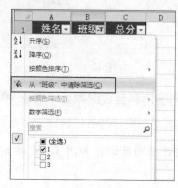

图 12-64

★ 如果数据表中多处使用了筛选，想要一次完全清除，单击"数据"选项卡下"排序和筛选"选项组中的"清除"按钮即可。

12.5 数据的合并计算

合并计算功能是将多个区域中的值合并到一个新区域中。比如各月销售数据、库存数据等分别存放于不同的工作表中，当进行季度或全年合计计算时，则可以利用数据合并计算功能快速完成计算。

12.5.1 按位置合并计算

当需要合并计算的数据存放的位置相同（顺序和位置均相同）时，则可以按位置进行合并计算。例如当前工作簿中包含 3 张工作表，分别为"上半年销售额"、"下半年销售额"和"全年合计"（见图 12-65），现在要将"上半年销售额"与"下半年销售额"中的数据汇总到"全年合计"工作表中。

1 切换到"全年合计"工作表中，选中 B2 单元格。

2 单击"数据"标签，在"数据工具"选项组中单击"合并计算"按钮，打开"合并计算"对话框，"函数"框中使用默认的"求和"函数，光标定位到"引用位置"框中，单击右侧的按钮，返回到"上半年销售额"工作表中，如图 12-66 所示。

图 12-65

图 12-66

③ 选择待计算的区域 C2:C12 单元格区域，如图 12-67 所示。

④ 选择后，单击 按钮，返回到"合并计算"对话框中，单击"添加"按钮，添加第一个
计算区域，如图 12-68 所示。

图 12-67

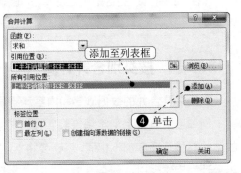

图 12-68

257

5 再次将光标定位到"引用位置"框中,返回到"下半年销售额"工作表中选择 C2:C12 单元格区域,单击"添加"按钮,将选择的区域添加到下方的"所有引用位置"列表框中,如图 12-69 所示。

图 12-69

6 单击"确定"按钮,可以看到"全年合计"工作表中显示了计算结果,如图 12-70 所示。

图 12-70

> **提示**
>
> 在"合并计算"对话框中,如果选中"创建指向源数据的链接"复选框,则当源数据发生变化时,合并计算的结果也将自动更新。
>
> 在"合并计算"对话框中,通过单击"函数"框右侧的下拉按钮,可以打开下拉列表,选择其他函数用于合并计算。

12.5.2 按类别合并计算

如果需要合并的数据顺序和内容均不同,则可以采用按数据类别合并的方式进行数据合并。

例如当前有"上半年销售额"与"下半年销售额(2)"两张工作表(见图 12-71),这两张表的结构与显示顺序都不相同,现在要将"上半年销售额"与"下半年销售额(2)"中的数据汇总到"全年合计"工作表中。

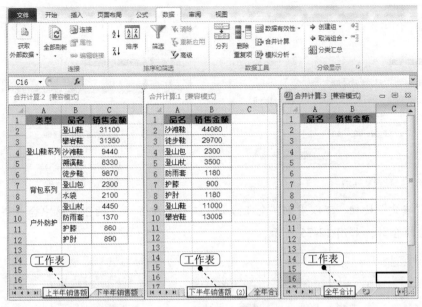

图 12-71

1 切换到"全年合计"工作表中，选中 A1 单元格。

2 单击"数据"标签，在"数据工具"选项组中单击"合并计算"按钮，打开"合并计算"对话框。

3 "函数"框中使用默认的"求和"函数，光标定位到"引用位置"框中，单击右侧的 按钮，返回到"上半年销售额"工作表中选择待计算的 B1:C12 单元格区域，如图 12-72 所示。

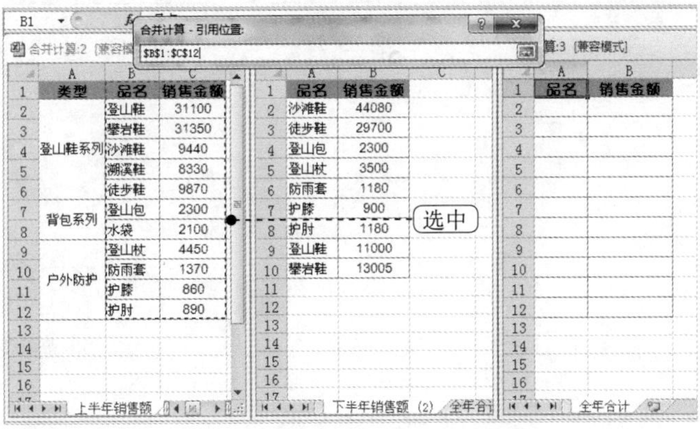

图 12-72

4 选择后，单击 按钮返回到"合并计算"对话框中，单击"添加"按钮，添加第一个计算区域，如图 12-73 所示。

5 再次将光标定位到"引用位置"框中，按相同的方法添加"下半年销售额(2)"工作表中的 A1:B10 单元格区域为第二个计算区域，选中"标签位置"栏中的"首行"与"最左列"两个复选框，如图 12-74 所示。

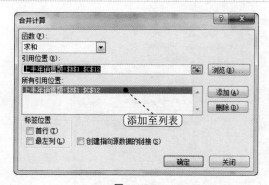
图 12-73

图 12-74

6 单击"确定"按钮，可以看到"全年合计"工作表中显示了两张表格中合并得来的品名，以及销售金额合计，如图 12-75 所示。

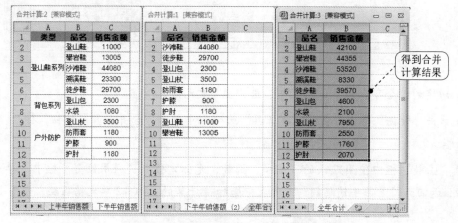
图 12-75

CHAPTER
13

数据的统计分析

本章概述

　　数据的统计分析是 Excel 中非常重要的功能，主要包括利用分类汇总分析数据、利用数据透视表分析数据，还有 Excel 中的一些高级分析工具。本章中将详细讲解分类汇总的创建、取消，数据透视表的创建、更新、编辑，这两项知识是数据分析过程中非常重要的工具，同时也可以对日常办公起到很大的帮助作用。

本章知识脉络图

重点知识	相关功能	功能用途	页　码	学习等级
分类汇总	数据→分级显示→分类汇总	对二维表格进行分类统计	264	★★★★★
两种统计结果的分类汇总	两次分类汇总，第二次时取消"替换当前分类汇总"复选框	同时得到两种不同的分类汇总结果	263	★★★★☆
创建数据透视表	插入→表格→数据透视表	动态分析数据	269	★★★★★
设置数据透视表的字段	在字段列表中选中字段，拖至下面的字段框中	不同的字段设置得到不同的统计结果	270	★★★★★
更改默认的汇总方式	单击数值字段下拉按钮，单击"值字段设置"	更改汇总方式得出不同统计结果	273	★★★★★
在数据透视表中排序	数据→排序和筛选→升序／降序	排序数据透视表的统计结果	278	★★★★☆
在数据透视表中筛选	数据透视表工具→分析→筛选→插入切片器	在数据透视表的结果中筛选目标数据	278	★★★★☆
字段分组	分析→分组→组选择	分组获取一类统计结果	280	★★★★☆
创建数据透视图	数据透视表工具→分析→工具→数据透视图	快速用图表体现统计结果	283	★★★★☆
编辑数据透视图	数据透视图工具→设计→布局	优化数据透视图的效果	284	★★★☆☆

分类汇总统计结果

利用数据透视表分析数据

更改数据透视表汇总方式

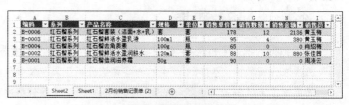

查看汇总项的明细数据

数据透视表降序排序

添加切片器对数据透视表进行筛选

按月分组统计

建立数据透视图

13.1 数据分类汇总

分类汇总功能通过为所选单元格自动添加合计或小计，汇总多个相关数据行。此功能是数据库分析过程中一个非常实用的功能。

13.1.1 简单分类汇总

在创建分类汇总前需要对所汇总的数据进行排序，即将同一类别的数据排列在一起，然后将各个类别的数据按指定方式汇总。例如在本例中，要统计出各个部门提成金额的合计值，则首先要按“部门”字段进行排序，然后进行分类汇总设置。

1 选中“部门”列中任意单元格。

2 在“数据”选项卡中的“排序和筛选”选项组中，单击“升序”按钮（见图 13-1）进行排序，如图 13-2 所示。

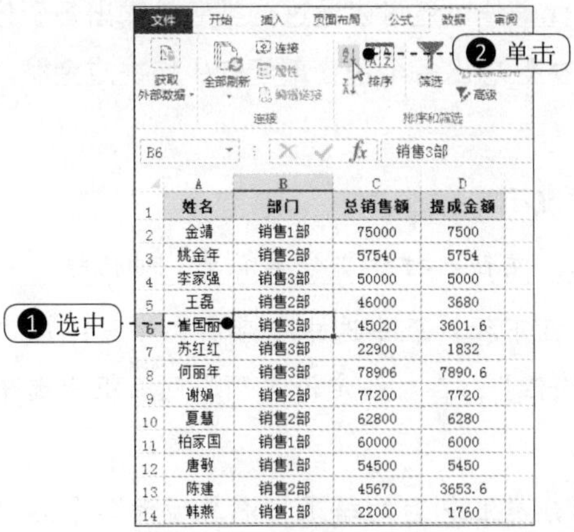

姓名	部门	总销售额	提成金额
金靖	销售1部	75000	7500
姚金年	销售2部	57540	5754
李家强	销售3部	50000	5000
王磊	销售2部	46000	3680
崔国丽	销售3部	45020	3601.6
苏红红	销售3部	22900	1832
何丽年	销售3部	78906	7890.6
谢娟	销售2部	77200	7720
夏慧	销售2部	62800	6280
柏家国	销售1部	60000	6000
唐敏	销售1部	54500	5450
陈建	销售2部	45670	3653.6
韩燕	销售1部	22000	1760

图 13–1

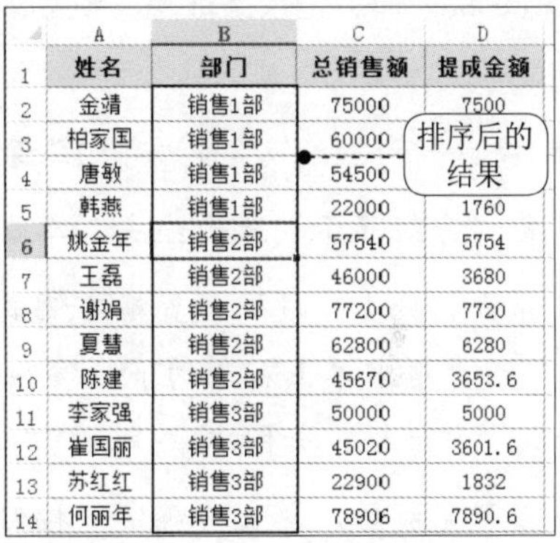

姓名	部门	总销售额	提成金额
金靖	销售1部	75000	7500
柏家国	销售1部	60000	6000
唐敏	销售1部	54500	5450
韩燕	销售1部	22000	1760
姚金年	销售2部	57540	5754
王磊	销售2部	46000	3680
谢娟	销售2部	77200	7720
夏慧	销售2部	62800	6280
陈建	销售2部	45670	3653.6
李家强	销售3部	50000	5000
崔国丽	销售3部	45020	3601.6
苏红红	销售3部	22900	1832
何丽年	销售3部	78906	7890.6

图 13–2

3 在“分级显示”选项组中，单击“分类汇总”按钮，如图 13-3 所示，打开“分类汇总”对话框。

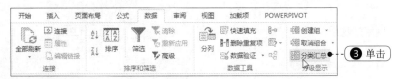

图 13–3

4 单击“分类字段”设置框右侧的下拉按钮，在下拉列表中选中“部门”字段；在“选定汇总项”列表框中选中“总销售额”与“提成金额”两个复选框（如果想只得到一个汇总结果，也可以只选中一项），如图 13-4 所示。

5 设置完成后，单击"确定"按钮，即可显示分类汇总后的结果（汇总项为"总销售额"与"提成金额"），如图 13-5 所示。

图 13-4

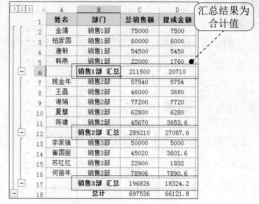

图 13-5

13.1.2 更改汇总计算的函数

在进行分类汇总时，默认是进行求和运算。除此之外，还可以通过分类汇总求出各个分类的平均值、最大值、记录条数等。例如本例中要求分类汇总出各个销售部门的平均提成金额，操作方法如下。

1 按上一节的操作，将"部门"列的数据进行排序。

2 在"分级显示"选项组中，单击"分类汇总"按钮，打开"分类汇总"对话框。

3 单击"分类字段"设置框右侧的下拉按钮，在下拉列表中选中"部门"字段；在"汇总方式"设置框中单击右侧的下拉按钮，选中"平均值"；在"选定汇总项"列表框中选中"提成金额"复选框，如图 13-6 所示。

4 设置完成后，单击"确定"按钮，即可显示分类汇总后的结果（汇总项为各个部门"提成金额"的人均值），如图 13-7 所示。

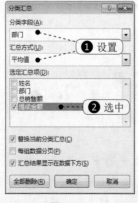

图 13-6

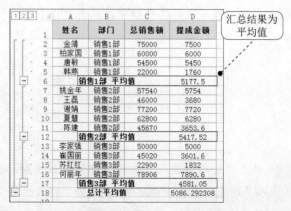

图 13-7

13.1.3   隐藏与显示汇总结果

在进行分类汇总后，如果只想查看分类汇总结果，可以通过单击分级序号来实现。

1 在进行分类汇总后，工作表编辑窗口左上角显示的序号即为分级序号，单击 2 按钮（或依次单击左侧的 - 按钮进行折叠），如图 13-8 所示。

2 执行上述操作，即可实现只显示出分类汇总总和的结果，如图 13-9 所示。

图 13-8

图 13-9

13.1.4   清除数据的分级组合

在进行分类汇总后，其结果都会根据当前实际情况分级显示。如果想将当前工作表转换为普通表格形式，则可以取消分级显示效果。

1 选中分类汇总结果的任意单元格，在"数据"选项卡中的"分级显示"选项组中，单击"取消组合"下拉按钮，展开下拉菜单，单击"清除分级显示"命令，如图 13-10 所示。

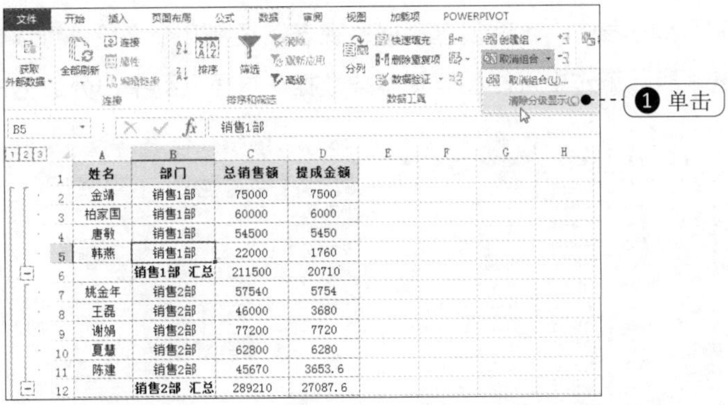

图 13-10

2 从下拉菜单中单击"清除分级显示"命令后，即可清除分级显示效果，如图 13-11 所示。

3 如果想恢复分级显示的效果，则在"分级显示"选项组中单击"创建组"下拉按钮，从下拉菜单中单击"自动建立分级显示"命令即可，如图 13-12 所示。

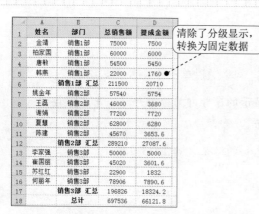

图 13-11

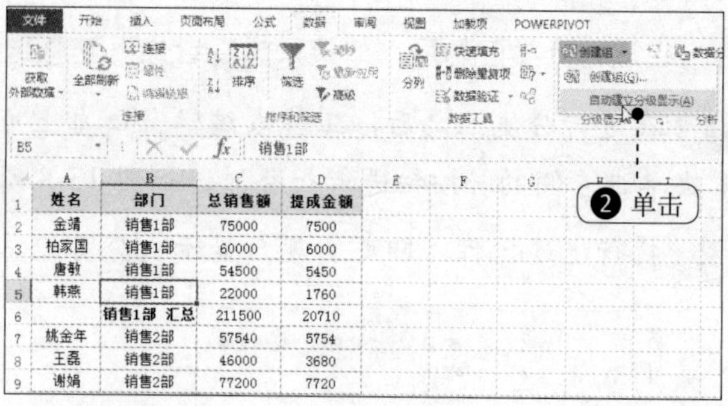

图 13-12

13.2 了解数据透视表

数据透视表是一种交互式报表，可以快速分类汇总、比较大量的数据，并可以随时选择其中页、行和列中的不同元素，以实现快速查看源数据的不同统计结果。

13.2.1 数据透视表的作用

数据透视表有机综合了数据排序、筛选、分类汇总等数据分析的优点，可以方便地调整分类汇总的方式，灵活地以多种不同方式展示数据的特征。建立数据表后，通过鼠标拖动来调节字段的位置可以快速获取不同的统计结果，即表格具有动态性。另外，我们还可以根据数据透视表直接生成图表（即数据透视图），从而更直观地查看数据分析结果。

如图 13-13 所示的表格，通过创建数据透视表，轻拖几个字段则可以快速统计出销售部门的提成总额。当然，实际工作中可能会有更多条数据，这里只列举部分数据进行讲解。

图 13-13

如图 13-14 所示的数据透视表，通过字段的分组设置，还能统计出各个提成金额区间中对应的人数。可见，通过数据透视表可以得到我们所需要的各种统计分析结果。

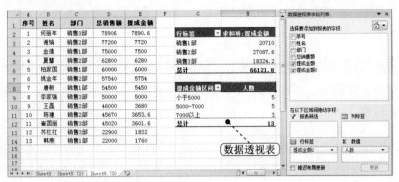

图 13-14

13.2.2 数据透视表的结构

数据透视表创建完成后，就可以在工作表中显示数据透视表的结构与组成元素，如图 13-15 所示。

图 13-15

在数据透视表中一般包含的元素为字段、项、Σ 数值和报表筛选。下面我们来逐一了解这些元素的作用。

1. 字段

创建数据透视表后，源数据表中的列标识都会产生相应的字段，如图 13-16 所示的"选择要添加到报表的字段"列表框中显示的都是字段。

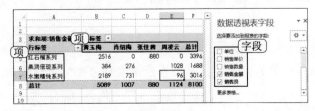

图 13-16

对于字段列表框中的字段，根据其设置不同又分为行字段、列字段和数值字段。如图 13-16 所示的数据透视表中，品牌字段被设置为行字段、"销售员"字段被设置为列字段、"销售金额"字段被设置为数值字段。

2. 项

项是字段的子分类或成员。如图 13-16 所示，行标签下的具体品牌名称以及列标签下的具体销售员名称都称为项。

3. Σ 数值

Σ 数值，即用来对数据字段中的值进行合并的计算类型。数据透视表通常为包含数字的数据字段使用 SUM 函数，而为包含文本的数据字段使用 COUNT。创建数据透视表并设置汇总后，可以选择其他汇总函数，如 AVERAGE、MIN、MAX 和 PRODUCT。

4. 报表筛选

字段下拉菜单显示了可在字段中显示的项，利用该下拉菜单可以进行数据的筛选。当包含按钮时，则可单击打开下拉菜单，如图 13-17 和图 13-18 所示。

图 13-17

图 13-18

13.3 建立数据透视表

数据透视表是一种交互式报表，通过在数据透视表中设置不同的行标签、列标签、数值项可以得出不同的分析结果。数据透视表是表格数据分析过程中一款必不可少的工具。

13.3.1 新建数据透视表

数据透视表是基于已经好的工作表而创建的。例如当前有如图 13-19 所示的表格，创建数据透视表的操作步骤如下。

序号	物品名称	型号规格	物品分类	所属部门	采购数量	采购单价	采购总价
1	投影幕	SETVB	电脑外设	人事部	1	415	415
2	考勤机	HETQ	办公设备	办公室	1	110	110
3	考勤卡	HCT004	办公耗材	企划部	50	3	150
4	文件存储柜	AS_Q	办公家具	办公室	1	280	280
5	包装盒	18*8*6	办公文具	企划部	1	12	12
6	装订机	ICT_L	办公设备	办公室	1	140	140
7	装订耗材	30S	办公耗材	企划部	15	8	120
8	文件栏	WET	办公文具	办公室	2	6.5	13
9	装饰礼品	AC_9	商务礼品	客服部	1	880	880
10	电子词典	9YT	数码设备	办公室	1	18	18
11	对讲机	LKIT	通讯设备	客服部	2	85	170
12	笔记本	50K	办公文具	研发部	5	5	25
13	加湿器	MX_L	办公电器	广告部	1	178	178
14	名片管理本	30KF	办公文具	办公室	2	26	52
15	数据摄像机	ETVA	数码设备	销售部	1	8500	8500
16	碎纸机	LAJIJ	办公设备	办公室	1	138	138
17	硒鼓	30J	办公耗材	企划部	1	120	120
18	刻录盘	10P	办公耗材	企划部	10	5	50
19	显示器	LKJIT03	电脑外设	人事部	1	980	980
20	意见箱	20*45	办公家具	办公室	1	25	25
21	计算器	QEOI	办公文具	办公室	1	45	45
22	绘图仪	NC_LIO2	电脑外设	广告部	1	360	360

图 13-19

1. 创建数据透视表框架

① 打开工作表，选中工作表中的任意单元格。切换到"插入"选项卡，在"表格"选项组中单击"数据透视表"按钮，如图 13-20 所示。

② 打开"创建数据透视表"对话框，在"选择一个表或区域"框中显示了当前要建立为数据透视表的数据源（默认情况下将整张工作表作为建立数据透视表的数据源），如图 13-21 所示。

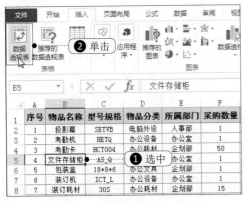

图 13-20

图 13-21

③ 单击"确定"按钮，即可新建了一张工作表，该工作表即为数据透视表，如图 13-22 所示。

图 13-22

> **提示**
>
> 当创建数据透视表后，Excel 2013中则会出现"数据透视表工具"，该工具包括"分析"和"设计"两个选项卡。选中数据透视表时则会显示该工具，不选中数据透视表时该工具自动隐藏。

2. 添加字段

默认创建的数据透视表只是一个框架，如果想得到相应的分析数据，则要根据实际需要合理地设置字段。不同的字段布局可以得到不同的统计结果。

例如，针对上一小节中的数据透视表，添加如下字段可以统计出不同类别物品的采购总金额。

➊ 建立数据透视表并选中后，窗口右侧可出现"数据透视表字段"任务窗格。在字段列表框中选中"物品分类"字段，按住鼠标左键不放，将字段拖至下面的"行"框中释放鼠标，即可设置"物品分类"字段为行标签，如图 13-23 所示。

图 13-23

➋ 按相同的方法，添加"采购总价"字段到"Σ 值"框中，此时可以看到数据透视表中统计出了不同类别物品的采购总价，如图 13-24 所示。

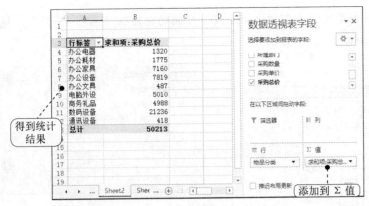

图 13-24

在设置字段为行标签、列标签或数值标签时，除了可以设置单个字段外，还可以设置多个字段为某一标签，以达到不同的统计目的。

1 添加"所属部门"字段到"行"框中，接着在字段列表框中选中"物品分类"字段，按相同的方法将其添加到"行"框中（其位于"所属部门"字段之后）。

2 添加"采购总价"字段到"Σ 值"框中，其统计结果为统计出各个部门中不同类别物品的采购总价，如图 13-25 所示。

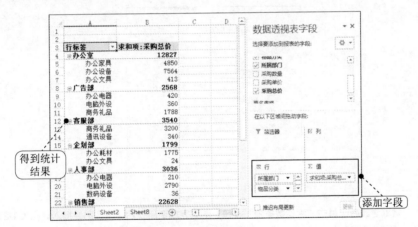

图 13-25

13.3.2 更改数据源

在创建数据透视表后，如果需要重新更改数据源，不需要重新建立数据透视表，只需直接在当前数据透视表中重新更改。

1 选中当前数据透视表，切换到"数据透视表工具→分析"选项卡下，单击"更改数据源"下拉按钮，从下拉菜单中单击"更改数据源"命令（见图 13-26），打开"更改数据透视表数据源"对话框。

2 单击"选择一个表或区域"下"表/区域"右侧的▦按钮（见图 13-27），返回到工作表中重新选择数据源即可。

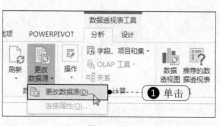

图 13-26

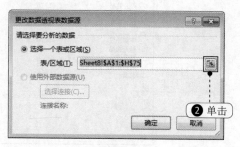

图 13-27

13.3.3 数据透视表的刷新

若原工作表中的数据已发生更改，此时则需要通过刷新才能让数据透视表重新得到正确的统计结果。

选中数据透视表，切换到"数据透视表工具→分析"选项卡，单击"数据"选项组中的"刷新"按钮，从下拉菜单中单击"刷新"命令（见图 13-28），即可按新数据源显示数据透视表。

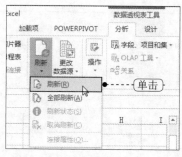

图 13-28

> **提示**
>
> 数据更改后，单击"更新数据源"按钮，即可完成更新。若更改了已经拖入透视表中的字段名，则该字段将从透视表中删除，需要重新添加。

13.4 编辑数据透视表

创建初始的数据透视表后，可以对数据透视表进行一系列的编辑操作（例如添加或删除字段、改变字段的显示顺序、更改统计字段的算法以及数据更新等），以达到不同的统计目的。

13.4.1 字段设置

1. 调整字段的显示顺序

添加多个字段为同一标签后，可以调整其显示顺序。不同的显示顺序，其统计结果也有所不同。

在"行"框中单击要调整的字段，在打开的下拉列表中选择"上移"或"下移"命令（见图 13-29），即可调整字段的显示顺序。

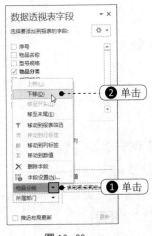

图 13-29

2. 更改默认的汇总方式

当设置某个字段为数值字段后，数据透视表会自动对数据字段中的值进行合并计算。其默认的计算方式为数值的数据字段使用 SUM 函数（求和），为文本的数据字段使用 COUNT 函数（求个数）。如果想得到其他的计算结果，如求最大 / 最小值、平均值等，则需要修改对数值字段中值的合并计算类型。

例如当前数据透视表中的数值字段为"采购总价"且其默认汇总方式为求和，现在要将数值字段的汇总方式更改为求最大值。

1 在"∑ 值"列表框中选中要更改其汇总方式的字段，打开下拉列表，选择"值字段设置"命令，如图 13-30 所示。

图 13-30

② 打开"值字段设置"对话框，单击"值汇总方式"标签，在下方列表框中可以选择汇总方式，如此处选择"最大值"，如图 13-31 所示。

③ 单击"确定"按钮，即可更改默认的求和汇总方式为求最大值，如图 13-32 所示。

图 13-31

图 13-32

3. 更改数据透视表的值显示方式

设置数据透视表的数值字段后，还可以设置值显示方式。例如在如图 13-33 所示的数据透视表中统计了各个类型物品的采购总金额，现在要求统计各类型的物品采购金额占总采购金额的百分比。

① 选中数据透视表，在"∑值"标签框中单击要更改其显示方式的字段，在打开的下拉列表中单击"值字段设置"命令，打开"值字段设置"对话框。

② 单击"值显示方式"标签，在下拉列表中选择"列汇总的百分比"选项，如图 13-34 所示。

③ 单击"确定"按钮，在数据透视表中可以看到统计出了各类型的物品采购金额占总采购金额的百分比，如图 13-35 所示。

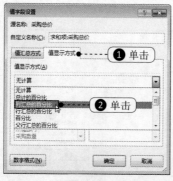

图 13-34

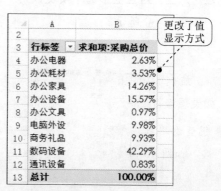

图 13-35

13.4.2 显示明细数据

建立数据透视表后，通常需要对各个字段、数值进行分析，如果需要查看明细数据，可以通过以下方法实现。

1. 查看标签下某个项的明细数据

如果需要显示标签下某个项的相关明细数据，则可以按如下方法实现。

1 在数据透视表区域内双击"柔润倍现系列"字段，打开"显示明细数据"对话框，选中需要显示明细数据的字段，这里选择"销售员"，如图 13-36 所示。

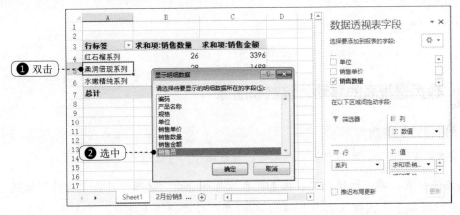

图 13-36

2 单击"确定"按钮后，即可显示"柔润倍现系列"的"销售员"明细数据，如图 13-37 所示。

行标签	求和项:销售数量	求和项:销售金额
⊞红石榴系列	26	3396
⊟柔润倍现系列	28	1688
黄玉梅	8	384
肖绍梅	4	276
周凌云	16	1028
⊞水嫩精纯系列	27	3016
总计	81	8100

显示"柔润倍现系列"的"销售员"明细数据

图 13-37

2. 查看汇总项的明细数据

如果想查看某个汇总项的明细数据，可以按如下方法实现。

1 想查看"红石榴系列"的明细数据，则单击"红石榴系列"对应的任意汇总项，如 C4 单元格，如图 13-38 所示。

2 此时新建一个工作表用于显示"红石榴系列"的明细数据，如图 13-39 所示。

275

图 13-38

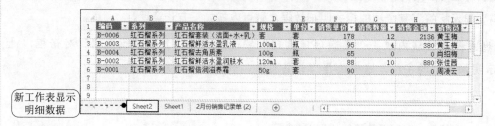

新工作表显示
明细数据

图 13-39

13.4.3 数据透视表的移动、复制和删除

1. 数据透视表的移动

建立数据透视表后还可以将其移到其他位置，具体操作方法如下。

1 选中数据透视表，单击切换到"数据透视表工具→分析"选项卡，在"操作"选项组中单击"移动数据透视表"按钮（见图 13-40），打开"移动数据透视表"对话框。

2 此时可以设置将数据透视表移到当前工作表的其他位置,也可以将其移到其他工作表中，如图 13-41 所示。

图 13-40

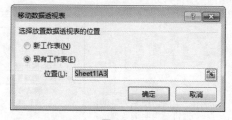

图 13-41

2. 将数据透视表转换为普通表格

建立数据透视表达到统计目的后，可以将其转换为普通表格以方便使用，具体转换操作如下。

1 选中整张数据透视表，按 Ctrl+C 组合键执行复制操作。

2 在当前工作表或新工作表中选中一个空白单元格，在"开始"选项卡的"剪贴板"选项组中单击"粘贴"下拉按钮，在展开的下拉菜单中单击"值和源格式"按钮（见图 13-42），即可将数据透视表中当前数据转换为普通表格，如图 13-43 所示。

图 13-42

行标签	求和项:销售数量	求和项:销售金额
红石榴系列	26	3396
黄玉梅	16	2516
肖绍梅	0	0
张佳贵	10	880
周凌云	0	0
柔润倍现系列	28	1688
黄玉梅	8	384
肖绍梅	4	276
周凌云	16	1028
水嫩精纯系列	27	3016
黄玉梅	18	2189
肖绍梅	7	731
周凌云	2	96
总计	81	8100

转换为普通表格

图 13-43

3. 数据透视表的删除

数据透视表是一个整体，不能单一地删除其中任意单元格的数据（删除时会弹出错误提示）。要删除数据透视表需要整体删除，其操作方法如下。

1 选中数据透视表，单击切换到"数据透视表工具→分析"选项卡，在"操作"选项组中单击"选择"按钮，从下拉菜单中选择"整个数据透视表"命令，将整张数据透视表选中。

2 按键盘上的 Delete 键，即可删除整张工作表。

13.4.4 套用样式快速美化数据透视表

"数据透视表样式"是 Excel 2007 版本之后提供的一项新功能，它提供了一些设置好的格式。建立好数据透视表后可以通过套用格式来达到快速美化的目的。

1 选中数据透视表中的任意单元格，单击切换到"数据透视表工具→设计"选项卡，在"数据透视表样式"选项组中可以选择要套用的样式，单击"其他"按钮打开下拉列表，其中有多种样式可供选择，如图 13-44 所示。

2 选中样式后，单击一次鼠标，即可将其应用到当前数据透视表中，如图 13-45 所示。

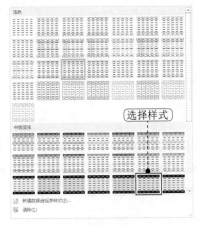

选择样式

图 13-44

行标签	求和项:采购总价
办公室	12827
办公家具	4850
办公设备	7564
办公文具	413
广告部	2568
办公电器	420
电脑外设	360
商务礼品	1788
客服部	3540
商务礼品	3200
通讯设备	340
企划部	1799
办公耗材	1775
办公文具	24
人事部	3036
办公电器	210
电脑外设	2790
数码设备	36
销售部	22628
办公家具	970
电脑外设	380

套用样式后的效果

图 13-45

13.5 数据透视表分析

13.5.1 在数据透视表中对数据进行排序

要实现按数值字段进行排序，关键在于根据实际需要选中目标单元格，然后执行排序命令。

1 当前需要对不同类别物品的采购总价进行排序，先选中"求和项：采购总价"列下的任意单元格，如图 13-46 所示。

2 单击"数据"标签，在"排序和筛选"选项组中单击"降序"按钮，即可显示出降序排序结果，如图 13-47 所示。

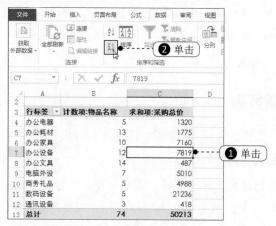

图 13-46　　　　　　　　　　图 13-47

13.5.2 在数据透视表中对数据进行筛选

在数据透视表中实现对数据进行筛选，可以方便对特定数据的查看。

1. 添加切片器快速实现数据筛选

切片器提供了一种可视性极强的筛选方式。插入切片器后，即可使用多个按钮对数据进行快速分段和筛选，以仅显示所需数据。

1 选中数据透视表中的任意单元格，单击切换到"数据透视表→分析"选项卡，在"筛选"选项组中单击"插入切片器"按钮（见图 13-48），打开"插入切片器"对话框，如图 13-49 所示。

图13-48

图13-49

2 在"插入切片器"对话框中，选中要为其创建切片器的字段，例如"所属部门"字段，单击"确定"按钮，即可创建一个切片器，如图13-50所示。

3 在切片器中，单击要筛选的项目，即可显示筛选结果，如图13-51所示。

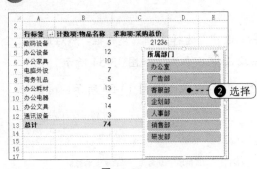

图13-50

图13-51

4 要同时筛选出多项，可以按住Ctrl键不放，接着使用鼠标左键依次选择。如图13-52所示多项的筛选结果。

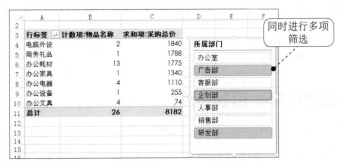

图13-52

提示

在"插入切片器"对话框中，可以通过选中前面的复选框同时添加多个切片器。对多个切片器中项目的选择，实际上是实现了"与"条件筛选。

2. 添加筛选字段查看数据

通过添加字段到"筛选器"标签框中也可以实现对数据透视表的筛选，从而有选择地查看数据。

① 添加"所属部门"字段到"筛选器"标签框中，如图 13-53 所示。

图 13-53

② 在数据透视表中单击筛选字段右侧的下拉按钮，选中"选择多项"复选框，然后取消"全部"复选框，选中要显示项前面的复选框（可以一次选中多个），如图 13-54 所示。

③ 单击"确定"按钮，数据透视表中则只显示选定项的记录，如图 13-55 所示。

图 13-54

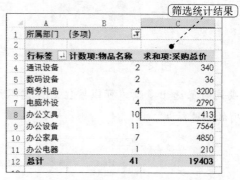

图 13-55

13.5.3 数据透视表字段的分组

对字段进行分组是指对过于分散的统计结果进行分段、分类等统计，从而获取某一类数据的统计结果。下面通过两个例子来学习。

1. 按工龄分组统计各工龄段的员工人数

当前数据表中记录了每位员工的工龄，现在想分析企业员工的稳定程度，即整体查看各个工龄段的人数。通过如下操作可以实现这一目的。

① 以"工龄"列的数据创建一个数据透视表，并设置"工龄"字段分别为行标签与数值字段，如图 13-56 所示。

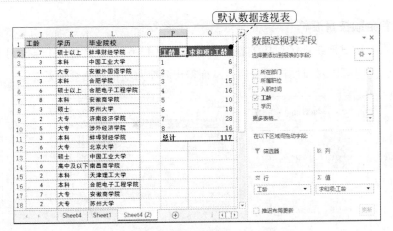

图 13-56

2 在"∑值"字段框中单击"工龄"右侧的下拉按钮，选择"值字段设置"命令，打开"值字段设置"对话框。设置"自定义名称"为"人数"，重新选择计算类型为"计数"，如图 13-57 所示。

3 选中"工龄"字段下任意项，在"数据透视表工具→分析"选项卡的"分组"选项组中单击"组选择"按钮，如图 13-58 所示。

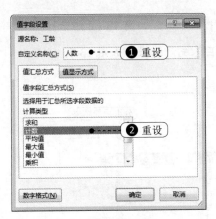

图 13-57

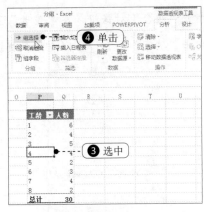

图 13-58

4 打开"组合"对话框，在"步长"后的文本框中输入"3"，如图 13-59 所示。

5 单击"确定"按钮，即可看到各工龄段中各有多少人，效果如图 13-60 所示。通过分组后的结果可以看到该企业员工中 4～9 年的人数居多，人员比较稳定。

图 13-59

工龄	人数
1-3	15
4-6	9
7-9	6
总计	30

图 13-60

2. 将销售金额按月汇总

数据透视表中按日期统计了对应的销售金额，如图 13-61 所示。由于日期过于分散，因此，统计效果较差。此时可以对日期进行分组，从而得出各个月份的销售金额汇总。

图 13-61

1️⃣ 选中"销售日期"列标识下的任意单元格，切换到"数据透视表工具→分析"选项卡的"分组"选项组中单击"组选择"按钮。

2️⃣ 打开"组合"对话框，在"步长"列表框中选中"月"，如图 13-62 所示。

3️⃣ 单击"确定"按钮，可以看到数据透视表按月汇总统计结果，如图 13-63 所示。

图 13-62

图 13-63

13.6 创建数据透视图可更直观地查看数据分析结果

建立数据透视表后，可以以数据透视表为数据源直接生成图表（即数据透视图），从而更直观地查看数据分析结果。

13.6.1 创建数据透视图

数据透视图可以直观地显示出数据透视表的内容，创建数据透视图的方法与创作图表的方法类似。

1 打开数据透视表，在"数据透视表工具→分析"选项卡的"工具"组中单击"数据透视图"按钮（见图13-64），打开"插入图表"对话框。

图 13-64

2 在左侧单击"饼图"，在右侧选中子图表类型，如图13-65所示。

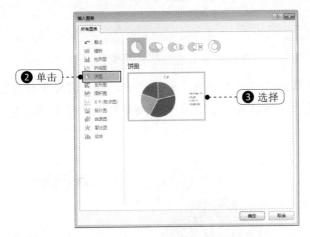

图 13-65

3 单击"确定"按钮，返回数据透视表中，即可看到创建的数据透视图，如图13-66所示。

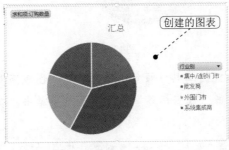

图 13-66

再如，使用如图 13-67 所示的数据透视表，按类似的方法可以创建如图 13-68 所示的数据透视图。

图 13-67

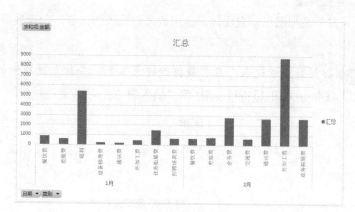

图 13-68

13.6.2 编辑数据透视图

创建数据透视图后，可以对数据透视图进行编辑，如编辑图表标题、添加数据标签、对图表数据进行排序等。

1. 添加数据标签

数据标签可以将类别名称、值、百分比等直观显示到图表上。

❶ 添加的数据透视图其默认名称一般都为"汇总"等，因此需要重新将图表名称更改为与实际统计结果相符的名称，方法是直接定位到标题编辑框中重新输入即可，如图 13-69 所示。

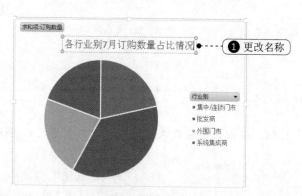

图 13-69

❷ 选中图表，在"数据透视图工具→设计"选项卡的"图表布局"组中单击"添加图表元素"按钮，在下拉菜单中单击"数据标签"，在子菜单中单击"其他数据标签选项"命令，如图 13-70 所示。

❸ 打开"设置数据标签格式"窗格，选中"类别名称"和"百分比"复选框，如图 13-71 所示。

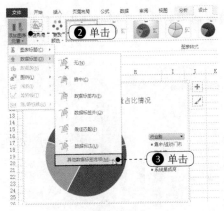

图 13-70

图 13-71

④ 执行上述操作后，即可看到添加的数据标签，如图 13-72 所示。

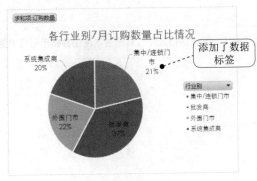

图 13-72

2. 对数据系列排序

默认创建的数据透视图是根据数据源的顺序创建的数据系列，如果让柱形图或条形图按升序或降序进行排列，则会获取更好的图表效果。

① 选中数据透视图中的数据系列，单击鼠标右键，在弹出的快捷菜单中单击"排序"命令，在打开的子菜单中单击"升序"命令，如图 13-73 所示。

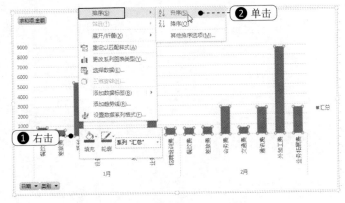

图 13-73

2 单击"升序"命令后，系统自动对数据透视图中的数据系列进行从小到大的重新排列，如图 13-74 所示。

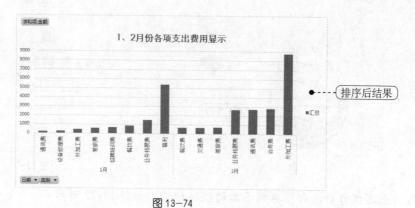

图 13-74

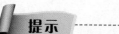

　　　　直接到数据透视表中对数据进行排序，数据透视图也会做出相应的更改。

CHAPTER 14

插入图表展现数据

本章概述

    图表具有能够直观反映数据的能力，学习 Excel 也必须要学习图表的使用方法。本章中将重点讲解图表的使用，主要包括创建新图表、使用迷你图、添加／删除图表中的数据、重新组织数据系列、设置坐标轴，以及图表美化设置等。

本章知识脉络图

重点知识	相关功能	功能用途	页码	学习等级
图表类型应用范围	插入→图表	认识不同图表类型能表达出不同效果	290	★★★★☆
创建新图表	插入→图表	将数据以图表形式展现	293	★★★★☆
添加图表标题	图表工具→设计→添加图表元素→图表标题	添加标题，展现图表主题	294	★★★☆☆
添加迷你图	插入→迷你图	快速展现一组数据	295	★★★★☆
更改图表的类型	图表工具→设计→类型→更改图表类型	换一种图表类型来表现数据	297	★★★★☆
更改图表的数据源	图表工具→设计→数据→选择数据	不新建图表，直接更改数据源	298	★★★★★
设置图表坐标轴	选中图表并右击→设置坐标轴格式	让图表的表达效果更好	300	★★★★★
添加数据标签	图表元素→数据标签	让图表的表达效果更好	303	★★★★★
图表对象的填充	"设置数据点格式"窗格	美化选中的对象	306	★★★★☆
美化图表	单击"图表样式"按钮	美化图表	307	★★★☆☆

应用效果

创建图表

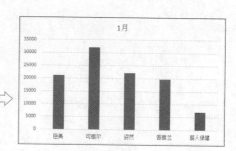

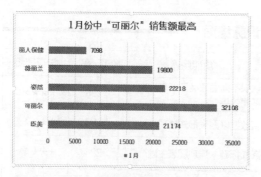

创建迷你图

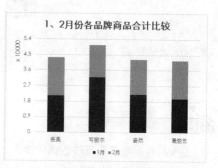

重设坐标轴的刻度

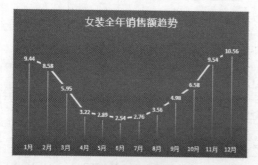

添加数据标签

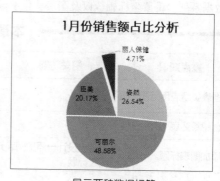

显示两种数据标签

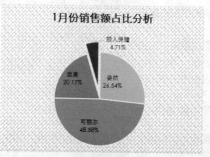

套用图表样式美化

图表美化效果

14.1 认识图表

在日常生活与工作中，我们经常看到在分析某些数据时，使用一些图表来比较数据、展示数据的发展趋势等。

14.1.1 图表的组成及应用

图表由多个部分组成，在新建图表时包含一些特定部件，另外还可以通过相关的编辑操作添加其他部件或删除不需要的部件。了解图表各个组成部分的名称，以及准确地选中各个组成部分，对图表编辑的操作非常重要。因为在对图表的编辑过程中，首先就需要选中要编辑的对象。

1. 图表结构

以如图 14-1 所示的图表为例，图表各部分的名称如下。

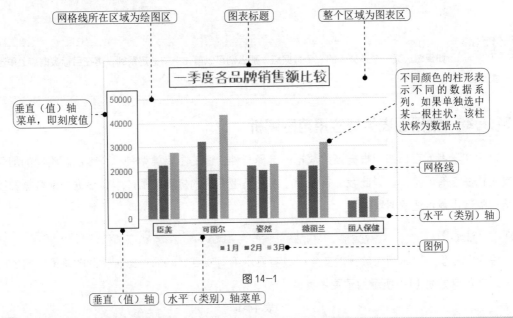

图 14-1

2. 准确选中图表中的对象

在建立初始的图表后，为了获取最佳的表达效果，通常还要按实际需要进行一系列的编辑操作，而所有的编辑操作都需要首先准确地选中要编辑的对象。

方法 1：利用鼠标选择图表中各个对象

在图表的边上单击鼠标选中整张图表，然后将鼠标移动到要选中对象上（停顿两秒，可出现提示文字，见图 14-2），单击鼠标即可选中对象。

方法 2：利用工具栏选择图表中各对象

选中整张图表，在"图表工具→格式"选项卡的"当前所选内容"选项组中单击下拉按钮，展开下拉菜单（见图 14-3），此菜单中包含当前图表中的所有对象，单击即可选中。

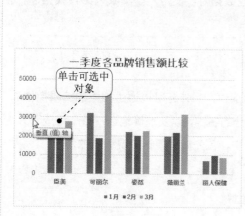

图 14-2

图 14-3

提示

如果想选某一个系列中的一个数据点，那么则可以首先选中指定系列，再在目标数据点上单击一次鼠标。

14.1.2 常用图表类型应用范围解析

对于初学者而言，如何根据当前数据源选择一种合适的图表类型是一个难点。不同的图表类型其表达重点有所不同，因此我们首先要了解各类型图表的应用范围，学会根据当前数据源以及分析目的选用最合适的图表类型。

1. 柱形图

柱形图显示一段时间内数据的变化，或者显示不同项目之间的对比。柱形图是最常用的图表之一，其具有如表 14-1 所示的子图表类型。

表 14-1

簇状柱形图	用于比较类别间的值	一季度各品牌销售额比较	从图表中可直观看出各品牌两个月份内销售额的对比情况

（续表）

堆积柱形图	显示各个项目与整体之间的关系，从而比较各类别的值在总和中的分布情况	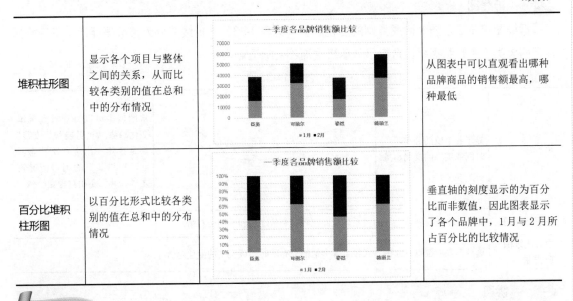	从图表中可以直观看出哪种品牌商品的销售额最高，哪种最低
百分比堆积柱形图	以百分比形式比较各类别的值在总和中的分布情况		垂直轴的刻度显示的为百分比而非数值，因此图表显示了各个品牌中，1月与2月所占百分比的比较情况

> **提示**
> 簇状柱形图、堆积柱形图、百分比堆积柱形图都是二维样式的，这几种图表类型都可以以三维效果显示。其表达效果与二维效果一样，只是显示的柱状不同，分别有柱形、圆柱状、圆锥形、棱锥形的。

2. 条形图

条形图是显示各个项目之间的对比，主要用于表现各项目之间的数据差额。它可以看成是顺时针旋转90°的柱形图，因此条形图的子图表类型与柱形图的基本一致，各子图表类型的用法与用途也基本相同（见表14-2）。

表14-2

簇状条形图	用于比较类别间的值		垂直方向表示类别（如不同品牌），水平方向表示各类别的值（如销售额）
堆积条形图	显示各个项目与整体之间的关系，从而比较各类别的值在总和中的分布情况		从图表中可以直观看出哪种品牌的销售额最高，哪个品牌的销售额最低
百分比堆积条形图	以百分比形式比较各类别的值在总和中的分布情况		

3. 折线图

折线图用于显示随时间或类别的变化趋势（见表 14-3）。折线图分为带数据标记与不带数据标记两大类，不带数据标记是指只显示折线而不带标记点。

表 14-3

折线图	显示各个值的分布随时间或类别的变化趋势	图表标题	从图表中可以直观看到全年变化趋势，如"男装"与"女装"都是在年中出现跌落状态，同时"男装"的销售情况较之"女装"还相对稳定一些
堆积折线图	显示各个值与整体之间的关系，从而比较各个值在总和中的分布情况		
百分比堆积折线图	这种图表类型以百分比方式显示各个值的分布随时间或类别的变化趋势		

4. 饼图

饼图用于显示组成数据系列的项在项目总和中所占的比例。饼图通常只显示一个数据系列（建立饼图时，如果有几个系列同时被选中，那么图表只绘制其中一个系列）。饼图有一般饼图与复合饼图两种类别（见表 14-4）。

表 14-4

一般饼图	显示各个值在总和中的分布情况	1月份销售额占比分析	直观看到各分类销售金额占比情况
复合饼图	是一种将用户定义的值提取出来并显示在另一个饼图中的饼图	三星、OPPO、VIVO销售较好	第一个饼图为占份额较大的分类，当所占份额小于 10% 时被作为第二个绘图区的分类

其他图表类型

除了上面介绍的几种图表类型外，还有 XY 图（散点图）、股价图、气泡图、曲面图几种图表类型。这几种图表类型一般用于专业数据的分析，如股价数据、工程数据、数学数据等。

14.2 新建图表

在使用图表的过程中，首先要学会判断什么样的数据使用哪种图表类型最合适，也要学会根据分析需求从当前表格中选择数据源来建立图表。

14.2.1 创建图表

例如，当前需要建立图表对 1 月份各个品牌商品的销售金额进行比较，操作步骤如下。

1 在如图 14-4 所示的工作表中，选中 A1:B6 单元格区域，切换到"插入"选项卡，在"图表"选项组中单击"柱形图"下拉按钮，展开下拉菜单，单击"簇状柱形图"子图表类型，如图 14-5 所示。

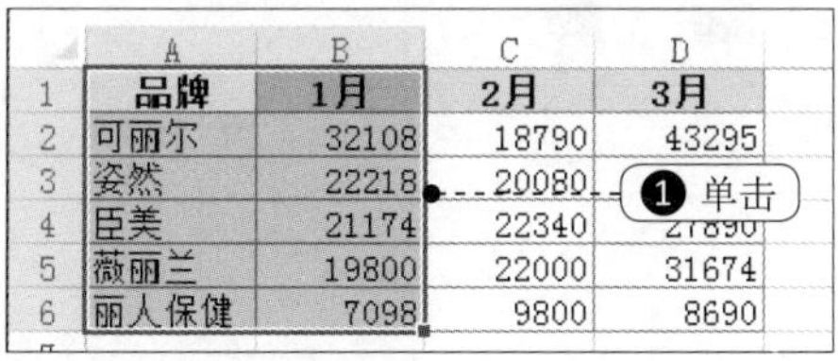

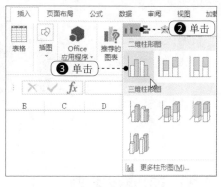

图 14-4

图 14-5

2 新建的图表如图 14-6 所示。图表中柱子的高低代表销售金额，哪个柱子最高表示销售金额最高，因此效果十分明显。

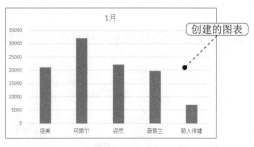

图 14-6

再如，还可以创建图表对第一季度中各个月份的总销售额进行比较，操作步骤如下。

1 在如图 14-7 所示的工作表中，分别选中 A1:D6 单元格区域，切换到"插入"选项卡下，在"图表"选项组中单击"柱形图"下拉按钮，展开下拉菜单，单击"堆积柱形图"子图表类型，如图 14-8 所示。

	A	B	C	D
1	品牌	1月	2月	3月
2	臣美	21174	22340	27890
3	可丽尔	32108	18790	43295
4	姿然	22218	20080	22800
5	薇丽兰	19800	22000	31674
6	丽人保健	7098	9800	8690
7				

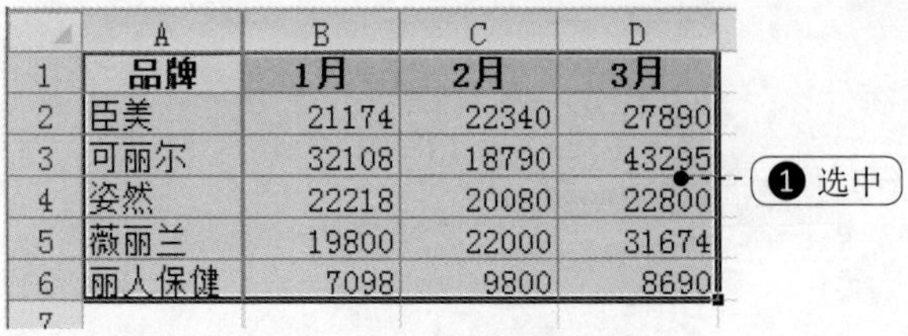

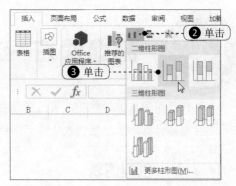

图 14–7

图 14–8

2 新建的图表如图 14-9 所示。通过图表一方面可以很直观地看到在第一个季度中 3 月份的销售额最高，同时还可以看到各个月份中不同品牌商品所获取的销售额的分布情况。

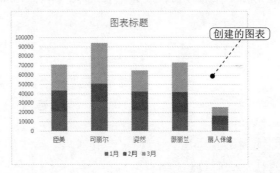

图 14–9

14.2.2 添加图表标题

默认创建的图表有时包含标题，有时没有标题。即使含有默认标题，一般是显示“图表标题”字样或以列标识作为默认图表标题，都是需要通过编辑才能表达出图表的主题。添加标题的操作如下。

1 选中默认标题框，则只需要在标题框中单击即可进入文字编辑状态，重新编辑标题，如图 14-10 所示。

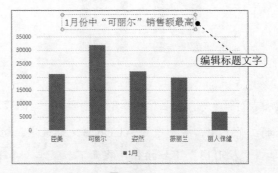

图 14–10

②如果图表默认未包含标题框，则切换到"图表工具→设计"选项卡，在"图表布局"组中单击"添加图表元素"下拉按钮，展开下拉菜单，指向"图表标题"，在子菜单中可以选择添加图表标题的位置等，如图 14-11 所示。

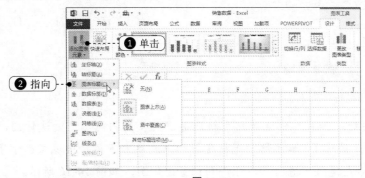

图 14-11

③在添加的标题框中输入文字标题即可。

> **提示**
>
> 从"添加图表元素"按钮的下拉菜单中可以看到，图表中的各个元素都是可以添加与隐藏的。如果当前图表中没有你想要的元素，都可以在此处来进行添加。如果编辑图表时删除了不需要的元素，当需要再次添加时，也是到此位置来进行添加。

14.2.3 快速创建迷你图

迷你图是 Excel 2013 中的一种将数据形象化呈现的图表制作工具，它以单元格为绘图区域，简单、便捷地为我们绘制出简明的小图表。迷你图只有柱形图、折线图、盈亏图 3 种类型。

1. 创建迷你图

①选中要在其中绘制图表的单元格，切换到"插入"选项卡，在"迷你图"选项组中选择一种合适的迷你图类型，如"折线图"，如图 14-12 所示。

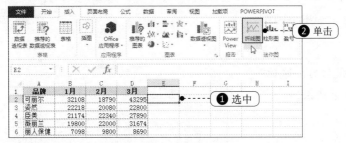

图 14-12

②打开"创建迷你图"对话框，在"数据范围"文本框中输入或从表格中选择需要引用的数据区域，如 B2:D2 单元格区域，"位置范围"框中自动显示为之前选中的用于绘制图表的单元格（如果之前未选择，则可以直接输入），如图 14-13 所示。

3 单击"确定"按钮，即可在 E2 单元格中创建一个迷你图，如图 14-14 所示。

图 14-13

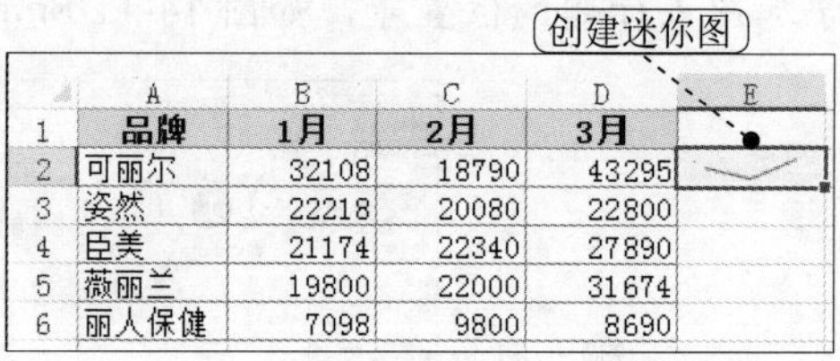

图 14-14

4 创建一个迷你图后，如果其他连续单元格内也需要使用相同类型的迷你图，可以通过填充的方式快速得到。选中 E2 单元格，光标定位到单元格右下角，出现黑色十字形时（见图 14-15），按住鼠标左键向下拖动，即可得到批量迷你图，如图 14-16 所示。

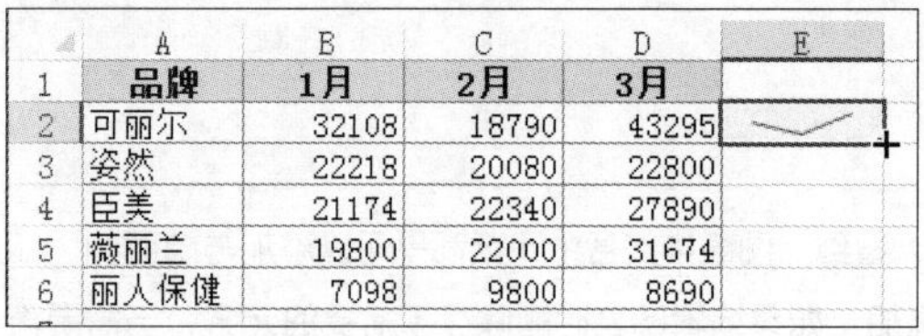

图 14-15

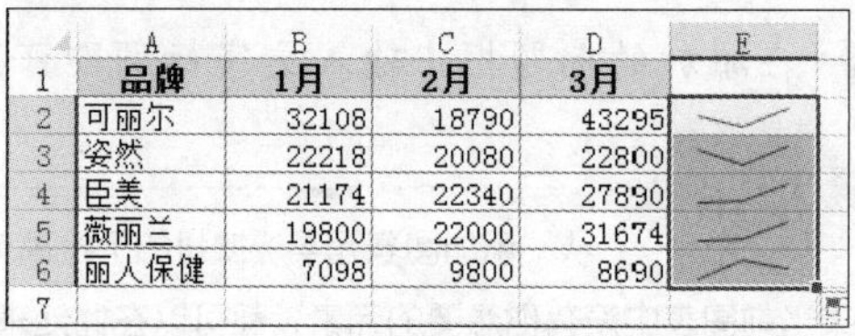

图 14-16

2. 标记顶点

为了便于查看，在创建折线图迷你图后，通常为其标记顶点。

1 选中要设置的迷你图，切换到"迷你图工具→设计"选项卡，单击"样式"选项组中的"标记颜色"下拉按钮，在展开的下拉菜单中单击"标记"，在子菜单中选择需要使用的标记颜色，如图 14-17所示。

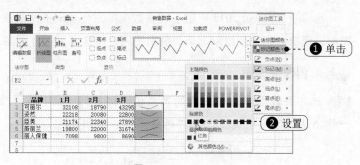

图 14-17

2 执行上述操作后，迷你图效果如图 14-18 所示。

图 14-18

14.2.4 快速更改创建的图表类型

图表创建完成后,如果想更换图表类型,可以直接在已建立的图表上进行更改,而不必重新创建图表。

1 选中要更改其类型的图表,切换到"图表工具→设计"选项卡,单击"类型"选项组中的"更改图表类型"按钮,如图 14-19 所示。

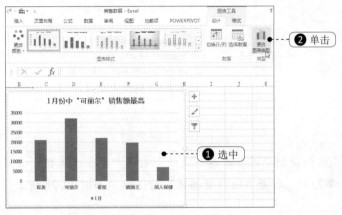

图 14-19

2 在打开的"更改图表类型"对话框中选择要更改的图表类型,如本例中选择簇状条形图,如图 14-20 所示。

3 单击"确定"按钮,即可将图表更改为簇状条形图,如图 14-21 所示。

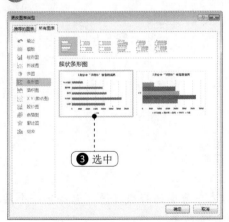

图 14-20

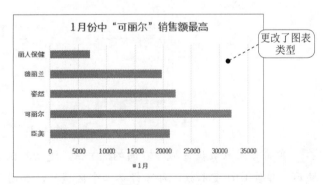

图 14-21

14.2.5 更改图表的数据源

图表建立完成后,可以不重新建立图表而重新更改图表的数据源,也可以向图表中添加新数据或删除某个系列。

1. 重新选择数据源

创建图表后，如果想重新更改图表的数据源，在原图表上可以直接更改。例如当前图表如图 14-22 所示，现在要求在图表中对 2 月份销售金额进行比较。

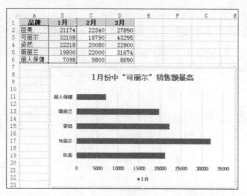

图 14-22

①　选中图表，切换到"图表工具→设计"选项卡，在"数据"选项组中单击"选择数据"按钮（见图 14-23），打开"选择数据源"对话框，如图 14-24 所示。

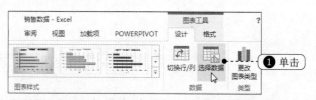

图 14-23

图 14-24

②　单击"图表数据区域"右侧的▦按钮，返回到工作表中重新选择数据源（选择第一个区域后，按住 Ctrl 键不放，再选择第二个区域），如图 14-25 所示。

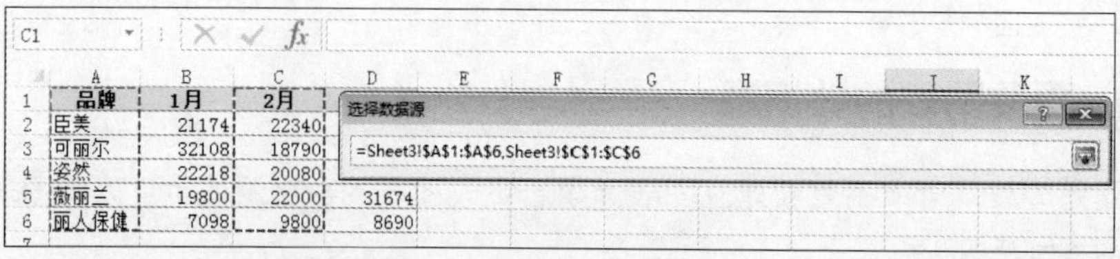

图 14-25

③ 选择完成后，单击▦按钮返回到"选择数据源"对话框中，单击"确定"按钮，可以看到图表的数据源被更改了，如图 14-26 所示。

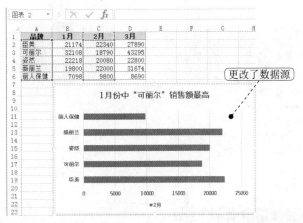

图 14-26

2. 添加新数据

通过复制和粘贴的方法可以快速地向图表中添加新数据。

① 选择要添加到图表中的单元格区域，注意如果希望添加的数据的行（列）标识也显示在图表中，则选定区域还应包括含有数据的行（列）标识。

② 按 Ctrl+C 组合键进行复制（见图 14-27），然后选中图表区（注意要选中图表区），按 Ctrl+V 组合键进行粘贴，则可以快速将该数据作为一个数据系列添加到图表中，如图 14-28 所示新添加了"2月"这个系列。

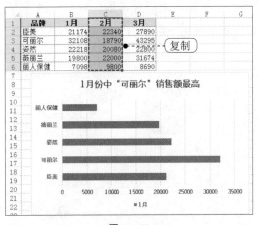

图 14-27

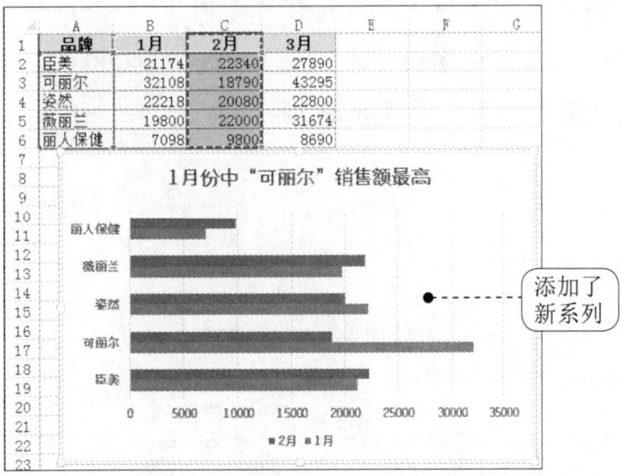

图 14-28

3. 删除图表中的数据

在图表中准确选中要删除的系列（见图 14-29），然后按键盘上的 Delete 键，即可删除选中的系列，如图 14-30 所示。

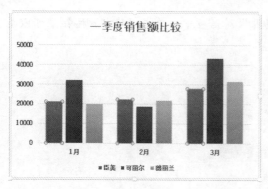

图 14-29

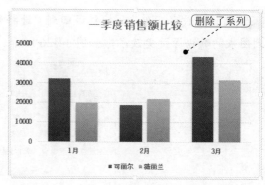

图 14-30

14.3 坐标轴设置

通过对坐标轴的编辑可以实现对图表的优化设置，而且通过有些选项的设置还可以使得图表达到特殊的效果。

14.3.1 重新设置坐标轴的刻度

在选择数据源建立图表时，程序会根据当前数据自动计算刻度的最大值、最小值及刻度单位。如果默认刻度值不能完全满足实际需要，可以重新进行设置。

① 在数值轴上双击鼠标（见图 14-31），打开"设置坐标轴格式"对话框。

② 本例中重新设置了最大值为"54000.0"；主要刻度单位为"9000.0"，如图 14-32 所示。设置后的图表效果如图 14-33 所示。

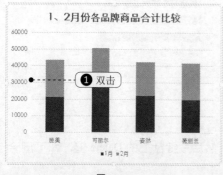

图 14-31

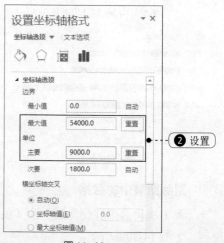

图 14-32

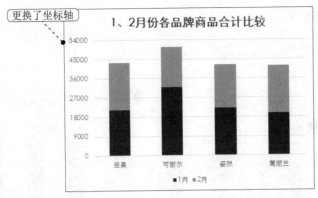

更换了坐标轴

图 14-33

3 对于较大值，如果还想让坐标轴的刻度显示得更加简洁，则可以在"显示单位"下拉列表中选择数据的显示单位，如此处选择"10000"（见图 14-34），图表的显示效果如图 14-35 所示。

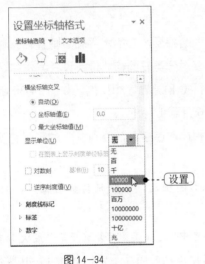

图 14-34

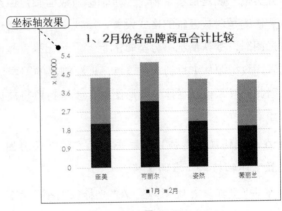

坐标轴效果

图 14-35

提示　刻度值的设置只针对于数值轴的操作，而根据当前图表类型的不同，数值轴也可能出现在水平轴上。例如条形图，水平轴为数值轴；散点图的水平轴与垂直轴都为数值轴等。

14.3.2　添加坐标轴标题

坐标轴标题用于对当前图表中的水平轴与垂直轴表达的内容做出说明。默认情况下不含坐标轴标题，如需使用时再添加。

1 选中图表，切换到"图表工具→设计"选项卡，在"图表布局"选项组中单击"添加图表元素"按钮，打开下拉菜单，指向"轴标题"。根据实际需要选择添加的标题类型，此处选择"主要纵坐标轴"（见图 14-36），则会添加"坐标轴标题"编辑框。

2 在编辑框中输入标题名称，如图 14-37 所示。

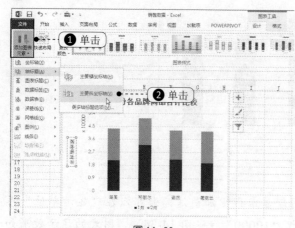

图 14-36

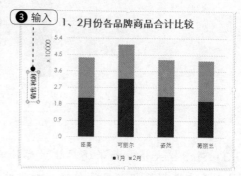

图 14-37

14.3.3 分类轴格式的设置

分类轴一般是指水平轴，垂直轴称为数值轴，但条形图恰相反，它的水平轴为垂直轴。前面知识点讲的是对数值轴的格式设置，除此之外，有时也需要对分类轴的格式进行设置。例如在建立条形图时，默认情况下分类轴的标签显示出来都是与实际数据源顺序相反的。如图 14-38 所示的图表，数据源从 1 月到 6 月显示，但绘制出的图表是从 6 月到 1 月。

因此一般来说，在建立条形图时，要么特意将数据以相反次序建立，否则需要对建立的图表进行如下更改。

1 在垂直轴（分类轴）上单击鼠标右键（条形图与柱形图相反，水平轴为数值轴），打开"设置坐标轴格式"右侧窗格。

2 单击"坐标轴选项"标签，在"坐标轴选项"栏下同时选中"逆序类别"复选框与"最大分类"单选按钮，如图 14-39 所示。设置完成后，即可让条形图按正确的顺序显示，如图 14-40 所示。

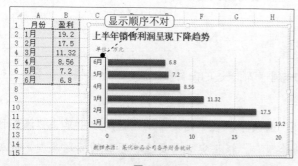

图 14-38

图 14-39

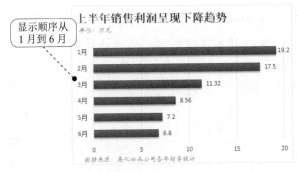

图 14—40

分类轴的其他格式

在设置分类轴的格式时，还有一个"横坐标轴交叉"选项，启用它可以重新设置横纵坐标轴的交叉位置。例如平常我们看到的图表，有时垂直轴并不是显示在最左侧，而是显示在图表中间的，该效果就是通过此项来实现的。

14.4 添加数据标签

图表由多个数据系列组成，通过设置可以为数据系列添加数据标签、添加数据标签的特殊格式等。

14.4.1 添加值数据标签

添加数据系列标签是指将数据系列的值显示在图表上，将系列的值显示在系列上，即使不显示刻度，也可以直观地对比数据。

1 选中图表，单击"图表元素"按钮，在弹出的菜单中指向"数据标签"，单击右侧的按钮，可以选择让数据标签显示在什么位置，如图 14-41 所示。

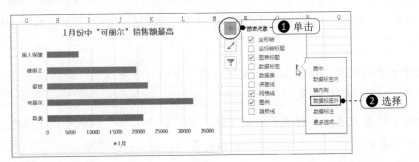

图 14—41

WORD/EXCEL 2013 从入门到精通

② 单击"数据标签外"命令，添加后的效果如图 14-42 所示。

③ 为图表添加数据标签后，可以将数值轴删除，从而让图表更加简洁，如图 14-43 所示为删除图表的图例、数值轴、网格线后的效果。删除方法为选中对象，按 Delete 键删除即可。

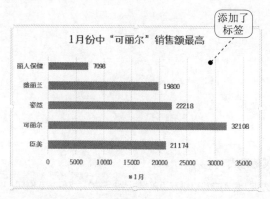

图 14-42　　　　　　　　　　　　　　图 14-43

提示

如果想为图表中所有的系列添加数据标签，需要选中图表区，然后执行添加数据标签的命令。如果只想为某一个数据系列或者单个数据点（如突出显示最大值数据点）添加数据标签，其要点是要准确选中数据系列或单个数据点，命令操作相同。

　知识扩展

关于"图表元素"按钮

在 Excel 2013 版本中，选中图表后，其右上角会出现 3 个按钮，分别为"图表元素"、"图表样式"、"图表筛选"，它们用于对图表的快捷操作，可以快速添加图表元素，也可以快速应用图表的样式。

14.4.2　同时显示出两种类型的数据标签

数据标签一般包括"值"、"系列名称"、"类别名称"数据标签。通过上面小节中的方法，单击"数据标签"下拉按钮，展开下拉菜单并选择相应选项只能显示"值"数据标签。如果想添加其他数据标签或一次显示多个数据标签，则需要打开"设置数据标签格式"对话框进行设置。

① 选中图表，单击"图表元素"按钮，在弹出的菜单中指向"数据标签"，单击"更多选项"命令，如图 14-44 所示。

② 打开"设置数据标签格式"右侧窗格，在"标签选项"栏中可以选择想显示的标签，如此处选中"类别名称"、"百分比"数据标签，如图 14-45 所示。

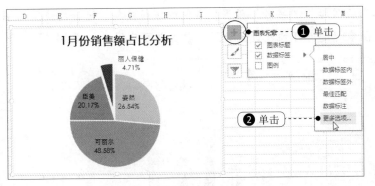

图 14-44　　　　　　　　　　　　　　　　　　　　　图 14-45

3 执行上述操作后，可以看到图表中显示"类别名称"、"百分比"数据标签，如图 14-46 所示。

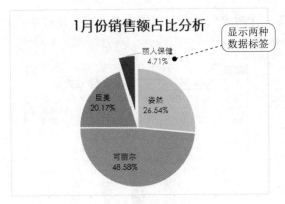

图 14-46

14.5 图表对象的美化设置

在前面我们说到要实现对图表中各对象的编辑，首先需要准确地选中目标对象。图表中的各对象都可以重新设置其边框线条、颜色及填充效果等。无论要为选中的对象设置哪一种边框效果或填充效果，其操作方法都是一样的。

14.5.1 设置图表文字格式

图表中文字一般包括图表标题、图例文本、水平轴菜单与垂直轴菜单几项。要重新更改默认的文字格式，在选中要设置的对象后，可以在"开始"选项卡下的"字体"选项组中设置字体、字号等，另外还可以设置艺术字效果（一般用于标题文字）。

1 选中图表区（注意是整个图表区，而非单个对象），在"开始"选项卡下的"字体"选项组中可以分别单击"字体"设置框、"字号"设置框右侧的下拉按钮，选择想使用的字体与字号。设置时，鼠标指向图表标题即可预览设置效果，单击即可应用，如图 14-47 所示。

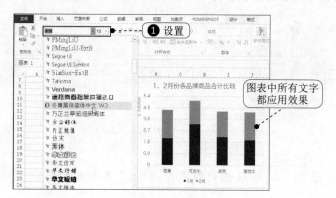

图 14-47

2 如果想着重设置某一个对象的格式，则需要先选中目标对象，如标题，然后按相同的方法设置即可，如图 14-48 所示。

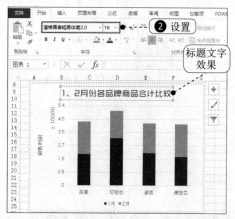

图 14-48

提示

在设置图表字体时，建议采用黑体一类的字体，如黑体、微软雅黑、华文细黑等，这类字体显得工整、庄重。

14.5.2 设置图表中对象的填充效果

图表中对象的填充效果都可以重新设置，例如下面要设置当前图表中最大值的条状显示特殊的填充颜色，以增强图表的表现效果。

1 在当前条形图中选中最大值条状，然后在选中对象上双击鼠标，即可打开"设置数据点格式"窗格。单击"填充"标签，选中"纯色填充"单选按钮，然后在下面的"颜色"设置框中选择填充颜色，如图 14-49 所示。

2 单击目标颜色即可应用填充效果，如图 14-50 所示。

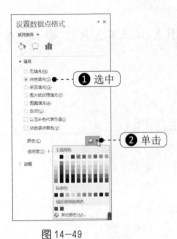

图 14-49

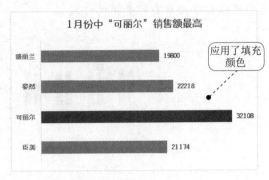

图 14-50

例如下面要为图表的图表区设置纹理填充效果。

1 在当前条形图中选中图表区，在图表区上双击鼠标，打开"设置图表区格式"窗格，单击"填充"标签，选中"图案填充"单选按钮，然后在下面的"前景"与"背景"设置框中选择前景色与背景色，在列表中选择图案样式，如图 14-51 所示。

2 完成上述设置及选择后，即可看到图表区应用所设置的效果，如图 14-52 所示。

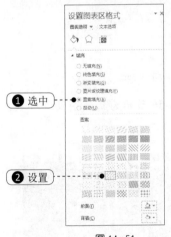

图 14-51

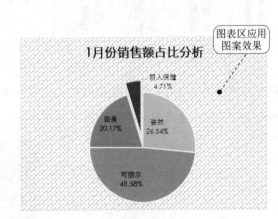

图 14-52

提示

除此之外，在"形状填充"下拉菜单下还可以设置选中对象的渐变填充效果和图片填充效果。设计效果的应用重在设计思路，其操作方法都是大同小异的。

14.5.3 套用图表样式快速美化图表

创建图表后，可以直接套用系统默认的图表样式进行一键美化。进入 Excel 2013 版本后，在图表样式方面进行了很大的改善，在色彩及图表布局方面都给出了较多的方案，这给初学者提供了较大的便利。

1 如图 14-53 所示为创建的默认图表样式及布局。选中图表，单击右上角的"图表样式"按钮，在子菜单中可以显示出所有可套用的样式。

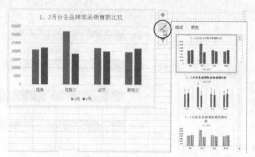

图 14-53

2 如图 14-54 和图 14-55 所示为套用的两种不同样式。

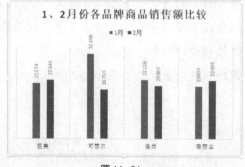

图 14-54

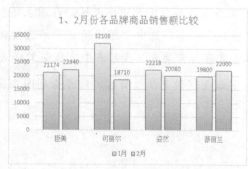

图 14-55

3 针对不同的图表类型，程序给出的样式会有所不同，如图 14-56 所示为折线图及其样式。

4 如图 14-57 所示为套用其中一种样式的效果。

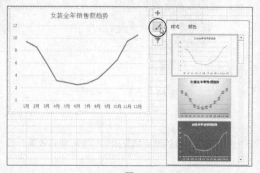

图 14-56

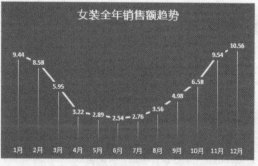

图 14-57

提示

当套用样式后会覆盖之前设置的所有格式，因此如果预备套用样式，则可以采取先套用，再补充设置的办法。

CHAPTER

15

制作公司通知模板

 **本章概述**

公司在日常办公中会有许多通知要发布，如会议通知、放假通知、人事变动通知等。如果每次发布一个通知都重新创建文档，并设置格式，会浪费很多时间。通过制作通知模板，可以将其模板应用到很多方面，以提高工作效率。

本章以制作一个"会议通知单"模板为例，介绍如何创建一份规范的通知及将通知文档设置成模板，以备日常办公使用。

应用效果

应用功能	对应章节
文档的基本操作（新建、保存等）	第 1 章
文本内容输入	第 2 章
文字字体、字号设置	第 3 章
文字段落格式设置	第 4 章
插入超链接	本章
套用主题美化文档	本章
将文档保存为模板 管理模板	第 1 章

范例制作与应用

15.1 创建会议通知单

15.1.1 创建基本文档

创建文档是制作会议通知单最基本的操作，下面具体介绍。

1. 创建空白文档

① 打开需保存文档的文件夹，在空白处右击鼠标，在弹出的快捷菜单中将鼠标指向"新建"，在弹出的子菜单中单击"Microsoft Word 文档"命令（见图15-1），即可新建一个空白的文档，将其命名为"会议通知"。

图 15-1

② 双击打开"会议通知"空白文档，在文档中输入会议内容，如图15-2所示。

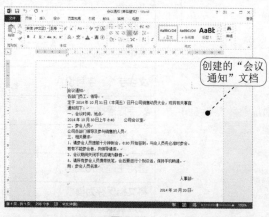

图 15-2

创建空白文档的方法有多种，如直接启动 Word 程序，然后将其保存在目标文件夹中，只要选择自己熟练的方法即可。

2. 设置文字格式及段落格式

任何一篇文档都需要对默认的文字格式与段落格式进行设置，从而才能达到办公文档的要求。

1 选中文档标题，即"会议通知"，在"开始"选项卡的"字体"选项组中单击"字体"下拉按钮，为标题选用合适的字体；单击"字号"下拉按钮，在下拉列表中选择合适的字号，如"小一"（见图 15-3），单击即可应用。

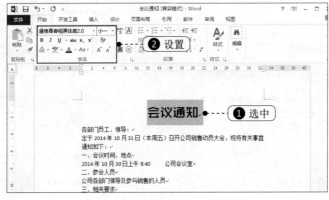

图 15-3

2 选中"一、会议时间、地点"等条目文本，按相同的方法设置文字的格式为：加粗、倾斜、下画线的格式，如图 15-4 所示。

3 保持上面文本的选中状态，在"段落"选项组中单击按钮，打开"段落"对话框，分别设置段前、段后间距为"0.5 行"，如图 15-5 所示。

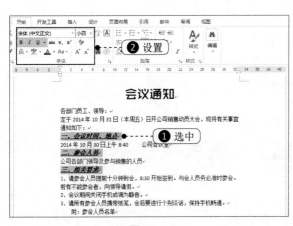

图 15-4

图 15-5

④ 选中其他段落（需要设置首行缩进的段落），在"段落"选项组中单击 按钮（见图 15-6），打开"段落"对话框，设置首行缩进为"2 字符"，如图 15-7 所示。

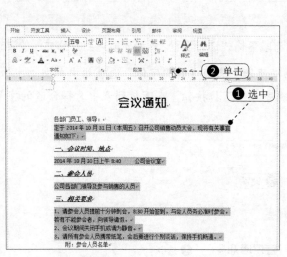

图 15-6　　　　　　　　　　　图 15-7

3. 插入超链接

　　当建立的文档中需要引用或查看其他文档资料时，如果将这些资料文档全部放在当前文档中，既不符合逻辑，又会使文档显得杂乱。此时可以通过设置超链接，当需要查阅资料文档时，单击即可跳转。

① 设置"会议通知"文档的字体格式和段落格式，使其更加整齐、美观。选择需插入超链接的文本，这里选中"参会人员名单"，然后在"插入"选项卡的"链接"选项组中单击"超链接"（ 超链接）按钮（见图 15-8），打开"插入超链接"对话框。

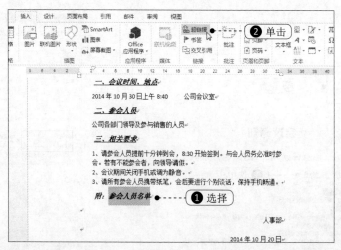

图 15-8

2 选中"现有文件或网页"选项，在"查找范围"下拉列表中选择文档所在的位置，然后在下面的列表框中选中需要链接的文档，如图 15-9 所示。单击"屏幕提示"按钮，打开"设置超链接屏幕提示"对话框，在文本框中可输入提示文字，如图 15-10 所示。

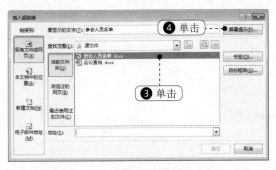

图 15-9

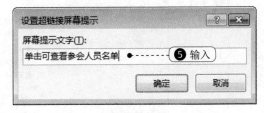

图 15-10

3 依次单击"确定"按钮返回文档，当光标放置在超链接文本上时即可看到屏幕提示的文字，如图 15-11 所示。单击超链接文本，即可打开链接的文档。

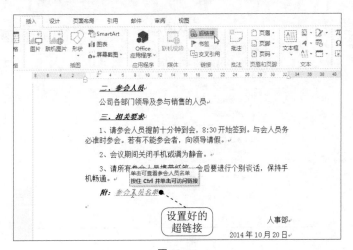

图 15-11

> **提示**
>
> 在超链接时，不但可以插入已有的文档，还可以链接到同一文档的其他位置，在"插入超链接"对话框的"链接到"栏中选中"本文档中的位置"选项进行设置；也可以将文本链接到网页中，在"地址"下拉列表框中输入网址，单击"确定"按钮，单击超链接文本即可打开网页。

15.1.2 套用主题美化通知单

创建好的通知单比较单调，可以套用主题来美化文档。

在"页面布局"选项卡的"主题"选项组中，单击"主题"下拉按钮，在展开的下拉菜单中选择合适的主题效果，如"丝状"（见图 15-12），应用后的效果如图 15-13 所示。

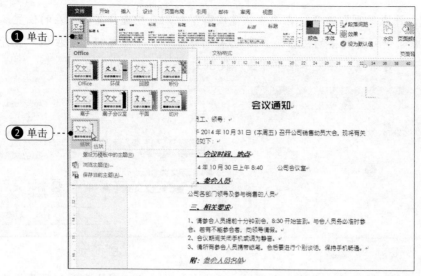

图 15-12

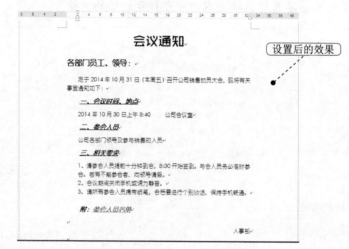

图 15-13

提示

主题的设置对默认格式下的纯文本文档是没有作用的，只针对于文档本身已经设定了部分的字体、颜色等艺术效果的情况，用户才可以根据操作步骤，直接套用已有的主题，看到不同风格的主题样式。

15.2 创建会议通知单模板

将"会议通知"文档设置成模板，当以后再建立会议通知时，可以套用此模板来建立，而不需要全部从头再来进行设置，以提高工作效率。

15.2.1 建立模板

① 打开创建的"会议通知"文档,单击"文件"标签,在打开的菜单中单击"另存为"命令,打开"另存为"对话框。

② 在"保存类型"下拉列表中选择"Word模板"选项,保持默认的文件名,如图15-14所示。单击"保存"按钮,即可将会议通知保存为模板。

图 15-14

15.2.2 使用模板

建立模板后,如果要使用模板,可以按如下步骤操作。

① 打开一个新的空白文档,单击"文件"标签,然后在左侧单击"新建"命令,在右侧单击"个人"标签,下方则会显示出所保存的模板,如图15-15所示。

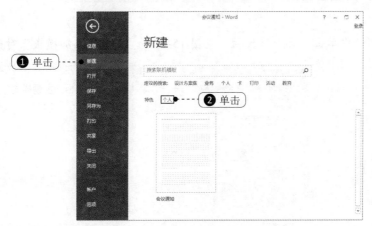

图 15-15

② 在模板上单击鼠标,即可以此模板创建新文档,如图15-16所示。

图 15-16

15.3 加载模板

模板分为共用模板和文档模板两种类型。一般情况下，用户只能使用保存在 Normal 模板中的模板，如要使用其他模板，则还需要将其加载为共用模板。共用模板即 Word 启动后所有文档都可以使用的模板。

① 打开"会议通知"文档，在"开发工具"选项卡的"模板"选项组中，单击"文档模板"按钮（见图 15-17），打开"模板和加载项"对话框。

图 15-17

② 在"模板"选项卡中单击"添加"按钮（见图 15-18），打开"添加模板"对话框。

图 15-18

③ 在对话框中选中"会议通知 .dotx"模板，如图 15-19 所示。单击"确定"按钮，返回"模板和加载项"对话框。

④ 此时"会议通知"模板已显示在"所选项目当前已经加载"列表框中，其前面的复选框决定了 Word 启动时是否加载该加载项，这里选中该复选框，如图 15-20 所示，单击"确定"按钮，即可完成将会议通知单模板加载为共用模板的设置。

图 15-19

图 15-20

提示

默认情况下，"开发工具"选项卡并未显示在 Word 2013 窗口中，用户需手动设置使其显示。

在 Word 文档窗口中，单击"文件"标签，在打开的菜单中单击"选项"命令，打开"Word 选项"对话框，单击其中的"自定义功能区"选项，在右侧的"主选项卡"列表框中选中"开发工具"复选框，单击"确定"按钮，返回文档窗口，即可看到"开发工具"选项卡。

CHAPTER
16

制作员工绩效奖惩
管理制度

本章概述

　　员工绩效奖惩管理制度是企业管理员工、规范发展的必要管理制度，同时体现了企业文化。好的绩效奖惩管理制度不但可以规避错误、提高员工工作的积极性，而且可以提高企业整体的管理和生产发展。

　　本章制作一份"员工绩效奖惩管理制度"文档，介绍如何设置文档字体、段落格式、美化文档，并且学会在文档中插入表格。

应用功能	对应章节
文字字体格式设置	第 3 章
文字对齐方式设置	第 4 章
文本段落格式设置	第 4 章
添加项目符号和编号	第 4 章
插入页眉、页脚	第 7 章
为文档插入封面	本章
制作表格	第 5 章
添加水印	第 7 章

应用效果

海恒科技有限公司

员工奖惩管理规定

第一章 总则

第一条

目的：为了维护公司良好的生活秩序，规范员工行为，提升员工的道德素质，激励员工爱岗敬业与遵纪守法之精神，使各级员工奖惩行为办理有所遵循，暂制定本规定。

第二条

范围：公司全体员工。

第三条

定义：公司员工奖惩是指员工在公司个人行为表现优劣时，公司视表现成绩或违纪程度对其给予行政奖励或行政处罚（包括精神激励）。在行政奖励上分为嘉奖，记小功，大功。在行政处罚上采用警告，记小过，大过，除名解除劳动关系等方式。

第二章 奖励规定

第四条

奖励部分：员工奖励分为三种，即嘉奖，小功，大功。同时给予通报表扬，晋升，授予优秀员工等精神奖励。员工奖励除给予绩效加分外，另设奖金。绩效加分列为绩效考评项目，与绩效奖金挂钩。

（一）嘉奖：每嘉奖 1 次，给予绩效加 1 分，奖励 RMB50 元，最高加绩效分 2 分，奖励 RMB100 元。具体事项如下：

➤ 能及时完成各项专案工作任务的；

海纳百川，徒盈久源

海恒科技有限公司

附表：员工绩效考核表

被考核人：		部门：		职位：	
依据《品管部岗位考核标准》进行评分。					
考核项目	次数	扣分	考核总分	1. 考核人就被考核人本月的工作任务完成情况给予考核。	
第一项					
第二项				2. 依据绩效考核成绩给予相应绩效考核工资，按照《员工绩效考核工资发放规定》有关规定执行。	
第三项					
第四项					
第五项					
第六项					
第七项					
第八项					
第九项					
第十项					
扣分情况描述					
注：绩效考核总分为 100 分，根据考核标准从 100 分开始扣分。				考核人对被考核人提出改进措施和改进时间，评语用于双方沟通。	
考核人：		部门经理审核：			
被考核人签名：			日期：		

海纳百川，徒盈久源

范例制作与应用

16.1 创建员工奖惩制度文档并设置格式

16.1.1 设置字体格式

首先创建"员工绩效奖惩管理制度"空白文档，并且输入内容。下面开始设置文档的格式，使其更加整齐、美观。

1 选中文档标题，即"员工奖惩管理规定"，在"开始"选项卡的"字体"选项组中单击"字号"下拉按钮，在下拉列表中选择合适的字号，如"小二"（见图 16-1），单击即可应用。

2 在"开始"选项卡的"字体"选项组中，单击"字体"下拉按钮，在下拉列表中选择合适的字体，如"微软雅黑"（见图 16-2），单击即可应用。

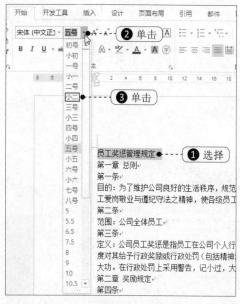

图 16-1

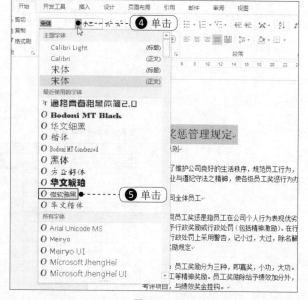

图 16-2

3 在"开始"选项卡的"字体"选项组中单击右下角的 按钮，打开"字体"对话框。切换到"高级"选项卡，设置"间距"为"加宽"、"磅值"为"2磅"，如图 16-3 所示。单击"确定"按钮，完成标题设置，如图 16-4 所示。

图 16-3

图 16-4

④ 选中"第一章 总则"文本,按住Ctrl键,再选中其他相同级别的标题,设置字体格式为"宋体"、"四号"、"加粗"(**B**)、"字符底纹"(**A**),设置后的文字效果如图16-5所示;接着选择"第一条"及相同级别的所有文本,设置字体格式为"宋体"、"小四"、"加粗"(**B**)、"倾斜"(*I*)、"下画线"(**U**)及颜色为"橙色"(**A**·),设置后的效果如图16-6所示。

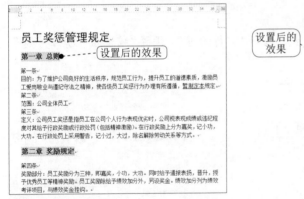

图 16-5

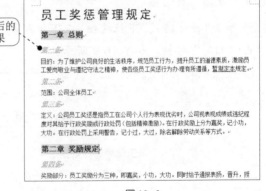

图 16-6

提示

在"字体"对话框的"字体"选项卡中也可以设置文本的"字体"、"字号"、"字形"、"字体颜色"、"下画线"等字体格式。

16.1.2 设置文本的段落格式

设置合理的段落格式,可以使文档更加整齐、错落有致,易于分辨。

1. 设置文本对齐方式

选择需设置对齐方式的标题,在"开始"选项卡的"段落"选项组中单击"居中"按钮,即可将标题设置为居中显示，如图 16-7 所示。

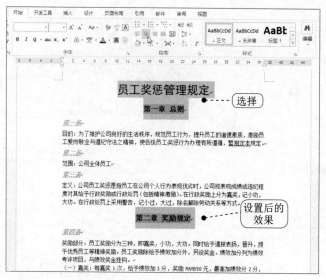

图 16-7

2. 设置段落间距和首行缩进

① 选择文档正文部分，在"开始"选项卡的"段落"选项组中单击 按钮（见图 16-8），打开"段落"对话框。

② 单击"特殊格式"下拉按钮，在下拉列表中选择"首行缩进"，设置"缩进值"为"2 字符"，单击"确定"按钮，如图 16-9 所示。

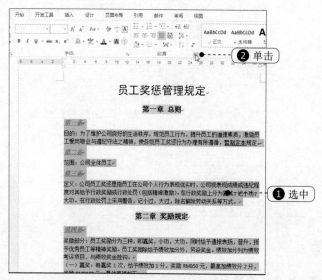

图 16-8

图 16-9

③ 再选择全部文档，打开"段落"对话框，分别设置"段前"和"段后"间距为"0.3 行"，单击"确定"按钮，如图 16-10 所示。设置后的效果如图 16-11 所示。

图 16-10

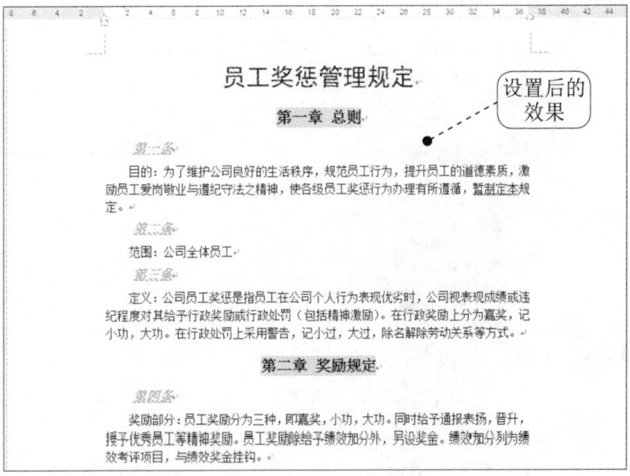

图 16-11

在 Word 文档界面中，拖动标尺中的"首行缩进"滑块▽到两个字符处，也可设置首行缩进，用户可根据习惯选择设置方法。

16.1.3 添加项目符号和编号

对要点性的文本可设置项目符号或者编号，从而使文档条理清晰、要点明确。

1 选中文本，在"开始"选项卡的"段落"选项组中单击"项目符号"下拉按钮，在下拉菜单中选择合适的项目符号（见图 16-12），单击即可应用。

2 按照相同的方法，为其他需要使用项目符号的文本添加项目符号，效果如图 16-13 所示。

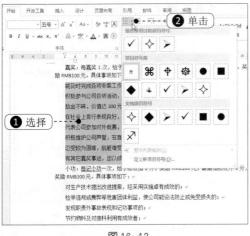

图 16-12

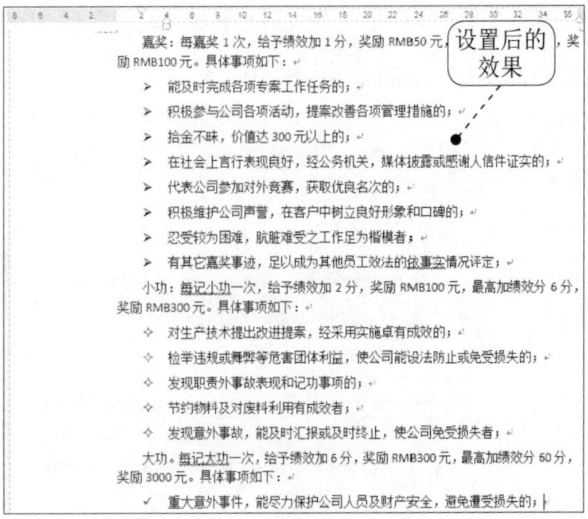

图 16-13

3 选中文本（可以一次选中一段，也可以一次都选中），在"开始"选项卡的"段落"选项组中单击"编号"下拉按钮,在下拉菜单中选择合适的编号(见图 16-14),单击即可应用,应用后的效果如图 16-15 所示。

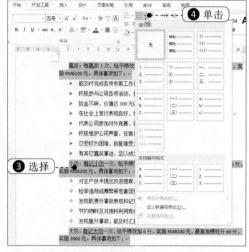

图 16-14

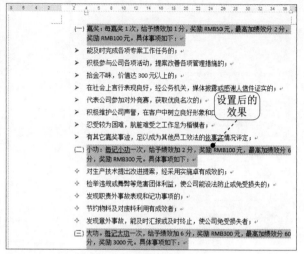

图 16-15

16.2 完善员工奖惩管理制度

16.2.1 为文档插入日期

1 将光标定位到插入日期处,在"插入"选项卡的"文本"选项组中,单击"日期和时间"按钮(见图 16-16),打开"日期和时间"对话框。

2 在"可用格式"列表框中选择需要的日期格式,单击"确定"按钮,如图 16-17 所示。在光标处插入日期,如图 16-18 所示。

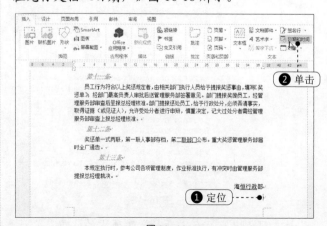

图 16-16

图 16-17

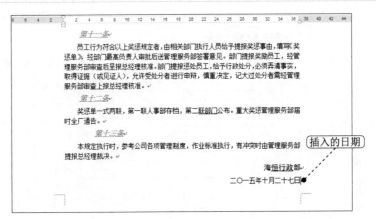

图 16-18

提示 在"日期和时间"对话框中，如果勾选"自动更新"复选框，以后每次打开文档时，后面的日期会随着时间变化自动更新，用户可根据自己的需要进行设置。

16.2.2 制作员工绩效考核表格

员工绩效考核表是对员工本月工作任务量完成情况进行考核，有助于统计和分析员工的工作情况，对员工进行奖励或惩罚。

1. 插入表格并合并单元格

① 将光标定位到插入表格的位置，在"插入"选项卡的"插入表格"选项组中单击"表格"下拉按钮，在展开的下拉菜单中单击"插入表格"命令（见图 16-19），打开"插入表格"对话框。

② 设置"列数"为"6"、"行数"为"17"，单击"确定"按钮，如图 16-20 所示。插入17 行 6 列的表格，如图 16-21 所示。

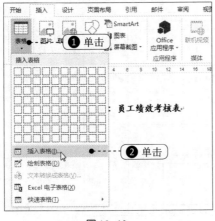

图 16-19

图 16-20

图 16—21

③ 选择需合并的单元格，在"表格工具→布局"选项卡的"合并"选项组中单击"合并单元格"按钮（见图 16-22），即可合并选择的单元格区域。按照相同的方法合并其他单元格，最后效果如图 16-23 所示。

图 16—22

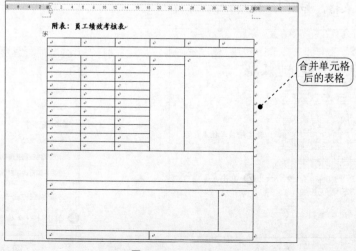

图 16—23

提示

　　插入表格后，会自动启动"表格工具"功能，如果插入的表格有多余，只需选择要删除的单元格、行或列，在"表格工具→布局"选项卡的"行和列"选项组中单击"删除"按钮，在下拉菜单中选择要删除的项目即可；若插入的表格单元格不够，在"行和列"选项组中单击"在上方插入"、"在下方插入"、"在左侧插入"或"在右侧插入"按钮，即可插入单元格、行或列。

---

2. 绘制表格

① 将光标定位到表格的任意单元格，在"表格工具→设计"选项卡的"边框"选项组中，单击"边框"下拉按钮，在下拉菜单中单击"绘制表格"命令（见图 16-24），鼠标即变成 形状。

② 在需要绘制表格边框的地方按住鼠标拖动（见图 16-25），绘制完成后释放鼠标，即可绘制成表格边框，如图 16-26 所示。

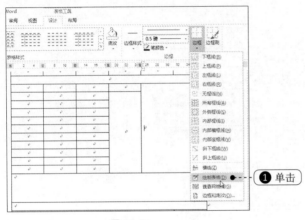

图 16-24

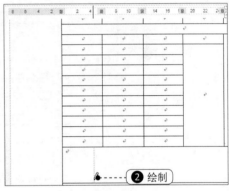

图 16-25

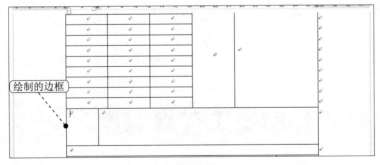

图 16-26

3. 设置表格对齐方式

① 选择需居中显示的表格，在"表格工具→布局"选项卡的"对齐方式"选项组中单击"水平居中"按钮（见图 16-27），即可将表格中文字设置成居中显示。

② 再选择其他需设置的单元格，在"对齐方式"选项组中单击"靠下两端对齐"按钮（见图 16-28），即可将文字设置成在表格的靠下两端对齐，设置后的效果如图 16-29 所示。

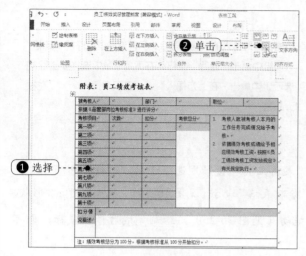

图 16-27

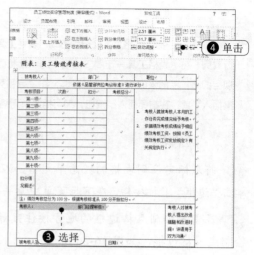

图 16-28

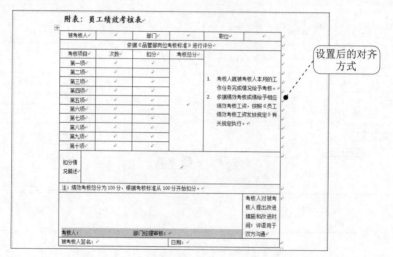

图 16-29

16.3 美化公司员工奖惩制度

16.3.1 为文档添加封面

添加封面可以为文档增添特色，也可以为文档增加辨识度。Word 2013 专门为用户提供了各种封面，可直接套用。

1 在"插入"选项卡的"页面"选项组中单击"封面"下拉按钮，在展开的下拉菜单中可以选择合适的封面，如本例中选择"网格"（见图 16-30），单击即可在首页插入封面，如图 16-31 所示。

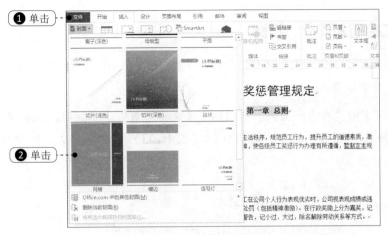

图 16-30

图 16-31

2　在插入文档的封面样式中，单击该封面样式提供的文本框，根据实际需要编辑内容，最终效果如图 16-32 所示。

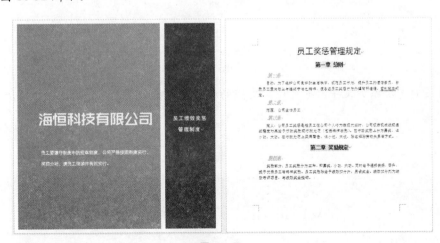

图 16-32

16.3.2 为文档插入页眉、页脚

在文档的页眉中可以插入公司的 LOGO、公司名称等；在页脚中可以插入企业标语、日期、页码等，用户可根据需要设置。

1 在"插入"选项卡的"页眉和页脚"选项组中单击"页眉"下拉按钮，在展开的下拉菜单中选择一种页眉样式，如本例中选择"运动型"（见图 16-33），单击即可在文档中插入页眉，如图 16-34 所示。

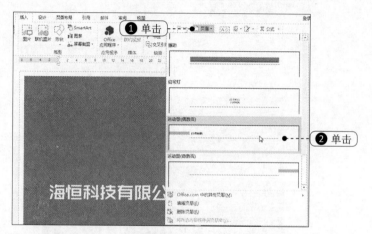

图 16-33

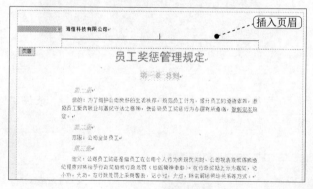

图 16-34

2 在页眉中再次添加文字，也可以对文字的格式进行美化设置，如图 16-35 所示。

图 16-35

❸ 在"页眉和页脚工具→设计"选项卡的"选项"选项组中，勾选"首页不同"复选框（此设置是为了让首页不应用此页眉，因为本例中首页为封面页），如图16-36所示。

图16-36

❹ 在页脚中输入公司标语，并设置字体，如图16-37所示。在非页眉、页脚处双击即可退出编辑状态。

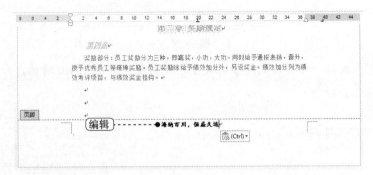

图16-37

16.3.3 为文档添加文字水印

❶ 在"设计"选项卡的"页面背景"选项组中单击"水印"下拉按钮，在展开的下拉菜单中单击"自定义水印"命令（见图16-38），打开"水印"对话框。

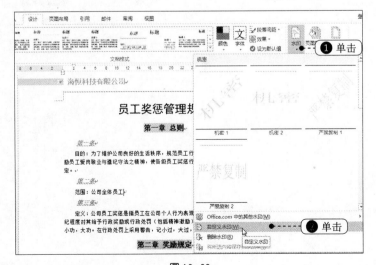

图16-38

2 选择"文字水印"单选按钮，在"文字"编辑框中输入"海恒科技"，并设置字体、颜色等格式，如图 16-39 所示。

图 16-39

3 单击"确定"按钮，即可看到设置的文字水印效果，如图 16-40 所示。

图 16-40

CHAPTER

17

制作新产品使用说明书

本章概述

　　产品说明书的内容常常涉及知识或科技等的普及、宣传和利用，凝聚着知识的结晶而被人们传播、吸收。产品说明书是创造品牌的必需环节，品牌可以借着产品说明书推波助澜，达到形象、直观的视觉效果。

　　本章制作"榨汁机使用说明书"文档，介绍如何使用 Word 设置页面格式、插入图片、提取目录、应用标题样式等。

应用功能	对应章节
设置页面大小和页边距	第 7 章
文字字体格式设置	第 3 章
文字对齐方式设置	第 4 章
插入图片、文本框、艺术字	第 5 章及本章
套用文档格式	第 4 章
套用样式	第 4 章
提取目录	第 6 章
设置图片水印	第 7 章

 应用效果

基本信息

品牌：Home　型号：SJ-2000B
用途：家用　额定功率：150
容量：10 升以下　适用人数：5 人以上(不含 5 人)
榨汁/搅拌/料理机种类：榨汁机
产品类别：榨汁/搅拌/料理机　功能：榨汁

使用指南

　　按照说明书所示部件位置，选择所需机件按您的需要组装成榨汁机或搅拌机、干磨机或碎肉机的其中一款。

　　(注意：在安放刀网时，要均匀地把刀网按压在电机轮上，再拨动刀网观察转动是否顺畅，有无刮蹭音左右福摆现象，否则，把刀网拔起，旋转另一方向安装，如此反复几次，直到最佳状态。)

榨汁机的使用

1. 把蔬果洗净、去皮、去核，切成能放入进料口的大小。
2. 插上电源，扣好安全扣，开动本机，把准备好的蔬果放入进料槽内，并用推进棒一压一松的方式推、压蔬果。原汁原味的新鲜蔬果汁就源源不断地流到果汁杯。

墨筆机的使用

榨汁机具体功能介绍

安全注意事项

⚠ 使用本产品前，检查电源线是否完好。

⚠ 放入容器内的素材不要超过 400cc。

⚠ 使用完后，等刀片停止旋转后方能将容器取下。

⚠ 避免老人和小孩使用，以免发生意外。

⚠ 运转过程中请勿将手伸进容器内。

⚠ 请勿将主体乌达放入水中。

⚠ 连续使用不要超过 1 分钟，防止乌达过热损坏。

① 杯盖
② 600cc 搅拌杯
③ 十字刀
④ 强力马达
⑤ 启动按钮
⑥ 安全固定锁

17.1 设置产品使用说明书的页面

17.1.1 设置说明书的纸张大小和页边距

使用说明书的纸张有特定大小，与一般的数据纸张大小不一样，所以在输入和编辑文档之前，首先要设置纸张大小和页边距。

1 打开"榨汁机使用说明书"文档，在"页面布局"选项卡的"页面设置"选项组中单击□按钮，打开"页面设置"对话框。

2 在"页边距"选项卡的"页边距"栏中设置上、下、左、右边距分别为 2.4 厘米、2.4 厘米、3.2 厘米、3.2 厘米，如图 17-1 所示。

3 切换到"纸张"选项卡，在"纸张大小"栏的下拉列表中选择"自定义大小"，设置"宽度"和"高度"分别为 18 厘米和 20 厘米，如图 17-2 所示。

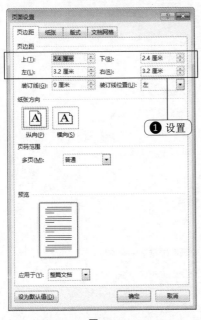

图 17-1

图 17-2

4 设置完成后，单击"确定"按钮，即可看到设置的页面效果，如图 17-3 所示。

页面设置后的效果

图 17-3

17.1.2 插入分页符

说明书需要封面，所以需要在正文的前面插入一个空白页作为封面。

将光标定位到文档的开始位置，然后在"页面布局"选项卡的"页面设置"选项组中，单击"分隔符"下拉按钮，在展开的下拉菜单中单击"下一页"命令（见图 17-4），即可将光标后的内容移动到下一页，在前面插入一个空白页，如图 17-5 所示。

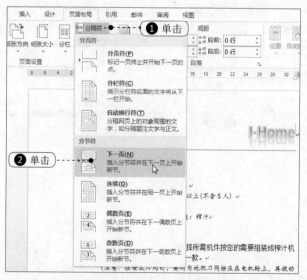

图 17-4

提示

另外，将光标定位到文档的开始位置，在"插入"选项卡的"页"选项组中单击"空白页"或"分页"按钮，也可以在光标的前面插入一个空白页。

插入的空白页

图 17-5

17.2 设计使用说明书的封面

本节将对说明书的封面进行详细的设计。

17.2.1 插入艺术字

艺术字可以使文字变得生动活泼，在封面中插入艺术字可增加封面的美观度。

1 在"插入"选项卡的"文本"选项组中单击"艺术字"下拉按钮，在其下拉菜单中选择需要的艺术字样式，如图 17-6 所示。

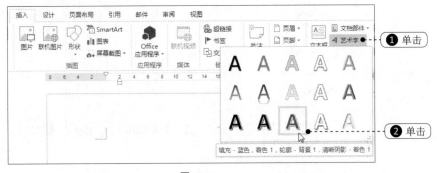

图 17-6

2 执行上述操作后，出现艺术字输入文本框，并打开"绘图工具→格式"选项卡，删除文本框中的提示文本，输入需要的艺术字内容，如图 17-7 所示。

I-Home 爱家

图 17-7

③ 在"绘图工具→格式"选项卡的"艺术字样式"选项组中单击"文本填充"下拉按钮，在展开的下拉菜单中可重新设置艺术字的填充颜色，如"绿色"，如图 17-8 所示。单击"文本轮廓"下拉按钮，在展开的下拉菜单中可重新设置艺术字轮廓颜色，如"黄色"，如图 17-9 所示。

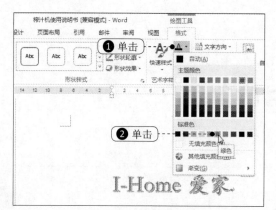

图 17-8

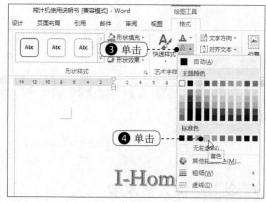

图 17-9

④ 对默认艺术字的字体也是可以进行更改的。选中艺术字，在"开始"选项卡的"字体"选项组中进行设置即可，如图 17-10 所示。

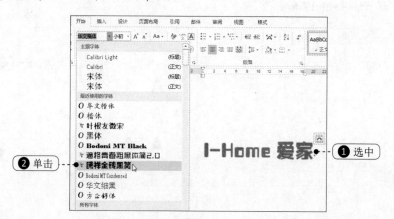

图 17-10

⑤ 单击"文字效果"下拉按钮，在展开的下拉菜单中将鼠标指向"阴影"，在展开的子菜单中选择需要的阴影样式（鼠标指向时显示预览，单击即可应用），如图 17-11 所示。

⑥ 再单击"阴影"子菜单中的"阴影选项"命令，打开"设置形状格式"窗格，可以将阴影的"距离"值增大为"7磅"，如图17-12所示。

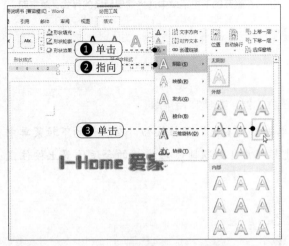

图 17-11

图 17-12

⑦ 单击"文字效果"下拉按钮，在展开的下拉菜单中将鼠标指向"映像"，在展开的子菜单中选择需要的映像样式（鼠标指向时显示预览，单击即可应用），如图17-13所示。设置后的艺术字效果如图17-14所示。

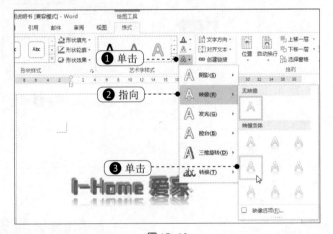

图 17-13

图 17-14

> **提示**
>
> 如果觉得选择的艺术字样式不满意，还想保留为艺术字进行格式设置，只需在"绘图工具→格式"选项卡的"艺术字样式"选项组中单击"快速样式"按钮，在展开的下拉菜单中选择需要替换的样式，单击即可自动替换。

17.2.2 插入文本框

利用文本框输入文字，可以将文字拖动到任意位置，方便文档排版。

1 在"插入"选项卡的"文本"选项组中单击"文本框"下拉按钮，在展开的下拉菜单中单击"绘制文本框"命令（见图 17-15），光标变成＋形状时，在文档的合适位置上按住鼠标拖动绘制文本框，如图 17-16 所示。

2 在文本框中输入文本，如图 17-17 所示。

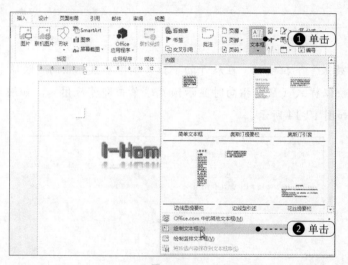

图 17-15

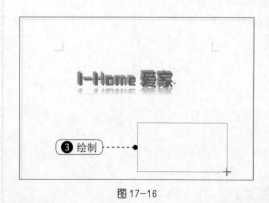

图 17-16   图 17-17

3 在"绘图工具→格式"选项卡的"形状样式"选项组中单击"形状轮廓"下拉按钮，在展开的下拉菜单中单击"无轮廓"命令（见图 17-18），即可不显示文本框边框。

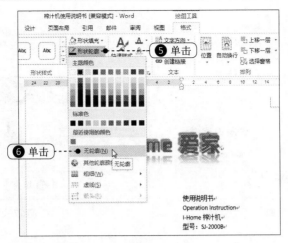

图 17-18

4 对文本框中的文字进行排版设计，并设置文字字体、字号等，以达到如图 17-19 所示的排版效果。

图 17-19

提示

　　将鼠标放置在文本框的边框上，当鼠标指针变成┼形状时，按住鼠标左键拖动，可移动文本框；将鼠标放置在文本框周围的控点上，当鼠标指针变成双向箭头形状时，按住鼠标左键拖动，可调整文本框大小。

17.2.3 插入图片

　　在封面中插入榨汁机的图片，可以快速制作榨汁机的样式，而且能美化封面。

1 将光标定位到需插入图片的位置，在"插入"选项卡的"插图"选项组中单击"图片"按钮（见图 17-20），打开"插入图片"对话框。

2 找到图片所在的位置，并选中图片，单击"插入"按钮，如图 17-21 所示。在光标处插入图片，如图 17-22 所示。

3 默认插入的图片是"嵌入型"，不能任意拖动。选择图片，单击右上角的"布局选项"按钮，在下拉菜单中单击"浮于文字上方"方式（见图 17-23），即可实现任意拖动图片。

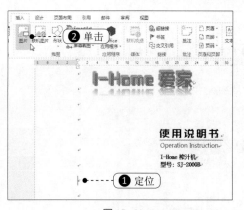

图 17-20

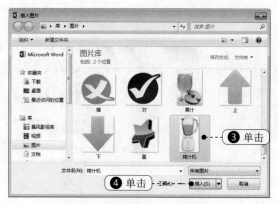

图 17-21

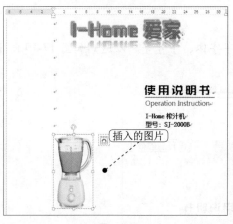

图 17-22

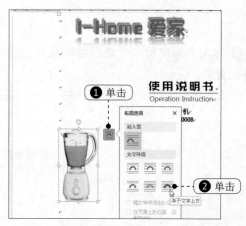

图 17-23

4 按照同样的方法插入其他图片，并将图片拖动到合适位置，使其美观、整齐，最后效果如图 17-24 所示。

图 17-24

17.3 美化说明书文档

17.3.1 应用样式设置文档目录

通过应用样式，可以实现把文档处理得很有层次。本例中利用应用样式功能来为各个小标题设置不同的目录级别，也为后面提取目录打好基础。

1 将光标定位到一级标题上，在"开始"选项卡的"样式"选项组中单击"其他"（ ）按钮（见图 17-25），展开样式库，单击"标题 1"，如图 17-26 所示，即可将光标所在段落设置为"标题 1"样式。

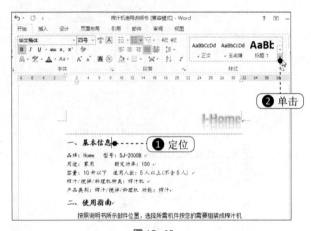

图 17-25

图 17-26

2 按照同样的方法设置其他级别的文本，为各小标题应用不同级别的样式后，效果如图 17-27 所示。

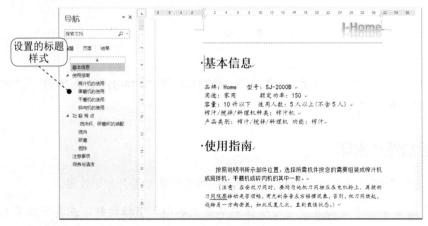

图 17-27

17.3.2 套用标题样式集

为各个小标题设置不同级别的样式后，可以通过套用文档样式的办法来实现快速美化。

在"设计"选项卡的"文档样式"选项组中可以选择套用的样式，也可以单击"其他"按钮（见图 17-28），在展开的下拉菜单中将鼠标指向"样式集"，在展开的子菜单中选择一种样式，如"传统"（见图 17-29），套用后的效果如图 17-30 所示。

图 17-28

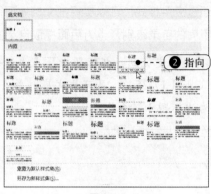

图 17-29

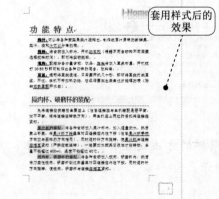

图 17-30

提示

如果对文档标题的字体、颜色不满意，可在"更改样式"下拉菜单中分别选择"颜色"、"字体"选项，对文档标题的颜色和字体统一进行设置。

17.3.3 添加图片水印

添加水印效果也是为文档增色的一种手段，本例中为文档添加图片水印效果。

1 在"设计"选项卡的"页面背景"选项组中单击"水印"下拉按钮，在其下拉菜单中单击"自定义水印"命令（见图 17-31），打开"水印"对话框。

② 选择"图片水印"单选按钮，再单击"选择图片"按钮（见图 17-32），打开"插入图片"对话框。

图 17-31

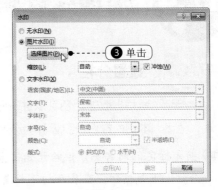

图 17-32

③ 找到并选择插入的图片，单击"插入"按钮，如图 17-33 所示；返回到"水印"对话框，选择"冲蚀"复选框，单击"确定"按钮，如图 17-34 所示。

图 17-33

图 17-34

④ 添加的图片水印效果，如图 17-35 所示。

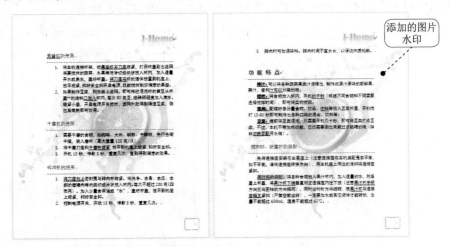

图 17-35

17.4 添加榨汁机的各功能展示页面

17.4.1 设置分栏

文档除了通栏排版外，还可以进行分栏排版，这样不但可以节省版面，而且可以使文档更加生动、活泼。本例的最后一页设计为分栏显示页面，具体操作步骤如下。

1 将光标定位到需要分栏的开始位置，在"页面布局"选项卡的"页面设置"选项组中单击"分栏"下拉按钮，在展开的下拉菜单中单击"更多分栏"命令（见图17-36），打开"分栏"对话框。

2 在"预设"栏中选择"两栏"，勾选"分隔线"复选框，设置"宽度"和"间距"，然后将"应用于"设置为"插入点之后"，如图17-37所示。

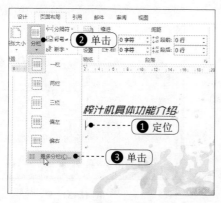

图 17-36

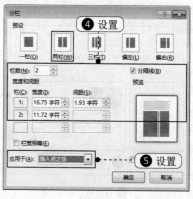

图 17-37

3 单击"确定"按钮，即可看到设置的分栏效果，如图17-38所示。

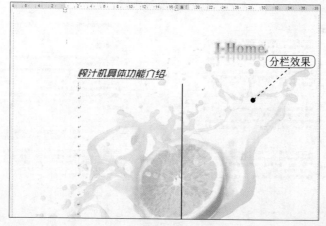

图 17-38

17.4.2 删除图片背景

Word 2013 可以简单处理一些图片问题，如更改图片颜色、删除图片背景等。下面就利用删除背景功能处理图片。

1 按照上面介绍的方法插入图片，选择图片，在"图片工具→格式"选项卡的"调整"选项组中单击"删除背景"按钮（见图 17-39），自动启动"背景消除"选项卡，同时图片显示为部分变色状态，如图 17-40 所示。

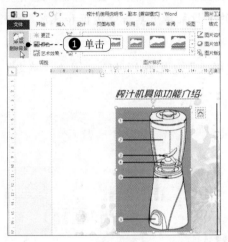

图 17-39

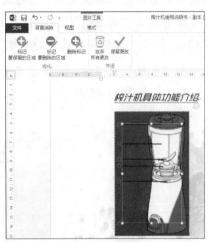

图 17-40

2 将鼠标指针放置在图片周围的控点上，当鼠标指针变成双向箭头时拖动调整保留的区域，变色区域也会发生变化，直到所有想保留的区域显示为本色，其他区域显示为变色时（见图 17-41），单击"保留更改"按钮，即可删除图片背景。

3 调整好图片的大小和位置，输入图片的解说文字，并设置文本的字体格式，最后效果如图 17-42 所示。

图 17-41

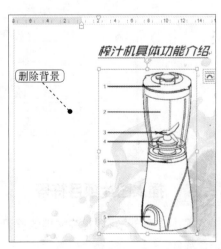

图 17-42

提示

　　由于本例中选择的图片背景与需要保留部分的色调都非常单一，因此一般程序都能自动识别出需要删除与需要保留的部分。如果图片背景稍复杂或需要保留的部分色调稍复杂，则需要单击"标记要保留的区域"或"标记要删除的区域"按钮来进行更加细致的调整。

17.4.3　设置标题文字的底纹效果

1 在图片的右侧输入相关说明，然后选中"安全注意事项"文字，在"开始"选项卡的"段落"选项组中单击"边框"下拉按钮，在展开的下拉菜单中单击"边框和底纹"命令（见图 17-43），打开"边框和底纹"对话框。

2 切换到"底纹"选项卡，设置填充着色为"橙色"（见图 17-44），单击"确定"按钮，即可设置成功，如图 17-45 所示。

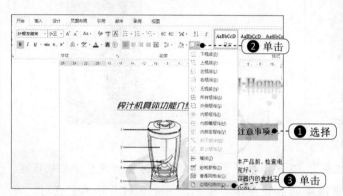

图 17-43

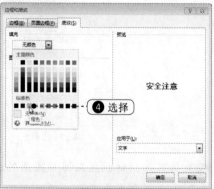

图 17-44

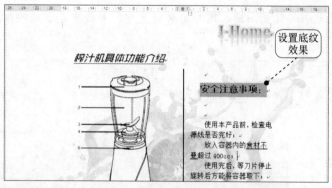

图 17-45

17.4.4　插入图片项目符号

　　插入图片项目符号可以提高文档的辨识度，提高关注度。本例中需要为注意事项的条款添加图片项目符号。

1 选择文本，在"开始"选项卡的"段落"选项组中单击"项目符号"下拉按钮，在展开的下拉菜单中单击"定义新项目符号"命令（见图17-46），打开"定义新项目符号"对话框。单击"图片"按钮（见图17-47所示），打开"插入图片"对话框。

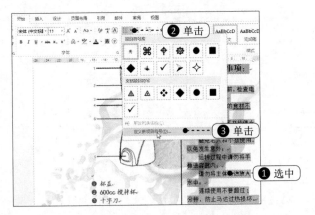

图 17-46

图 17-47

2 选中图片（见图17-48），单击"打开"按钮，接着依次单击"确定"按钮，即可设置图片项目符号，效果如图17-49所示。

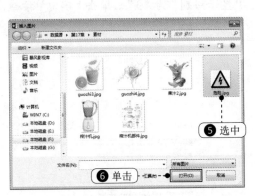

图 17-48

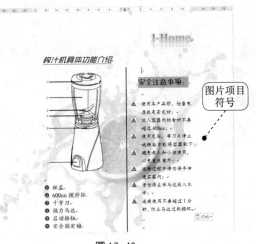

图 17-49

17.5 提取使用说明书目录

提取目录可以方便用户根据目录快速找到需要内容所在的位置，快速查看需要的内容。

① 利用上面内容中介绍的分页符，在封面后另添加一页用于制作目录。将光标定位于该页中，在"引用"选项卡的"目录"选项组中单击"目录"下拉按钮，在展开的下拉菜单中单击"自定义目录"命令（见图 17-50），打开"目录"对话框。

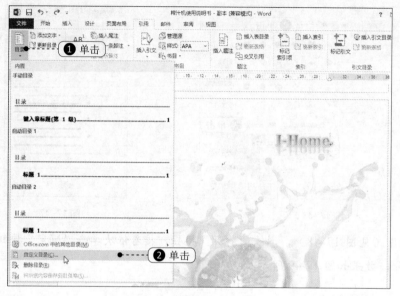

图 17-50

② 在"常规"栏中设置"格式"为"来自模板"、"显示级别"为"3"，单击"确定"按钮，如图 17-51 所示。

③ 插入的目录，如图 17-52 所示。

图 17-51

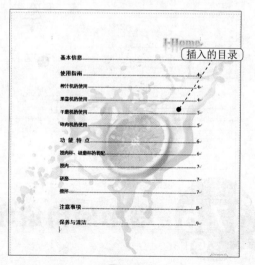

图 17-52

CHAPTER
18

制作联合公文头样式

本章概述

联合公文是指同级机关、部门、单位或企业联合发布的文件，一般由主办单位起草文稿并编发文件号；文件印制后，再交联合发文单位鉴印。最初的文稿也由主办单位存档。

本章介绍利用几种方法制作联合公文头，如表格法、文本框法等，方便用户选择操作。

应用功能	对应章节
绘制表格	第 5 章
设置表格列宽、边框	
设置文本对齐方式	
绘制文本框	第 5 章
设置文本框轮廓	
设置文本框文本对齐方式	
使用双行合一	第 4 章

应用效果

文慧发展有限公司
神佑动漫开发公司
文件

文慧发〔2014〕16 号

关于学习党的会议精神通知

各有关单位:

一、把学习贯彻党的十八大精神推向深入。当前和今后一个时期,要把深入学习贯彻党的十八大精神作为企联工作的首要政治任务。一是要高度重视,充分认识学习贯彻党的十八精神的重要意义,要通过各种形式,在全县企业会员单位中把学习贯彻活动引向深入;二是要深刻领会,把握精髓,学以致用,要通过学习,努力成为中国特色社会主义理想的坚定信仰者、改革开放的自党实践者、科学发展观的忠实执行者、社会和谐的积极促进者;三是要与苏区振兴发展、企业发展的实际结合起来,把十八精神转化为科学发展,创新发展的强大动力,以更加饱满的热情,更加旺盛的干劲、更加扎实的作风,不断推动苏区振兴发展和县企联工作的创新发展。

二、把握契机,凝心聚力促发展。全县企业和企业家是赣南苏区振兴的主力军,凝聚全县企业和企业家的力量,调动全县企业职工和企业家的积极性,创造性,共促苏区振兴是县企联今年的重要工作之一。我们要学好文件,吃透精神,理清思路,充分用好用活用足一系

文慧发展有限公司海集团神佑开发公司文件

文慧发〔2014〕16 号

关于学习党的会议精神通知

各县市区政府、建委、各有关单位:

一、把学习贯彻党的十八大精神推向深入。当前和今后一个时期,要把深入学习贯彻党的十八大精神作为企联工作的首要政治任务。一是要高度重视,充分认识学习贯彻党的十八精神的重要意义,要通过各种形式,在全县企业会员单位中把学习贯彻活动引向深入;二是要深刻领会,把握精髓,学以致用,要通过学习,努力成为中国特色社会主义理想的坚定信仰者、改革开放的自党实践者、科学发展观的忠实执行者、社会和谐的积极促进者;三是要与苏区振兴发展、企业发展的实际结合起来,把十八精神转化为科学发展,创新发展的强大动力,以更加饱满的热情,更加旺盛的干劲、更加扎实的作风,不断推动苏区振兴发展和县企联工作的创新发展。

二、把握契机,凝心聚力促发展。全县企业和企业家是赣南苏区振兴的主力军,凝聚全县企业和企业家的力量,调动全县企业职工和企业家的积极性,创造性,共促苏区振兴是县企联今年的重要工作之一。我们要学好文件,吃透精神,理清思路,充分用好用活用足一系列的扶贫政策,加快企业的科学发展和转型发展步伐;要牢牢把握住

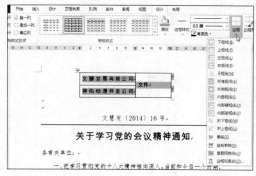

范例制作与应用

18.1 使用表格制作联合公文头

18.1.1 创建表格并合并单元格

联合发文的单位较多,可以利用表格将不同的单位规范在不同的单元格中,这样看上去文档整齐。

1 打开"联合公文"文档,在"插入"选项卡的"表格"选项组中单击"表格"下拉按钮,在展开的下拉菜单中拖动鼠标,选择"2×2"表格(见图18-1),单击即可在光标处插入表格。

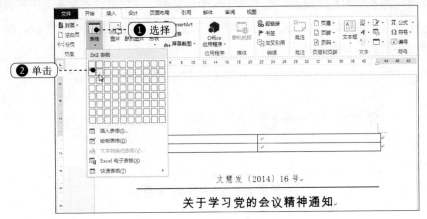

图18-1

2 选择需要合并的单元格,在"表格工具→布局"选项卡的"合并"选项组中单击"合并单元格"按钮,如图18-2所示。

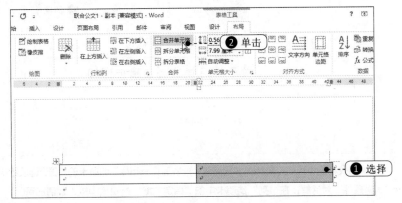

图18-2

③ 在表格中输入文本，并设置文本格式，如图 18-3 所示。

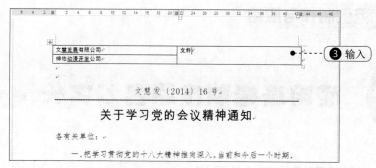

图 18-3

18.1.2 调整表格列宽

表格的列宽将直接关系到后面文本的排列情况，所以要调整好两列的宽度。

将光标放在第一列表格的左边线上，当光标变成 ↔ 形状时，按住鼠标左键拖动，可调整表格列宽，如图 18-4 所示；再将光标放置在第二列表格的边线上，当光标变成 ↔ 形状时，按住鼠标左键拖动，调整表格列宽，如图 18-5 所示。

图 18-4

图 18-5

提示

如果需要精确设置表格的列宽，只需在"表格工具→布局"选项卡的"表"选项组中，单击"属性"按钮，打开"表格属性"对话框，在"列"选项卡中的"指定宽度"编辑框中输入数值即可。

18.1.3 设置文本对齐方式

1 选择"文件"文本,在"对齐方式"选项组中单击"中部两端对齐"按钮(见图18-6),将文本设置为靠左居中对齐。

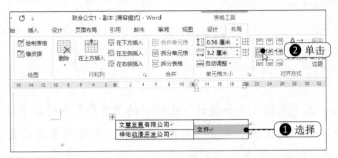

图18-6

2 选择发文单位,在"表格工具→布局"选项卡的"对齐方式"选项组中,单击"水平居中"按钮(见图18-7),将发文单位设置为表格正中显示。

3 选择发文单位,在"开始"选项卡的"段落"选项组中单击"分散对齐"按钮(见图18-8),即可将发文单位分散对齐在单元格中,如图18-9所示。

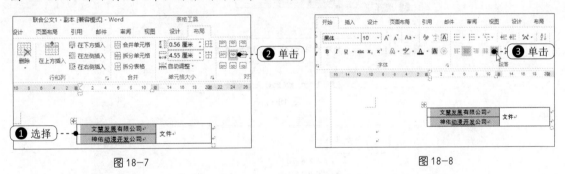

图18-7   图18-8

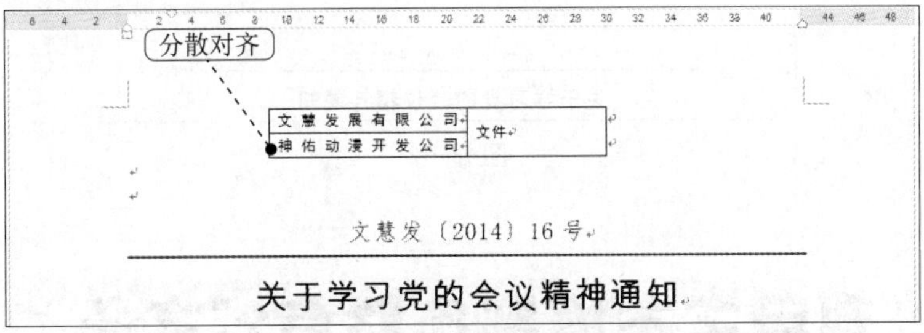

图18-9

提示

如果需要设置整个表格的对齐方式,打开"表格属性"对话框,在"表格"选项卡中的"对齐方式"栏中选择需要的对齐方式即可。

18.1.4 设置表格边框

1 按与前面相同的方法，适当加大表格的行高，如图 18-10 所示。

图 18-10

2 选择整个表格，在"表格工具→设计"选项卡的"布局"选项组中单击"边框"下拉按钮，在下拉菜单中单击"无框线"命令（见图 18-11），即可将表格设置为无边框样式，如图 18-12 所示。至此，联合公文头制作完毕。

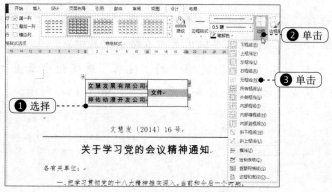

图 18-11

图 18-12

18.2 利用文本框制作联合公文头

18.2.1 插入文本框

在文本框中输入文本的优势是，可以将文本框拖动到任意位置，方便文档排版。

❶ 在"插入"选项卡的"文本"选项组中，单击"文本框"下拉按钮，在展开的下拉菜单中单击"绘制文本框"命令（见图 18-13），即可在文档合适的位置绘制文本框。

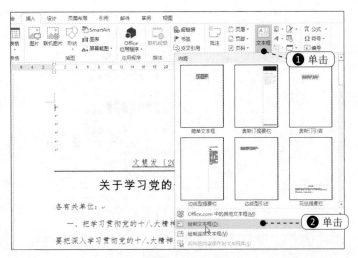

图 18-13

❷ 在文本框中输入单位名称，并设置文本的字体格式，然后将文本设置为"分散对齐"，如图 18-14 所示。

图 18-14

18.2.2　设置文本框样式

❶ 选择文本框，在"绘图工具→格式"选项卡的"形状样式"选项组中单击"形状填充"下拉按钮，在展开的下拉菜单中单击"无填充颜色"命令（见图 18-15），文本框即没有任何填充颜色。

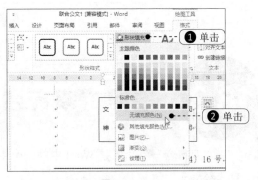

图 18-15

2 在"形状样式"选项组中单击"形状轮廓"下拉按钮，在下拉菜单中单击"无轮廓"命令（见图 18-16），文本框即没有边框，如图 18-17 所示。

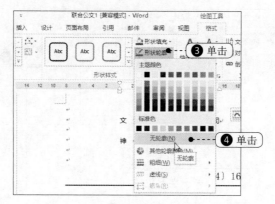

图 18-16

图 18-17

3 再绘制一个文本框，并输入"文件"两字，设置文本字体格式，并设置无轮廓边框，然后按如图 18-18 所示的位置放置即可。

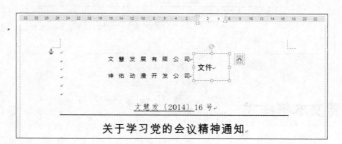

图 18-18

18.3 使用"双行合一"法制作联合公文头

"双行合一"功能是 Word 中的一个中文版式功能，利用此功能也可以很方便地制作联合公文头。

1 在文档中输入"文慧发展有限公司海集团神佑开发公司文件",并选中"海集团神佑开发公司",在"开始"选项卡的"段落"选项组中单击"中文版式"下拉按钮,在展开的下拉菜单中单击"双行合一"命令(见图18-19),打开"双行合一"对话框。

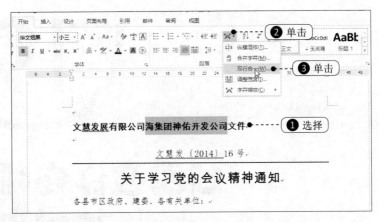

图 18-19

2 在"文字"栏中,将光标定位在"海集团"和"神佑开发公司"之间,按空格键,直到看见"预览"框中"海集团"和"神佑开发公司"分成两行为止,如图18-20所示。

3 单击"确定"按钮,然后设置公文头文字格式和对齐方式,自此完成联合公文头制作,如图18-21所示。

图 18-20

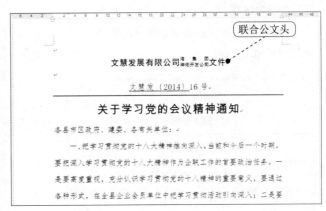

图 18-21

CHAPTER

19

公司会议安排与流程设计

本章概述

　　会议是企业发展中的必要程序。合理的会议安排和流程设计可以使会议达到事半功倍的效果——不仅可以确保有效地传达会议精神，而且可以确保会议顺利、快速地完成，避免了冗繁、杂乱的现象出现。

　　本章制作《公司营销会议安排》文档，介绍如何设置插入图形，以及使用 SmartArt 图形快速地安排会议流程。

应用功能	对应章节
插入图形	第 5 章
在图形中添加文字	
套用样式美化图形	
组合图形	
设置图形对齐方式	
全选多个对象	本章
插入 SmartArt 图形	第 5 章
添加形状	
美化 SmartArt 图形	

应用效果

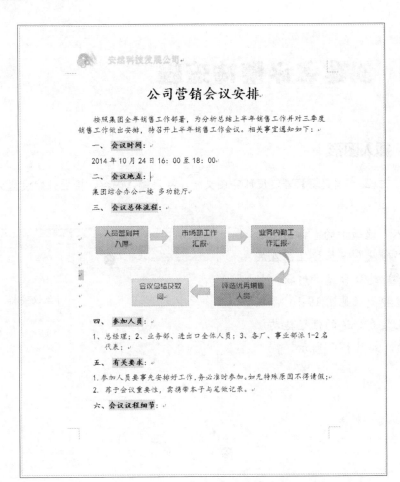

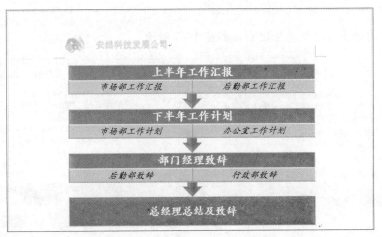

范例制作与应用

19.1 创建会议整体流程

19.1.1 插入图形

首先创建《员工绩效奖惩管理制度》空白文档，并且输入内容，接着开始设置文档的格式，使其更加整齐、美观。

1 在"插入"选项卡的"插图"选项组中单击"形状"下拉按钮，在展开的下拉菜单中选择合适的形状，如"流程图：过程"（见图 19-1），然后按住鼠标左键在合适的位置拖动，即可绘制图形，如图 19-2 所示。

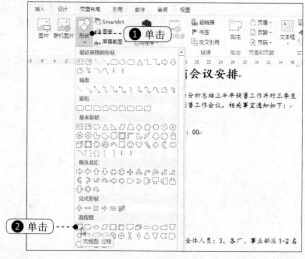

图 19-1

2 按照同样的方法，绘制其他图形，如图 19-3 所示。

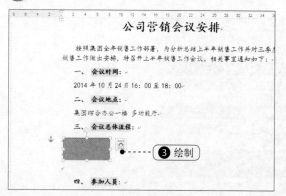

图 19-2

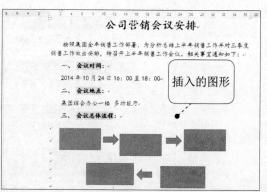

图 19-3

> **提示**
>
> 如果需要相同的图形，可以不用一个一个地绘制；直接通过"复制"、"粘贴"的方法即可快速得到相同的图形。

3 为保障图表能够很规范的对齐，例如本例中选中上面的三个矩形，在"绘图工具→格式"选项卡的"排列"选项组中单击"对象对齐"下拉按钮，在下拉菜单中单击"顶端对齐"命令（见图19-4），即可将选中的图形顶端对齐；接着单击"对象对齐"下拉按钮，在下拉菜单中单击"横向分布"命令（见图19-5），即可将选中的图形均衡对齐。

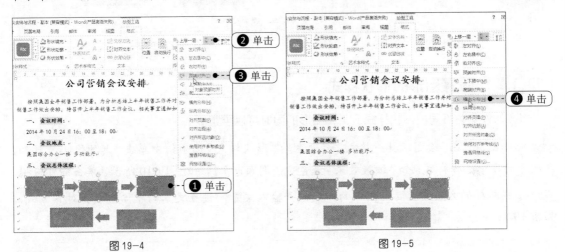

图 19-4　　　　　　　　　　　　　　　　图 19-5

> **提示**
>
> 其他图表的对齐均可采取这种方法，因为使用命令对齐远比目测的准确。

4 对于本例中使用的"右弧形箭头"图形，我们可以通过对控点的调节让图形比原始图形更加美观。选中箭头图形，图形上出现的黄色控点均为可调节的控点，鼠标指向控点（见图19-6），按住鼠标左键拖动即可调节。可反复调节至自己需要的样式，如图19-7所示为调节后的图形。

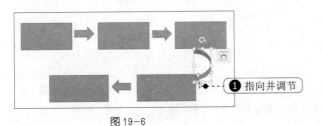

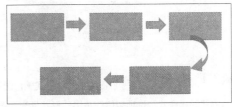

图 19-6　　　　　　　　　　　　　　　　图 19-7

5 为使"右弧形箭头"图形更加美观，可将其置于其他图形的底层。在图形上单击鼠标右键，在弹出的快捷菜单中依次单击"置于底层→置于底层"命令（见图19-8），即可实现调节。调节后的图形效果如图19-9所示。

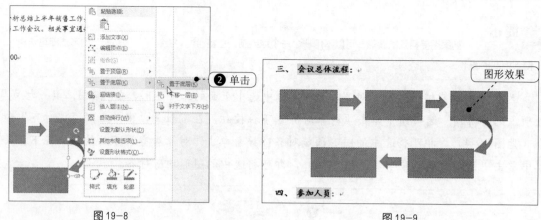

图 19-8

图 19-9

19.1.2 设置图形的形状样式

将图形设置为不同的形状样式，美化图形的同时可以丰富版面。

1 选择图形，在"绘图工具→格式"选项卡的"形状样式"选项组中单击"其他"（▽）按钮，在展开的库中选择样式，如"细微效果-蓝色，强调颜色 1"，如图 19-10 所示，单击即可应用。

2 按照同样的方法设置其他图形的样式，并输入文本，设置文本的字体格式和对齐方式，如图 19-11 所示。

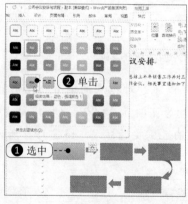

图 19-10

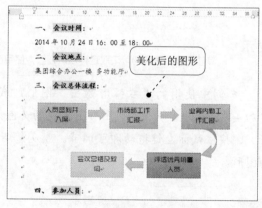

图 19-11

提示

上面是直接套用形状样式美化图形，用户还可以自定义美化图形，在"绘图工具→格式"选项卡的"形状样式"选项组中，单击"形状填充"按钮，可设置图形的填充颜色；单击"形状轮廓"按钮，可设置图形的线条样式、粗细和颜色。

19.1.3 组合图形

如果插入的图形较多，则移动图形势必造成混乱。此时将图形组合起来，即可随意移动图形。

为了便于一次性选中多个图形，可以启用"选择对象"模式。

① 在"开始"选项卡的"编辑"选项组中单击"选择"下拉按钮，在展开的下拉菜单中单击"选择对象"命令，如图 19-12 所示。

图 19-12

② 在需要选择的对象上框选，即可将所有需要选择的对象一次性框选在内，如图 19-13 所示。

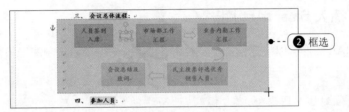

图 19-13

③ 在"绘图工具→格式"选项卡的"排列"选项组中单击"组合"下拉按钮，在下拉菜单中单击"组合"命令（见图 19-14），即可将所有图形组合在一起，如图 19-15 所示。

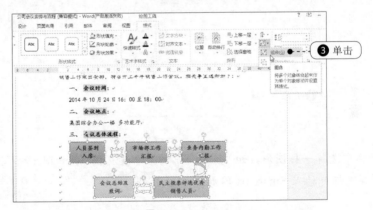

图 19-14

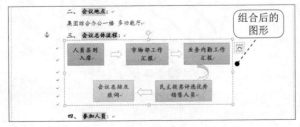

图 19-15

> **提示**
>
> 如果图形格式、文本都已设置完成，需要将图形更改为另一种图形样式，不用重新做；直接在"绘图工具→格式"选项卡的"插入形状"选项组中，单击"编辑形状"按钮，在下拉菜单中将鼠标指向"更改形状"，在弹出的子菜单中单击要更改为的形状即可。

19.2 使用 SmartArt 图形绘制会议议程

19.2.1 插入 SmartArt 图形

利用 SmartArt 图形可以快速绘制出流程，不用再一个一个地绘制图形组合，节省了大量时间，而且也较美观。

1 将光标定位到插入图形处，在"插入"选项卡的"插图"选项组中单击"SmartArt"按钮（见图 19-16），打开"选择 SmartArt 图形"对话框。

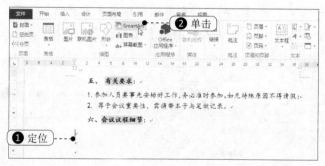

图 19-16

2 在对话框中选择一种图形，如"流程"中的"分段流程"，如图 19-17 所示，单击"确定"按钮，即可在光标处插入 SmartArt 图形，如图 19-18 所示。

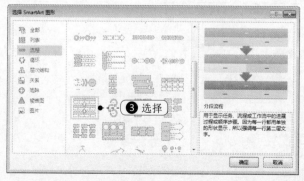

图 19-17

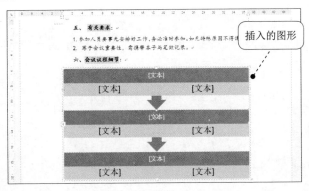

图 19-18

19.2.2 添加 SmartArt 图形形状

默认插入的图形形状一般不够用，这就需要插入更多的形状以满足需要。

选择图形，在"SmartArt 工具→设计"选项卡的"创建图形"选项组中单击"添加形状"下拉按钮，在展开的下拉菜单中单击"在后面添加形状"命令（见图 19-19），即可在选择的图形后面插入形状，然后在图形中输入文本，如图 19-20 所示。

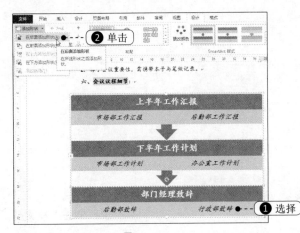

图 19-19

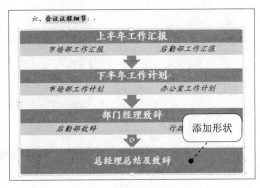

图 19-20

> **提示**
>
> 在对 SmartArt 图形进行文本编辑时，需要使用到文本窗格，默认选中 SmartArt 图形就会显示出文本窗格。如果文本窗格没有显示，可以按如下方法找回。
>
> 选中 SmartArt 图形，然后单击其左侧的按钮，即可展开文本窗格；或者选中 SmartArt 图形，然后在"SmartArt 工具→设计"选项卡的"创建图形"选项组中单击"文本窗格"按钮，即可打开文本窗格。

19.2.3 套用样式快速美化 SmartArt 图形

默认插入的图形都是蓝色底纹，比较单调。直接套用 Word 提供的图形样式，可快速美化 SmartArt 图形。

1 选择图形，在"SmartArt 工具→设置"选项卡中单击"更改颜色"下拉按钮，在展开的下拉菜单中选择一种颜色，如"彩色 - 强调文字颜色"，如图 19-21 所示。

2 在"SmartArt 样式"选项组中单击"其他"（⎯）按钮，在下拉列表中选择一种样式，如"强烈效果"（见图 19-22），单击即可应用，如图 19-23 所示。

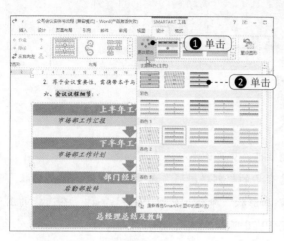

图 19-21

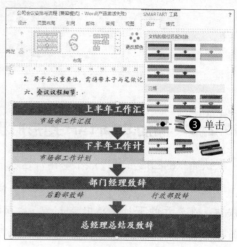

图 19-22

图 19-23

提示

如果用户想自定义设置、美化 SmartArt 图形，可在"SmartArt 工具→格式"选项卡的"形状样式"选项组中，通过设置"形状填充"、"形状轮廓"和"形状效果"实现。

CHAPTER

20

公司项目薪资管理办法多人协同修订

 本章概述

　　项目薪资是项目中的一个重要方面。项目薪资管理办法列出后，需要经过多方审核，最后才能确定，所以就要利用修订、批注等方式将修改意见显示出来，最后进行定稿。

　　本章介绍如何利用修订、批注、加密等方式审阅《公司项目薪资管理办法》文档，实现多人审阅同一个文档的目的。

应用功能	对应章节
激活修订	第6章
设置修订选项	
新建批注	
查看审阅窗格	
接受或拒绝修订	
将文档标记为最终状态	本章
设置文档密码	本章

应用效果

诺立科技公司项目薪资管理办法

第一章　总则

第一条　目的与原则

项目薪资是指为企业从事创造、创新性技术研究的科研开发人员专设的，除岗位级别工资之外，对科技人员所做的创造性劳动支付的一种报酬。为规范项目薪资的使用，体现公平竞争、合理开放的原则，制定本办法。

删除的内容：职级

第二条　项目薪资来源

项目薪资的来源有两个方面

批注 [z1]：这一行可以删除

1.　项目薪资来源于管理工资，由事业部根据各职能部或于公司直接从事新产品研发的技术人员数量及工资职级等设立。

2.　项目薪资来源于每年事业部获得的科技奖励基金（不含个人单项、专项奖励金额；已领取个人单项奖金的人员若其获奖金额高于其应得项目薪资则不再参与项目薪资的分配。若所获奖励金额低于其应得项目薪资，则递补不足部分）。

第三条　适用范围

1.　本办法适用于事业部所有正式立项的内销、出口产品开发项目、信息技术开发项目、三新技改项目等，其中新产品开发项目含全新开发、改进开发、派生开发、新技术应用研究项目及引进技术项目等。

删除的内容：、

删除的内容：、

2.　本办法适用于上述项目的项目组成员（包括参与项目的制造工艺人员）及有关专业评审人员办法及审阅人员。

带格式的：缩进：左侧：0 厘米 首行缩进：0.96 厘米，编号 + 级别：1 + 编号样式：1, 2, 3, … + 起始编号：1 + 对齐方式：左侧 + 对齐位置：0 厘米 + 缩进位置：0.74 厘米，制表位：5.14 字符，列表制表位

删除的内容：、

第二章　项目薪资的管理

第四条　项目薪资专款专用，当年项目薪资未发放完的，递延到下一年度使用，不可挪作他用。

第五条　项目薪资采取分类分层的方式进行管理：

1、　来源于管理工资部分的项目薪资由各子公司和职能部分别管理，根据研发人员在项目研发过程中的表现及项目进展情况每半年发放一次（原则上在每年的六月和十二月份发放），具体计发办法由各子公司和职能部自行制定，报事业部经营管理部备案；

1

范例制作与应用

20.1 审阅、修订项目薪资管理办法

20.1.1 激活文档修订状态并修订文档

修订文档，首先必须激活文档修订状态，这样在修订文档时才能显示修订痕迹。

1 在"审阅"选项卡的"修订"选项组中单击"修订"按钮（见图 20-1），文档进入修订状态，然后开始修改文档中错误或不合适的地方，即会显示修改痕迹，如图 20-2 所示。

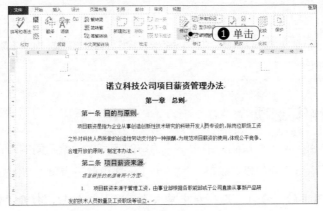

图 20-1

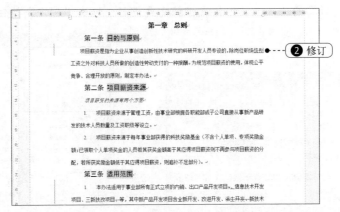

图 20-2

2 在"审阅"选项卡的"修订"选项组中单击"审阅窗格"按钮，可以打开左侧窗格查看所有修订，如图 20-3 所示。

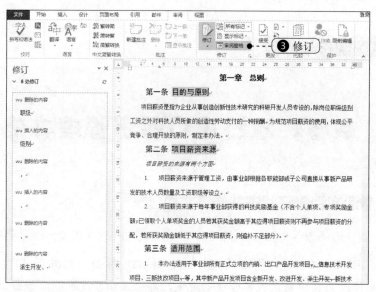

图 20—3

> **提示**
>
> 激活"修订"功能后，只要在文档中进行修改操作，都会有痕迹。如果不需要显示修订痕迹，只需再次单击"修订"按钮即可。

20.1.2 设置修订选项

如果一篇文档要由多位人员审阅，那么不同的审阅者可以设置不同的修订标记和格式以及批注人的姓名等，以显示出不同的修订状态，同时也便于文稿撰写者整理审阅后的文稿。

1⃝ 在"审阅"选项卡的"修订"选项组中单击右下角的 按钮，打开"修订选项"对话框，单击"高级选项"按钮（见图20-4），打开"高级修订选项"对话框，在其中设置"插入内容"、"删除内容"和"修订行"的格式，其他格式根据需要设置，单击"确定"按钮，如图 20-5 所示。

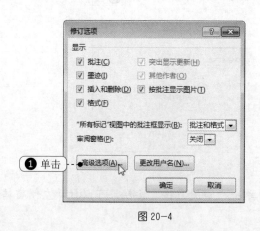

图 20—4

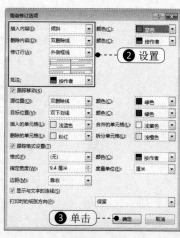

图 20—5

② 设置完成后，即可看到重新设置修订标记后的修订效果，如图 20-6 所示。

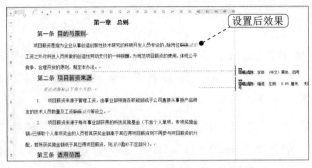

图 20-6

提示　修订状态下的批注框可根据需要设置。在"审阅"选项卡的"修订"选项组中单击"显示标记"按钮，在下拉菜单中将鼠标指向"批注框"，在展开的子菜单中有"在批注框中显示修订"、"以嵌入方式显示所有修订"和"仅在批注框中显示批注和格式"选项，用户可根据需要选择。

20.1.3 利用批注审阅文档

文档之中有些地方不是错误，而是有更好的设置方式；或者对于有些问题无法肯定，不方便直接修改，可以用批注框的方式提出意见。

选择需插入批注的文本，在"审阅"选项卡的"批注"选项组中单击"新建批注"按钮（见图 20-7），然后在批注框中输入修改建议，如图 20-8 所示。

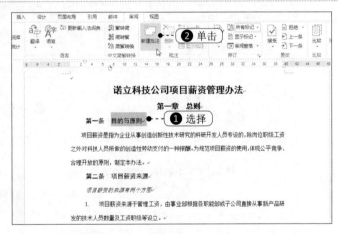

图 20-7

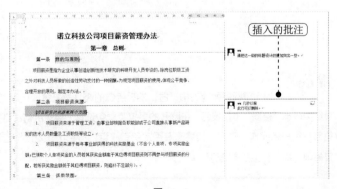

图 20-8

20.1.4 接受或拒绝修订并立稿

稿件终审时就要确定修订是否采纳或拒绝，以便形成最终完整的稿件。

1 将光标定位到正确修订的位置，在"审阅"选项卡的"更改"选项组中单击"接受"下拉按钮，在展开的下拉菜单中单击"接受并移到下一条"命令（见图20-9），即可接受所做的修订，且光标移到下一处修订。

2 若修订不正确，在"更改"选项组中单击"拒绝"下拉按钮，在展开的下拉菜单中单击"拒绝并移到下一条"命令（见图20-10），修订处即可还原为原来的状态。按照相同的方法接受或拒绝剩下的修订，即可形成最终稿。

图 20-9

图 20-10

提示

如果审阅完所有的修订后，发现所做的修订都是合理正确的，只需在"审阅"选项卡的"更改"选项组中单击"接受"下拉按钮，在展开的下拉菜单中选择"接受所有修订"命令，即可一次性接受所有的修订，避免了一条一条操作；同样，如果需要否定所有修订，可单击"更改"选项组中的"拒绝"按钮，在展开的下拉菜单中选择"拒绝所有修订"命令。

20.2.1 将文档标记为最终状态

将文档标记为最终状态后，文档就无法进行编辑。

1️⃣ 单击"文件"标签，在打开的下拉菜单中单击"信息"命令，单击右侧的"保护文档"下拉按钮，在展开的下拉菜单中单击"标记为最终状态"命令（见图20-11），打开提示对话框，显示"此文档将先被标记为终稿，然后保存"，如图20-12所示。

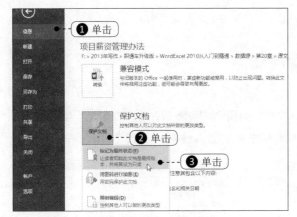

图 20-11

图 20-12

2️⃣ 单击"确定"按钮，再次弹出提示对话框，提示用户文档已被标记为最终状态等，并说明其他部分信息，如图20-13所示。单击"确定"按钮，文档即被标记为最终状态，且无法对文档进行编辑修改。

图 20-13

20.2.2 为文档加密

为文档加密后，再打开文档时需要输入密码，否则无法打开文档。

1️⃣ 单击"文件"标签，在打开的下拉菜单中单击"信息"命令，单击中间的"保护文档"

下拉按钮，在展开的下拉菜单中单击"用密码进行加密"命令（见图20-14），打开"加密文档"对话框。

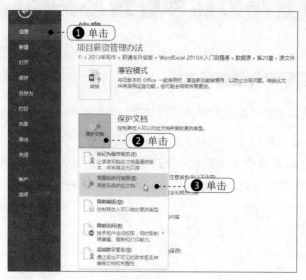

图 20—14

2　在"密码"文本框中输入任意位数的密码，如图20-15所示，单击"确定"按钮，打开"确认密码"对话框，在"重新输入密码"文本框中再次输入密码，如图20-16所示。

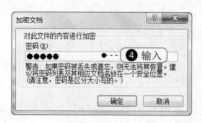

图 20—15

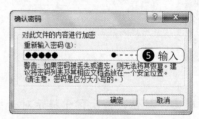

图 20—16

3　单击"确定"按钮，密码设置成功。关闭文档后，如果再次打开文档，将弹出如图20-17所示的"密码"对话框，只有输入正确的密码才能打开该文档。

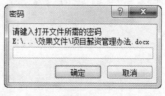

图 20—17

提示

如果不需要再对文档进行加密保护，只要再次单击"保护文档"下拉按钮，在其下拉菜单中选择"用密码进行加密"命令，打开"加密文档"对话框，删除文本框中的密码，单击"确定"按钮，即可取消密码。

CHAPTER

21

日常办公常用表格范例

范例概述

　　日常办公中少不了使用各种类型的表格。在学习前面的基础知识后，本章通过几个范例对前面所讲知识进行融会贯通，以达到活学活用的效果。

　　本章的范例编排牵涉到表格数据输入、美化、打印、超链接和数据的筛选等多方面的知识点。

———— 本章知识脉络图 ————

应用功能	对应章节
工作表操作（新建、重命名）	第 8 章
表格的美化（字体、对齐方式、边框、底纹）	第 10 章
表格打印	第 10 章
数据超链接	本章
数据筛选	第 12 章
应用函数	**对应章节**
IF 函数	
YEAR 函数	
TODAY 函数	
SUM 函数	第 11 章及本章
ROUND 函数	
AVERAGE 函数	
RANK 函数	

范例效果

企业来访登录表

序号	来访时间	来访人姓名	所在单位	证件号	来访人数	来访事由	被访人	离开时间	摘要

企业来访登记表　Sheet2

文件　开始　插入　页面布局　公式　数据　审阅　视图　加载项　POWERPIVOT

客户资料管理表

N	合作日	单位	联系	性	部门	职	通 信 地 址	固话或手	电子邮箱	开户行
1	01/01/10	上海怡程电脑	张斌	男	采购部	经理	海市浦东新区陆家嘴珠	13600200	jwansong@yirag.com	招商银行
2	11/02/10	上海东林电子	李少杰	男	销售部	经理	北京市东城区长安街1	13263009	pengeng@zrtang.com	建设银行
3	02/03/10	上海瑞扬贸易	王玉珠	女	采购部	经理	上海市浦东新区世纪1	13966714	xian@163.com	中国交通银行
4	03/14/14	上海聚华电脑	赵玉蓉	男	销售部	经理	上海市浦东新区即墨路	13096352	xuni@163.com	中国交通银行
5	12/11/09	上海汛程科技	李晓	男	采购部	经理	上海市浦东新区世纪1	13796310	wangilin@163.com	中国银行
6	01/06/08	洛阳赛朗科技	何平安	男	销售部	经理	河南省洛阳市南市区1	13606112	lide a@163.com	中国银行
7	03/22/07	上海佳杰电脑	陈胜平	男	采购部	经理	上海市浦东新区银城1	13096542	xiay@163.com	中国银行
8	11/08/10	嵩山旭科科技	释永信	男	行政部	主管	河南省嵩山市南市区1	13796855	wange1@rhbaihuo.	中国银行
9	05/09/11	天津宏鼎信息	李杰	男	销售部	经理	天津市长安街1号	13600200	liyie@163.com	中国银行
10	01/23/14	北京天怡科技	崔鹏	女	行政部	主管	北京市海淀区万寿路1	13606112	lide a@163.com	中国银行

员工培训成绩统计表

基本资料			课程得分							统计分析			
编号	姓名	性别	营销策略	沟通与团队	顾客心理	市场开拓	商务礼仪	商务英语	专业技能	总成绩	平均成绩	名次	合格情况
RY1-1	李济东	男	87	88	87	91	87	90	79	609	87	2	合格
RY1-2	肖江	男	90	87	76	87	76	98	88	602	86	5	合格
RY1-3	彭亨亨	男	77	87	87	88	83	77	81	580	82.86	14	二次培训
RY1-4	刘微	女	90	87	76	87	76	98	88	602	86	5	合格
RY1-5	童磊	男	92	90	91	78	85	88	88	612	87.43	1	合格
RY1-6	徐瑞诚	男	83	89	82	80	71	84	86	575	82.14	19	二次培训
RY1-7	韩化群	女	82	83	81	82	81	85	83	577	82.43	17	二次培训
RY2-1	高攀	男	88	90	88	86	85	85	80	605	86.43	3	合格
RY2-2	贺家乐	女	79	75	74	90	80	84	85	567	81	22	二次培训
RY2-3	陈怡	女	82	83	81	82	81	85	84	578	82.57	16	二次培训
RY2-4	周蒂	男	83	83	88	86	87	76	83	586	83.71	10	合格
RY2-5	夏慧	女	90	87	76	87	76	98	88	602	86	5	合格
RY2-6	韩文信	男	82	82	81	82	85	85	83	581	83	13	合格
RY2-7	葛丽	女	87	85	80	83	80	84	81	580	82.86	14	二次培训
RY2-8	张飞	男	84	80	85	88	82	93	91	603	86.14	4	合格
RY3-1	韩燕	女	81	82	82	81	81	82	82	571	81.57	21	合格
RY3-2	刘江波	男	82	83	83	72	91	81	81	573	81.86	20	二次培训
RY3-3	王磊	男	84	87	84	74	86	80	88	583	83.29	12	二次培训

员工培训成绩统计分析表

范例制作与应用

21.1 企业来访登记表

企业每天都会有很多来访者，为了规范管理来访者信息，可以建立工作表，由行政部门对来访情况进行记录，从而作为企业信息管理的一项依据。

21.1.1 建立企业来访登记表框架

Step 01 新建工作簿，重命名 Sheet1 工作表，用于创建企业来访登记表。

1️⃣ 新建工作簿，在 Sheet1 工作表名称上双击鼠标，重新输入名称为"企业来访登记表"。

2️⃣ 规划好企业来访登记表应包含的标识，如序号、来访时间、来访人姓名、来访人数、来访事由等列标识，然后在工作表中输入表格标题文字、表头文字与各项列标识，如图 21-1 所示。

图 21-1

Step 02 设置表格标题与列标识的格式。

1️⃣ 表格标题一般需要横跨整张表格，因此选中 A1:J1 单元格区域，在"开始"选项卡的"对齐方式"选项组中单击 🔲·（合并后居中）按钮，合并该单元格区域。

2️⃣ 在"字体"选项组中分别设置字体与字号，如图 21-2 所示。

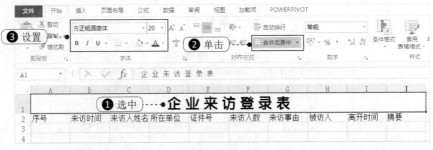

图 21-2

3️⃣ 选中列标识文字，在"对齐方式"选项组中单击"居中"按钮，接着按相同的方法，在

"字体"选项组中设置字体、字号，并设置填充颜色，如图 21-3 所示。

图 21-3

Step 03 按实际需要调整列宽。列宽的调节可以随时需要随时调整。

当需要减小列宽时，将光标定位在目标列右侧的边线上，当光标变成双向对拉箭头时，按住鼠标左键向左拖动，如图 21-4 所示。

当需要增大列宽时，将光标定位在目标列右侧的边线上，当光标变成双向对拉箭头时，按住鼠标左键向右拖动，如图 21-5 所示。

图 21-4

图 21-5

Step 04 设置表格编辑区域的边框效果。由于工作表中的网格线是虚拟线条（打印表格时将看不到网格线），所以需要为编辑区域添加边框。

选中数据编辑区域，在"字体"选项组中单击 按钮（见图 21-6），打开"设置单元格格式"对话框。

图 21-6

2 单击"边框"选项卡，在"线条"栏中选择线条样式并设置线条颜色，在"预置"栏中单击"外边框"；如果想使用不一样的内部线条，则重新选择线条样式并设置线条颜色，在"预置"栏中单击"内部"，如图 21-7 所示。

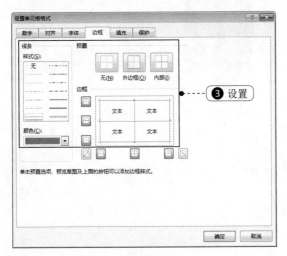

图 21-7

3 单击"确定"按钮，可以看到选中的单元格区域设置了边框效果，如图 21-8 所示。

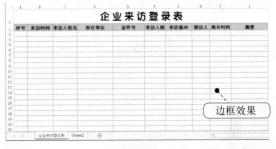

图 21-8

4 选中列标识，按相同的方法为其设置加粗线条，以达到特殊显示的效果，如图 21-9 所示。

图 21-9

21.1.2 打印来访登记表

完成上面的操作后，该表格就可以投入使用了。如果不想直接使用电子表格，而需要将表格打印出来使用，可以按如下方法设置打印。

1. 打印预览

单击"文件"标签，在打开的下拉菜单中单击"打印"命令，右侧窗口显示打印设置区域，以及对当前表格的打印预览效果，如图 21-10 所示。

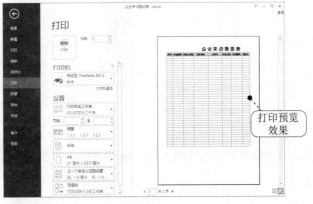

图 21-10

2. 页面设置

从打印预览效果可以看到表格后面几列没能显示出来，此时可以将表格改为横向打印方式。

1 在"页面布局"选项卡的"页面设置"选项组中单击"纸张方向"下拉按钮，在展开的下拉菜单中选择"横向"，如图21-11所示。

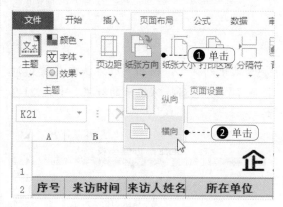

图 21-11

2 执行上述操作后，可以看到横向打印效果，如图 21-12 所示。

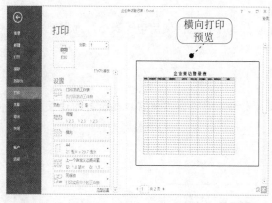

图 21-12

3 在"打印"选项面板中单击"页面设置"链接（见图21-13），打开"页面设置"对话框。

4 在"居中方式"栏中选中"水平"复选框，如图21-14所示。

图 21-13

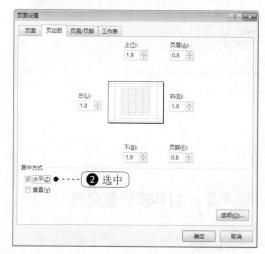

图 21-14

5 单击"确定"按钮，可以看到表格居中预览的效果，如图 21-15 所示。

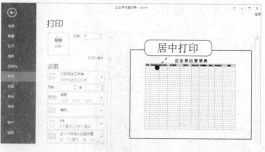

图 21-15

6 当打印预览效果满意时，则可以准备打印纸，执行打印操作了。

21.2 客户资料管理表

企业日常经营中需要与多个客户进行交易，因此对于交易客户的基本资料需要长期保存，以方便后期业务联系，从而建立长期的合作关系。通过在 Excel 2013 中建立数据表来保存客户资料是首选的方法，因为在 Excel 中既方便数据的添加、查询，也方便对数据进行分析。

21.2.1 建立客户资料管理表

Step 01 重命名工作表，并规划好客户资料管理表应包括的列标识。

1 将一张新工作表重新命名为"客户资料管理表"。

2 将规划好的客户资料管理表的表格标题、列标识等输入到表格中，如图 21-16 所示。

图 21-16

Step 02 设置表格的格式，包括文字格式、边框、底纹等。

1 将表格标题合并居中显示，设置表格标题的文字格式（在"开始"选项卡的"字体"选项组中设置，或是打开"单元格格式"对话框进行设置），如图 21-17 所示。

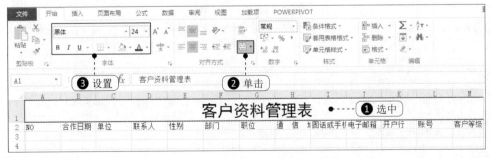

图 21-17

2 按相同的方法，设置列标识的文字格式、居中显示，并设置填充颜色，以达到如图 21-18 所示的效果。

图 21-18

Step 03 批量填充编号。

分别在 A3、A4 单元格中输入序号 1 与 2，选中 A3:A4 单元格区域，将光标定位到该单元格区域右下角的填充柄上，按住鼠标左键向下拖动（见图 21-19），释放鼠标，即可实现快速填充序号，如图 21-20 所示。

图 21-19

填充的序号

图 21-20

Step 04 向表格中输入客户信息数据。将已知的基本客户信息输入到表格中，如图 21-21 所示输入了部分数据。

NO	合作日期	单位	联系人	性别	部门	职位	通 信 地 址	固话或手机	电子邮箱	开户行	账号	客户等级
1	01/01/10	上海怡程电脑	张斌	男	采购部	经理	海市浦东新区陆家嘴玛	13600200	jwa rong@yir	招商银行	********	
2	11/02/10	上海东林电子	李少杰	男	销售部	经理	北京市东城区长安街	13263009	pen heng@zrt	建设银行	********	
3	02/03/10	上海瑞杨贸易	王玉珠	女	采购部	经理	上海市浦东新区世纪	13966714	xia on@163.c	中国交通银行	********	
4	03/14/14	上海毅华电脑	赵王普	男	销售部	经理	上海市浦东新区即墨罪	13096352	xun g@163.co	中国交通银行	********	
5	12/11/09	上海汛程科技	李婉	女	销售部	经理	上海市浦东新区世纪	13796310	wan hilin@16	中国交通银行	********	
6	01/06/08	洛阳赛朗科技	何平安	男	销售部	经理	河南省洛阳市南市区	13606112	lid ua@163.cc	中国银行	********	
7	03/22/07	上海佳杰电脑	陈胜平	男	采购部	经理	上海市浦东新区银城	13096542	xia ng@163.c	中国建设银行	********	
8	11/08/10	嵩山旭科科技	释永信	男	行政部	主管	河南省嵩山市南市区	13796855	wan ei@rhba	中国银行	********	
9	05/09/11	上海宏鼎信息	李杰	男	销售部	经理	天津市长安街1号	1360020	liy jie@163.	中国银行	********	
10	01/23/14	北京天怡科技	崔娜	女	行政部	主管	北京市海淀区万寿路1	13606112	lid ua@163.c	中国银行	********	
11												
12												
13												

图 21-21

Step 05 根据"合作日期"列的数据自动返回客户等级。此处约定当合作年限小于等于 3 年时，为 C 级客户；当合作年限大于 3 年且小于等于 5 年时，为 B 级客户；当合作年限大于 5 年时，为 A 级客户。

① 选中 M3 单元格，在公式编辑栏中输入公式：

=IF(YEAR(TODAY())-YEAR(B3)<=3,"C",IF(YEAR(TODAY())-YEAR(B3)<=5,"B","A"))

按 Enter 键，根据 B3 单元格的数据自动返回等级，如图 21-22 所示。

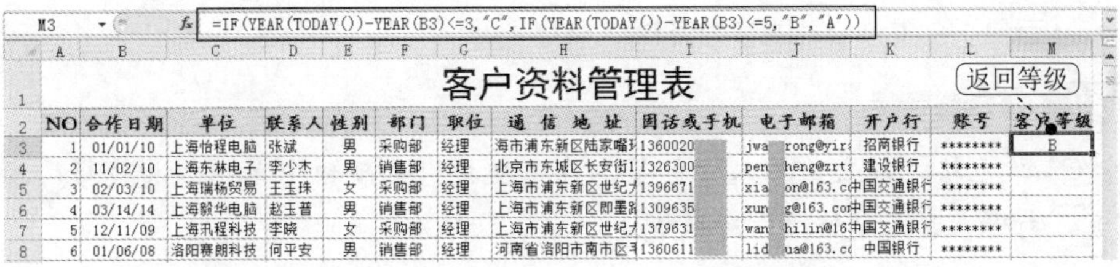

图 21-22

② 选中 M4 单元格，鼠标指向右下角的填充柄上，按住鼠标左键向下拖动复制公式，即可自动根据 B 列的数据返回等级，如图 21-23 所示。

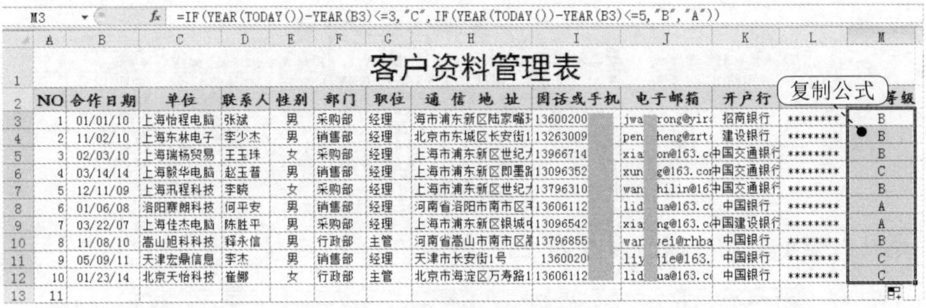

图 21-23

公式分析

=IF(YEAR(TODAY())-YEAR(B3)<=3,"C",IF(YEAR(TODAY())-YEAR(B3)<=5,"B","A")) 公式解析：

①TODAY 函数返回当前日期，然后使用 YEAR 函数提取当前日期中的年份。① 步结果与 B3 单元格的差值小于等于 3，返回 "C"；① 步结果与 B3 单元格的差值大于 3 且小于等于 5 时，返回 "B"；① 步结果与 B3 单元格的差值大于 5 时，返回 "A"。

函数说明

★ YEAR 函数：表示某日期对应的年份。语法格式为

　　YEAR(serial_number)

★ TODAY 函数：返回当前日期的序列号。语法格式为

　　TODAY()

21.2.2 将客户名称链接到公司网页

设置"客户名称"超链接可以实现在单击客户名称时即打开该公司的简介文档，或是打开公司的网页，从而便于查看该公司的详细资料。

Step 01 添加超链接。

1 选中 C3 单元格，单击"插入"标签，在"链接"选项组中单击"超链接"按钮（见图 21-24），打开"插入超链接"对话框。

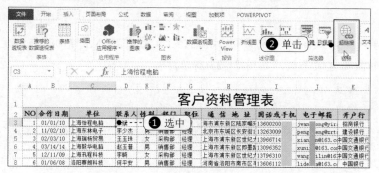

图 21-24

2 在"地址"栏中输入网址，如图 21-25 所示。

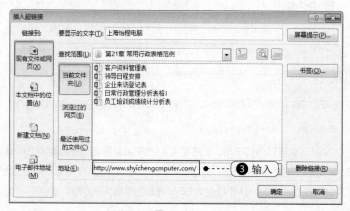

图 21-25

Step 02 设置鼠标指向时屏幕提示。

1 单击"屏幕提示"按钮，打开"设置超链接屏幕提示"对话框，输入提示文字，如图 21-26 所示。

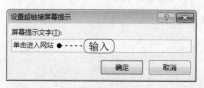

图 21-26

2 设置完成后，单击“确定”按钮，返回到工作表中，可以设置的超链接以蓝色显示且显示下画线。鼠标指向时显示提示文字（见图 21-27），单击即可打开网页。

3 按相同的方法，可以为其他客户名称添加超链接，效果如图 21-28 所示。

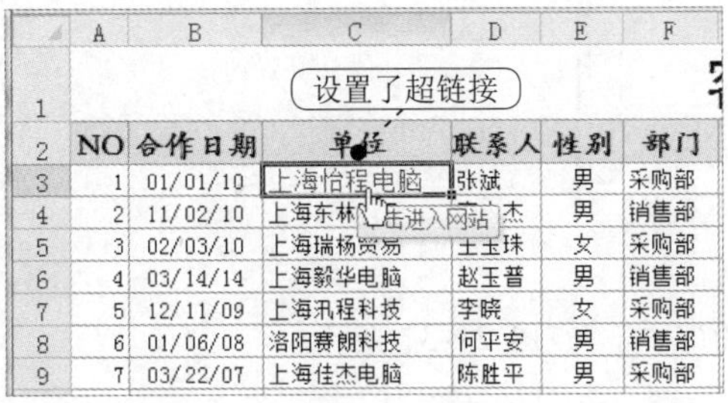

NO	合作日期	单位	联系人	性别	部门
1	01/01/10	上海怡程电脑	张斌	男	采购部
2	11/02/10	上海东林电子	李少杰	男	销售部
3	02/03/10	上海瑞杨贸易	王玉珠	女	采购部
4	03/14/14	上海毅华电脑	赵玉普	男	销售部
5	12/11/09	上海汛程科技	李晓	女	采购部
6	01/06/08	洛阳赛朗科技	何平安	男	销售部
7	03/22/07	上海佳杰电脑	陈胜平	男	采购部

图 21—27

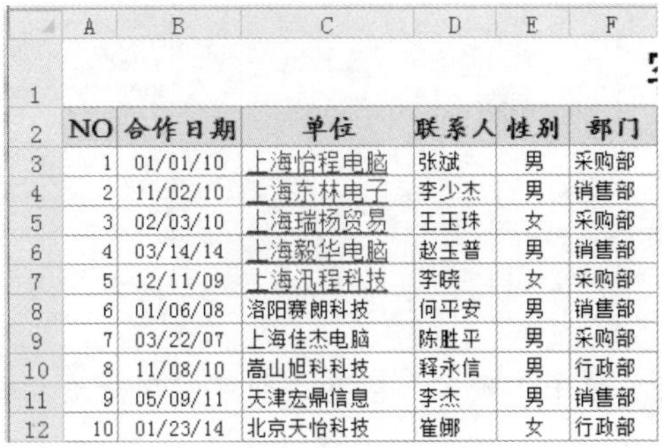

NO	合作日期	单位	联系人	性别	部门
1	01/01/10	上海怡程电脑	张斌	男	采购部
2	11/02/10	上海东林电子	李少杰	男	销售部
3	02/03/10	上海瑞杨贸易	王玉珠	女	采购部
4	03/14/14	上海毅华电脑	赵玉普	男	销售部
5	12/11/09	上海汛程科技	李晓	女	采购部
6	01/06/08	洛阳赛朗科技	何平安	男	销售部
7	03/22/07	上海佳杰电脑	陈胜平	男	采购部
8	11/08/10	嵩山旭科科技	释永信	男	行政部
9	05/09/11	天津宏鼎信息	李杰	男	销售部
10	01/23/14	北京天怡科技	崔娜	女	行政部

图 21—28

21.2.3 筛选指定等级或特定城市的客户

完成对客户资料的填入后，还可以利用筛选功能实现筛选查看特定的客户，如查看指定等级的客户、查看特定城市的客户等。

1. 筛选出指定等级的客户资料

Step 01 添加自动筛选。

选中包括列标识在内的数据区域，在“数据”选项卡的“排序和筛选”选项组中单击“筛选”按钮，添加自动筛选，如图 21-29 所示。

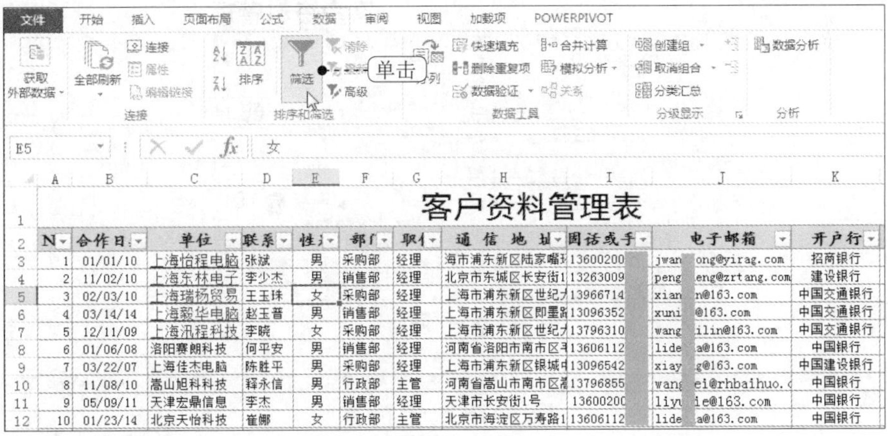

图 21—29

Step 02 筛选出指定等级的客户资料。

1 单击“客户等级”列标识右侧的下拉按钮，在展开的下拉菜单中取消“全选”前面的复选框，只选中需要查看的客户等级前面的复选框，如图 21-30 所示。

图 21-30

② 单击"确定"按钮，即可实现查看指定等级的客户，如图 21-31 所示。

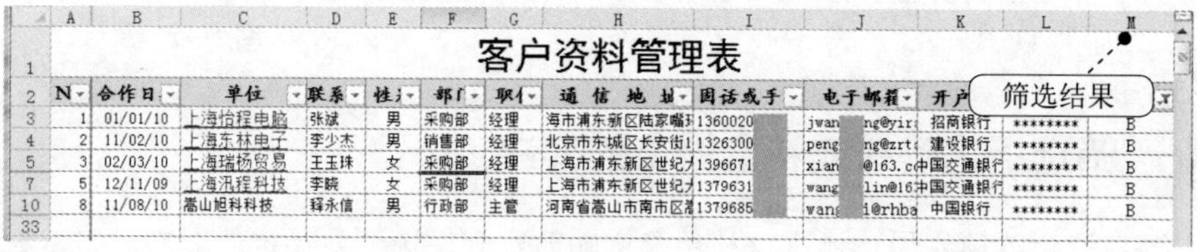

图 21-31

2. 筛选出特定城市的客户资料

① 单击"通信地址"列标识右侧的下拉按钮，在筛选框中输入"上海"，如图 21-32 所示。

② 单击"确定"按钮，可以筛选出所有"通信地址"中包含"上海"字样的客户资料，如图 21-33 所示。

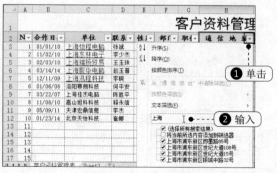

图 21-32

图 21-33

21.3 领导日程安排表

制作领导日程安排表是行政部门的必要工作之一。在 Excel 2013 工作簿中可以创建领导日常安排表，将工作条款安排得井井有条。

21.3.1 建立领导日程安排表的主表与附表

Step 01 新建工作簿，创建领导日程安排表。

1 在 Sheet1 工作表名称上双击鼠标，重新输入名称为"日程安排表"。

2 输入领导日程安排表的标题和列标识，并进行文字格式、表格边框/底纹的设置，如图 21-34 所示。

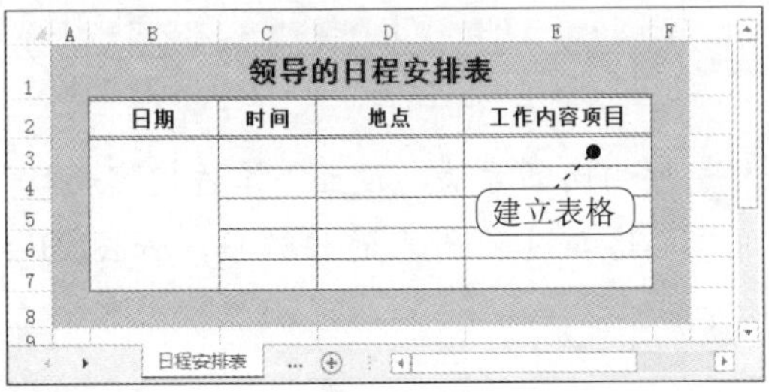

图 21-34

3 向表格中输入具体日程安排的数据，如图 21-35 所示。

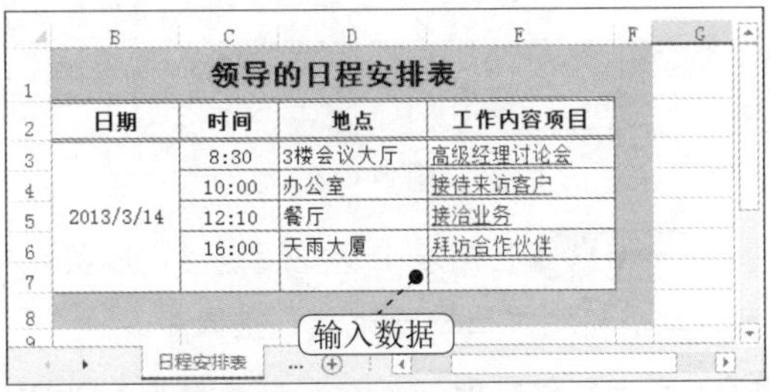

图 21-35

Step 02 在日程安排表的"工作内容项目"列中显示工作内容的简短说明，通过建立多个

附表（后面会设置主表与附表相链接）可以更加详细地说明工作内容。

1 重命名 Sheet2 工作表，根据实际情况建立"高级经理讨论会"表格，如图 21-36 所示。

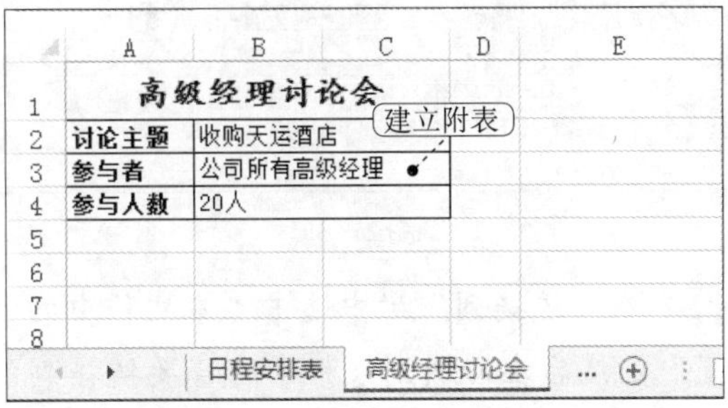

图 21-36

2 重命名 Sheet3 工作表，根据实际情况建立"接待来访客户"表格，如图 21-37 所示。

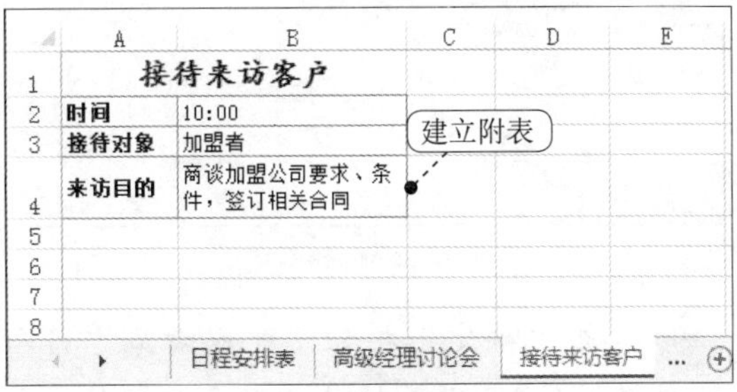

图 21-37

3 按相同的方法建立多个附表。

21.3.2 建立超链接让主表与附表链接

通过建立超链接让"日程安排表"中各单元格与各个附表相链接,可以实现单击"工作内容项目"中的内容就链接到附表中。

Step 01 建立"日程安排表"主表中的超链接。

❶ 在"日程安排表"中选中 E3 单元格,在"插入"选项卡的"链接"选项组中单击"超链接"按钮(见图 21-38),打开"插入超链接"对话框。

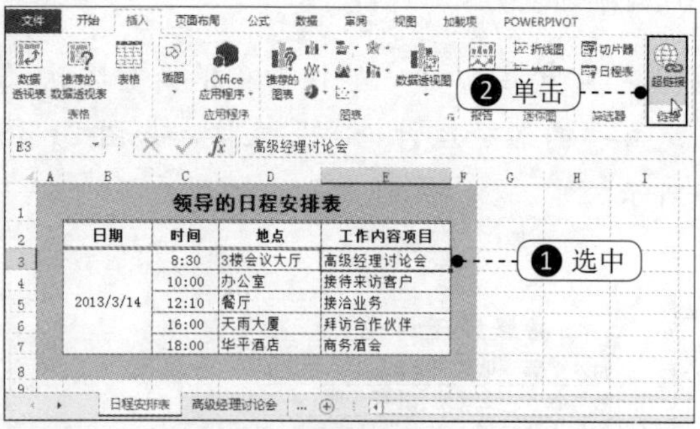

图 21-40

图 21-38

❷ 在"链接到"栏中选中"本文档中的位置",然后在右侧列表框中选择要链接到的工作表,如图 21-39 所示。

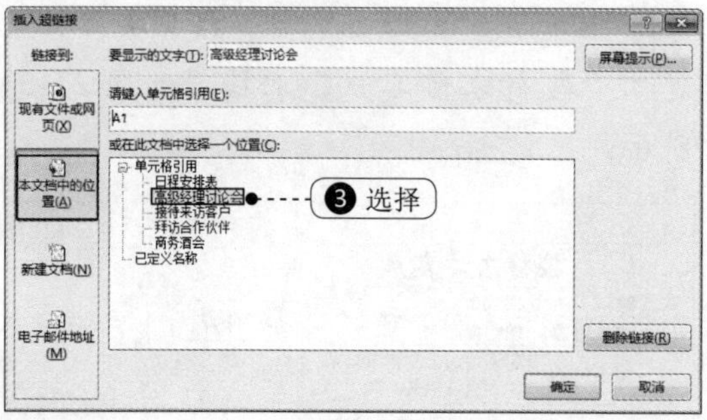

图 21-41

❹ 按相同的方法,设置"工作内容项目"列单元格与其他附表的相链接,如图 21-42 所示。

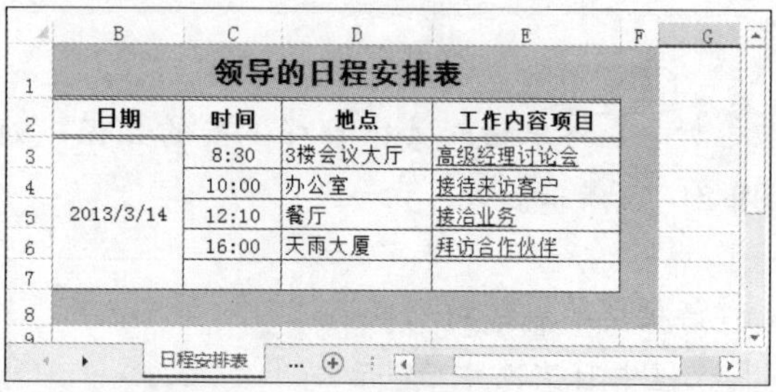

图 21-39

❸ 单击"确定"按钮,可以看到"日程安排表"的 E3 单元格被设置了超链接,如图 21-40 所示。单击即可切换到"高级经理讨论会"工作表,如图 21-41 所示。

图 21-42

Step 02 在附表中建立超链接,以实现单击时就跳转到"日程安排表"主表中。

❶ 在"高级经理讨论会"附表中输入"日程安排表"文字,选中该单元格,在"插入"选项卡的"链接"选项组中单击"超链接"按钮(见图 21-43),打开"插入超链接"对话框。

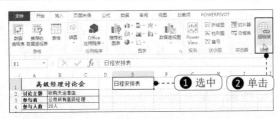

图 21-43

2 在"链接到"栏中选中"本文档中的位置",然后在右侧列表框中选中"日程安排表"工作表,如图 21-44 所示。

图 21-44

3 单击"确定"按钮,即可完成超链接的设置,如图 21-45 所示。

图 21-45

4 按相同的方法,在各个附表中建立超链接(都与"日程安排表"主表相链接),从而实现单击就跳转到"日程安排表"中。

21.3.3 保护领导日程安排表

完成前面的操作后,可以通过隐藏工作表标签和设置保护密码对领导日程安排表进行保护,以防止他人随意更改。

Step 01 隐藏工作表标签。

1 单击"文件"标签,在打开的下拉菜单中单击"选项"命令,打开"Excel 选项"对话框。单击切换到"高级"选项卡,在"显示"栏中取消选中"显示工作表标签"复选框,如图 21-46 所示。

2 单击"确定"按钮,即可隐藏工作表的标签,如图 21-47 所示。

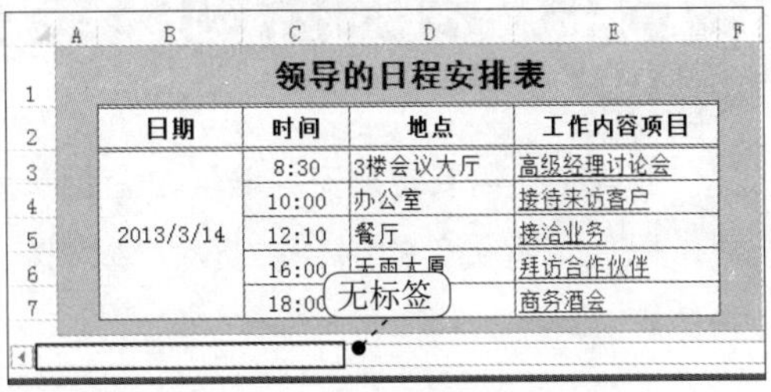

图 21-46

图 21-47

Step 02 设置工作表保护密码。

① 在"审阅"选项卡的"更改"选项组中单击"保护工作表"按钮，打开"保护工作表"对话框，输入保护密码，如图 21-48 所示。

② 单击"确定"按钮，打开"确认密码"对话框，提示再次输入密码，如图 21-49 所示。

图 21-48

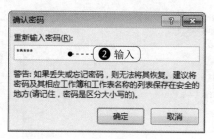

图 21-49

③ 单击"确定"按钮，完成保护设置。当试图更改表格中数据时，弹出阻止更改的提示信息，如图 21-50 所示。

图 21-50

21.4 员工培训成绩统计分析表

有些企业需要定期安排培训，企业新录取人员时也需要安排多项考核。为了统计考核结果，以便了解员工的综合素质，可以利用 Excel 2013 建立表格对培训成绩进行统计、管理与分析。

21.4.1 建立员工培训成绩统计表

Step 01 重命名 Sheet3 工作表，并按照培训的具体课程规划好表格应包括的列标识。

1 在 Sheet3 工作表名称上双击鼠标，重新输入名称为“员工培训成绩统计分析表”。

2 将规划好的培训成绩统计表的表格标题与各项列标识输入到表格中，如图 21-51 所示。

员工培训成绩统计表													
基本资料			课程得分							统计分析			
编号	姓名	性别	营销策略	沟通与团队	顾客心理	市场开拓	商务礼仪	商务英语	专业技能	总成绩	平均成绩	名次	合格情况

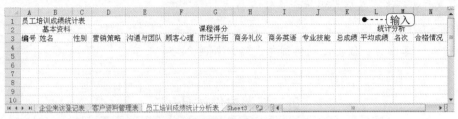

图 21-51

Step 02 设置表格的格式，包括文字格式、边框、底纹等。

分别设置表格标题文字、列标识的文字格式并设置表格的边框与底纹等，如图 21-52 所示。

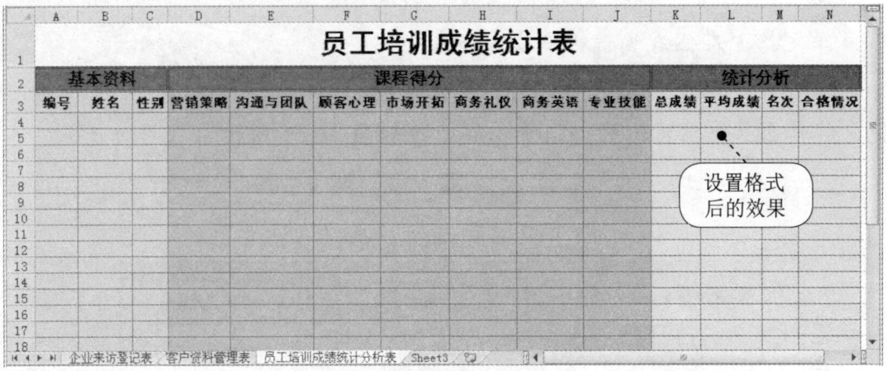

员工培训成绩统计表													
基本资料			课程得分							统计分析			
编号	姓名	性别	营销策略	沟通与团队	顾客心理	市场开拓	商务礼仪	商务英语	专业技能	总成绩	平均成绩	名次	合格情况

图 21-52

Step 03 在表格中输入参与培训员工的基本资料和培训成绩数据，如图 21-53 所示。

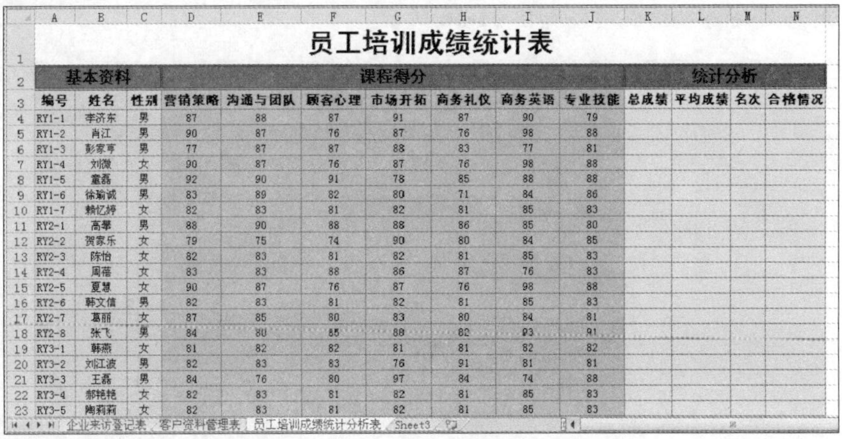

员工培训成绩统计表													
基本资料			课程得分							统计分析			
编号	姓名	性别	营销策略	沟通与团队	顾客心理	市场开拓	商务礼仪	商务英语	专业技能	总成绩	平均成绩	名次	合格情况
RY1-1	李济东	男	87	88	87	91	87	90	79				
RY1-2	肖江	男	90	87	76	87	76	98	88				
RY1-3	彭家亨	男	77	87	87	88	83	77	81				
RY1-4	刘微	女	90	87	76	87	76	98	88				
RY1-5	童磊	男	92	90	91	78	85	88	88				
RY1-6	徐瑜诚	男	83	89	82	80	71	84	86				
RY1-7	赖忆婷	女	82	83	81	82	81	85	83				
RY2-1	高攀	男	88	90	88	88	86	85	80				
RY2-2	贺家乐	女	79	75	74	90	80	84	85				
RY2-3	陈怡	女	82	83	81	82	81	85	83				
RY2-4	周蓓	女	83	83	88	86	87	76	83				
RY2-5	夏慧	女	90	87	76	87	76	98	88				
RY2-6	韩文信	男	82	83	81	82	81	85	83				
RY2-7	葛丽	女	87	85	80	83	80	84	81				
RY2-8	张飞	男	84	80	85	88	82	93	91				
RY3-1	韩燕	女	81	82	82	81	81	82	82				
RY3-2	刘江波	男	82	83	83	76	91	81	81				
RY3-3	王磊	男	84	76	80	97	84	74	88				
RY3-4	郝艳艳	女	82	83	81	82	81	85	83				
RY3-5	陶莉莉	女	82	83	81	82	81	85	83				

图 21-53

21.4.2 计算总成绩、平均成绩和名次

将员工培训数据记录到表格中后，可以利用函数统计每位员工总成绩、平均成绩、名次以及是否要进行二次培训。

Step 01 计算总成绩与平均成绩。

1. 选中 K4 单元格，在公式编辑栏中输入公式：

=SUM(D4:J4)

按 Enter 键，计算出第一位员工的培训总成绩，如图 21-54 所示。

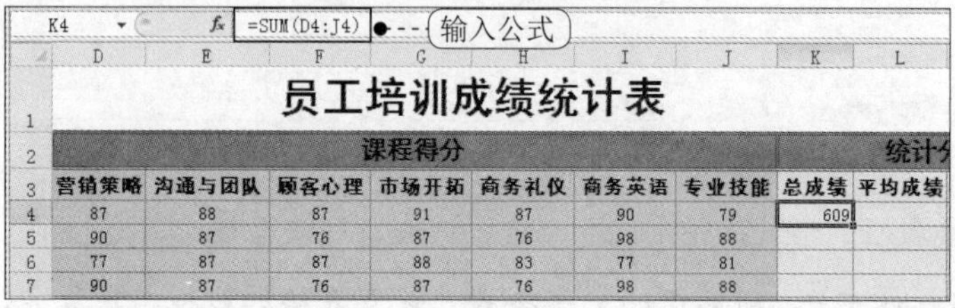

图 21-54

2. 选中 L4 单元格，在公式编辑栏中输入公式：

=ROUND(AVERAGE(D4:J4),2)

按 Enter 键，计算出第一位员工的培训平均成绩，如图 21-55 所示。

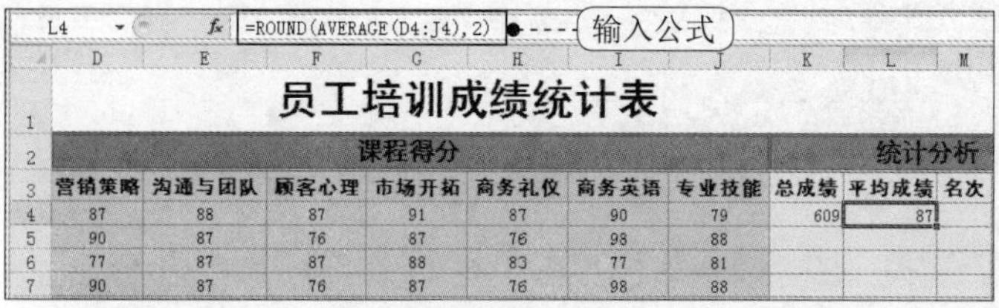

图 21-55

3. 选中 K4:L4 单元格区域，光标指向右下角的填充柄，按住鼠标左键向下拖动，可批量得出每位员工的总成绩与平均成绩，如图 21-56 所示。

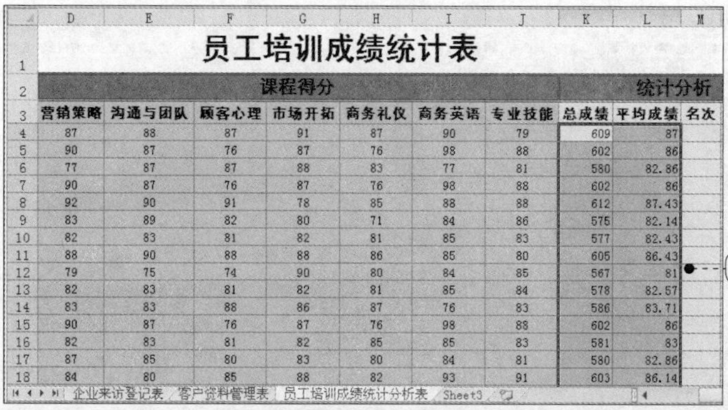

图 21-56

公式分析

=ROUND(AVERAGE(D4：J4),2) 公式解析：

① "AVERAGE(D4：J4)"，求括号中的单元格区域的平均值。"ROUND(AVERAGE(D4：J4),2)"将①步结果求出的值保留两位小数。

函数说明

★ AVERAGE 函数：用于计算所有参数的算术平均值。语法格式为

★ AVERAGE(number1,number2,…)

★ ROUND 函数：返回按指定位数进行四舍五入的数值。语法格式为

★ ROUND(number,num_digits)

Step 02 为培训成绩排名次以及判断是否合格或需要进行二次培训。在判断是否合格或是否要进行二次培训时，约定如下：

★ 当总分大于 600 分时，培训合格；

★ 每门课程成绩都大于 80 分时，培训合格；

★ 否则要进行二次培训。

① 选中 M4 单元格，在公式编辑栏中输入公式：

=RANK(K4,$K$4:$K$25)

按 Enter 键，得出第一位员工的成绩在所有员工成绩中的名次，如图 21-57 所示。

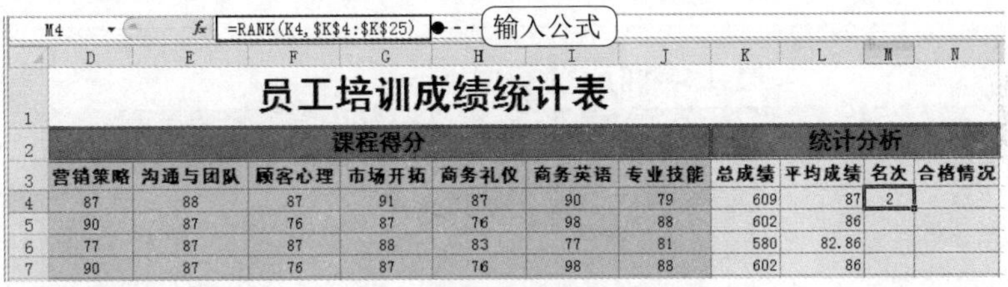

图 21-57

函数说明

★ RANK 函数：表示返回一个数字在数字列表中的排位，其大小与列表中的其他值相关。如果多个值具有相同的排位，则返回该组数值的最高排位。语法格式为

RANK(number,ref,[order])

② 选中 N4 单元格，在公式编辑栏中输入公式：

=IF(OR(AND(D4>80,E4>80,F4>80,G4>80,H4>80,I4>80,J4>80),K4>600),"合格","二次培训")

按 Enter 键，可以判断出第一位员工的合格情况，如图 21-58 所示。

N4 · =IF(OR(AND(D4>80,E4>80,F4>80,G4>80,H4>80,I4>80,J4>80),K4>600),"合格","二次培训")

员工培训成绩统计表

			课程得分				输入公式		统计分析		
营销策略	沟通与团队	顾客心理	市场开拓	商务礼仪	商务英语	专业技能	总成绩	平均成绩	名次	合格情况
87	88	87	91	87	90	79	609	87	2	合格
90	87	76	87	76	98	88	602	86		
77	87	87	88	83	77	81	580	82.86		
90	87	76	87	76	98	88	602	86		

图 21-58

公式分析

=IF(OR(AND(D4>80,E4>80,F4>80,G4>80,I4>80,J4>80),K4>600)," 合格 "," 二次培训 ") 公式解析：

① "AND(D4>80,E4>80,F4>80,G4>80,H4>80,I4>80,J4>80)"，表示括号中每个条件都必须满足；"OR(AND(D4>80,E4>80,F4>80,G4>80,H4>80,I4>80,J4>80),K4>600)"表示 ①步结果与"K4>600"只要有一个条件满足，就返回"合格"，否则返回"二次培训"。

函数说明

★ OR 函数：给出的参数组中任何一个参数的逻辑值为 TRUE，即返回 TRUE；任何一个参数的逻辑值为 FALSE，即返回 FALSE。语法格式为 OR(logical1,[logical2],…)

★ AND 函数：用于当所有的条件均为"真"时，返回的运算结果为 TRUE；反之，返回的运算结果为 FALSE。语法格式为 AND(logical1,logical2,logical3,…)

3 选中 M4:N4 单元格区域，光标指向右下角的填充柄，按住鼠标左键向下拖动，可批量得出每位员工的名次与合格情况，如图 21-59 所示。

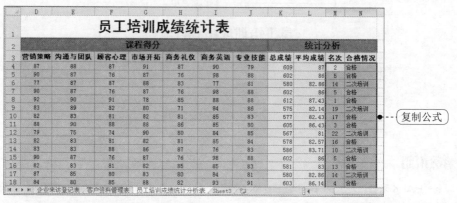

图 21-59

21.4.3 筛选查看培训合格情况

在利用函数完成相关的统计计算后，可以通过筛选功能查看此次培训的合格情况。

1. 筛选出所有需要二次培训的员工记录

Step 01 添加自动筛选。

选中包括列标识在内的数据区域，在"数据"选项卡的"排序和筛选"选项组中单击"筛选"按钮，添加自动筛选，如图 21-60 所示。

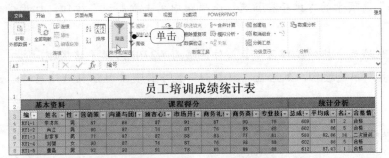

图 21-60

Step 02 筛选出需要二次培训的员工记录。

① 单击"合格情况"列标识右侧的下拉按钮，在下拉菜单中取消"全选"前面的复选框，选中"二次培训"复选框，如图 21-61 所示。

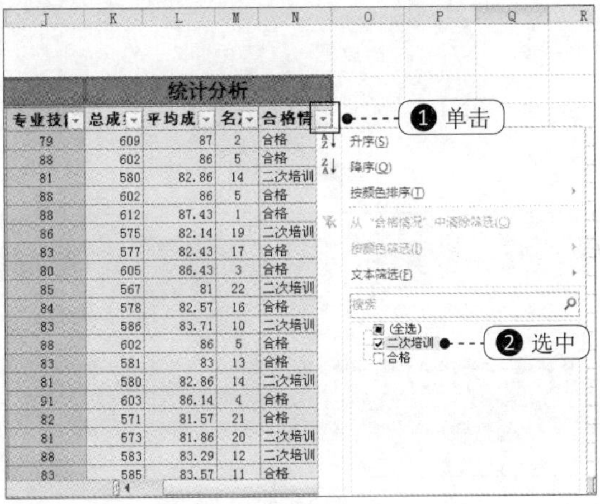

图 21-61

② 单击"确定"按钮，即可筛选出所有需要二次培训的员工记录，如图 21-62 所示。

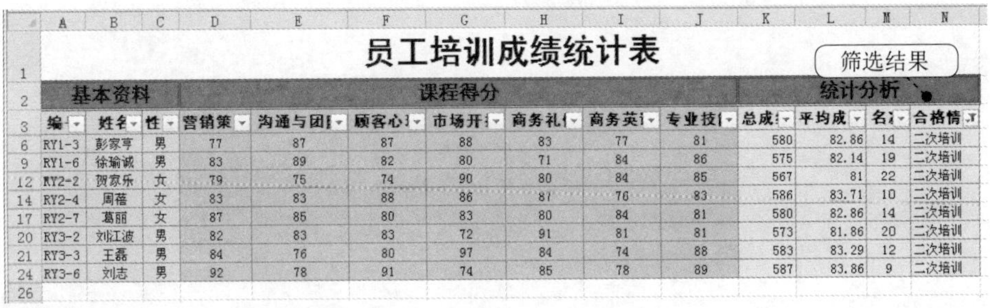

图 21-62

2. 筛选出指定分部需要二次培训的员工记录

在表格的编号中包括员工所属分部信息，如 RY1 表示 1 分部，RY2 表示 2 分部，RY3 表示 3 分部。如果想查看某个分部的培训合格情况，可以利用高级筛选功能来实现。

1 在表格的空白区域（可在新工作表中）建立查询条件，如图 21-63 所示。

2 在"数据"选项卡的"排序和筛选"选项组中单击"高级"按钮，打开"高级筛选"对话框。

3 设置列表区域为表格的编辑区域、条件区域为 A27:B28 单元格区域，选中"将筛选结果复制到其他位置"单选按钮，然后在"复制到"栏中设置要显示筛选结果的起始单元格，如图 21-64 所示。

	A	B	C	D	E
16	RY2-6	韩文信	男	82	83
17	RY2-7	葛丽	女	87	85
18	RY2-8	张飞	男	84	80
19	RY3-1	韩燕	女	81	82
20	RY3-2	刘江波	男	82	83
21	RY3-3	王磊	男	84	76
22	RY3-4	郝艳艳	女	82	83
23	RY3-5	陶莉莉	女	82	83
24	RY3-6	刘志	男	92	78
25	RY3-7	苏云飞	男	82	83
26					
27	**编号**	**合格情况**			
28	RY2*	二次培训	◀--- 设置条件		
29					
30					

图 21-63

图 21-64

4 设置完成后，单击"确定"按钮，可以看到筛选出所有"RY2"部需要进行二次培训的记录，如图 21-65 所示。

	A	B	C	D	E	F	G	H	I	J	K	L	M	N
24	RY3-6	刘志	男	92	78	91	74	85	78	89	587	83.86	9	二次培训
25	RY3-7	苏云飞	男	82	83	88	82	88	85	83	591	84.43	8	合格
26														
27	编号	合格情况												
28	RY2*	二次培训							筛选结果					
29														
30	编号	姓名	性别	营销策略	沟通与团队	顾客心理	市场开拓	商务礼仪	商务英语	专业技能	总成绩	平均成绩	名次	合格情况
31	RY2-2	贺家乐	女	79	75	74	90	80	84	85	567	81	22	二次培训
32	RY2-4	周蓓	女	83	83	88	86	87	76	83	586	83.71	10	二次培训
33	RY2-7	葛丽	女	87	85	80	83	80	84	81	580	82.86	14	二次培训
34														
35														

图 21-65

CHAPTER 22

在 Excel 中管理员工档案

范例概述

　　Excel 具有强大的数据管理与分析能力，因此对于中小企业而言，一般不会购买专业软件用于管理员工档案，只需利用手边的 Excel 软件来建立一个快捷好用的档案信息管理库。建立这样的员工资料管理库，一方面可以系统地管理员工档案，另一方面可以对员工档案数据进行查询、进行相关年龄层次分析和学历层次分析等操作。

本章知识脉络图

应用功能	对应章节
工作表操作（重命名）	第 8 章
单元格设置（单元格合并、行高 / 列宽）	第 8 章
单元格美化（字体、对齐方式、边框、底纹）	第 10 章
数据验证	第 12 章
数据排序	第 12 章
数据透视表创建、数据透视表设置	第 13 章
数据透视图	第 13 章

应用函数	对应章节
IF 函数	第 11 章及本章
LEN 函数	
MOD 函数	
MID 函数	
CONCATENATE 函数	
TODAY 函数	
IF 函数	
LEN 函数	
YEAR 函数	
VLOOKUP 函数	

范例效果

	编号	姓名	性别	年龄	所在部门	所属职位	技术职务	户口所在地	出生日期	身份证号		学历	专业	毕业院校	毕业时间	入职时间	离职时间
4	JX001	蔡瑞暖	女	35	销售部	职员		长沙	1980-05-16	4390251980051	522	大专	市场营销	湖南商学院	2002/6	2002/3/1	2006/10/
5	JX002	陈素玉	女	38	财务部	总监	会计师	岳阳	1977-11-20	4390011977112	528	硕士	财会	湖南大学	1997/6	2004/2/14	
6	JX003	王莉	女	35	企划部	职员		岳阳	1980-09-13	4390018009138		本科	设计	湖南大学	2002/6	2002/3/1	2006/10/
7	JX004	吕从英	女	34	企划部	经理		长沙	1981-11-04	4390251981110	224	本科	设计	湖南大学	2003/6	2008/3/1	
8	JX005	邱路平	男	33	网络安全部	职员	工程师	长沙	1982-08-23	4390251982082	235	硕士以上	电子工程	中南大学	2003/6	2008/4/5	
9	JX006	岳书焕	男	34	销售部	销售员		长沙	1981-06-12	4390258106123		大专	市场营销	湖南商学院		2011/4/14	
10	JX007	明雪花	女	37	网络安全部	经理	程序员	长沙	1978-03-14	4390257803149		硕士	IT网络	中南大学		2009/4/14	
11	JX008	陈惠婵	女	39	客服部	职员	程序员	永州	1976-09-12	4390311976091	285	本科		涉外经济学院		2012/1/28	
12	JX009	廖春	女	32	客服部	经理		长沙	1980-03-12	4390258003120		大专		涉外经济学院		2010/2/2	
13	JX010	张金重	男	36	财务部	职员	会计师	长沙	1979-02-13	4390251979021	578	本科				2006/2/19	2010/5/20
14	JX011	蔡雪华	男	35	人事部	经理		长沙	1980-02-15	4390251980021	573	大专				2012/4/7	
15	JX012	黄永明	男	33	企划部	职员		永州	1982-02-14	4390318202148		硕士				2009/2/20	
16	JX013	丁瑞	男	32	销售部	销售员		长沙	1983-02-13	4390258302138		高中及以下				2009/2/25	
17	JX014	庄界良	男	40	客服部	职员	助理工程师	长沙	1975-02-17	4390251975021	573	本科				2013/2/25	
18	JX015	曾利	男	40	网络安全部	职员		长沙	1975-02-13	4390251975021	578	本科				2009/8/26	
19	JX016	侯淑媛	女	24	销售部	销售员		长沙	1991-03-17	4390251991031	540	高中及以下				2014/10/4	
20	JX017	王占英	女	25	客服部	职员	工程师	常德	1990-10-16	4390421990101	527	大专				2013/10/6	
21	JX018	阳明文	女	30	客服部	职员		长沙	1985-06-10	4390251985061	224	本科				2014/2/9	
22	JX019	陈春	女	30	人事部	职员		长沙	1985-03-24	4390251985032	647	大专				2013/2/14	
23	JX020	杨和平	男	35	网络安全部	职员		长沙	1980-04-16	4390251980041	277	硕士以上				2012/4/12	
24	JX021	陈明	男	34	销售部	职员		常德	1981-07-06	4390421981070	197	大专				2011/5/25	
25	JX022	张刚	男	25	销售部	职员			1990-02-13	3427019002138		本科				2012/6/9	
26	JX023	韦余强	男	33	企划部	职员			1982-02-17	3427011982021	573	本科				2009/6/12	
27	JX024	邓晓兰	女	27	财务部	职员			1988-02-14	3427011988021	521	本科				2014/6/16	

年龄层次分析　学历层次分析　档案记录表　档案查询表　Sheet3

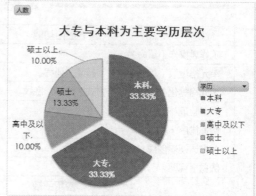

范例制作与应用

22.1 创建员工档案管理表

员工档案信息通常包括员工编号、姓名、性别、年龄、所在部门、所属职位、技术职务、户口所在地、出生日期、身份证号、学历、入职时间、离职时间、工龄等，因此在建立档案管理表前需要将该张表格包含的要素拟订出来，以完成表格框架的规划。

22.1.1 规划员工档案表框架

Step 01 新建工作簿，并命名为"员工档案管理表"，将 Sheet1 工作表重命名为"档案记录表"。

1 启动 Excel 2013 程序，默认建立了名为 Book1 的工作簿。单击"保存"按钮，打开"另存为"对话框。设置工作簿的保存位置，并设置保存名称为"员工档案管理表"，单击"保存"按钮，如图 22-1 所示。

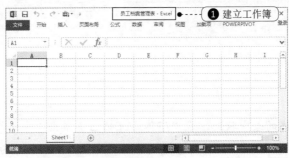

图 22—1

2 在 Sheet1 工作表标签上双击鼠标左键，进行编辑状态，如图 22-2 所示。

3 重新输入新的工作表名称为"档案记录表"，如图 22-3 所示。

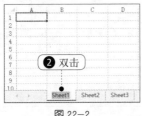

图 22—2

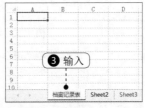

图 22—3

Step 02 输入表格的标题、表头文字及规划好的列标识。

1 在 A1 和 A2 单元格中，分别输入表格标题和表头文字。

② 在第 3 行中分别输入事先规划好的各项列标识，如图 22-4 所示。

图 22-4

Step 03 设置表头文字格式。

① 选中第 1 行中从 A1 单元格开始直至列标识结束的单元格区域，在"对齐方式"选项组中单击"合并后居中"按钮以将表格标题合并居中，如图 22-5 所示。

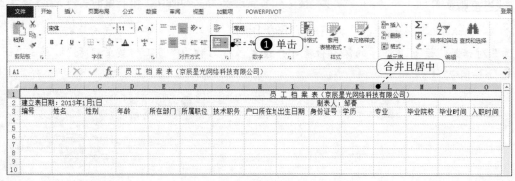

图 22-5

② 保持合并后单元格的选中状态，在"字体"选项组中单击"字体"下拉按钮，选择合适的字体；单击"字号"下拉按钮，选择合适的字号；单击"加粗"按钮，如图 22-6 所示。

图 22-6

③ 选中标题中公司名称的文字，按相同方法，在"开始"选项卡的"字体"选项组中设置字体、字号，从而实现在标题中显示两种不同的文字格式，如图 22-7 所示。

图 22-7

4 按照与上面相同的方法，分别在"开始"选项卡的"字体"选项组中设置第 2 行表头文字与第 3 行列标识的文字格式。

Step 04 根据当前列标识的需要调整默认列宽。

1 选中要调整的列，将光标定位在列标右侧的边线上，当出现双向箭头时，按住鼠标左键向右拖动增大列宽，向左拖动减小列宽，如图 22-8 所示。

2 选中要调整的行，将光标定位在行号下侧的边线上，当出现双向箭头时，按住鼠标左键向下拖动增大行高，向上拖动减小行高，如图 22-9 所示。

图 22-8

图 22-9

3 按相同方法，根据实际需要依次调整列标识各列的列宽，调整完成的表头信息如图 22-10 所示。

图 22-10

提示

行高和列宽可以随时根据实际需要进行调整。当前的行高、列宽是根据列标识来进行调整的，当输入实际数据时，有可能还需要根据实际情况再调整。

Step 05 设置数据编辑区域的边框与底纹。

1 选中表格的编辑区域（当前选择的区域为包含列标识及其下的单元格区域），在"开始"选项卡的"数字"选项组中单击 □ 按钮，打开"设置单元格格式"对话框。切换到"边框"选项卡，在"样式"列表框中选择线条样式，在"颜色"下拉列表中可以设置线条的颜色，单击"外边框"按钮与"内部"按钮可将设置的线条格式应用于选中区域的外边框与内边框，如图 22-11 所示。

2 单击"确定"按钮，可以看到选中区域设置了边框，如图 22-12 所示。

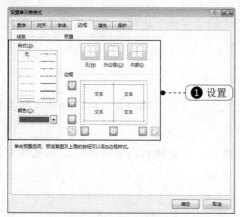

图 22-11

图 22-12

3 选中列标识单元格区域，在"开始"选项卡的"字体"选项组中单击"填充颜色"下拉按钮，在展开的下拉菜单中可以选择填充颜色，如图 22-13 所示。

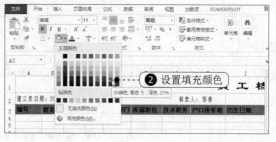

图 22-13

> **提示**
>
> 对于数据编辑区域的边框和底纹设置，关键在于设置前一定要准确选中待设置的编辑区域。选中要设置的单元格区域之后，可以打开"设置单元格格式"对话框，在"边框"与"底纹"选项卡下进行设置。

22.1.2 表格区域单元格格式及数据验证设置

Step 01 快速填充员工编号。

1 在 A 列中输入前两个编号。

2 选中 A4:A5 单元格区域，将光标定位到右下角，出现黑色十字形时，按住鼠标左键向下拖动（见图 22-14），释放鼠标，即可实现快速填充员工编号，如图 22-15 所示。

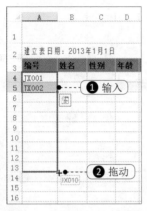

图 22-14

图 22-15

Step 02 设置"所在部门"列数据验证实现选择输入。

1 选中"所在部门"列单元格区域，在"数据"选项卡的"数据工具"选项组中单击"数据验证"按钮（见图 22-16），打开"数据验证"对话框。

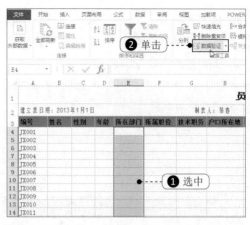

图 22-16

2 在"允许"下拉列表中选择"序列"，设置来源为"财务部,客服部,人事部,网络安全部,销售部,企划部"，如图 22-17 所示。

3 切换到"输入信息"选项卡下，在"输入信息"框中输入提示信息（该提示信息用于当选中单元格时显示提示文字），如图 22-18 所示。

图 22-17

图 22-18

④ 设置完成后，单击"确定"按钮。在工作表中选中设置了数据验证的单元格时会显示提示信息并出现下拉按钮（见图22-19）；单击下拉按钮可显示出可供选择的部门，如图22-20所示。

图 22-19

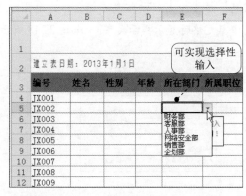

图 22-20

Step 03 设置"身份证号"列单元格格式与数据验证。

① 选中"身份证号"列单元格区域，在"开始"选项卡的"数字"选项组中单击单元格格式设置框右侧的下拉按钮，在展开的下拉列表中选择"文本"，即设置该列单元格的格式为"文本"格式，如图22-21所示。

② 保持"身份证号"列单元格区域的选中状态，在"数据"选项卡的"数据工具"选项组中单击"数据验证"按钮，打开"数据验证"对话框。在"允许"下拉列表中

选择"自定义"，在"公式"编辑框中输入"=OR(LEN(J4)=15,LEN(J4)=18)"，如图22-22所示。

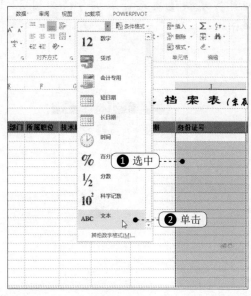

图 22-21

图 22-22

③ 切换到"输入信息"选项卡，设置选中该单元格时显示的提示文字，如图22-23所示。

④ 切换到"出错警告"选项卡，设置当输入了不满足条件的身份证号码时弹出的错误提示对话框，如图22-24所示。

图 22-23

图 22-24

数据验证的任意单元格，都会显示提示文字，如图 22-25 所示。

6 当在"身份证号"列设置了数据验证的任意单元格中输入的位数不为 15 位或 18 位时，则会弹出错误提示对话框，如图 22-26 所示。

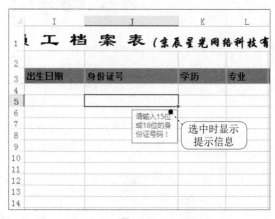

图 22-25

图 22-26

5 设置完成后，单击"确定"按钮，返回到工作表中。选中"身份证号"列中设置了

Step 04 设置"学历"列数据验证，实现选择输入。

1 选中"学历"列单元格区域，在"数据"选项卡的"数据工具"选项组中单击"数据验证"按钮。打开"数据验证"对话框，在"允许"下拉列表中选择"序列"，设置来源为"大专,本科,硕士,硕士以上,高中及以下"，如图 22-27 所示。

2 单击"确定"按钮，返回到工作表中。选中"学历"列设置了数据验证的任意单元格都会显示下拉按钮，单击按钮即可实现从下拉列表中选择输入，如图 22-28 所示。

图 22-27

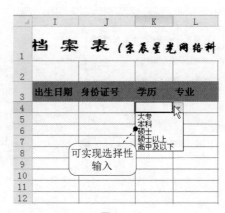

图 22-28

Step 05 员工基本信息的输入。完成表格的相关设置之后，接着则需要手工输入一些基本数据，包括员工姓名、所在部门、所属职位、身份证号、学历、入职时间、联系方式等数据，输入后如图 22-29 所示。

图 22-29

22.1.3 设置公式自动返回相关信息

为了体现出表格的自动化功能，上面建立的员工档案表中有些数据是可以利用公式返回得到的，而不必采用手工输入，例如通过身份证号可以返回性别、出生日期信息，通过入职日期可以计算工龄等。

1. 设置返回性别、年龄、出生日期的公式

Step 01 根据身份证号码自动返回性别。

1 选中 C4 单元格，输入公式：

=IF(LEN(J4)=15,IF(MOD(MID(J4,15,1),2)=1,"男","女"),IF(MOD(MID(J4,17,1),2)=1,"男","女"))

按Enter键，即可从第一位员工的身份证号码中判断出该员工的性别。

2 选中 C4 单元格，将鼠标指针移至单元格右下角，光标变成黑色十字形时，按住鼠标左键向下拖动进行公式填充，从而快速得出每位员工的性别，如图 22-30 所示。

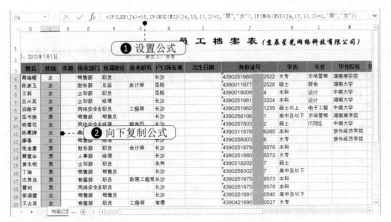

图 22-30

公式分析

　　=IF(LEN(J4)=15,IF(MOD(MID(J4,15,1),2)=1," 男 "," 女 "),IF(MOD(MID(J4,17,1),2)=1," 男 "," 女 ")) 公式解析：

　　① "LEN(J4)=15"，判断身份证号码是否为 15 位。如果是，执行 "IF(MOD(MID(J4,15,1),2)=1," 男 "," 女 ")"；反之，执行 "IF(MOD(MID(J4,17,1),2)=1," 男 "," 女 ")"。

　　② "IF(MOD(MID(J4,15,1),2)=1," 男 "," 女 ")"，判断 15 位身份证号码的最后一位是否能被 2 整除，即判断其是奇数还是偶数。如果不能整除，返回 "男"，否则返回 "女"。

　　③ "IF(MOD(MID(J4,17,1),2)=1," 男 "," 女 ")"，判断 18 位身份证号码的倒数第二位是否能被 2 整除，即判断其是奇数还是偶数。如果不能整除，返回 "男"，否则返回 "女"。

函数说明

　　★ LEN 函数：用于返回文本字符串中的字符数。语法格式为 LEN(text)

　　★ MOD 函数：用于求两个数相除后的余数，其结果的正负号与除数的相同。语法格式为 MOD(number,divisor)

　　★ MID 函数：用于返回文本字符串中从指定位置开始的特定数目的字符，该数目由用户指定。语法格式为 MID(text, start_num, num_chars)

Step 02 根据身份证号码自动返回出生日期。

1 选中 I4 单元格，输入公式：

=IF(LEN(J4)=15,CONCATENATE("19",MID(J4,7,2),"-",MID(J4,9,2),"-",MID(J4,11,2)),
CONCATENATE(MID(J4,7,4),"-",MID(J4,11,2),"-",MID(J4,13,2)))

按 Enter 键，即可从第一位员工的身份证号码中判断出该员工的出生日期。

② 选中 I4 单元格，将鼠标指针移至单元格右下角，光标变成黑色十字形时，按住鼠标左键向下拖动进行公式填充，从而快速得出每位员工的出生日期，如图 22-31 所示。

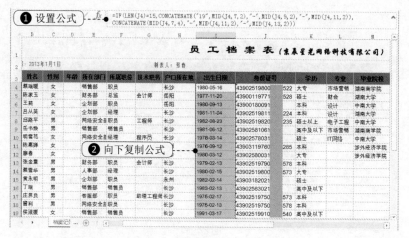

图 22-31

公式分析

=IF(LEN(J4)=15,CONCATENATE("19",MID(J4,7,2),"-",MID(J4,9,2),"-",MID(J4,11,2)),CONCATENATE(MID(J4,7,4),"-",MID(J4,11,2),"-",MID(J4,13,2))) 公式解析：

① "(LEN(J4)=15"，判断身份证是否为 15 位。如果是，执行 "CONCATENATE("19",MID(J4,7,2),"-", MID(J4,9,2),"-",MID(J4,11,2))"；反之，执行 "CONCATENATE(MID(J4,7,4),"-",MID(J4,11,2),"-", MID(J4,13,2))"。

② "CONCATENATE("19",MID(J4,7,2),"-",MID(J4,9,2),"-",MID(J4,11,2))"，对 "19" 和从 15 位身份证中提取的 "年份"、"月"、"日" 进行合并。因为 15 位身份证号码中出生年份不包含 "19"，所以使用 CONCATENATE 函数将 "19" 与函数求得的值合并。

③ "CONCATENATE(MID(J4,7,4),"-",MID(J4,11,2),"-",MID(J4,13,2))"，对从 18 位身份证中提取的 "年份"、"月"、"日" 进行合并。

函数说明

★ LEN 函数：返回文本字符串中的字符数。语法格式为
  LEN(text)

★ CONCATENATE 函数：可将最多 255 个文本字符串连接成一个文本字符串。连接项可以是文本、数字、单元格引用或这些项的组合。语法格式为
  CONCATENATE(text1,[text2],…)

★ MID 函数：用于返回文本字符串中从指定位置开始的特定数目的字符，该数目由用户指定。语法格式为
  MID(text,start_num,num_chars)

Step 03 根据出生日期计算年龄。

1 选中 D4 单元格，输入公式：

=YEAR(TODAY())-YEAR(I4)

按 Enter 键，即可计算出第一位员工的年龄。

2 选中 D4 单元格，向下复制公式，即可得到所有员工的年龄，如图 22-32 所示。

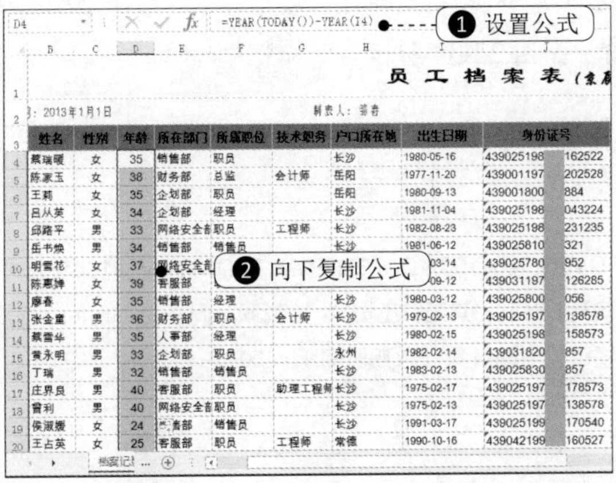

图 22-32

2. 设置计算工龄及工龄工资的公式

Step 01 根据入职时间、离职时间计算工龄。其计算要求是，如果该员工离职，其工龄为离职时间减去入职时间；如果该员工未离职，其工龄为当前时间减去入职时间。

1 选中 Q4 单元格，输入公式：

=IF(P4<>"",YEAR(P4)-YEAR(O4),(YEAR(TODAY())-YEAR(O4)))

按 Enter 键，即可计算出第一位员工的工龄。

2 选中 Q4 单元格，向下复制公式，即可得到所有员工的工龄，如图 22-33 所示。

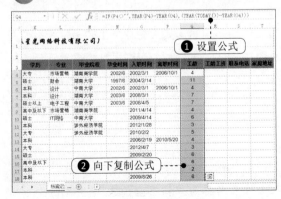

图 22-33

公式分析

=IF(P4<>"",YEAR(P4)-YEAR(O4),(YEAR(TODAY())-YEAR(O4)))

公式解析：

如果 P4 单元格中填入了离职时间，那么其工龄为"离职时间－入职时间"；如果未填入离职时间，表示当前在职，其工龄为"当前时间－入职时间"。

Step 02 根据入职时间、离职时间自动追加工龄工资。其计算要求是，每达到一整年即追加 100 元工龄工资。

1 选中 R4 单元格，输入公式：

=IF(P4<>"",(DATEDIF(O4,P4,"y")*100),
(DATEDIF(O4,TODAY(),"y")*100))

按 Enter 键，即可计算出第一位员工的工龄工资。

2 选中 R4 单元格，向下复制公式，即可得到所有员工的工龄工资，如图 22-34 所示。

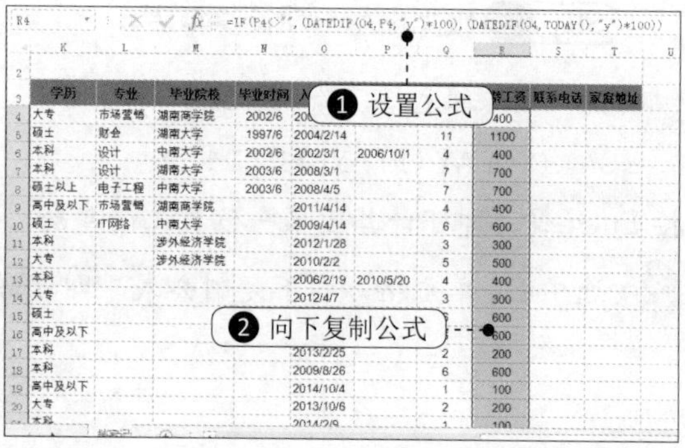

图 22-34

公式分析

=IF(P4<>"",(DATEDIF(O4,P4,"y")*100),(DATEDIF(O4,TODAY(),"y")*100)) 公式解析：

如果 P4 单元格中填入了离职时间，其工龄工资为"（离职时间－入职时间）*100"；如果未填入离职时间，表示当前在职，其工龄工资为"（当前时间－入职时间）*100"。

函数说明

★ DATEDIF 函数：用于计算两个日期之间的年数、月数和天数。语法格式为
DATEDIF(date1,date2,code)

★ TODAY 函数：用于返回当前日期的序列号。语法格式为
TODAY()

22.2 实现从庞大的档案数据表中查询任意员工档案

建立员工档案表之后，通常需要查询某位员工的档案信息，如果企业员工较多，那么查找起来则会非常不便。我们利用 Excel 中的函数功能可以建立一个查询表，当需要查询某位员工的档案时，只需输入其编号即可快速查询。

22.2.1 建立员工档案查询表框架

Step 01 重命名 Sheet2 工作表，并建立员工档案查询表。

1 在 Sheet2 工作表标签上双击鼠标，重新输入工作表名称为"档案查询表"。

2 在工作表中输入表格的标题和员工档案记录表中的各项列标识，如图 22-35 所示。

3 设置表格中的文字格式，并设置特定区域的边框、底纹效果，如图 22-36 所示。

图 22-35   图 22-36

> **提示**
>
> **从档案记录表中复制列标识到档案查询表中**
>
> 档案查询表中包含的查询标识可以直接从档案记录表中复制得到，此时复制需要使用到"选择性粘贴"中的"转置"功能。在档案记录表中一次性选中列标识，按 Ctrl+C 键进行复制，切换到档案查询表中，选中要显示复制列标识的起始单元格，在"开始"选项卡下单击"粘贴"按钮，在打开的下拉菜单中单击"选择性粘贴"命令，打开"选择性粘贴"对话框，选择"转置"复选框，单击"确定"按钮，即可实现转置粘贴。

Step 02 设置从下拉列表中选择要查询员工的编号。

1 选中 D2 单元格，在"数据"选项卡下单击"数据验证"按钮，打开"数据验证"对话框。设置序列的来源为"= 档案记录表!A4:A500"（需要手工输入），如图 22-37 所示。

2 切换到"输入信息"选项卡下，设置选中该单元格时所显示的提示信息，如图 22-38 所示。

图 22-37   图 22-38

3 设置完成后，选中单元格会显示提示信息，如图 22-39 所示；单击下拉按钮，即可实现在下拉列表中选择员工的编号，如图 22-40 所示。

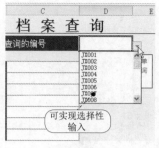

图 22-39　　　　　　　　　　　图 22-40

注意

由于当前要设置为填充序列的数据源不在当前工作表中，所以无法通过单击"来源"右侧的拾取器按钮进行选择，而只能采用手工输入的方式来设置来源。

22.2.2　设置单元格的公式

Step 01　通过员工编号返回姓名。

选中 C4 单元格，输入公式：

=VLOOKUP($D$2,档案记录
表!$A$3:$T$500,ROW(A2))

按 Enter 键，即可根据选择
的员工编号返回员工姓名，如
图 22-41 所示。

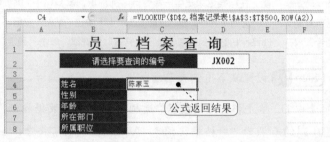

图 22-41

Step 02　通过复制公式返回指定编号员工的其他信息。

选中 C4 单元格，将光标定
位到单元格右下角，当出现黑色
十字形时向下拖动至 C22 单元格
中，释放鼠标，即可返回各项对
应的信息，如图 22-42 所示。

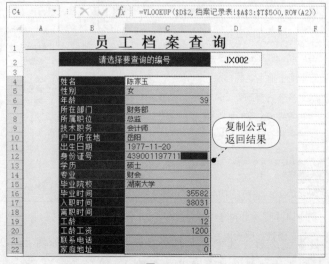

图 22-42

Step 03 设置显示日期的单元格格式为日期格式。因为单元格默认的格式为常规格式，利用公式返回的日期值会显示成日期序号，所以需要重新设置显示日期的单元格格式。

选中显示日期的单元格区域，在"开始"选项卡的"数字"选项组中单击单元格格式设置框右侧的下拉按钮，选择"短日期"格式即可正常显示，如图 22-43 所示。

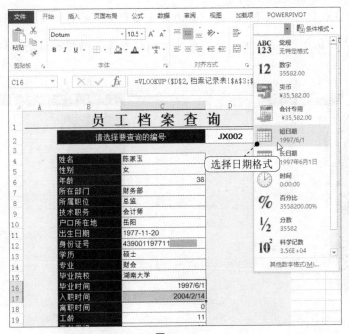

图 22-43

公式分析

=VLOOKUP($D$2,档案记录表!$A$3：$T$500,ROW(A2)) 公式解析：

① "ROW(A2)"，返回 A2 单元格所在的行号，因此返回结果为 2。

② "VLOOKUP($D$2,档案记录表!$A$3：$T$500,ROW(A2))"，在档案记录表的 $A$3：$T$500 单元格区域的首列中寻找与 C2 单元格中相同的编号，找到后返回对应第 2 列中的值，即对应的姓名。

③ 此公式中的查找范围与查找条件都使用了绝对引用方式，即在向下复制公式时都是不改变的，唯一要改变的是用于指定返回档案记录表中 $A$3：$T$500 单元格区域哪一列值的参数。本例中使用了"ROW(A2)"来表示，当公式复制到 C5 单元格时，"ROW(A2)"变为"ROW(A3)"，返回值为 3；当公式复制到 C6 单元格时，"ROW(A2)"变为"ROW(A4)"，返回值为 4，依此类推。

函数说明

★ VLOOKUP 函数：用于搜索某个单元格区域的第 1 列，然后返回该区域相同行上任何单元格中的值。语法格式为 VLOOKUP(lookup_value,table_array,col_index_num, [range_lookup])

★ ROW 函数：用于返回引用的行号。该函数与 COLUMN 函数分别返回给定引用的行号与列标。语法格式为 ROW (reference)

22.2.3 实现快速查询

完成公式设置后，只要在"请选择要查询的编号"下拉列表中选择员工编号，即可查询出指定员工的详细信息。

1 选择编号为"JX010"，按 Enter 键，查询出该编号员工的详细信息，如图 22-44 所示。

2 选择编号为"JX020"，按 Enter 键，查询出该编号员工的详细信息，如图 22-45 所示。

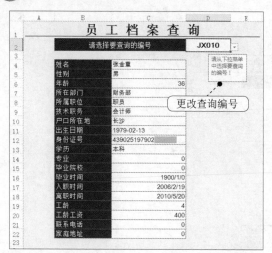

图 22-44   图 22-45

22.3 分析企业员工年龄层次

建立员工档案记录表后，还可以进行相关的分析操作，例如本节中则使用数据透视表与数据透视图分析企业员工的年龄层次。

22.3.1 建立数据透视表分析员工年龄层次

Step 01 选择数据源建立数据透视表。

1 在"档案记录表"中选中"年龄"列单元格区域，在"插入"选项卡的"表格"选项组中单击"数据透视表"按钮，如图 22-46 所示。

2 打开"创建数据透视表"对话框，在"选择一个表或区域"框中显示了选中的单元格区域，如图 22-47 所示。

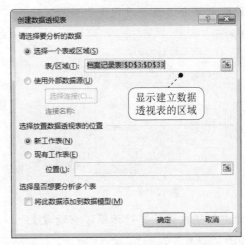

图 22-46   图 22-47

3 单击"确定"按钮，即可新建工作表显示数据透视表。在工作表标签上双击鼠标，然后输入新名称为"年龄层次分析"，如图 22-48 所示。

图 22-48

Step **02** 添加字段统计各个年龄的人数。

1 设置"年龄"为行标签字段，设置"年龄"为数值字段（默认汇总方式为求和），如图 22-49 所示。

图 22-49

417

② 在"数值"标签框中单击字段,在打开的下拉菜单中单击"值字段设置"命令,如图22-50所示。

图 22-50

③ 打开"值字段设置"对话框,重新设置计算类型为"计数",如图22-51所示。

④ 单击"确定"按钮,返回到数据透视表中,将"行标签"文字更改为"年龄分段"(选中A3单元格,在编辑栏中重新输入即可),显示效果如图22-52所示。

图 22-51

图 22-52

Step 03 将年龄分段显示,以统计出各个年龄段的人数。

① 选中"年龄分段"字段下任意单元格,在"数据透视表工具→分析"选项卡的"分组"选项组中单击"组选择"按钮,如图22-53所示。

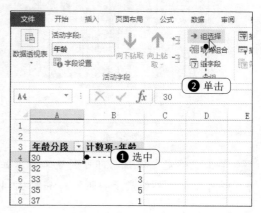

图 22-53

② 打开"组合"对话框,根据需要设置步长(本例中设置为"5"),如图22-54所示。

图 22-54

③ 设置完成后,单击"确定"按钮,即可按指定步长分段显示年龄,如图22-55所示。

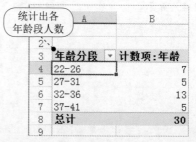

图 22-55

Step 04 设置值字段的显示方式为"总计的百分比",实现直观查看各个年龄段的占比情况。

1　在"值"框中单击字段下拉按钮,在打开的下拉菜单中单击"值字段设置"命令,打开"值字段设置"对话框,单击切换到"值显示方式"选项卡,选择"总计的百分比"显示方式,如图 22-56 所示。

2　单击"确定"按钮,返回到数据透视表中,可以看到各个年龄段人数占总人数的百分比,如图 22-57 所示。

图 22-56

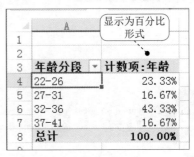

图 22-57

22.3.2 建立数据透视图直观显示各年龄段人数占比情况

1　选中数据透视表任意单元格,在"数据透视表工具→分析"选项卡中,单击"工具"选项组中的"数据透视图"按钮,打开"插入图表"对话框,选择"饼图",如图 22-58 所示。

2　单击"确定"按钮,即可新建数据透视图,如图 22-59 所示。

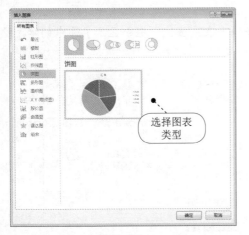

图 22-58

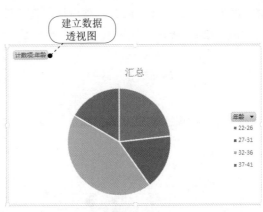

图 22-59

3　选中图表,单击右上角的"图表样式"按钮,在打开的列表框中可以选择图表样式,以实现快速美化图表,如图 22-60 所示。

4 对图表进行补充设计，如字体格式，本例中还为最大扇面设置了特殊的颜色，以起到突出显示的目的，如图 22-61 所示。从图表中可以直观看到企业员工年龄主要分布在 24~30 岁这一区域。

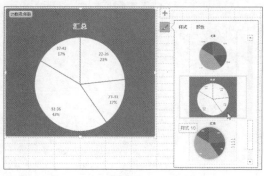

图 22-60

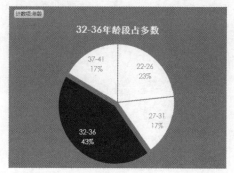

图 22-61

22.4 分析企业员工学历层次

本节使用数据透视表与数据透视图来分析企业员工的学历层次。

22.4.1 建立数据透视表分析员工学历层次

Step 01 选择数据源建立数据透视表。

1 在"档案记录表"中选中"学历"列单元格区域，在"插入"选项卡的"表格"选项组中单击"数据透视表"按钮，如图 22-62 所示。

2 打开"创建数据透视表"对话框，在"选择一个表或区域"框中显示了选中的单元格区域，如图 22-63 所示。

图 22-62

图 22-63

③ 单击"确定"按钮，即可新建工作表显示数据透视表。在工作表标签上双击鼠标，然后输入新名称为"学历层次分析"；接着设置"学历"为行标签字段，设置"学历"为数值字段，即可统计出各学历的人数，如图 22-64 所示。

图 22-64

Step 02 更改数值字段的名称。

选中 A3 单元格，"行标签"文字更改为"学历分类"，选中 B3 单元格，将"计数项：学历"更改为"人数"，如图 22-65 所示。

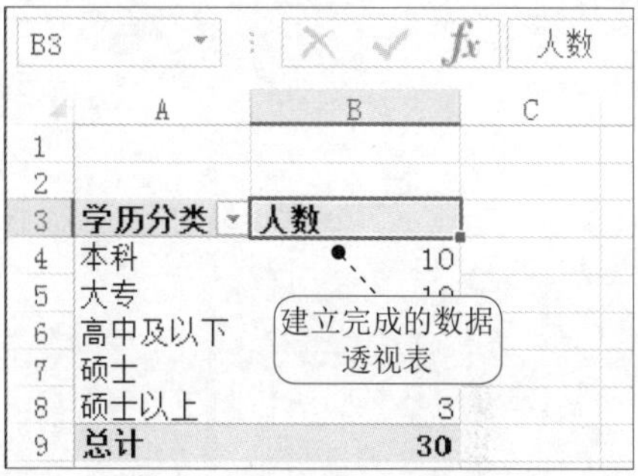

图 22-65

Step 03 设置值字段的显示方式为"总计的百分比"，实现直观查看各学历人数占总人数的百分比。

① 在"值"框中单击字段，在打开的下拉菜单中选择"值字段设置"，打开"值字段设置"对话框，单击切换到"值显示方式"选项卡，选择"总计的百分比"显示方式，如图 22-66 所示。

② 单击"确定"按钮，返回到数据透视表中，可以看到各学历人数占总和的百分比，如图 22-67 所示。

图 22-66

图 22-67

22.4.2　建立数据透视图直观显示各学历人数占比情况

1 选中数据透视表的任意单元格，切换到"数据透视表工具→分析"选项卡，单击"工具"选项组中的"数据透视图"按钮，打开"插入图表"对话框，选择"三维饼图"类型，如图 22-68 所示。

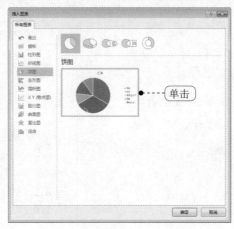

图 22-68

2 单击"确定"按钮，即可新建数据透视图，如图 22-69 所示。

3 重新输入图表标题，并添加"值"与"类别名称"数据标签，如图 22-70 所示。从图表中可以直观看到"本科"与"大专"学历占比最大。

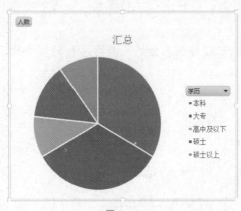

图 22-69

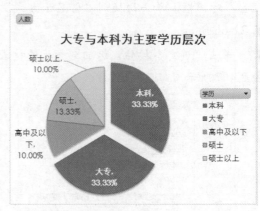

图 22-70

CHAPTER 23

在 Excel 中管理考勤数据

范例概述

　　与前面介绍的档案管理一样，对于中小型企业而言，一般也不会购买专用的考勤软件用于考勤管理。那么还是使用 Excel 吧，用它来创建一个既经济又实惠的小型考勤管理系统，通过相关的函数公式可以实现考勤数据的自动统计与处理，并且创建的考勤表可以月月反复使用，它确实是行政办公中不可或缺的好帮手。

━━━━ 本章知识脉络图 ━━━━

应用功能	对应章节
工作表操作（新建、重命名）	第 8 章
表格的美化（字体、对齐方式、边框、底纹）	第 10 章
自定义单元格格式设置	本章
数据验证	第 12 章
条件格式的设置	第 12 章
数据透视表与数据透视图	第 13 章
应用函数	**对应章节**
IF 函数	
NETWORKDAYS 函数	
DATE 函数	
EOMONTH 函数	第 11 章及本章
MONTH 函数	
TEXT 函数	
COUNTIF 函数	
COLUMN 函数	

WORD/EXCEL 2013 从入门到精通

范例效果

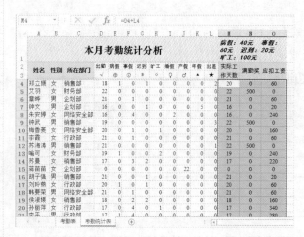

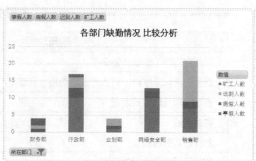

424

![范例制作与应用]

23.1 创建考勤表记录员工出勤情况

考勤表的创建分为表头与表体两个部分。本例中的考勤表考虑到一定的自动化功能，在表头部分使用了相关的公式自动得出数据。

23.1.1 创建可自由选择年、月的考勤表表头

考勤工作月月都需要开展，因此我们可以创建一个可自由选择年份与月份的表头，通过选择不同的年份与月份，当月的工作日、表格的标题以及该月份对应的日期与星期数都能自动更新。当然，这一切都得依靠 Excel 函数与公式来实现，具体实现步骤如下。

1. 从下拉列表中选择年份、月份

Step 01 新建工作簿，并建立"考勤表"。

❶ 新建工作簿并保存名称为"员工考勤与统计表"。在表格中输入员工姓名、性别、所在部门几项基本信息，如图 23-1 所示。

❷ 在 Sheet1 工作表标签上双击鼠标，将其重命名为"考勤表"。

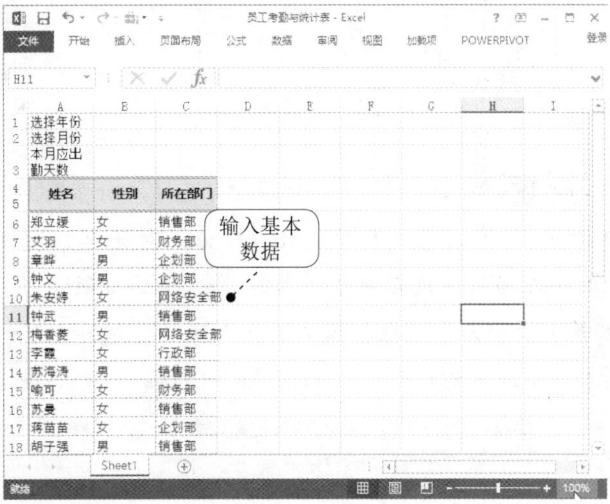

图 23-1

Step 02 通过数据验证功能建立可选择年份序列。

❶ 在当前工作表的空白区域中输入多个年份（本例中输入年份为 2015~2025）及 1~12 月份，如图 23-2 所示。

❷ 选中 B1 单元格，在"数据"选项卡的"数据工具"选项组中单击"数据验证"按钮（见图 23-3），打开"数据验证"对话框。

图 23-2

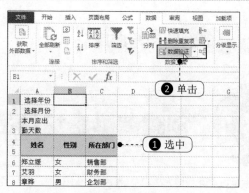

图 23-3

3 在"允许"下拉列表中选择"序列"，在"来源"框右侧单击 按钮，返回到工作表中可选择序列的来源，本例中选择之前输入年份的单元格区域，如图 23-4 所示。

4 单击"确定"按钮，返回到工作表中。选中 B1 单元格可出现下拉按钮，单击可展开下拉列表，实现年份的选择，如图 23-5 所示。

图 23-4

图 23-5

Step 03 通过数据验证功能建立可选择月份序列。

1 选中 B2 单元格，打开"数据验证"对话框。按相同的方法，将之前在空白区域内输入日期的单元格区域设置为序列来源，如图 23-6 所示。

2 单击"确定"按钮，返回到工作表中。选中 B2 单元格可出现下拉按钮，单击可展开下拉列表，实现月份的选择，如图 23-7 所示。

图 23-6

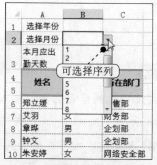

图 23-7

2. 设置计算当月工作日天数的公式

① 选中 B3 单元格，在公式编辑栏中输入公式：

=NETWORKDAYS(DATE(B1,B2,1),EOMONTH(DATE(B1,B2,1),0))

按 Enter 键，即可计算出当前指定年月的工作日天数，如图 23-8 所示。

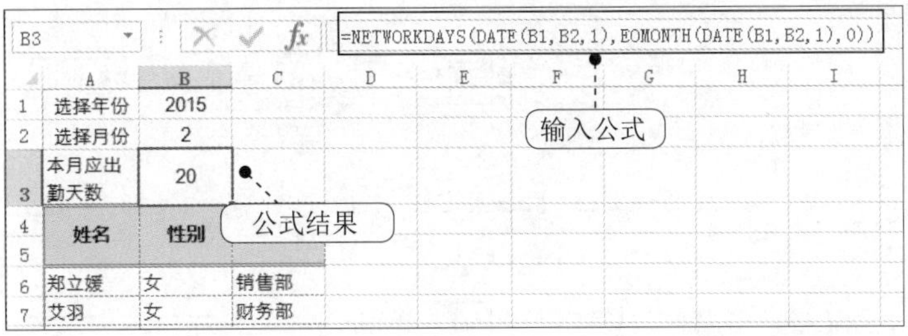

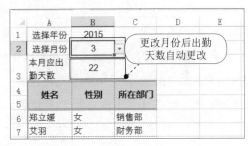

图 23-8

② 更改 B1、B2 单元格中的年份或月份，可自动重新计算指定年月的工作日天数，如图 23-9 所示。

图 23-9

公式分析

=NETWORKDAYS(DATE(B1,B2,1),EOMONTH(DATE(B1,B2,1),0)) 公式解析：

NETWORKDAYS 函数用于计算两个指定日期间的工作日天数。这两个指定日期分别为"DATE(B1,B2,1)"与"EOMONTH(DATE(B1,B2,1),0)"的返回值。

① "DATE(B1,B2,1)"表示将 B1、B2、1 转化为日期。

② "EOMONTH(DATE(B1,B2,1),0)"表示先用 DATE(B1,B2,1) 将 B1、B2、1 转化为日期，再使用 EOMONTH 函数返回该日期对应的本月最后一天。

函数说明

★ NETWORKDAYS 函数：返回参数 start_date 和 end_date 之间完整的工作日数值。语法格式为

NETWORKDAYS(start_date,end_date,[holidays])

★ DATE 函数：返回表示特定日期的序列号。语法格式为

DATE(year,month,day)

★ EOMONTH 函数：返回某个月份最后一天的序列号，该月份与 start_date 相隔指定的月份数。该函数可以计算正好在特定月份中最后一天到期的到期日。语法格式为

EOMONTH(start_date,months)

3. 根据当前年份与月份自动显示标题

1 基本信息右侧用于显示当月的考勤数据，这一区域需要包含31列（因为一个月中最多有31天）。选中D列至AH列，调整列宽。合并且居中C1:AH3单元格区域用于显示标题，如图23-10所示。

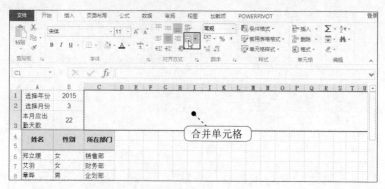

图 23-10

2 选中合并后的C1单元格，在公式编辑栏中输入公式：

=TEXT(DATE(B1,B2,1),"e年M月份考勤表")

按Enter键，即可计算出当前指定年月的工作日天数，如图23-11所示。

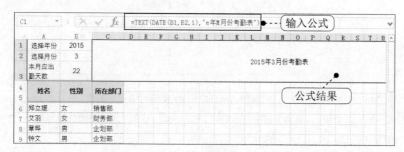

图 23-11

公式分析

=TEXT(DATE(B1,B2,1),"e 年 M 月份考勤表") 公式解析：

① "DATE(B1,B2,1)" 表示将B1、B2、1转化为日期。

② TEXE 函数将①步结果返回的日期转换为 "* 年 * 月份考勤表" 这种格式。

函数说明

★ TEXT 函数：用于将数值转换为按指定数字格式表示的文本。语法格式为

TEXT(value,format_text)

★ DATE 函数：用于返回表示特定日期的序列号。语法格式为

DATE(year,month,day)

③ 设置表头的填充效果、文字格式，并设置好考勤表编辑区域的边框，效果如图23-12所示。

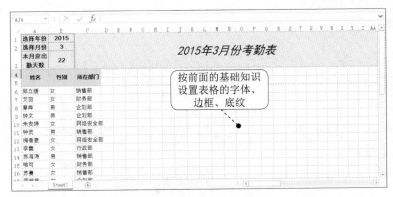

图 23-12

23.1.2 设置根据当前年、月自动显示日期及对应星期数

考勤表需要逐日记录考勤，因此需要显示出当前月份下的每个日期。不同的月份有 30 天与 31 天之分，2 月份还有可能出现 28 年或 29 天的情况，因此根据在 B1 与 B2 单元格中选择的年份与月份的不同，各月对应的天数不同，且不同日期下对应的星期数也各不相同。下面将通过设置公式实现自动根据当前年、月显示当月日期及对应星期数。

1. 建立公式返回指定月份中对应的日期与星期数

Step 01 设置公式返回指定年、月对应的全月日期。

① 选中 D4 单元格，在公式编辑栏中输入公式：
=IF(MONTH(DATE($B$1,$B$2,COLUMN(A1)))=$B$2,DATE($B$1,$B$2,COLUMN(A1)),"")

按 Enter 键，返回当前指定年、月下第一日对应的日期序号，如图 23-13 所示。

图 23-13

② 选中 D4 单元格，在"开始"选项卡的"数字"选项组中单击 ☑ 按钮，打开"设置单元格格式"对话框。在"分类"列表框中选中"自定义"选项，设置"类型"为"d"日"",表示只显示日，如图 23-14 所示。

③ 单击"确定"按钮，可以看到 D4 单元格显示出指定年月下的第一日，如图 23-15 所示。

图 23-14

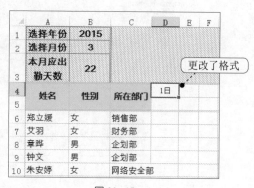

图 23-15

4 选中 D4 单元格，将光标定位到右下角，当出现黑色十字形时，按住鼠标左键向右拖动至 AH 单元格，可以返回指定年月下的所有日期，如图 23-16 所示。

图 23-16

公式分析

=IF(MONTH(DATE($B$1,$B$2,COLUMN(A1)))=$B$2,DATE($B$1,$B$2,COLUMN(A1)),"")

公式解析：

判断 "DATE($B$1,$B$2,COLUMN(A1)))" 中的月份数是否等于 B2 单元格的月份数，如果等于，返回 DATE($B$1,$B$2,COLUMN(A1)) 的值，否则返回空值。此公式关键在于 COLUMN(A1) 的应用，当公式由 D4 复制到 D5 时，COLUMN(A1) 变为 COLUMN(A2)，返回值为 "2"；当公式到 D6 时，COLUMN(A1) 变为 COLUMN(A3)，返回值为 "3"，从而实现依次返回指定月份的日期数。

函数说明

★ MONTH 函数：返回以序列号表示的日期中的月份。月份是介于 1（一月）到 12（十二月）之间的整数。语法格式为 MONTH(serial_number)

★ DATE 函数：返回表示特定日期的序列号。语法格式为 DATE(year,month,day)

★ COLUMN 函数：返回指定单元格引用的序列号。语法格式为 COLUMN([reference])

Step 02 设置公式返回各日期对应的星期数。

1 选中 D5 单元格，在公式编辑栏中输入公式：

=IF(MONTH(DATE($B$1,$B$2,COLUMN(A1)))=$B$2,DATE($B$1,$B$2,COLUMN(A1)),"")

按 Enter 键，返回当前指定年、月下第一日对应的日期序号，如图 23-17 所示。

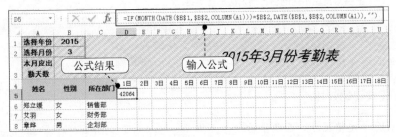

图 23-17

2 将返回的日期序号的单元格格式设置为显示星期数。选中 D5 单元格，在"开始"选项卡的"数字"选项组中单击 按钮，打开"设置单元格格式"对话框。在"分类"列表框中选中"日期"选项，选择"类型"为"周三"，表示显示星期数，如图 23-18 所示。

3 单击"确定"按钮，可以看到 D5 单元格显示出指定年月下第一日对应的星期数，如图 23-19 所示。

图 23-18

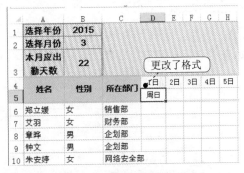

图 23-19

4 选中 D5 单元格，将光标定位到右下角，当出现黑色十字形时，按住鼠标左键向右拖动至 AH 单元格，可以返回指定年月下的所有日期对应的星期数，如图 23-20 所示。

图 23-20

提示

用于返回日期与返回星期数的公式其实是一样的，只是通过设置单元格的日期格式，让其一个显示为指定年月的各日期、一个显示为指定年月的各日期对应的星期数。

2. 设置"周六"显示为绿色、"周日"显示为红色

通过本小节的操作可以实现让周六、周日显示为特殊的颜色。

Step 01 设置星期六显示格式。

1 选中 D4:AH5 单元格区域，在"开始"选项卡下的"样式"选项组中单击"条件格式"下拉按钮，在展开的下拉菜单中单击"新建规则"命令（见图 23-21），打开"新建格式规则"对话框。

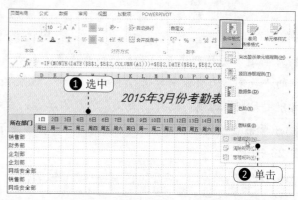

图 23-21

2 选择"使用公式确定要设置格式的单元格"规则类型，设置公式为 =WEEKDAY(D4,2)=6，如图 23-22 所示。

3 单击"格式"按钮，打开"设置单元格格式"对话框。切换到"填充"选项卡，设置特殊背景色，如图 23-23 所示，还可以切换到"字体"、"边框"选项卡下设置其他特殊格式。

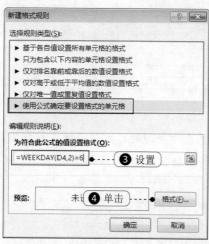

图 23-22

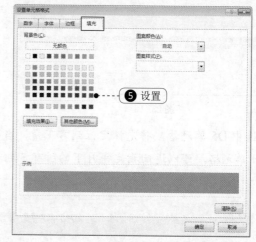

图 23-23

4 依次单击"确定"按钮完成设置，返回到工作表中可以看到所有"周六"都显示为绿色，如图 23-24 所示。

图 23-24

Step **02** 设置星期日显示格式。

1 选中 D4:AH5 单元格区域，打开"新建格式规则"对话框。选择"使用公式确定要设置格式的单元格"规则类型，设置公式为 =WEEKDAY(D4,2)=7，如图 23-25 所示。

2 单击"格式"按钮，按相同的方法设置格式（此处设置红色背景），如图 23-26 所示，返回到"新建格式规则"对话框中，可以看到格式预览。

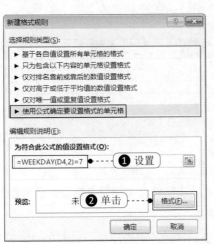

图 23-25

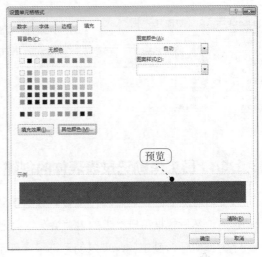

图 23-26

3 设置完成后，可以看到所有"周日"显示红色，如图 23-27 所示。

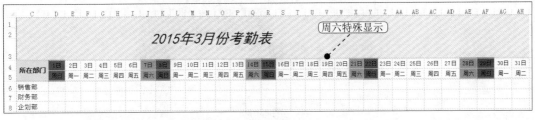

图 23-27

3. 验证考勤表的表头

完成考勤表的表头后，可以在 B1 与 B2 单元格中重新选择年份与月份，以验证本月应出勤天数、表格标题、指定年月的所有日期、各日期对应的星期数。

1 更改 B2 单元格中的月份为"4",可分别查看本月应出勤天数、表格标题、指定年月的所有日期、各日期对应的星期数,如图 23-28 所示。

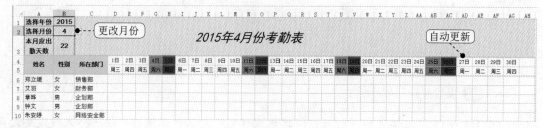

图 23-28

2 更改 B2 单元格中的月份为"5",可分别查看本月应出勤天数、表格标题、指定年月的所有日期、各日期对应的星期数,如图 23-29 所示。

图 23-29

23.1.3 员工考勤记录表表体的创建

完成上面考勤表的创建之后,接着则可以根据本月的实际情况来填制考勤表。该考勤表应该为月初创建,然后根据每日员工的出勤情况依次记录考勤。

为了方便实际考勤工作,可以使用符号来表示出勤、各种不同假别等。如图 23-30 所示,在考勤表的表头部分规划不同符号代表的不同假别。

图 23-30

1 选中考勤区域,在"数据"选项卡的"数据工具"选项组下单击"数据验证"按钮(见图 23-31),打开"数据验证"对话框。

2 设置填充序列为"√,⊕,⊙,◎,◇,♀,♂,▲,★"(此处只针对于本例设置),如图 23-32 所示。

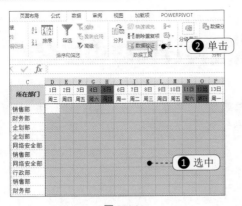

图 23-31

图 23-32

③ 设置完成后，单击"确定"按钮，返回到工作表中。选中考勤区域的任意单元格，即可从下拉列表中选择请假或迟到类别，方便考勤，如图 23-33 所示。

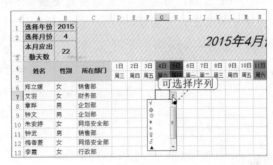

图 23-33

④ 根据每日员工的实际出勤情况，进行考勤记录。例如 4 月考勤完成后，考勤表如图 23-34 所示。

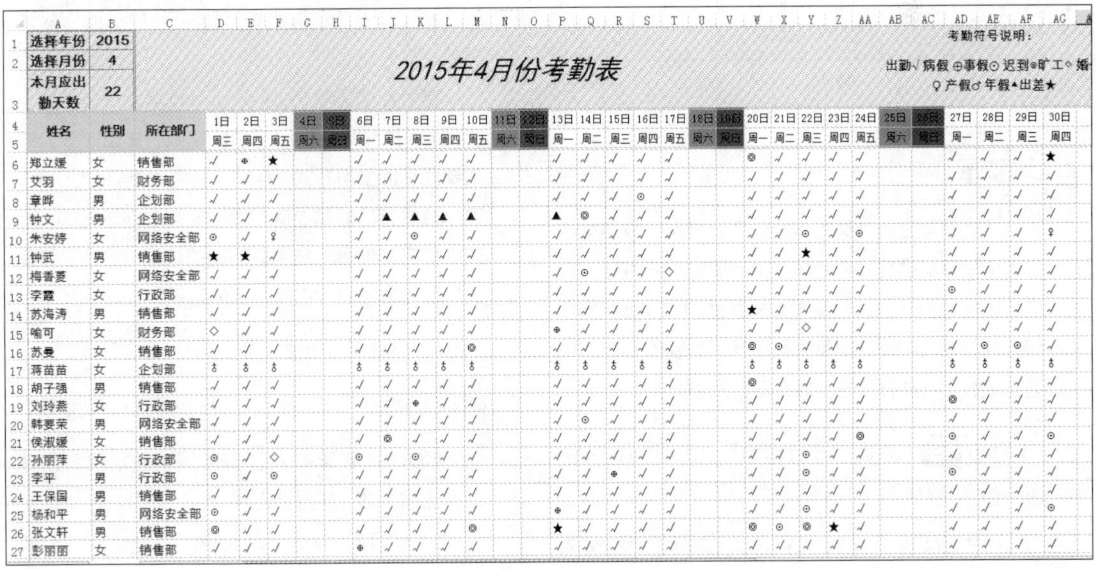

图 23-34

23.2 统计本月出勤情况并计算应扣工资

对员工的本月出勤情况进行记录后，接着需要对当前的考勤数据进行统计分析，如统计各员工本月请假天数、迟到次数、应扣工资等。

23.2.1 统计各员工本月出勤数据

Step 01 建立考勤统计表并规划表格列标识。

在 Sheet 2 工作表标签上双击鼠标，将其重命名为"考勤统计表"。建立表头，将员工基本信息数据复制进来，并输入规划好的统计计算列标识，设置好表格的填充及边框效果，如图 23-35 所示。

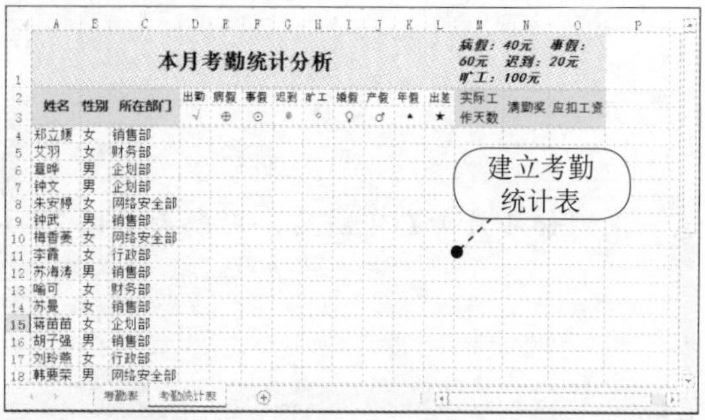

图 23-35

 提示

本例在建立统计列标识时分两行显示，其中第二行中显示的是在"考勤区"中使用的代表符号。之所以这样设计是因为接下来需要使用 COUNTIF 函数从考勤区中统计出每位员工各个假别的天数、迟到次数，这种符号方便对数据源的引用。

Step 02 设置公式计算第 1 位员工各假别的天数及迟到次数。

1 选中 D4 单元格，在公式编辑栏中输入公式：

=COUNTIF(考勤表!$D6:$AH6,D$3)

按 Enter 键，即可统计出员工"郑立媛"的实际出勤天数，如图 23-36 所示。

图 23-36

公式分析

=COUNTIF(考勤表!$D6:$AH6,D$3) 公式解析：

统计出考勤表的 $D6:$AH6 单元格区域中，出现 D3 单元格中显示符号的次数。注意此处公式对单元格的引用方式，有相对引用，也有绝对引用；这个公式在后面需要向右复制又需要向下复制，所以必须正确设置才能返回正确的结果，这也正体现了正确设置单元格引用方式的重要性。

函数说明

COUNTIF 函数：计算区域中满足给定条件的单元格个数。语法格式为

COUNTIF(range,criteria)

② 选中 D4 单元格，将光标定位到右下角，当出现黑色十字形时，按住鼠标左键向右拖动至 L4 单元格（见图 23-37），释放鼠标，即可一次性统计出第一位员工的其他假别天数、迟到次数，如图 23-38 所示。

图 23-37

图 23-38

Step 03 复制公式计算每一位员工各假别的天数及迟到次数。

选中 D4:L4 单元格区域，将光标定位到右下角，当出现黑色十字形时，按住鼠标左键向下拖动至最后一位员工的记录处（见图 23-39），释放鼠标，即可一次性统计出每位员工的出勤天数、其他假别天数、迟到次数，如图 23-40 所示。

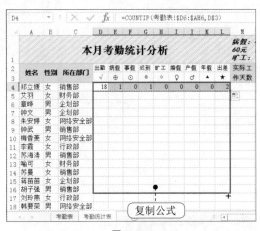

图 23-39

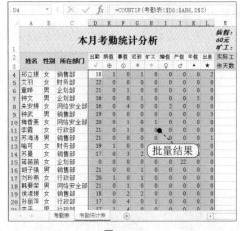

图 23-40

23.2.2 计算满勤奖、应扣工资

根据考勤统计结果，还可以计算出满勤奖与应扣工资。这一数据是本月财务部门进行工资核算时需要使用的数据。

① 选中 M4 单元格，在公式编辑栏中输入公式：

=D4+L4

按 Enter 键，即可统计出员工"郑立媛"本月没有任何迟到记录的实际工作天数，如图 23-41 所示。

图 23-41

② 选中 N4 单元格，在公式编辑栏中输入公式：

=IF(M4=考勤表!$B$3,500,0)

按 Enter 键，即可计算出第一位员工是否是满勤，如果是，返回满勤奖为 500 元，如图 23-42 所示。

③ 选中 O4 单元格，在公式编辑栏中输入公式：

=E4*40+F4*60+G4*20+H4*100

按 Enter 键，即可计算出第一位员工的应扣工资，如图 23-43 所示。

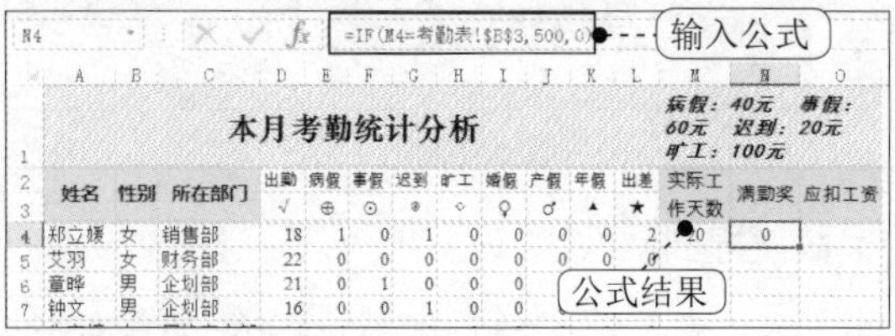

图 23-42

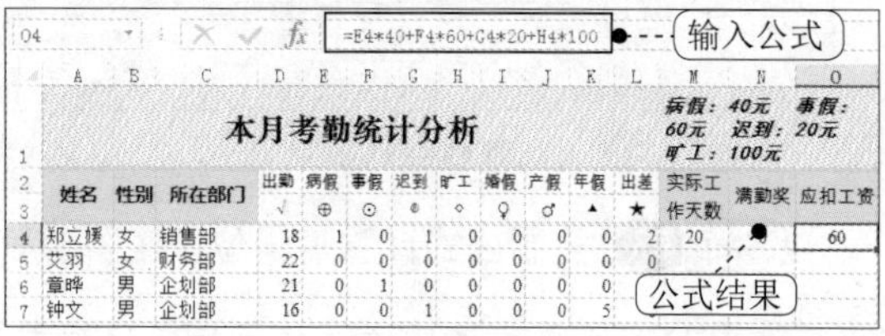

图 23-43

④ 选中 M4:O4 单元格区域，将光标定位到右下角，当出现黑色十字形时，按住鼠标左键向下拖动，释放鼠标，即可一次性统计出所有员工实际工作天数、满勤奖与应扣工资，如图 23-44 所示。

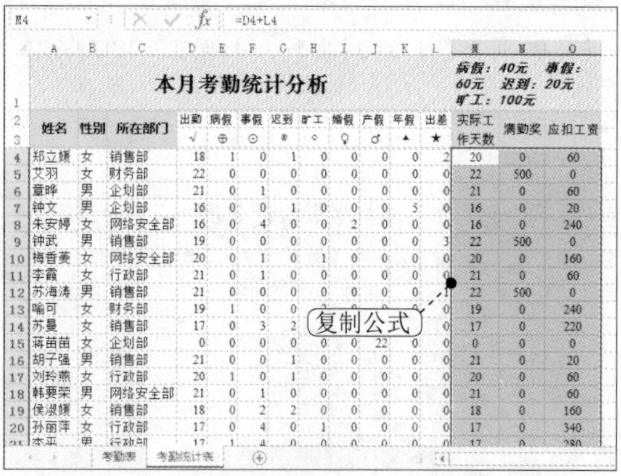

图 23-44

23.3 本月各部门缺勤情况比较分析

在建立考勤统计表后，可以利用数据透视表来分析各部门请假情况，以便于企业行政部门对员工请假情况做出控制。

23.3.1 建立数据透视表分析各部门缺勤情况

Step 01 在"考勤统计表"中选择数据源建立数据透视表。

① 在"考勤统计表"中选中除表头之外的其他所有数据编辑区，在"插入"选项卡的"表格"选项组中单击"数据透视表"按钮，打开"创建数据透视表"对话框。

② 在"选择一个表或区域"框中显示了选中的单元格区域，如图 23-45 所示。

图 23-45

3 单击"确定"按钮，即可新建工作表并显示数据透视表。在工作表标签上双击鼠标，然后输入新名称为"各部门请假情况分析"；设置"所在部门"字段为行标签，设置"事假"、"病假"、"迟到"、"旷工"字段为数值字段，如图 23-46 所示。

图 23-46

Step 02 更改数据透视表值字段的计算类型。

1 在"数值"标签框中单击添加的数值字段，在打开的下拉菜单中单击"值字段设置"命令，打开"值字段设置"对话框。重新设

置计算类型为"求和"，并自定义名称为"事假人数"，如图 23-47 所示。

2 单击"确定"按钮，即可统计出各个部门事假的人数，如图 23-48 所示。

图 23-47

图 23-48

3 按相同的方法，设置"病假"、"迟到"、"旷工"字段的计算类型为"求和"并重新命名，数据透视表的统计效果如图 23-49 所示。

行标签	事假人数	病假人数	迟到人数	旷工人数
财务部	0	1	1	2
行政部	10	3	3	1
企划部	1	1	2	0
网络安全部	10	2	0	1
销售部	7	2	12	0
(空白)	0	0	0	0
总计	28	9	18	4

图 23-49

 23.3.2 **建立数据透视图直观比较缺勤情况**

创建统计各部门出勤数据的数据透视表后，再创建图表来直观反映数据，将非常方便。

1. 比较各部门缺勤情况

Step 01 建立分析缺勤情况的数据透视图。

❶ 选中数据透视表的任意单元格，单击切换到"数据透视表工具→分析"选项卡，单击"工具"选项组中的"数据透视图"按钮，打开"插入图表"对话框，选择"堆积柱形图"类型，如图 23-50 所示。

❷ 单击"确定"按钮，即可新建数据透视图，如图 23-51 所示。

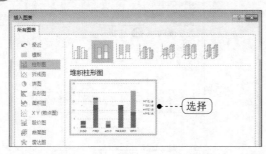

图 23-50

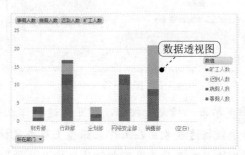

图 23-51

Step 02 选中图表，为图表添加标题，其效果如图 23-52 所示。从图表中可以直观看到"销售部"缺勤情况最为严重，且多数为"迟到"情况，"行政部"缺勤情况其次。

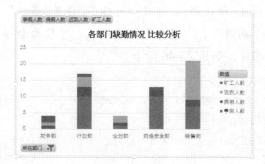

图 23-52

2. 比较哪种原因造成缺勤最多

❶ 保持数据透视图的选中状态，单击切换到"数据透视表工具→设计"选项卡，在"数据"选项组中单击"切换行/列"按钮（见图 23-53），即可更改图表的统计效果。

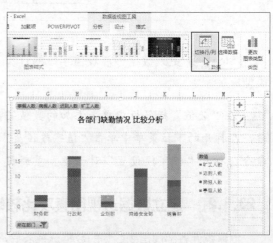

图 23-53

2 重新输入图表的名称，效果如图 23-54 所示。从图表中可以直观看到“事假”出现的最多，且“行政部”、“销售部”、“网络安全部”占多数。其次是“迟到”情况也比较严重，尤其是“销售部”的迟到最为严重。

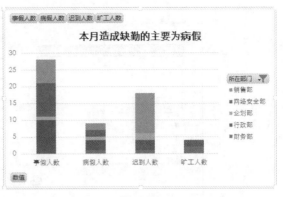

图 23—54

23.4 分析本月出勤情况

通过对实际工作天数的统计，可以对本月的出勤情况做出分析。

Step 01 创建统计实际工作天数对应人数的数据透视表。

1 在“考勤统计表”中选中“实际工作天数”列的数据，在“插入”选项卡的“表格”选项组中单击“数据透视表”按钮（见图 23-55），打开“创建数据透视表”对话框。

	D	E	F	G	H	I	J	K	L	M	N	O
1	月考勤统计分析									病假：40元 事假：60元 迟到：20元 旷工：100元		
2	出勤	病假	事假	迟到	旷工	婚假	产假	年假	出差	实际工作天数	满勤奖	应扣工资
3	√	⊕	⊙	●	◇	♀	♂	▲	★			
4	18	1	0	1	0	0	0	0	2	20	0	60
5	22	0	0	0	0	0	0	0	0	22	500	0
6	21	0	1	0	0	0	0	0	0	21	0	60
7	16	0	0	1	0	0	0	5	0	16	0	20
8	16	0	4	0	[illegible]	[illegible]	[illegible]	0	0	16	0	240
9	19	0	0	0	[illegible]	[illegible]	[illegible]	0	3	22	500	0
10	20	0	1	0	1	0	0	0	0	20	0	160
11	21	0	1	0	0	0	0	0	0	21	0	60
12	21	0	0	0	0	0	0	0	1	22	500	0
13	19	1	0	0	2	0	0	0	0	19	0	240
14	17	0	3	2	0	0	0	0	0	17	0	220
15	0	0	0	0	0	0	22	0	0	0	0	0
16	21	0	0	1	0	0	0	0	0	21	0	20
17	20	1	0	1	0	0	0	0	0	20	0	60

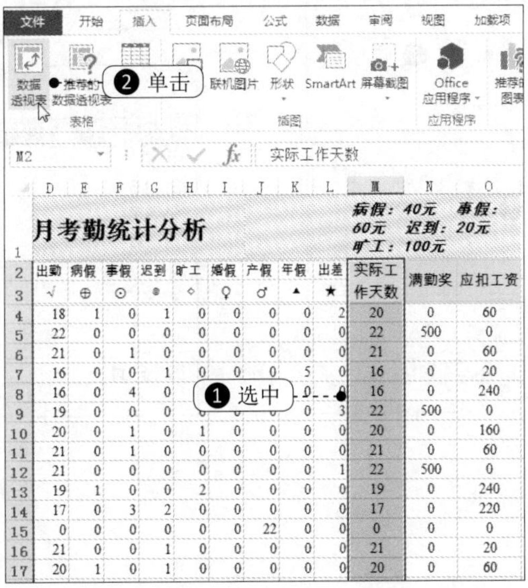

图 23—55

2 单击“确定”按钮，创建数据透视表，分别设置“实际工作天数”字段为“行”标签与“数值”标签，如图 23-56 所示。数据透视表中统计的是各个工作天数对应的人数。

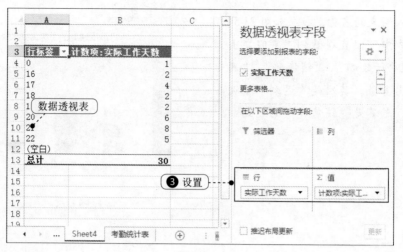

图 23-56

Step 02 分析各实际工作天数对应人数的占比情况。

1 在"数值"标签框中单击数值字段，在打开的下拉菜单中单击"值字段设置"命令，打开"值字段设置"对话框。单击切换到"值显示方式"选项卡，并在下拉列表中选中"总计的百分比"选项；在"自定义名称"框中重新定义字段的名称，如图 23-57 所示。

2 单击"确定"按钮，即可显示出各个工作天数对应人数的占比情况，如图 23-58 所示。从中可以看出，出勤 20 天和 21 天的比例较大，满勤的占 16.67%。

图 23-57

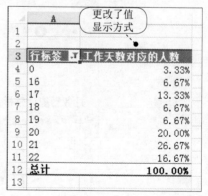

图 23-58

CHAPTER 24

在Excel中管理值班与加班

范例概述

    企业在正常运营中常会有一些突如其来的任务或需要快速完成的任务，因此基本任意一家企业都离不开加班。另外，根据企业经营性质的不同，有些企业还会存在需要安排值班的情况，因此作为行政人员需要做好企业员工值班、加班的安排与管理工作。

本章知识脉络图

应用功能	对应章节
工作表操作（新建、重命名）	第 8 章
表格的美化（字体、对齐方式、边框、底纹）	第 10 章
表格打印	第 10 章
名称的定义	本章
图表	第 14 章
条件格式的设置	第 12 章
规划求解	本章
应用函数	**对应章节**
IF 函数	
SUMIFS 函数	
WEEKDAY 函数	
HOUR 函数	第 11 章及本章
MINUT 函数	
COUNTIF 函数	
MOD 函数	

范例效果

加班记录单

序号	加班人	加班日期	加班类型	开始时间	结束时间	加班小时数	处理结果
1	李云洋	2014/11/3	平常日	17:30	21:30	4	付加班工资
2	林雨童	2014/11/4	平常日	18:00	22:00	4	付加班工资
3	周瑞	2014/11/5	平常日	17:30	22:30	5	付加班工资
4	陈丹希	2014/11/6	平常日	17:30	22:00	4.5	付加班工资
5	周静	2014/11/7	平常日	17:30	21:00	3.5	付加班工资
6	陈丹希	2014/11/8	公休日	9:00	17:30	8.5	补休
7	侯丽丽	2014/11/9	公休日	9:00	17:30	8.5	付加班工资
8	李云洋	2014/11/10	平常日	17:30	20:00	2.5	付加班工资
9	张学兴	2014/11/11	平常日	18:30	22:00	3.5	付加班工资
10	苏刚	2014/11/12	平常日	17:30	22:00	4.5	付加班工资
11	周静	2014/11/13	平常日	17:30	22:00	4.5	付加班工资
12	侯丽丽	2014/11/14	平常日	17:30	21:00	3.5	付加班工资
13	林雨童	2014/11/15	平常日	9:00	17:30	8.5	付加班工资
14	周瑞	2014/11/16	公休日	14:00	19:30	5.5	补休
15	林雨童	2014/11/17	平常日	17:30	22:00	4.5	付加班工资
16	陈丹希	2014/11/18	平常日	17:30	20:00	2.5	付加班工资
17	李云洋	2014/11/19	平常日	18:00	22:00	4	付加班工资
18	周静	2014/11/20	平常日	17:30	22:00	4.5	付加班工资
19	侯丽丽	2014/11/21	平常日	17:30	22:00	4.5	付加班工资
20	李云洋	2014/11/22	公休日	9:00	17:30	8.5	付加班工资

值班人员安排表

值班人	值班日期	起讫时间
苏海涛	2014/11/1	9:00~17:00
苏海涛	2014/11/7	23:00~7:00
苏海涛	2014/11/19	23:00~7:00
苏海涛	2014/11/28	23:00~7:00
刘苏阳	2014/11/2	9:00~17:00
刘苏阳	2014/11/16	23:00~7:00
杨增	2014/11/3	23:00~7:00
杨增	2014/11/12	23:00~7:00
杨增	2014/11/15	9:00~17:00
杨增	2014/11/25	23:00~7:00
陈瑾菲	2014/11/4	23:00~7:00
陈瑾菲	2014/11/17	23:00~7:00
彭丽丽	2014/11/5	23:00~7:00
彭丽丽	2014/11/11	23:00~7:00
彭丽丽	2014/11/29	9:00~17:00
李平	2014/11/6	23:00~7:00
李平	2014/11/13	23:00~7:00
李平	2014/11/20	23:00~7:00
李平	2014/11/27	23:00~7:00

值班人员提醒表　　Sheet2

五一假期值班安排表

值班员工	值班日期
钟武	5月7日
苏海涛	5月6日
侯淑媛	5月3日
李平	5月1日
王保国	5月5日
彭丽丽	5月2日
杨增	5月4日

人员安排要求：
员工钟武的情况：可以安排在7天放假的任意天值班。
员工苏海涛的情况：可以安排在7天放假的任意天值班。
员工侯淑媛的情况：要求安排在5月3号值班。
员工李平的情况：要求安排在侯淑媛前2天值班。
员工王保国的情况：要求安排在杨增后1天值班。
员工彭丽丽的情况：要求安排在侯淑媛前任意天值班。
员工杨增的情况：要求安排在侯淑媛后任意天值班。

说明：工作日加班：20元/小时　　节假日加班：30元/小时

加班人	节假日加班小时数	工作日加班小时数	加班费
李云洋	13	10.5	652.5
林雨童	8.5	12	555
周瑞	0	8	200
陈丹希	0	14.5	362.5
周静	0	14.5	362.5
侯丽丽	8.5	8	455
张学兴	0	7	175
苏刚	0	8	200

24.1 加班申请单

加班可能出现在正常工作日的下班时间里，也可能出现在周末或法定假日。因此在对加班时间进行记录时，完全可以沿用前面章节中建立的考勤表，只需稍加更改。

24.1.1 创建加班申请单

在加班之前，企业会要求加班员工向相关部门提交申请单，写明加班事由；得到批准后，才能正常加班工作。下面介绍如何创建加班申请单。

Step 01 新建工作簿，并建立"加班申请单"。

❶ 新建工作簿，并命名为"加班管理表"，将"Sheet1"工作表标签重命名为"加班申请单"，在工作表中输入拟订好的表格应包含的项目，效果如图 24-1 所示。

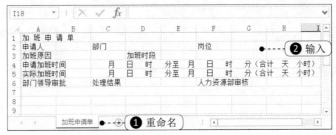

图 24-1

❷ 此表格多处需要使用合并单元格的功能，按实际的设计思路对该合并的单元格进行合并，效果如图 24-2 所示。

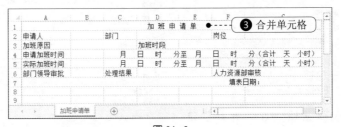

图 24-2

Step 02 设置字体及表格边框。

❶ 为表格中的文字设置字体、字号等，对标识文字还可以设置加粗效果。

❷ 选中标题文字所在单元格，在"开始"选项卡的"字体"选项组中单击 按钮（见图 24-3），打开"设置单元格格式"对话框，在"下画线"下拉列表中选择"会计用单下画线"，如图 24-4 所示。

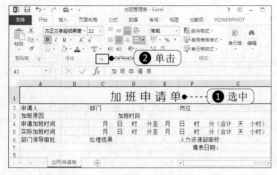

图 24-3

图 24-4

③ 单击"确定"按钮，效果如图 24-5 所示。

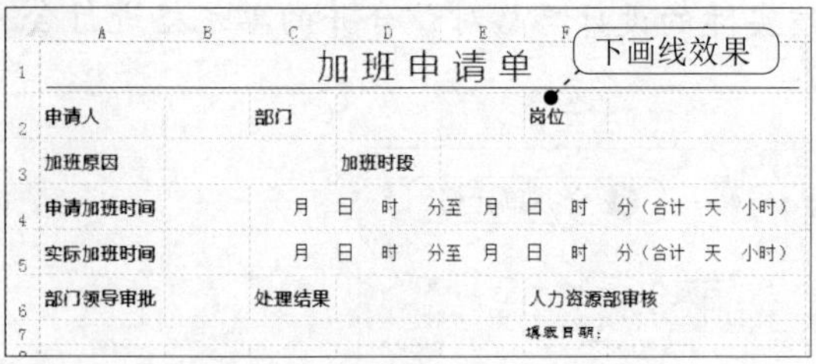

图 24-5

④ 选中表格的编辑区域，在"开始"选项卡的"字体"选项组中单击 □ 按钮（见图 24-6），打开"设置单元格格式"对话框。切换到"边框"选项卡，在"样式"列表框中选择线条样式，在"颜色"框中可以设置线条的颜色，单击"外边框"按钮与"内部"

按钮可将设置的线条格式应用于选中区域的外边框与内边框，如图 24-7 所示。

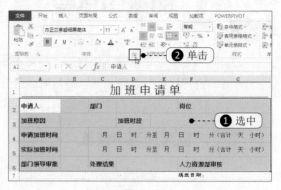

图 24-6

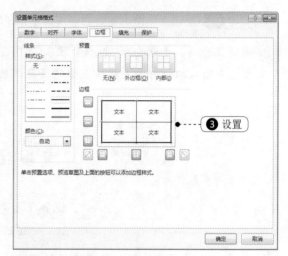

图 24-7

⑤ 单击"确定"按钮，即可应用线条效果，如图 24-8 所示。

图 24-8

Step 03 特殊符号的输入。在此表格中应用了"□"这个符号，这个符号无法从键盘上输入，必须以插入符号的形式输入。

1 光标定位到 E3 单元格中，单击"插入"选项卡下"符号"选项组中的"符号"按钮（见图 24-9），打开"符号"对话框。

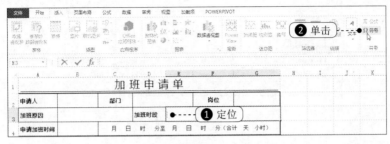

图 24-9

2 在"字体"下拉列表中选择"（普通文本）"，在"子集"下拉列表中选择"几何图形符"，然后在下面列表框选中需要的符号图标（见图 24-10），单击"插入"按钮，即可在光标插入点处插入指定的符号，如图 24-11 所示。

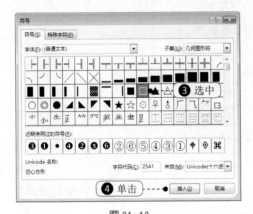

图 24-10

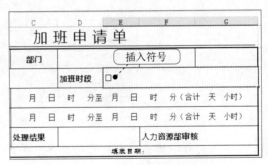

图 24-11

3 在符号后面输入文本，需要再次使用此符号时，可以复制使用，如图 24-12 所示。

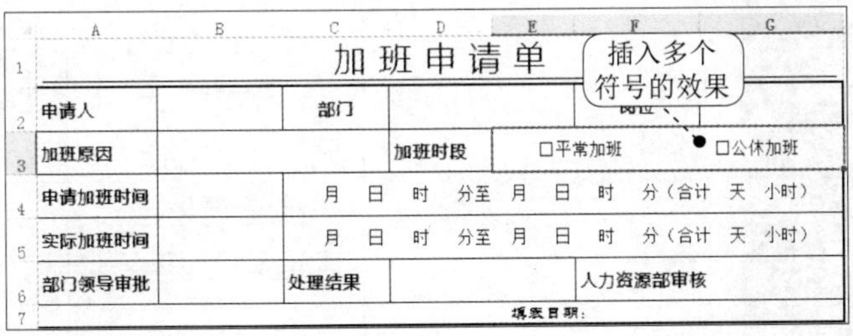

图 24-12

24.1.2 打印加班申请单

加班申请单一般是打印出来使用。由于此表单不长，为了不浪费资源，可以实现在一页纸中打印多个申请单，其操作方法如下。

1 光标定位到表单结束位置单元格的右下角，直到出现黑色十字形，如图 24-13 所示。

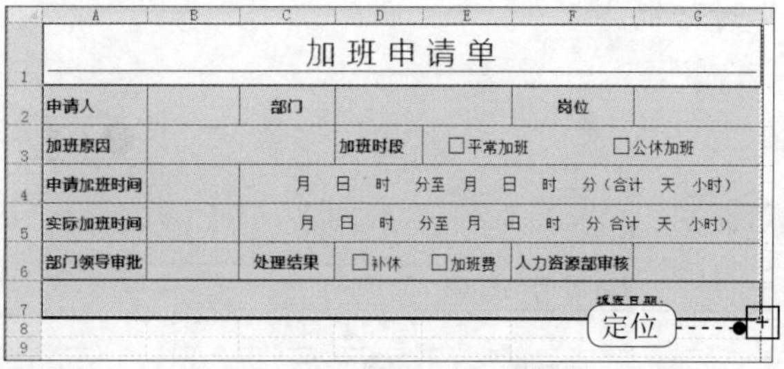

图 24-13

2 按住鼠标左键向下拖动，即可复制出多个表单，如图 24-14 所示。

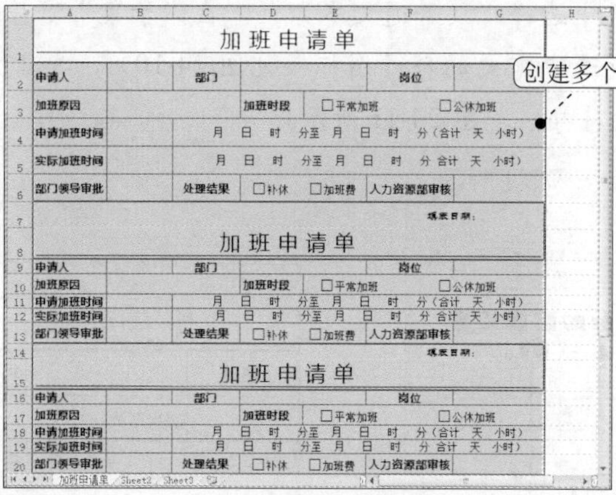

图 24-14

3 单击"文件"标签，在打开的菜单中单击"打印"命令，右侧窗口显示打印预览效果，如图 24-15 所示。

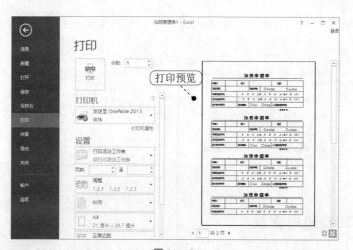

图 24-15

4 查看打印预览效果没有问题时，可以执行打印操作。打印出的表单可以裁成多份。

24.2 加班记录及汇总统计

日常加班需要按实际情况逐一记录下来，然后在月末再进行汇总统计，利用 Excel 可以很好地完成这项工作。

24.2.1 创建加班记录单

加班记录单是按加班人、加班开始时间、加班结束时间逐条记录的。加班记录单中的数据都来源于平时员工填写的加班申请表。

Step 01 建立"加班记录单"。创建此表格最重要的是要将表单应包含的项目规划完整。

在 Sheet 2 工作表标签上双击鼠标，重新输入名称为"11 月份加班记录表"。在表格中输入拟订好的列标识，并进行文字格式设置，然后按上一小节介绍的方法为表格编辑区域添加上边框，如图 24-16 所示。

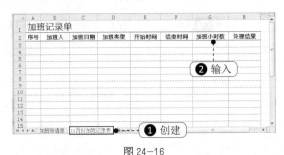

图 24-16

Step 02 设置"开始时间"与"结束时间"的显示格式。

① 选中要输入时间的 E 列和 F 列的单元格区域，在"开始"选项卡下的"数字"选项组中单击 按钮（见图 24-17），打开"设置单元格格式"对话框。在"分类"列表框中选中"时间"，并在"类型"框中选择时间格式，如图 24-18 所示。

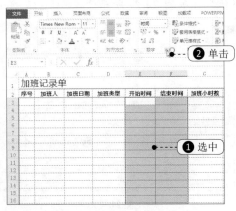

图 24-17

图 24-18

② 单击"确定"按钮，完成设置。再输入时间时，就会显示为如图 24-19 所示的格式。

加班记录单						
序号	加班人	加班日期	加班类型	开始时间	结束时间	加班小
				17:30	21:30	

时间显示格式

图 24-19

Step 03 设置"处理结果"表的数据验证为可选择序列。

① 选中"处理结果"列单元格区域，在"数据"选项卡的"数据工具"选项组中单击"数据验证"按钮（见图24-20），打开"数据验证"对话框。在"允许"下拉列表中选择"序列"，在"来源"设置框中输入"付加班工资，补休"，如图24-21所示。

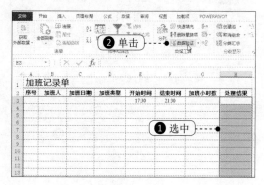

图24-20

图24-21

② 切换到"输入信息"选项卡，设置选中单元格时显示的提示信息，如图24-22所示。

图24-22

③ 单击"确定"按钮，返回到工作表中。选中"处理结果"列单元格时会显示提示信息并显示下拉按钮，如图24-23所示；单击该按钮，即可从下拉列表中选择处理结果，如图24-24所示。

图24-23

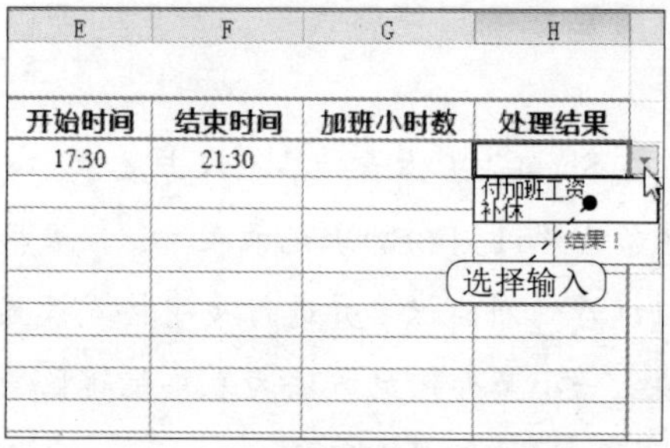

图24-24

Step 04 手工记录基本数据，如图24-25所示。

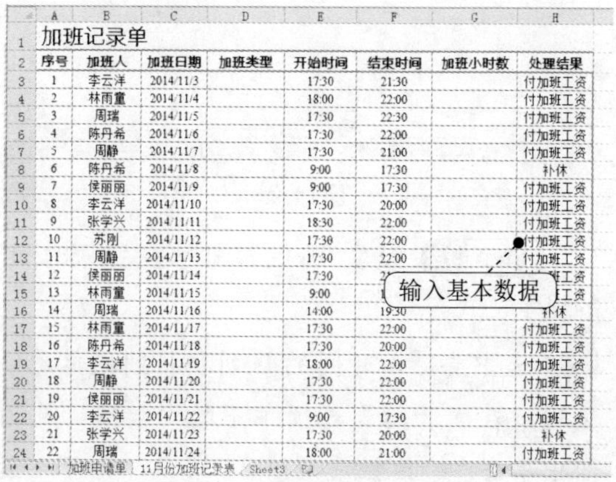

图24-25

Step 05 利用公式返回加班类型，并计算加班小时数。

① 选中 D3 单元格，在公式编辑栏中输入公式：

=IF(WEEKDAY(C3,2)>=6,"公休日","平常日")

按 Enter 键，即可根据加班时间返回加班类型，效果如图 24-26 所示。

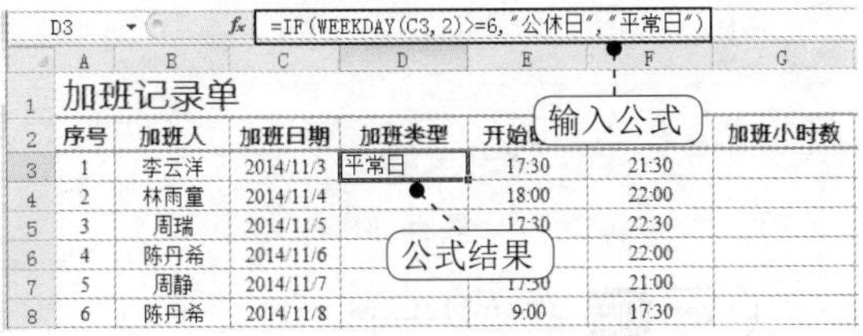

图 24-26

② 选中 D3 单元格，光标定位到右下角，向下复制公式，即可根据 C 列中的加班日期，依次返回是"平常日"加班还是"公休日"加班，效果如图 24-27 所示。

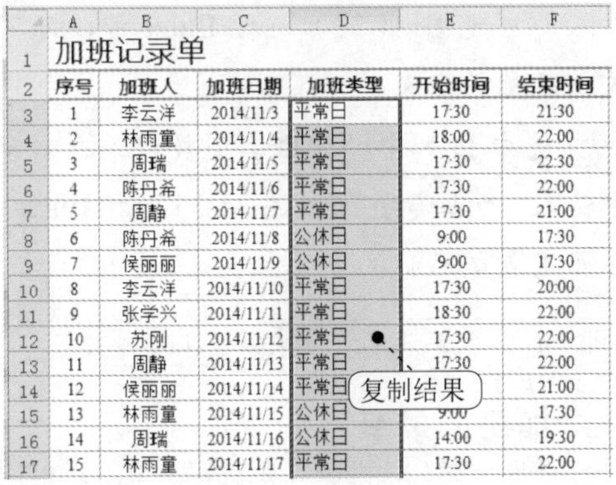

图 24-27

公式分析

=IF(WEEKDAY(C3,2)>=6,"公休日","平常日")

公式解析：

①使用 WEEKDAY 函数判断 C3 单元格中的星期数。

②如果 C3 单元格中的星期数大于等于 6，则表示是公休日，否则为平常日。

函数说明

WEEKDAY 函数：返回某日期为星期几。默认情况下，其值为 1（星期天）到 7（星期六）之间的整数。语法格式为

WEEKDAY(serial_number,[return_type])

③ 选中 G3 单元格，在公式编辑栏中输入公式：

=(HOUR(F3)+MINUTE(F3)/60)-(HOUR(E3)+MINUTE(E3)/60)

按 Enter 键，得到的是一个时间值，如图 24-28 所示。

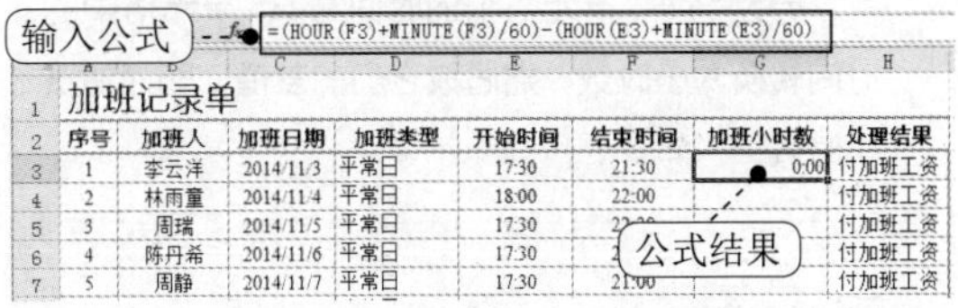

图 24-28

④ 选中 G3 单元格，在"开始"选项卡的"数字"选项组中单击设置框右侧的下拉按钮，选择"常规"格式，即可显示正常的时间差值，如图 24-29 所示。

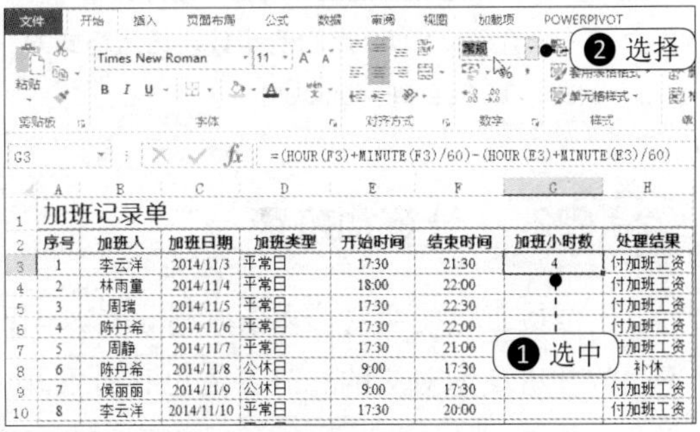

图 24-29

⑤ 选中 G3 单元格，光标定位到右下角，向下复制公式，即可根据 E 列和 F 列中的时间，依次返回加班小时数，效果如图 24-30 所示。

图 24-30

公式分析

=(HOUR(F3)+MINUTE(F3)/60)-
(HOUR(E3)+MINUTE(E3)/60) 公式解析：

分别将 F3 单元格中的时间与 E3 单元格中的
时间转换为小时数，然后取它们的差值，即为加班
小时数。

函数说明

★ HOUR 函数：返回时间值中的小时数，即一
个介于 0（12:00 A.M.）～23（11:00 P.M.）
之间的整数。语法格式为
HOUR(serial_number)

★ MINUTE 函数：返回时间值中的分钟数，为
一个介于 0～59 之间的整数。语法格式为
MINUTE(serial_number)

24.2.2 计算加班费

一位员工可能会对应多条加班记录，同时
不同的加班类型对应的加班工资也有所不同。
因此，在完成加班记录表的创建后，可以建
立一张表，统计每位员工的加班时长并计算加
班费。

Step 01 建立"11 月份加班费统计表"。
在 Sheet3 工作表标签上双击鼠标，重新输
入名称为"11 月份加班费统计表"。在表格中

输入拟订好的列标识，并输入所有加班人的姓
名，如图 24-31 所示。

图 24-31

Step 02 在"11 月份加班记录表"中定
义名称。由于在计算加班费时需要大量引用"11
月份加班记录表"中的数据，所以可以先为数
据定义名称，从而方便公式的引用。

1 切换到"11 月份加班记录表"中，选中
B 列中的加班人数据，在名称框中输入"加
班人"（见图 24-32），按 Enter 键，即可完
成该名称的定义。

2 选中 D 列中的加班类型数据，在名称框
中输入"加班类型"（见图 24-33），按 Enter 键，
即可完成该名称的定义。

序号	加班人	加班日期	加班类型	开始时间
1	李云洋	2014/11/3	平常日	17:30
2	林雨童	2014/11/4	平常日	18:00
3	周瑞	2014/11/5	平常日	17:30
4	陈丹希	2014/11/6	平常日	17:30
5	周静	2014/11/7	平常日	17:30
6	陈丹希	2014		9:00
7	侯丽丽	2014/11/9	公休日	9:00
8	李云洋	2014/11/10	平常日	17:30
9	张学兴	2014/11/11	平常日	18:30
10	苏刚	2014/11/12	平常日	17:30
11	周静	2014/11/13	平常日	17:30
12	侯丽丽	2014/11/14	平常日	17:30
13	林雨童	2014/11/15	公休日	9:00
14	周瑞	2014/11/16	公休日	14:00
15	林雨童	2014/11/17	平常日	17:30
16	陈丹希	2014/11/18	平常日	17:30
17	李云洋	2014/11/19	平常日	18:00

图 24-32

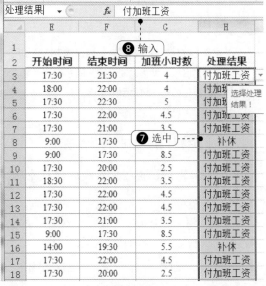

图 24-33

③　选中 G 列中的加班小时数数据，在名称框中输入"加班小时数"，按 Enter 键，即可完成该名称的定义，如图 24-34 所示。

④　选中 H 列中的处理结果数据，在名称框中输入"处理结果"，按 Enter 键，即可完成该名称的定义，如图 24-35 所示。

加班小时数	fx	=(HOUR(F3)+MINUTE(F3)/60)-		
	E	F	G	H
1			⑥ 输入	
2	开始时间	结束时间	加班小时数	处理结果
3	17:30	21:30	4	付加班工资
4	18:00	22:00	4	付加班工资
5	17:30	22:30	5	付加班工资
6	17:30	22:00	4.5	付加班工资
7	17:30	21:00	3.5	⑤ 选中
8	9:00	17:30	8.5	补休
9	9:00	17:30	8.5	付加班工资
10	17:30	20:00	2.5	付加班工资
11	18:30	22:00	3.5	付加班工资
12	17:30	22:00	4.5	付加班工资
13	17:30	22:00	4.5	付加班工资
14	17:30	21:00	3.5	付加班工资
15	9:00	17:30	8.5	付加班工资
16	14:00	19:30	5.5	补休
17	17:30	22:00	4.5	付加班工资
18	17:30	20:00	2.5	付加班工资

图 24-34

图 24-35

⑤　在"公式"选项卡下的"定义的名称"选项组中单击"名称管理器"按钮，如图 24-36 所示。打开"名称管理器"对话框，可以查看到当前定义的所有名称，以及名称所代表的单元格区域，如图 24-37 所示。

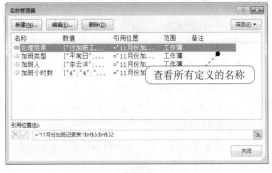

图 24-36

图 24-37

提示

定义名称代表单元格区域,当公式中需要引用这个单元格区域,就可以使用定义的名称来代替,这样可以简化公式,防止引用出错。

Step 03 计算加班时长及加班费。

1 选中 B3 单元格,在公式编辑栏中输入公式:

=SUMIFS(加班小时数,加班类型,"公休日",处理结果,"付加班工资",加班人,A3)

按 Enter 键,即可计算出第一位员工节假日加班的加班小时数,如图 24-38 所示。

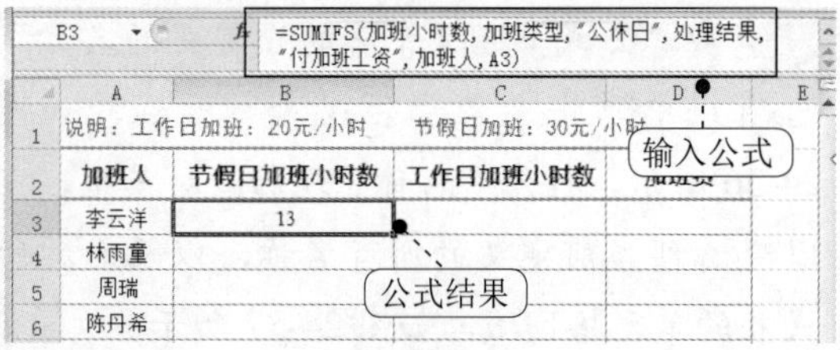

图 24-38

公式分析

=SUMIFS(加班小时数,加班类型,"公休日",处理结果,"付加班工资",加班人,A3)公式解析:

① "加班类型,"公休日""为第一个用于条件判断的区域和第一个条件。

② "处理结果,"付加班工资""为第二个用于条件判断的区域和第二个条件。

③ "加班人,A3"为第三个用于条件判断的区域和第三个条件。

④ 将同时满足三个条件的对应在"加班小时数"单元格区域上的值进行求和。

函数说明

SUMIFS 函数:对某一区域(两个或多于两个单元格的区域;区域可以相邻或不相邻)满足多重条件的单元格求和。语法格式为

SUMIFS(sum_range,criteria_range1,criteria1,[criteria_range2,criteria2],...)

2 选中 C3 单元格,在公式编辑栏中输入公式:

=SUMIFS(加班小时数,加班类型,"平常日",处理结果,"付加班工资",加班人,A3)

按 Enter 键,即可计算出第一位员工工作日加班的加班小时数,如图 24-39 所示。

图 24-39

3 选中 B3:C3 单元格区域,光标定位于该单元格区域右下角的填充柄上(见图 24-40),向下复制公式,即可得出每位员工的节假日加班与工作日加班的小时数,如图 24-41 所示。

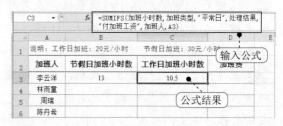

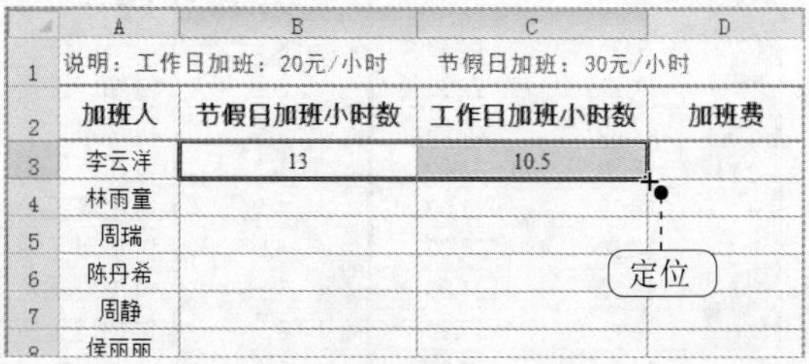

图 24-40

	A	B	C	D
1	说明：工作日加班：20元/小时		节假日加班：30元/小时	
2	加班人	节假日加班小时数	工作日加班小时数	加班费
3	李云洋	13	10.5	
4	林雨童	8.5	12	
5	周瑞	0	8	
6	陈丹希	0	14.5	
7	周静	0	14.5	
8	侯丽丽	8.5	8	
9	张学兴	0	7	
10	苏刚	0	8	

复制公式

图 24—41

4 选中 D3 单元格，在公式编辑栏中输入公式：

=B3*30+C3*25

按 Enter 键，即可计算出第一位员工的加班费，如图 24-42 所示。向下复制公式，即可得出每位员工的加班费，如图 24-43 所示。

D3 ▼ fx =B3*30+C3*25 → 输入公式

	A	B	C	D
1	说明：工作日加班：20元/小时		节假日加班：30元/小时	
2	加班人	节假日加班小时数	工作日加班小时数	加班费
3	李云洋	13	10.5	652.5
4	林雨童	8.5	12	
5	周瑞	0	8	
6	陈丹希	0	14.5	
7	周静	0	14.5	

公式结果

图 24—42

	A	B	C	D
1	说明：工作日加班：20元/小时		节假日加班：30元/小时	
2	加班人	节假日加班小时数	工作日加班小时数	加班费
3	李云洋	13	10.5	652.5
4	林雨童	8.5	12	555
5	周瑞	0	8	200
6	陈丹希	0	14.5	362.5
7	周静	0	14.5	362.5
8	侯丽丽	8.5	8	455
9	张学兴	0	7	175
10	苏刚	0	8	200

复制公式

图 24—43

24.2.3 每位员工加班总时数比较图表

使用图表可以更加直观地了解员工本月加班情况，本例创建柱形图来比较每位员工不同加班类型的时数及加班总时数。

1 在"11月份加班费统计表"中，选中 A2:C10 单元格区域（见图 24-44），在"插入"选项卡的"图表"选项组中单击"插入柱形图"下拉按钮，在展开的下拉菜单中单击"堆积柱形图"，如图 24-45 所示。

	A	B	C	D
1	说明：工作日加班：20元/小时		节假日加班：30元/小时	
2	加班人	节假日加班小时数	工作日加班小时数	加班费
3	李云洋	13	10.5	652.5
4	林雨童	8.5	12	555
5	周瑞	0	8	362.5
6	陈丹希	0	14.5	362.5
7	周静	0	14.5	362.5
8	侯丽丽	8.5	8	455
9	张学兴	0	7	175
10	苏刚	0	8	200

① 选中

图 24—44

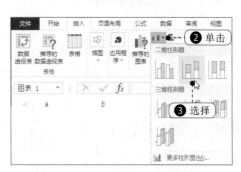

图 24—45

② 返回工作表中，系统会创建一个堆积柱形图，如图 24-46 所示。

③ 重新编辑图表的标题，添加数据标签，并按实际美化思路设置字体、形状填充等效果，如图 24-47 所示。

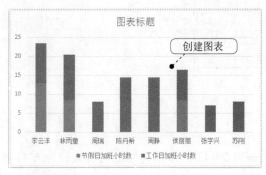

图 24-46

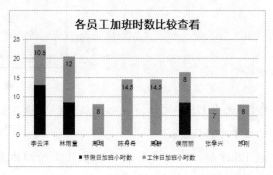

图 24-47

24.3 值班人员提醒表

安排好值班人员后，为了避免值班人员忘记值班时间，管理人员可以为值班安排表添加一个提醒功能，即设定提前一天提醒要值班的员工，这样人力资源部门便会及时通知加班人员。

24.3.1 建立值班安排表

本例中建立的值班安排表需要注意两个要点：一是值班日期不能重复；二是工作日值班与周六日值班的时间不同。基于以上两个要点，可以使用数据验证功能与公式来辅助完成该表格的建立。

Step 01 新建工作表并命名为"值班提醒表"，输入表格的基本数据，如图 24-48 所示。

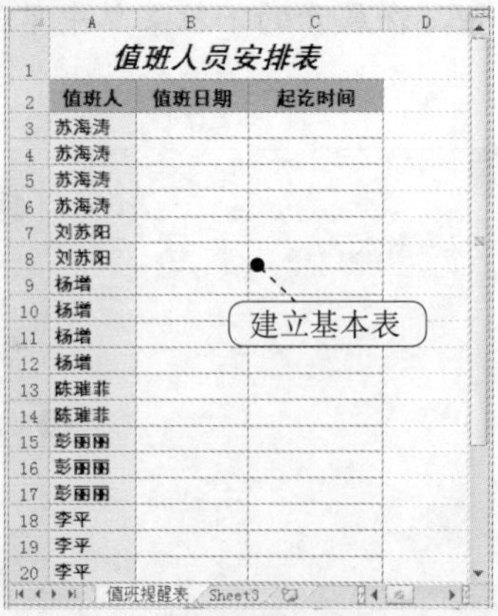

图 24-48

Step 02 避免输入重的值班日期，为"值班日期"列数据设置数据验证。

① 选中"值班日期"列的单元格区域，在"数据"选项卡的"数据工具"选项组中单击"数据验证"按钮（见图 24-49），打开"数据验证"对话框。

② 在"允许"下拉列表中选择"公式"，在"公式"框中设置公式：=COUNTIF(B:B,B3)=1，如图 24-50 所示。

图 24-49

图 24-51

图 24-50

图 24-52

提示

COUNTIF 函数用于对指定区域中符合指定条件的单元格计数。公式 "=COUNTIF (B:B，B3)=1" 用于统计 B 列中 B3 单元格值出现的次数是否等于 1，如果等于 1，允许输入；如果大于 1，则给出错提示信息。公式依次向下取值，即判断完 B3 单元格后再判断 B4 单元格，依次向下。

3 切换到 "出错警告" 选项卡，设置 "样式" 为 "信息"，并设置提示信息的标题与错误信息（表示输入不满足条件的数据时，就弹出错误提示信息对话框），如图 24-51 所示。

4 设置完成后，单击 "确定" 按钮，返回到工作表中。当输入与前面有任何重复的日期时都会弹出错误提示对话框，如图 24-52 所示。

Step 03 设置自动返回值班的起讫时间。

1 选中 C3 单元格，在公式编辑栏中输入公式：
=IF(MOD(B3,7)<2,"9:00~17:00", "23:00~7:00")

按 Enter 键，根据 B3 单元格的日期返回值班的起讫时间，如图 24-53 所示。

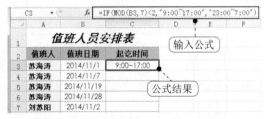

图 24-53

2 选中 C3 单元格，鼠标指针指向右下角的填充柄上，按住鼠标左键向下拖动复制公式，即可自动根据 B 列中的日期，自动返回值班的起讫时间，如图 24-54 所示。

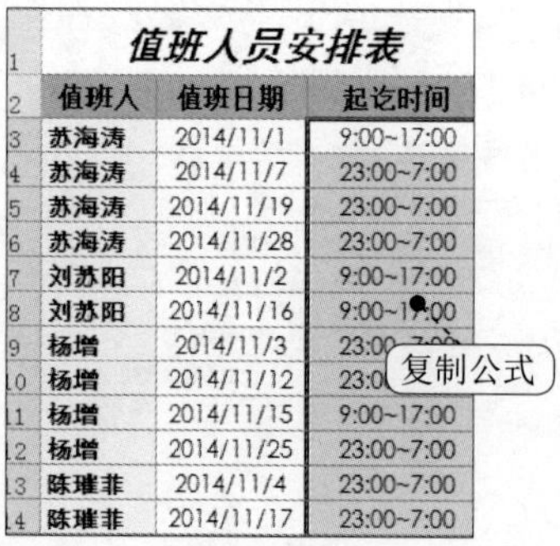

值班人员安排表		
值班人	值班日期	起讫时间
苏海涛	2014/11/1	9:00~17:00
苏海涛	2014/11/7	23:00~7:00
苏海涛	2014/11/19	23:00~7:00
苏海涛	2014/11/28	23:00~7:00
刘苏阳	2014/11/2	9:00~17:00
刘苏阳	2014/11/16	9:00~19:00
杨增	2014/11/3	23:00~7:00
杨增	2014/11/12	23:00~7:00
杨增	2014/11/15	9:00~17:00
杨增	2014/11/25	23:00~7:00
陈瑾菲	2014/11/4	23:00~7:00
陈瑾菲	2014/11/17	23:00~7:00

复制公式

图 24-54

公式分析

=IF(MOD(B3,7)<2,"9:00~17:00","23:00~7:00")

公式解析：

星期六日期序列号与 7 相除的余数为 0，星期日日期序列号与 7 相除的余数为 1。因此，当 B 列的日期与 7 相除的余数小于 2 时，表示为周六日值班；否则为工作日值班。

24.3.2 设置单元格格式实现自动提醒

要达到自动提醒的目的，可以通过设置单元格格式这一功能来实现。

Step 01 设置条件格式的公式。

① 选中"值班日期"列的单元格区域，在"开始"选项卡的"样式"选项组中单击"条件格式"下拉按钮，在展开的下拉菜单中单击"新建规则"命令，打开"新建格式规则"对话框。

② 在列表框中选择"使用公式确定要设置格式的单元格"规则，并设置公式：=B3=TODAY()+1，如图 24-55 所示。

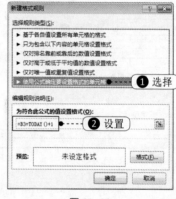

① 选择
② 设置

图 24-55

Step 02 设置满足条件时显示的特殊格式。

① 单击"格式"按钮，打开"设置单元格格式"对话框。在"字体"选项卡下设置满足条件时显示的特殊格式，如图 24-56 所示。

② 切换到"填充"选项卡，设置满足条件时显示的特殊格式，如图 24-57 所示。

设置

图 24-56

设置

图 24-57

3 · 设置完成后，单击"确定"按钮，返回到"新建格式规则"对话框中，可以看到预览的格式，如图 24-58 所示。

4 · 单击"确定"按钮，可以看到当前日期的后一日会显示特殊格式，以达到提醒的目的，如图 24-59 所示。

图 24-58

图 24-59

24.4 假期值班人员安排表

在"五·一"放假期间需要安排员工来值班，这时就需要考虑员工自身的原因及员工的工作安排，合理规划假期期间员工的值班安排表。

24.4.1 设计值班表求解模型

此例中的假期值班人员安排需要使用"规划求解"功能来实现，因此首先需要建立表格并设计好求解模型。

Step 01 建立值班安排表。

在工作表中创建值班安排表，并将人员的安排要求录入到表格中，如图 24-60 所示。

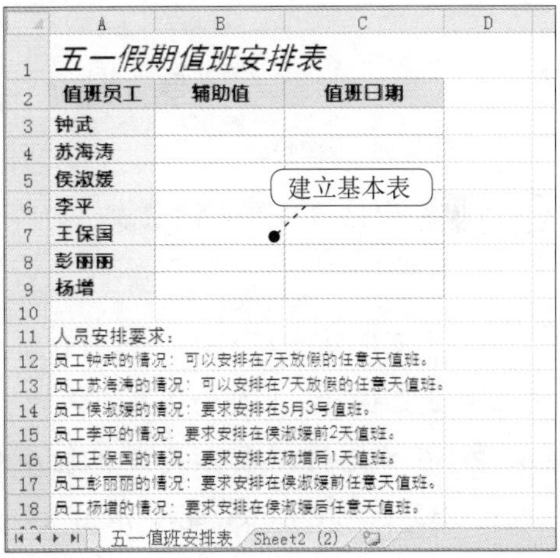

图 24-60

Step 02 确定变量与目标值。

① 在空白处输入连续的 1 到 7 几个数字，选中 H9 单元格，在公式编辑栏中输入公式：=SUMSQ(H2:H8)，按 Enter 键，即可计算出 H2:H8 单元格区域中的一组数的平方和（这个值将作为规划求解的目标值），如图 24-61 所示。

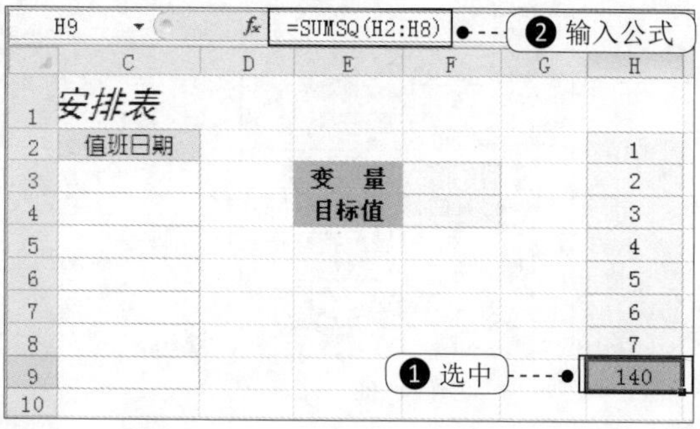

图 24-61

② 选中 F4 单元格，在公式编辑栏中输入公式：=SUMSQ(B3:B9)，按 Enter 键，即可计算出 B3:B9 单元格区域中的一组数的平方和（这个值在最终求解时要求等于 H9 单元格的值），如图 24-62 所示。

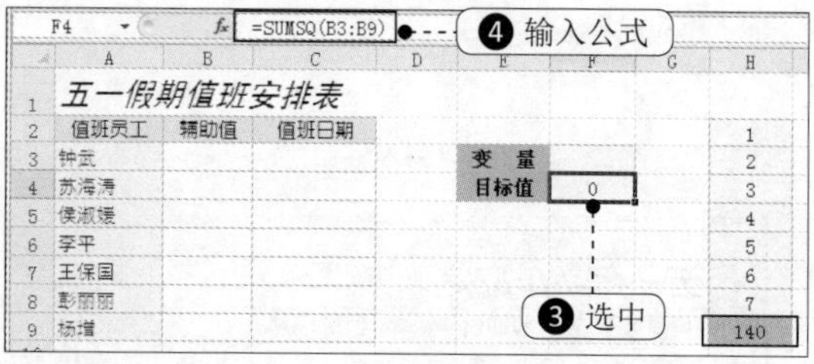

图 24-62

Step 03 根据值班要求设置表格中"辅助值"列的公式。

① 在 B5 单元格中输入"3"（因为该员工要求在 5 月 3 日值班，此处的值是固定的）。

② 选中 B6 单元格，在公式编辑栏中输入公式：=B5-2，按 Enter 键，如图 24-63 所示。

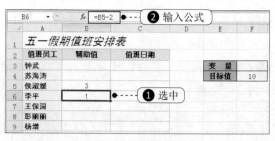

图 24-63

③ 选中 B7 单元格，在公式编辑栏中输入公式：=B9+1，按 Enter 键，如图 24-64 所示。

图 24-64

④ 选中 B8 单元格，在公式编辑栏中输入公式：=B5-F3，按 Enter 键，如图 24-65 所示。

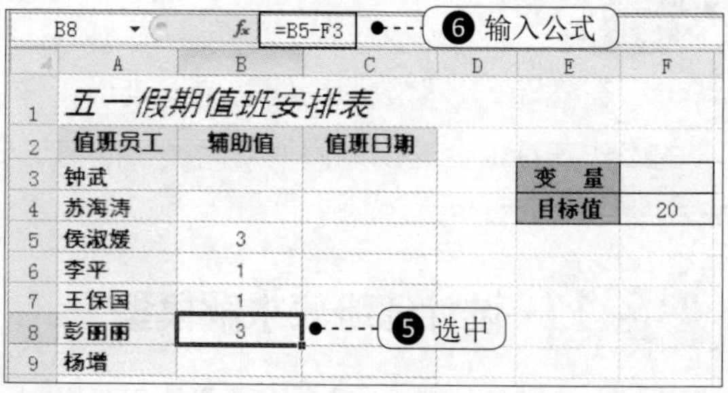

图 24-65

⑤ 选中 B9 单元格，在公式编辑栏中输入公式：=B5+F3，按 Enter 键，如图 24-66 所示。

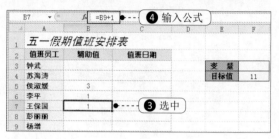

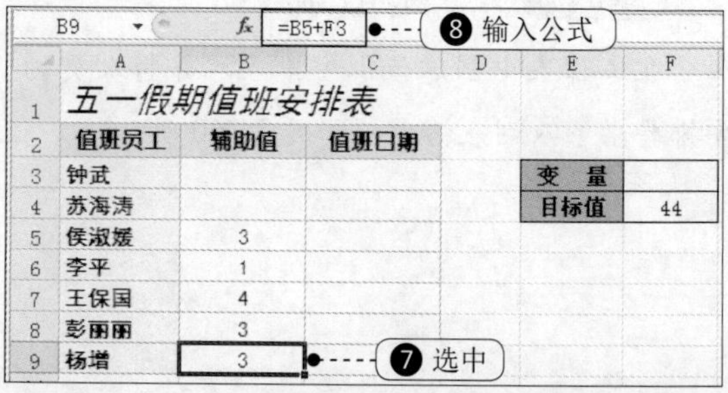

图 24-66

24.4.2 进行规划求解

完成上面求解模型的创建后，接着需要设置规划求解的参数并进行规划求解。

Step 01 设置目标值与可变单元格。

1 选中 F4 单元格，在"数据"选项卡下的"分析"选项组中单击"规划求解"按钮，打开"规划求解参数"对话框。

2 目标单元格为之前选中的 F4 单元格；选中"目标值"单选按钮，设置值为"140"；将光标定位到"通过更改可变单元格"框中，单击 按钮，返回到工作表中选择 F3 单元格，然后以","作为间隔，再选择 B3:B4 单元格区域作为可变单元格，如图 24-67 所示。

图 24-67

Step 02 添加约束条件。

1 在"规划求解参数"对话框下的"遵守约束"栏中单击"添加"按钮，打开"添加约束"对话框。设置"单元格引用"为 B3:B4（可以手工输入，也可以单击 按钮，返回到工作表中选择），设置条件为"int"、"约束"值为"整数"，如图 24-68 所示。

2 单击"添加"按钮，添加第二个条件，设置"单元格引用"为 B3:B4，设置条件为"≥="、"约束"值为"1"，如图 24-69 所示。

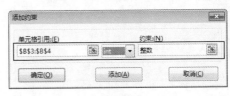

图 24-68

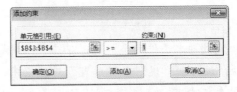

图 24-69

3 单击"添加"按钮，添加第三个条件，设置"单元格引用"为 B3:B4，设置条件为"<="、"约束"值为"7"，如图 24-70 所示。

4 单击"添加"按钮，添加第四个条件，设置"单元格引用"为 F3，设置条件为"int"、"约束"值为"整数"，如图 24-71 所示。

图 24-70

图 24-71

5 单击"添加"按钮，添加第五个条件，设置"单元格引用"为 F3，设置条件为"≥="、"约束"值为"1"，如图 24-72 所示。

6 单击"添加"按钮，添加第六个条件，设置"单元格引用"为F3，设置条件为"<="、"约束"值为"7"，如图24-73所示。

图 24-72

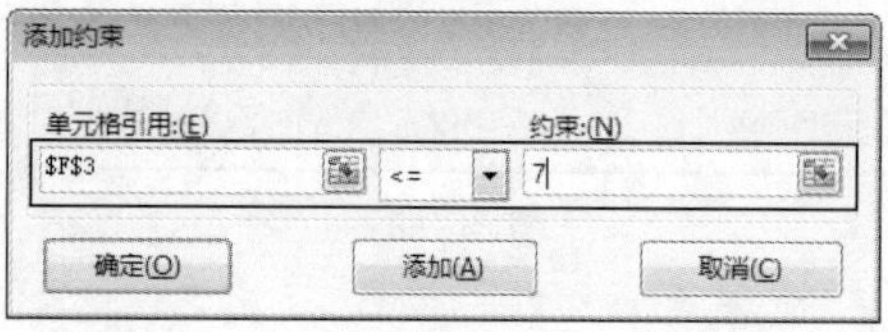

图 24-73

7 完成约束条件的添加后，单击"确定"按钮，返回到"规划求解参数"对话框中，在列表框中可以看到添加的约束条件，如图24-74所示。

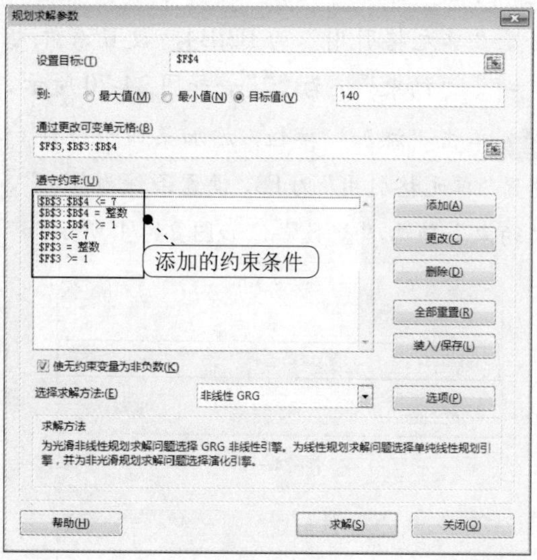

添加的约束条件

图 24-74

Step 03 进行规划求解。

1 在"规划求解参数"对话框中单击"求解"按钮，即可根据设置条件进行规划求解，并弹出"规划求解结果"对话框，如图24-75所示。

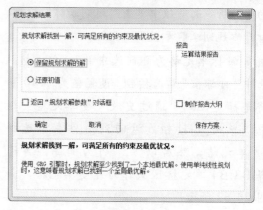

图 24-75

2 单击"确定"按钮，可以看到B3与B4单元格中显示了值，并且B3:B9单元格区域中显示了1到7几个数字，各个单元格中的数字都满足之前对值班要求的规定，如图24-76所示。

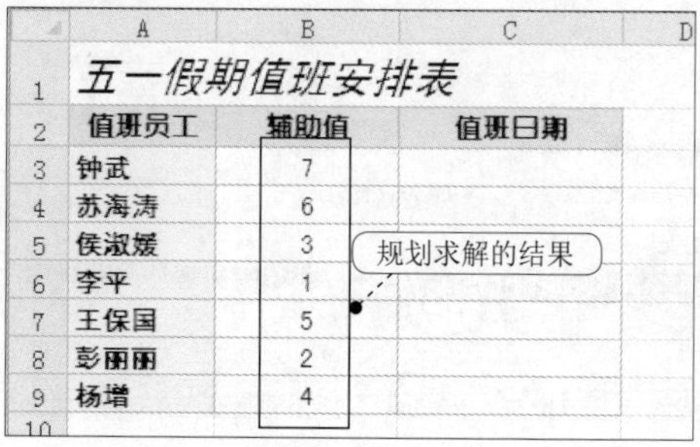

	A	B	C	D
1	五一假期值班安排表			
2	值班员工	辅助值	值班日期	
3	钟武	7		
4	苏海涛	6		
5	侯淑媛	3	规划求解的结果	
6	李平	1		
7	王保国	5		
8	彭丽丽	2		
9	杨增	4		
10				

图 24-76

24.4.3 根据规划求解的值得出正确的排班日期

利用规划求解得出 B3:B9 单元格区域的值后，就可以利用一个简单的公式为每位员工正确排班日期了。

Step 01 利用公式得出值班日期。

1 选中 C3 单元格，在公式编辑栏中输入公式：

="5 月 "&B3 &" 日"

按 Enter 键，得出第一位员工的值班日期。

2 选中 C3 单元格，将光标定位到单元格右下角的填充柄上，拖动鼠标向下复制公式到 C9 单元格中，即可得出每位员工正确的排班日期，如图 24-77 所示。

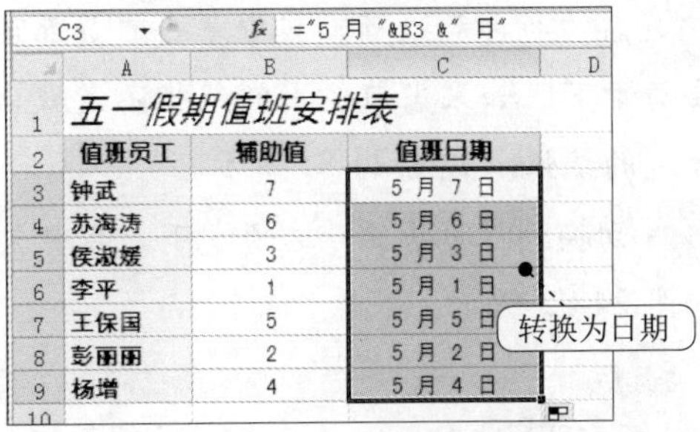

图 24-77

Step 02 删除"辅助"值列。

1 选中 C3:C9 单元格区域，按 Ctrl+C 键复制，按 Ctrl+V 键粘贴，单击"粘贴"下拉按钮，在展开的下拉菜单中单击 123（"值"）按钮，即可将 C3:C9 单元格区域的公式返回结果转换为值，如图 24-78 所示。

2 将 B 列的辅助值删除，得出的表格如图 24-79 所示。

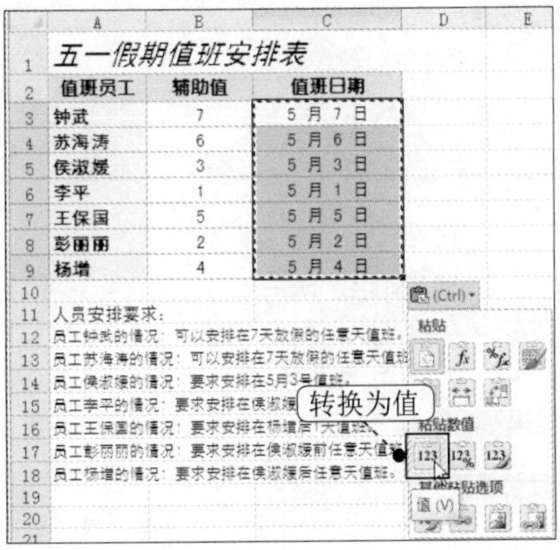

图 24-78

图 24-79

24.4.4 打印值班安排表

完成值班安排表的创建后，一般还需要将表格打印出来使用。

Step 01 打印预览。

单击"文件"标签，在打开的菜单中单击"打印"命令，右侧窗口显示打印设置区域，以及对当前表格的打印预览效果，如图 24-80 所示。

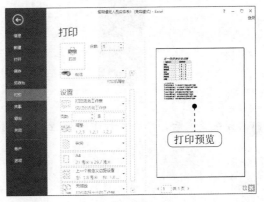

图 24-80

Step 02 页面设置。

① 在"打印"选项面板中单击"页面设置"链接，打开"页面设置"对话框。在"页面"选项卡下，如果当前使用的纸张不是默认的 A4 纸，则需要在"纸张大小"下拉列表中选择合适的纸张，如图 24-81 所示。

② 切换到"页边距"选项卡下，选中"居中方式"栏中的"垂直"与"水平"两个复选框，如图 24-82 所示。

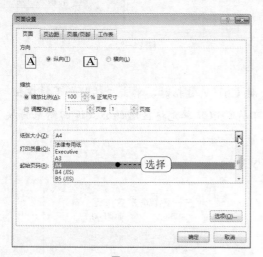

图 24-81   图 24-82

③ 单击"确定"按钮，可以再次查看打印预览效果，如图 24-83 所示。

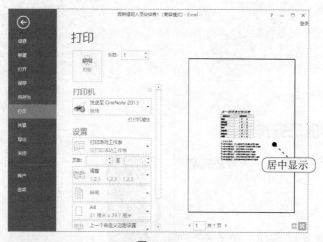

图 24-83

④ 效果满意后，单击"打印"按钮，执行打印操作即可。

CHAPTER
25

在Excel中管理日常费用

 **范例概述**

所谓日常费用，是指企业在日常运作过程中产生的相关费用，例如购买办公用品费、差旅费、餐饮费等，这些费用具有金额小、易发性等特点。作为企业办公人员来说，需要对这一块的费用支出进行合理管理，并在一个时段进行相关分析，例如分析各个部门费用的支出情况、各种类别的费用支出情况等，从而有效控制各个环节的日常费用，为后期财务预算提供准确的依据。

利用 Excel 软件可以很好地对日常支出的各项费用进行记录管理，并进行相关的分析操作。

本章知识脉络图

应用功能	对应章节
工作表操作（重命名）	第 8 章
单元格设置	第 9 章
表格美化（字体、对齐方式、边框、底纹）	第 10 章
数据填充	第 9 章
数据筛选	第 12 章
数据验证	第 12 章
数据透视表和数据透视图	第 13 章
定义名称	本章
应用函数	**对应章节**
SUMIFS 函数	
SUM 函数	第 11 章及本章
IF 函数	

费 用 支 出 记 录 表

序	月	日	费用类别	产生部门	支出金额	摘要	负责人
001	1	1	办公费	行政部	¥ 5,220.00	办公用品采购	张新义
002	1	1	招聘培训费	人事部	¥ 650.00	人员招聘	周芳
003	1	2	福利	行政部	¥ 5,400.00	元旦购买福利品	李兰
004	1	2	餐饮费	人事部	¥ 863.00		王辉
005	1	6	业务拓展费	企划部	¥ 1,500.00	展位费	黄丽
006	1	6	差旅费	企划部	¥ 587.00	吴鸿飞出差青岛	吴鸿飞
007	1	9	招聘培训费	人事部	¥ 450.00	培训教材	沈涛
008	1	9	通讯费	销售部	¥ 258.00	快递	张华
009	1	13	业务拓展费	企划部	¥ 2,680.00	公交站广告	黄丽
010	1	13	通讯费	行政部	¥ 2,675.00	固定电话费	何洁丽
011	1	13	外加工费	企划部	¥ 33,000.00	支付包装袋货款	伍琳
012	1	16	餐饮费	销售部	¥ 650.00		王辉
013	1	16	通讯费	行政部	¥ 22.00	EMS	张华
014	1	19	会务费	行政部	¥ 2,800.00	研发交流会	黄丽
015	1	19	交通费	销售部	¥ 500.00		李佳静
016	1	23	差旅费	销售部	¥ 732.00	刘洋出差威海	刘洋
017	1	23	交通费	企划部	¥ 165.00		金晶
018	1	23	会务费	企划部	¥ 5,000.00		黄丽
019	1	28	餐饮费	企划部	¥ 650.00	与瑞景科技客户	张华
020	1	28	办公费	行政部	¥ 500.00		张新义
021	1	28	业务拓展费	企划部	¥ 5,000.00		黄丽
022	1	30	交通费	销售部	¥ 15.00		金晶

求和项:支出金额	列标签			
行标签	1	2	差额	增长比
行政部	16617	9580	-7037	-42.35%
企划部	47767	13485	-34282	-71.77%
人事部	1963	1370	-593	-30.21%
生产部	285	7040	6755	2370.18%
销售部	2970	5073	2103	70.81%
总计	69602	36548	-33054	2296.66%

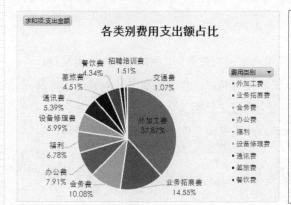

一月份费用支出分析

费用类别	预算	实际	占总支出额比%	是否超支
差旅费	4000	1604	2.30%	结余2396
餐饮费	2000	2163	3.11%	超支163
办公费	4000	5720	8.22%	超支1720
业务拓展费	10000	9180	13.19%	结余820
会务费	5000	7800	11.21%	超支2800
招聘培训费	2000	1100	1.58%	结余900
通讯费	2000	2955	4.25%	超支955
交通费	1000	680	0.98%	结余320
福利	5000	5400	7.76%	超支400
外加工费	20000	33000	47.41%	超支13000
设备修理费	5000	0	无	结余5000
其他	2000	0	无	结余2000
总计	62000	69602		超支7602

范例制作与应用

25.1 建立企业费用支出汇总表

费用记录表一般按日期进行记录，通常包含费用发生部门、费用类别、费用金额等几项
基本标识（读者可根据当前企业的实际情况，举一反三，自行规划费用记录表所包含的标识项）。

25.1.1 费用支出表的标题、列标识格式设置

Step 01 新建工作簿，并命名为"日常
费用支出管理与预算"，将"Sheet1"工作
表重命名为"费用支出记录表"。在表格中
建立相应列标识，并设置表格的文字格式、
边框和底纹格式等，如图 25-1 所示。

图 25-1

Step 02 填充输入序号。

1 选中 A3 单元格，在"开始"选项卡的"数
字"选项组中单击单元格格式设置框右侧
的下拉按钮，设置单元格的格式为"文本"，
如图 25-2 所示。

图 25-2

2 在 A3 单元格中输入"'001"，光标定位到单元格右下角（见图 25-3），拖动填充柄填充序号，
如图 25-4 所示。

图 25-3

图 25-4

Step 03 设置"支出金额"列的数字格式为"会计专用"格式。

① 选中"支出金额"列的单元格区域,在"开始"选项卡的"数字"选项组中单击 按钮(见图25-5),打开"设置单元格格式"对话框。

② 在"分类"列表框中单击"会计专用"标签,并设置小数位数为"2",如图 25-6 所示。

图 25-5

图 25-6

③ 单击"确定"按钮,完成设置,输入的数据就显示为会计专用格式,如图25-7所示。

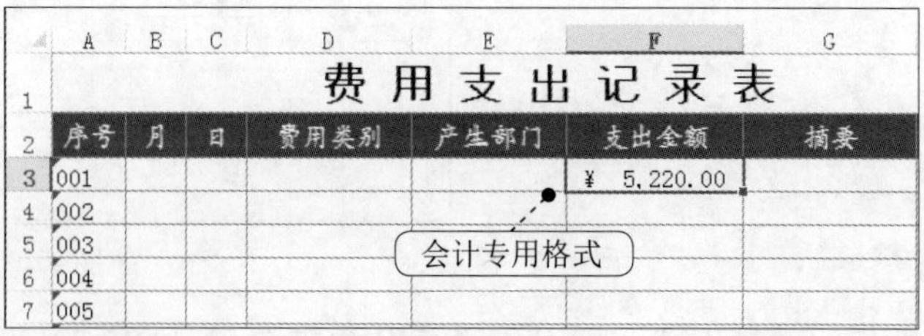

图 25-7

Step 04 输入基本数据到工作表中，如图 25-8 所示。

费用支出记录表							
序号	月	日	费用类别	产生部门	支出金额	摘要	负责人
001	1	1			¥ 5,220.00	办公用品采购	张新义
002	1	1			¥ 650.00	人员招聘	周芳
003	1	2			¥ 5,400.00	元旦购买福利品	李兰
004	1	2			¥ 863.00		王辉
005	1	6			¥ 1,500.00	展位费	黄丽
006	1	6			¥ 587.00	吴鸿飞出差青岛	吴鸿飞
007	1	9			¥ 450.00	培训教材	沈涛
008	1	9			¥ 258.00	快递	张华
009	1	13			¥ 2,680.00	公交站广告	黄丽
010	1	13			¥ 2,675.00	固定电话费	何洁丽
011	1	13			¥ 33,000.00	支付包装袋货款	伍琳
012	1	16			¥ 650.00		王辉
013	1	16			¥ 22.00	EMS	张华
014	1	19			¥ 2,800.00	研发交流会	黄丽
015	1	19			¥ 500.00		李佳静
016	1	23			¥ 732.00	刘洋出差威海	刘洋
017	1	23			¥ 165.00		金晶

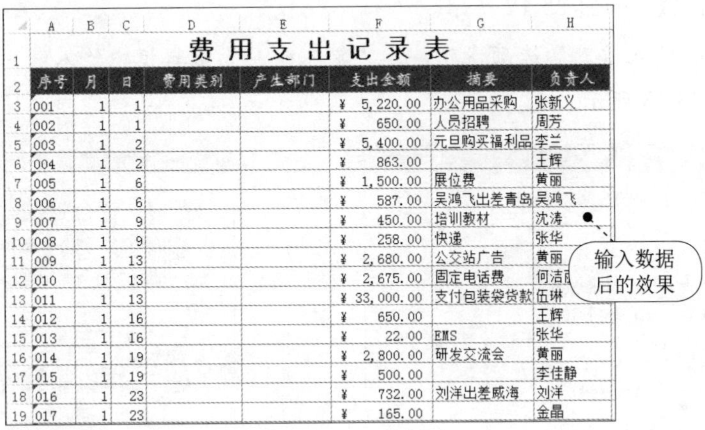

图 25-8

25.1.2 表格编辑区域数据验证设置

为了实现快速录入数据，可以设置“费用类别”与“产生部门”列的数据验证，以实现选择输入。

Step 01 设置“费用类别”列的数据验证。

1 在工作表的空白处输入所有费用类别，选中“费用类别”列单元格区域，在“数据”选项卡的“数据工具”选项组中单击“数据验证”按钮（见图 25-9），打开“数据验证”对话框。

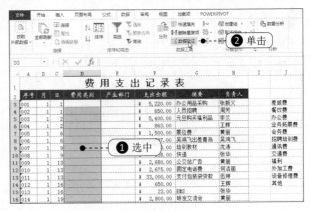

图 25-9

2 在“允许”列表框中选择“序列”，单击“来源”编辑框右侧的按钮（见图 25-10），在工作表中选择之前输入费用类别的单元格区域作为序列的来源，如图 25-11 所示。

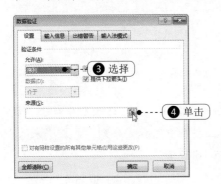

图 25-10

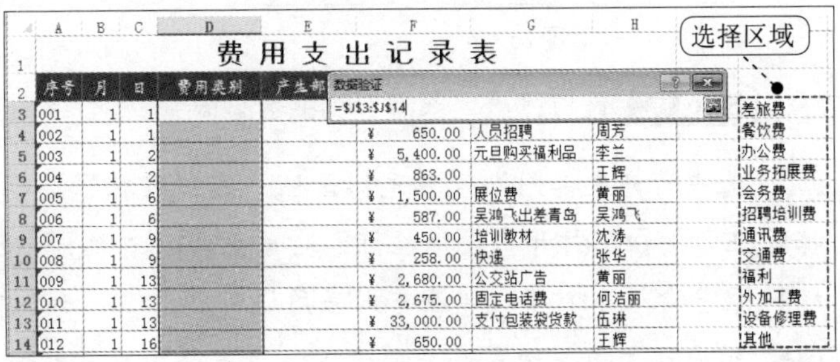

图 25-11

③ 选择来源后，单击█按钮，返回到"数据验证"对话框中，可以看到"来源"框中显示的单元格区域，如图 25-12 所示。

④ 切换到"输入信息"选项卡下，在"输入信息"编辑框中输入选中单元格时显示的提示信息，如图 25-13 所示。

图 25-12

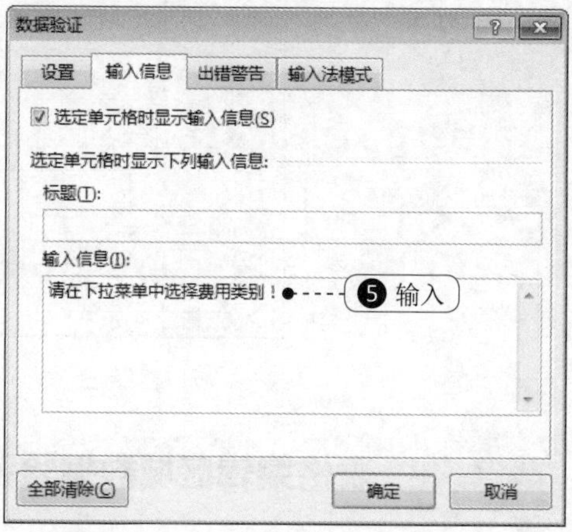

图 25-13

⑤ 单击"确定"按钮，返回到工作表中。选中"费用类别"列单元格时，会显示提示信息并显示下拉按钮，如图 25-14 所示；单击下拉按钮，打开下拉列表，显示可供选择的费用类别，如图 25-15 所示。

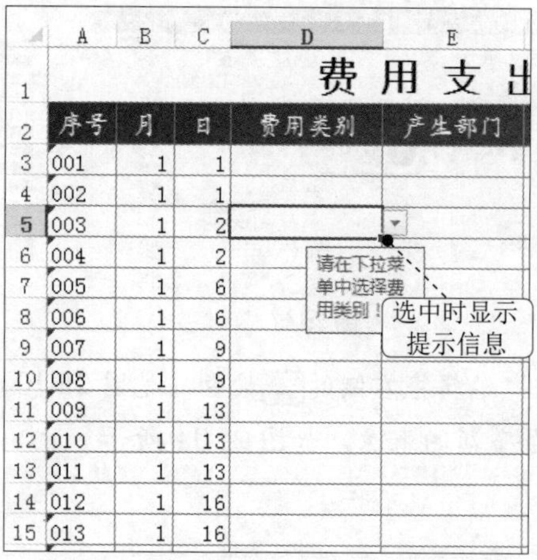

图 25-14

图 25-15

Step 02 设置"产生部门"列的数据验证。

① 选中"产生部门"列单元格区域，在"数据"选项卡的"数据工具"选项组中单击"数据验证"按钮，打开"数据验证"对话框。在"允许"下拉列表中选择"序列"，在"来源"编辑框中输入各个部门（注意用半角逗号隔开），如图 25-16 所示。

② 切换到"输入信息"选项卡下，设置选中单元格时显示的提示信息，如图 25-17 所示。

图 25-16

图 25-17

3 单击"确定"按钮，返回到工作表中。选中"产生部门"列单元格时，会显示提示信息并显示下拉按钮，如图 25-18 所示；单击按钮，即可从下拉列表中选择部门，如图 25-19 所示。

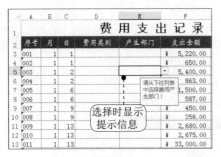

图 25-18

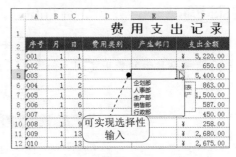

图 25-19

25.2　利用筛选功能分类查看费用支出情况

　　费用记录表建立完成后，可以利用 Excel 2013 中的筛选功能来查看满足条件的记录，例如查看某种类别的费用支出情况、查看指定部门的费用支出情况等。

25.2.1　查看指定类别的费用支出情况

　　费用记录单是按照日期记录的，因此每条支出费用的类别各不相同。要查看某一类别的费用支出情况，则可以按照下面的方法来操作。

Step 01 添加自动筛选。

1 选中数据编辑区域的任意单元格。

2 在"数据"选项卡的"排序和筛选"选项组中单击"筛选"按钮，如图 25-20 所示。

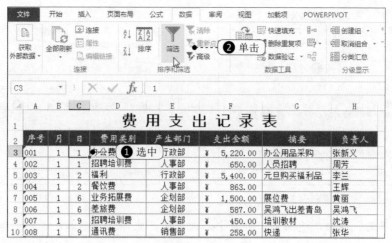

图 25—20

Step 02 筛选出"办公费"的支出记录。

1 单击"费用类别"列标识右侧的下拉按钮，从打开的下拉菜单中取消选中"全选"复选框，然后选中要显示的费用类别，如图 25-21 所示。

图 25—21

2 单击"确定"按钮，即可实现筛选出所有费用类别为"办公费"的记录，如图 25-22 所示。

	A	B	C	D	E	F	G	H
1				费 用 支 出 记 录 表				
2	序号	月	日	费用类别	产生部门	支出金额	摘要	负责人
3	001	1	1	办公费	行政部	￥ 5,220.00	办公用品采购	张新义
22	020	1	28	办公费	行政部	￥ 500.00		张新义
27	025	2	5	办公费	行政部	￥ 338.00		李建琴
32	030	2	10	办公费	行政部	￥ 338.00		李建琴
46	044	2	27	办公费	行政部	￥ 2,000.00		张新义

图 25—22

25.2.2　查看指定产生部门的费用支出情况

1 单击"产生部门"列标识右侧的下拉按钮，在展开的下拉菜单中取消选中"全选"复选框，然后选中要显示的部门，如图 25-23 所示。

2 单击"确定"按钮，即可实现筛选出所有产生部门为"行政部"的记录，如图 25-24 所示。

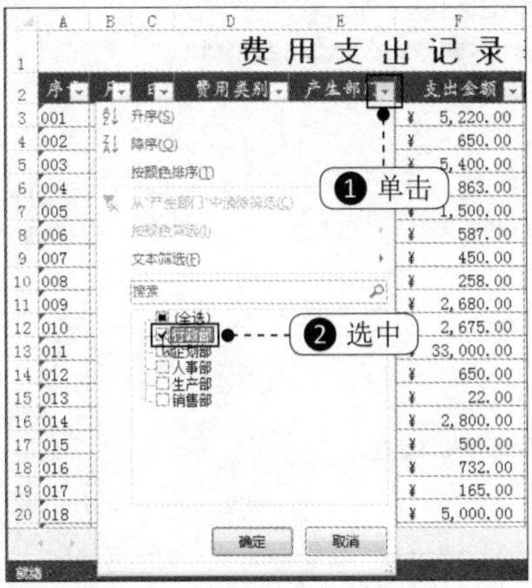

图 25-23

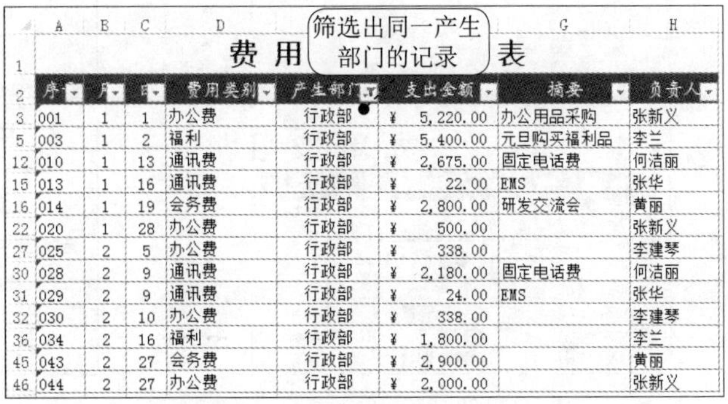

图 25-24

> **提示**
>
> 完成对数据的筛选查看后，可以在"数据"选项卡的"排序和筛选"选项组中单击 清除 按钮，以清除所做的筛选。

25.3　利用数据透视表（图）统计费用支出额

利用数据透视表对费用记录表进行分析，可以得到多种不同的统计结果。有了对这些统计数据的了解，则可以方便工作人员对日常费用支出的规划、预算等。

25.3.1　统计各类别费用支出金额

利用数据透视表的统计分析功能，可以统计出各种类别费用的总计值、各个部门产生的费用总计值等，同时也可以对各期费用支出额进行比较。

1.　统计各类别费用支出额

Step 01 新建数据透视表。

1 选中"费用支出记录表"工作表中表体区域的任意单元格，在"插入"选项卡的"表格"选项组中单击"数据透视表"按钮，如图 25-25 所示。

2 打开"创建数据透视表"对话框，在"选择一个表或区域"框中显示了当前要建立为数据透视表的数据源，如图 25-26 所示。

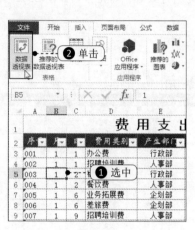

图 25-25

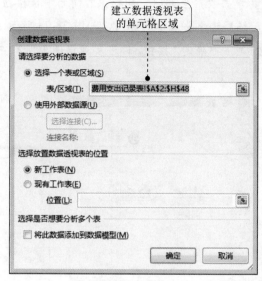

图 25-26

3 单击"确定"按钮，即可新建工作表并显示出空白的数据透视表。在新建的工作表名称标签上双击鼠标，输入名称为"各类别费用支出统计"，如图 25-27 所示。

图 25-27

Step 02 统计各类别费用支出总额。

在字段列表中选中"费用类别"字段，按住鼠标左键将其拖到"行"标签中；接着选中"支出金额"字段，将其拖到"数值"标签中。数据透视表根据字段的设置相应的显示，如图 25-28 所示。

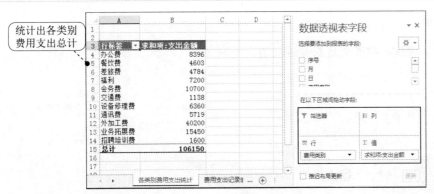

统计出各类别
费用支出总计

图 25-28

Step 03 对支出金额进行排序，从而直观看到哪个类别费用支出金额最多。

选中"支出金额"列的任意单元格（见图 25-29），切换到"数据透视表工具→分析"选项卡，单击"排序"选项组中的"降序"按钮，即可对各类别费用支出金额从大到小排序，如图 25-30 所示。

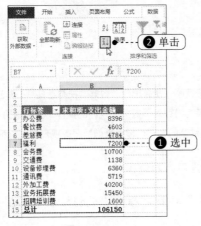

图 25-29

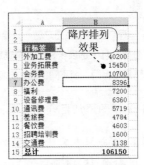

降序排列
效果

图 25-30

2. **用数据透视图展示各类别费用支出金额分布情况**

建立统计各类别费用支出金额的数据透视表之后，接着可以建立图表来直观显示各类别费用支出金额的分布情况。

Step 01 新建数据透视图。

选中数据透视表的任意单元格，切换到"数据透视表工具→分析"选项卡，单击"工具"选项组中的"数据透视图"按钮，如图 25-31 所示。

图 25-31

② 打开"插入图表"对话框，选择图表类型，如图 25-32 所示。

③ 单击"确定"按钮，即可新建数据透视图，如图 25-33 所示。

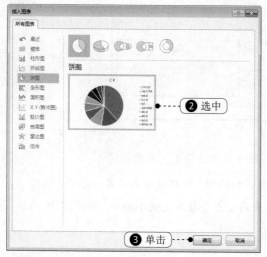

图 25-32

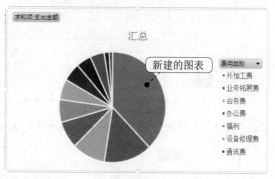

图 25-33

提示

当建立数据透视图之后，只要选中数据透视图，便会出现"数据透视图工具"，其包括"设计"、"格式"、"分析"几个选项卡，这几个选项卡提供了专门针对于数据透视图的操作。对数据透视图的编辑与普通图表的编辑基本相同，所不同的是，数据透视图是动态的，它们根据当前数据透视表的改变而改变。

Step 02 为饼图添加百分比数据标签且设置包含两位小数。

① 选中图表，单击图表右上角的"图表元素"按钮，指向"数据标签"，在子菜单中单击"更多选项"，如图 25-34 所示。

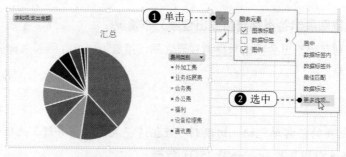

图 25-34

② 打开"设置数据标签格式"右侧窗格，选中"类别名称"与"百分比"标签，如图 25-35 所示。

③ 切换到"数字"选项卡，选择数字类别为"百分比"，并设置小数位数为"2"，如图 25-36 所示。

图 25-35

图 25-36

4 单击"关闭"按钮，即可实现为图表添加数据标签，接着为图表添加标题，效果如图 25-37 所示。从图表中可以直观看到各个类别费用的支出额占总支出额的比例情况。

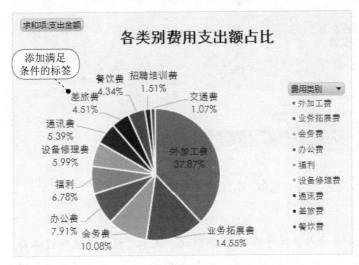

图 25-37

25.3.2 比较各支出部门 1 月和 2 月费用支出额

本小节中通过建立数据透视表并设置字段以比较各支出部门 1 月和 2 月费用支出额。

Step 01 统计各支出部门 1 月和 2 月费用。

在字段列表中选中"月"字段，按住鼠标左键将其拖到"列"框中；选中"产生部门"字段，将其拖到"行"框中；选中"支出金额"字段，将其拖到"数值"标签中，数据透视表的统计结果如图 25-38 所示。

统计出各支出部门1月和2月支出合计

图 25-38

Step 02 添加计算项计算1月与2月支出费用的差额。

1 选中列标签上任意字段（"1"或"2"），切换到"数据透视表工具→分析"选项卡下，在"计算"组中单击"字段、项目和集"下拉按钮，在展开的下拉菜单中选择"计算项"命令，如图 25-39 所示。

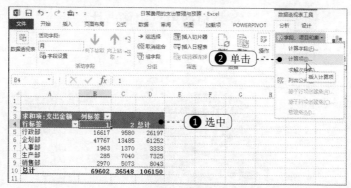

图 25-39

2 打开"在'月'中插入计算字段"对话框，在"名称"框中设置字段名称（本例输入为"差额"），将光标定位到"公式"编辑框中，删除其中的"0"，然后在"项"列表框中双击"2"，再输入"-"，在"项"列表框中双击"1"，得到的公式如图 25-40 所示。

图 25-40

3 单击“确定”按钮，可以看到列标签下显示了“差额”这一字段，其计算结果为2月的支出额减去1月的支出额，如图25-41所示。

求和项:支出金额	列标签			
行标签	1	2	差额	总计
行政部	16617	9580	-7037	19160
企划部	47767	13485	-34282	26970
人事部	1963	1370	-593	2740
生产部	285	7040	6755	14080
销售部	2970	5073	2103	10146
总计	69602	36548	-33054	73096

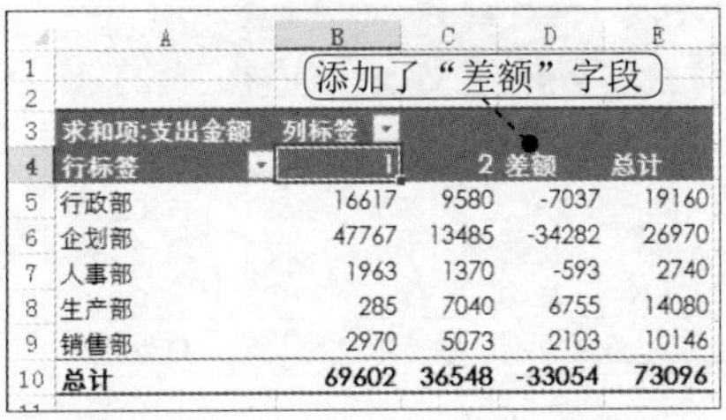

图25-41

Step 03 添加计算项，计算1月与2月支出费用的增长比。

1 选中列标签上的任意字段，切换到“数据透视表工具→分析”选项卡下，在“计算”组中单击“字段、项目和集”下拉按钮，从展开的下拉菜单下选择“计算项”命令，打开“在‘月’中插入计算字段”对话框。

2 在“名称”框中设置字段名称（此处输入为“增长比”），将光标定位到“公式”编辑框中，删除其中的“0”，然后在“项”列表框中双击“差额”，再输入“/”，在“项”列表框中双击“1”，得到的公式如图25-42。

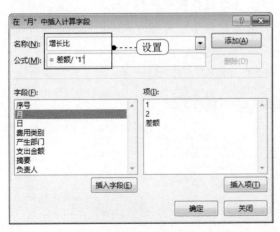

图25-42

3 单击“确定”按钮，可以看到列标签下显示了“增长比”这一字段，其计算结果为差额除以1月的支出额，如图25-43所示。

求和项:支出金额	列标签				
行标签	1	2	差额	增长比	总计
行政部	16617	9580	-7037	-0.423481976	19159.57652
企划部	47767	13485	-34282	-0.717692131	26969.28231
人事部	1963	1370	-593	-0.30208864	2739.697911
生产部	285	7040	6755	23.70175439	14103.70175
销售部	2970	5073	2103	0.708080808	10146.70808
总计	69602	36548	-33054	22.96657245	73118.96657

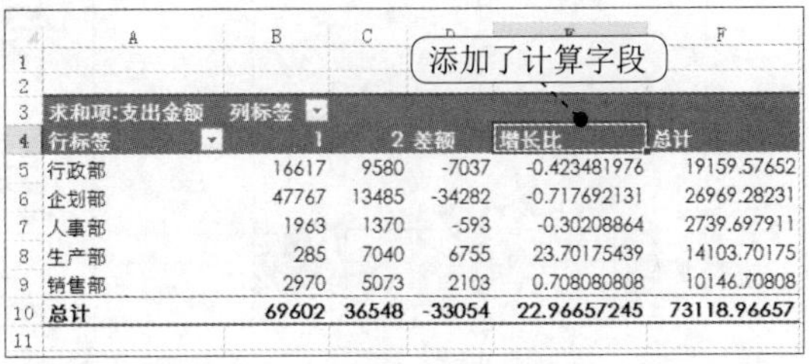

图25-43

Step 04 将“增长比”更改为百分比值形式，且包含两位小数。

选中“增长比”列单元格区域，在“开始”选项卡的“数字”选项组中单击“%”按钮，即可将选中数据更改为百分比值，但不包含小数位；单击“←.0 .00”按钮一次可增加一位小数，依次单击可依次增加，如图25-44所示显示了两位小数。

求和项:支出金额	列标签				
行标签	1	2	差额	增长比	总计
行政部	16617	9580	-7037	-42.35%	19159.57652
企划部	47767	13485	-34282	-71.77%	26969.28231
人事部	1963	1370	-593	-30.21%	2739.697911
生产部	285	7040	6755	2370.18%	14103.70175
销售部	2970	5073	2103	70.81%	10146.70808
总计	69602	36548	-33054	2296.66%	73118.96657

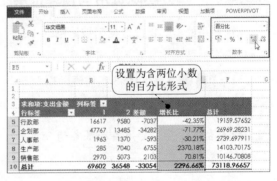

图25-44

Step 05 取消对行的汇总项。从上图中可以看到，此时对行的汇总项已不具备任何意义，可以取消其显示。

光标定位在数据透视表的任意单元格上，在“数据透视表工具→设计”选项卡下单击“总计”按钮，选择“仅对列启用”项（见

图 25-45），可以看到数据透视表中对行的汇总项将不再显示，如图 25-46 所示。

图 25-45

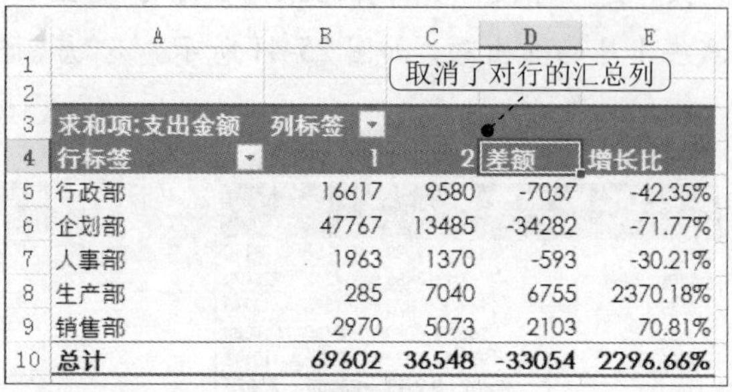

图 25-46

25.4 比较本月实际支出与预算

企业一般会在期末或期初对各类别的日常支出费用进行预算，例如本例中对本月的预算费用进行了规划，那么本月结束时一般需要将实际支出费用与预算费用进行比较，从而得出实际支出金额是否超出预算金额等相关结论。

25.4.1 建立实际费用与预算费用比较分析表

当前费用的实际支出数据都被记录到"费用支出记录表"中后，可以建立表格来分析比较本月份中各个类别费用实际支出与预算金额。

Step 01 重命名 Sheet3 工作表，输入各个费用类别，建立相关列标识并设置表格的格式。

1⃣ 在 Sheet3 工作表标签上双击鼠标，将其重命名"1 月份支出分析表"。

2⃣ 输入表格标题、费用类别及各项分析列标识，对表格字体、对齐方式、底纹和边框进行设置，设置后如图 25-47 所示。

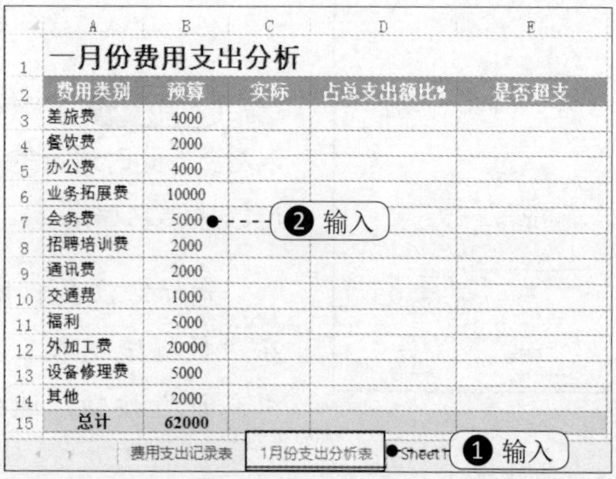

图 25-47

Step 02 设置显示百分比的单元格格式且包含两位小数。

1 选中 D 列要显示百分比值的单元格区域，在"开始"选项卡的"数字"选项组中单击 按钮（见图 25-48），打开"设置单元格格式"对话框。

2 在"分类"列表框中选择"百分比"，并设置小数位数为"2"，如图 25-49 所示。

图 25-48

图 25-49

25.4.2 计算各分析指标

Step 01 在"费用支出记录表"中定义名称。统计各个类别费用实际支出额时需要使用"费用支出记录表"中相应单元格区域的数据，因此可以首先将要引用的单元格区域定义为名称，这样则可以简化公式的输入。

1 切换到"费用支出记录表"工作表中，选择"月"列的单元格区域，在名称编辑框中定义其名称为"月份"，如图 25-50 所示。

2 选择"费用类别"列的单元格区域，在名称编辑框中定义其名称为"费用类别"，如图 25-51 所示。

3 选择"支出金额"列的单元格区域，在名称编辑框中定义其名称为"支出金额"，如图 25-52 所示。

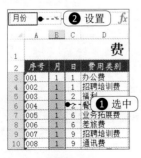

图 25-50

图 25-51

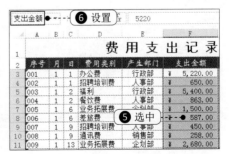

图 25-52

Step 02 设置公式计算各类别费用的实际金额。

1 选中 C3 单元格，输入公式：

=SUMIFS (支出金额,月份,"1",费用类别,A3)

按 Enter 键，即可统计出"差旅费"的实际支出金额，如图 25-53 所示。

	A	B	C	D	E
C3		fx	=SUMIFS(支出金额,月份,"1",费用类别,A3)		
1	一月份费用支出分析			输入公式	
2	费用类别	预算	实际	占总支出额比%	是否超支
3	差旅费	4000	1604	返回值	
4	餐饮费	2000			
5	办公费	4000			
6	业务拓展费	10000			
7	会务费	5000			

图 25-53

公式分析

=SUMIFS(支出金额，月份，"1"，费用类别 ,A3) 公式解析：

① "月份 ,"1"" 为第一个用于条件判断的区域和第一个条件。

② "费用类别 ,A3," 为第二个用于条件判断的区域和第二个条件。

③ 将同时满足两个条件的对应在"支出金额"单元格区域上的值进行求和。

2 选中 C3 单元格，光标定位到右下角，拖动填充柄向下复制公式，得到各类别费用的实际金额，如图 25-54 所示。

	A	B	C	D	E
1	一月份费用支出分析				
2	费用类别	预算	实际	占总支出额比%	是否超支
3	差旅费	4000	1604		
4	餐饮费	2000	2163		
5	办公费	4000	5720		
6	业务拓展费	10000	9180		
7	会务费	5000	7800		
8	招聘培训费	2000	1100	批量结果	
9	通讯费	2000	2955		
10	交通费	1000	680		
11	福利	5000	5400		
12	外加工费	20000	33000		
13	设备修理费	5000	0		
14	其他	2000	0		
15	总计	62000			

图 25-54

Step 03 计算实际支出金额与预算金额的合计值。

1 选中 C15 单元格，在"公式"选项卡的"函数库"选项组中单击"自动求和"按钮，如图 25-55 所示。

图 25-55

2 按 Enter 键，即可计算出实际支出金额的总计金额，如图 25-56 所示。

	A	B	C	D
1	一月份费用支出分析			
2	费用类别	预算	实际	占总支
3	差旅费	4000	1604	
4	餐饮费	2000	2163	
5	办公费	4000	5720	
6	业务拓展费	10000	9180	
7	会务费	5000	7800	
8	招聘培训费	2000	1100	
9	通讯费	2000	2955	
10	交通费	1000	680	
11	福利	5000	5400	
12	外加工费	20000	33000	
13	设备修理费	5000	0	总计值
14	其他	2000	0	
15	总计	62000	69602	

图 25-56

Step 04 计算各项支出费用占总支出额的比率。

1 选中 D3 单元格，输入公式：

=IF(OR(C3=0,$C$15=0),"无",C3/$C$15)

按 Enter 键，即可计算出"差旅费"占总支出额的比率，如图 25-57 所示。

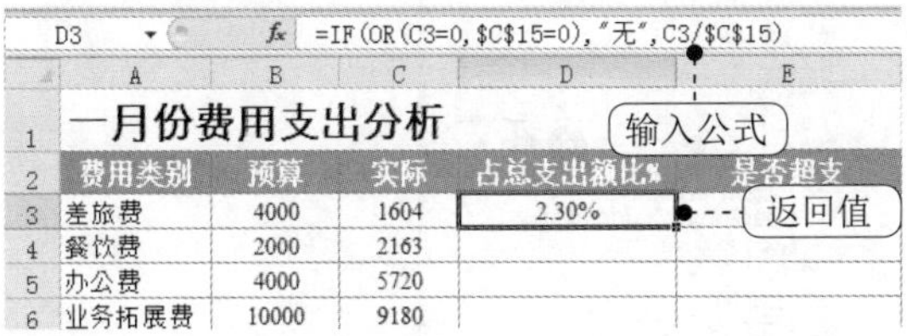

图 25-57

2 选中 D3 单元格，光标定位到右下角，拖动填充柄向下复制公式，得到各类别费用的支出金额占总支出金额的百分比，如图 25-58 所示。

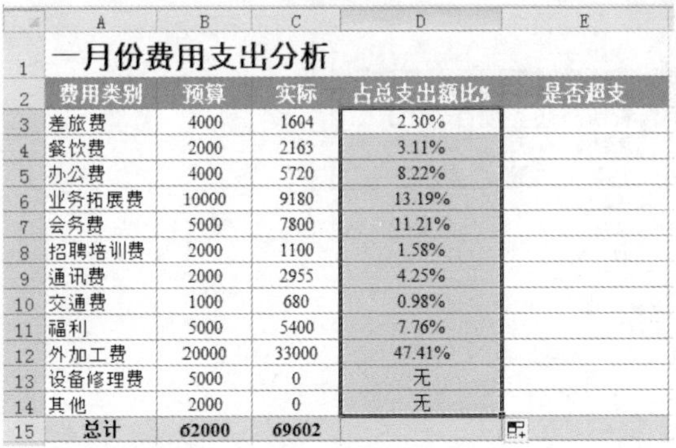

图 25-58

Step 05 计算各类别费用是否超支。

1 选中 E3 单元格，输入公式：

=IF((B3-C3)>0,"结余"&ABS(B3-C3),"超支"&ABS(B3-C3))

按 Enter 键，即可判断"差旅费"是超支还是有所结余，如图 25-59 所示。

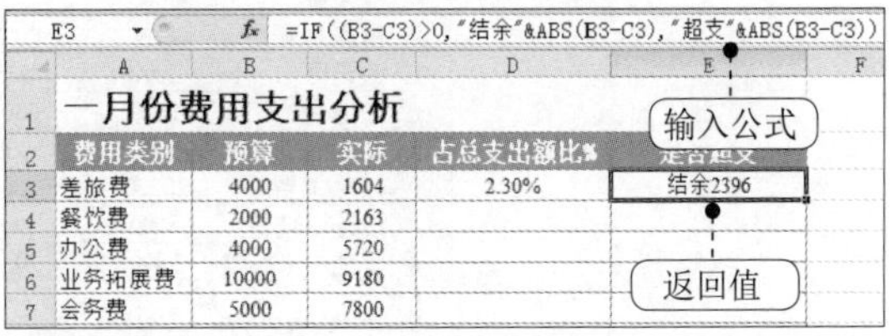

图 25-59

2 选中 E3 单元格，光标定位到右下角，拖动填充柄向下复制公式，得到各类别费用的超支和结余余额，如图 25-60 所示。

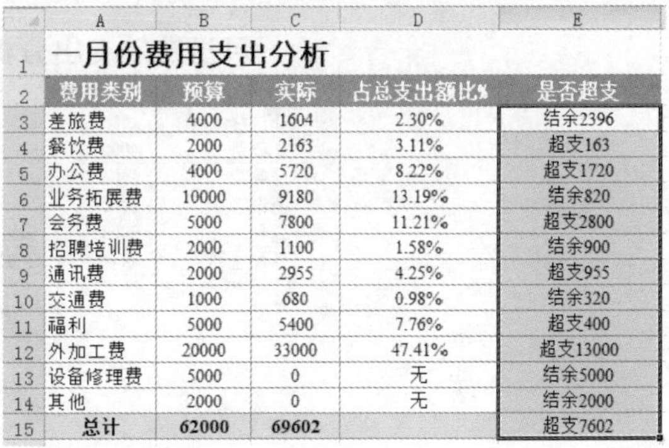

图 25-60

25.4.3 筛选查看超支项目

通过筛选功能可以实现快速筛选出所有超支项目，以便在下期预算时有所控制。

1 选中数据编辑区域的任意单元格，在"数据"选项卡的"排序和筛选"选项组中单击"筛选"按钮，如图 25-61 所示。

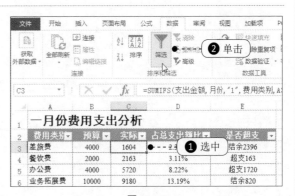

图 25-61

② 单击 "是否超支" 列标识右侧的下拉按钮，从打开的下拉菜单中，在搜索筛选框中输入 "超支"，如图 25-62 所示。

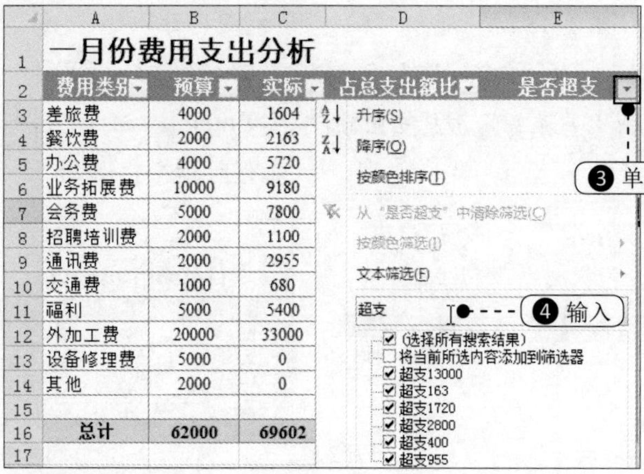

图 25-62

③ 单击 "确定" 按钮，即可实现筛选出 "是否超支" 列中包含 "超支" 字样的记录，如图 25-63 所示。

图 25-63

CHAPTER

26

在Excel中管理销售数据

 **范例概述**

很多公司或企业正常运营过程中都会涉及商品的销售问题。通过对销售数据的汇总统计，可以得到很多有用数据，如本期中哪些商品的销售利润高，哪个店铺销售情况比较好，哪些销售员的水平更好等，从而有利于企业在后期做出更加规范的营销决策。

本章介绍利用 Excel 2013 表格来记录销售数据，同时对原始销售数据进行各类分析，从而得出对企业决策有帮助的各项结论。

━━ 本章知识脉络图 ━━

应用功能	对应章节
工作表操作（新建、重命名）	第 8 章
单元格格式设置（日期格式）	第 9 章
单元格设置（单元格合并、行高／列宽）	第 8 章
数据复制、数据引用	第 9 章
单元格美化（字体、对齐方式、边框、底纹）	第 10 章
数据验证	第 12 章
数据透视表	第 13 章
数据透视图	第 13 章
应用函数	**对应章节**
VLOOKUP 函数	第 11 章及本章
函数	

 范例效果

	日期	编码	店铺	系列	产品名称	规格	单位	销售单价	销售数量	销售金额	销售员
1	销售记录单										
2	日期	编码	店铺	系列	产品名称	规格	单位	销售单价	销售数量	销售金额	销售员
3	2/2	B-0001	百货大楼店	红石榴系列	红石榴倍润滋养霜	50g	套	90	8	720	周凌云
4	2/3	B-0006	万达店	红石榴系列	红石榴套装（洁面+水+乳	套	套	178	2	356	肖绍梅
5	2/3	C-0002	百货大楼店	柔润倍现系列	柔润盈透洁面泡沫	150g	瓶	48	15	720	林欣
6	2/5	A-0001	乐购店	水嫩精纯系列	水嫩精纯明星美肌水	100ml	瓶	115	5	575	鲍希丹
7	2/6	C-0002	乐购店	柔润倍现系列	柔润盈透洁面泡沫	150g	瓶	48	8	384	苏悦
8	2/6	D-0001	百货大楼店	超丽日化	深层修护润发乳	240ml	瓶	58	8	464	周凌云
9	2/7	B-0004	乐购店	红石榴系列	红石榴去角质素	100g	瓶	65	4	260	鲍希丹
10	2/8	A-0003	万达店	水嫩精纯系列	水嫩精纯能量元面霜	45ml	瓶	99	5	495	肖绍梅
11	2/9	B-0002	乐购店	红石榴系列	红石榴鲜活水盈润肤水	120ml	套	88	10	880	苏悦
12	2/9	D-0001	乐购店	超丽日化	深层修护润发乳	240ml	瓶	58	5	290	苏悦
13	2/9	D-0003	乐购店	超丽日化	浓缩漱口水	50ml	瓶	55	11	605	鲍希丹
14	2/10	B-0006	万达店	红石榴系列	红石榴套装（洁面+水+乳	套	套	178	3	534	肖绍梅
15	2/10	C-0003	万达店	柔润倍现系列	柔润倍现套装	套	套	288	2	576	张佳茜
16	2/10	C-0001	百货大楼店	柔润倍现系列	柔润倍现盈透精华水	100ml	瓶	50	10	500	周凌云
17	2/11	C-0001	万达店	柔润倍现系列	柔润倍现盈透精华水	100ml	瓶	50	6	300	肖绍梅
18	2/11	B-0003	乐购店	红石榴系列	红石榴鲜活水盈乳液	100ml	瓶	95	4	380	黄玉梅
19	2/11	B-0003	乐购店	红石榴系列	红石榴鲜活水盈乳液	100ml	瓶	95	6	570	鲍希丹
20	2/11	C-0004	百货大楼店	柔润倍现系列	柔润倍现保湿精华乳液	100ml	瓶	85	4	340	周凌云
21	2/12	B-0002	万达店	红石榴系列	红石榴鲜活水盈润肤水	120ml	套	88	10	880	张佳茜
22	2/12	A-0004	乐购店	水嫩精纯系列	水嫩精纯明星眼霜	15g	瓶	118	5	590	苏悦

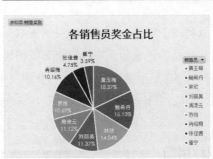

各销售员奖金占比

	A	B	C
1			
2			
3	行标签	求和项:销售金额	求和项:销售奖励
4	黄玉梅	3685	368.5
5	鲍希丹	3034	303.4
6	林欣	2976	297.6
7	刘丽美	2280	228
8	周凌云	2230	223
9	苏悦	2144	214.4
10	肖绍梅	2037	203.7
11	张佳茜	1906	95.3
12	崔宁	1440	72
13	总计	21732	2173.2

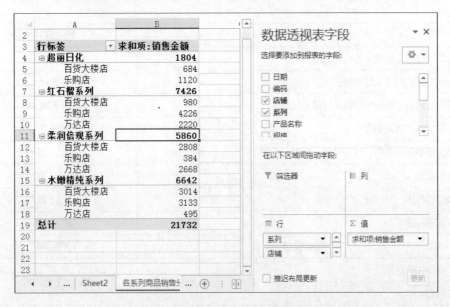

范例制作与应用

26.1 创建商品销售数据统计报表

商品日常销售过程中会形成多张销售单据，首先需要在 Excel 中建立销售数据统计报表，统计这些原始数据。有了这张报表，则可以进行后续的多项分析工作。

26.1.1 建立商品备案表

商品备案表是根据当前实际情况将所有销售商品都记录到工作表中，以便后面对销售数据的统计。

1 新建工作簿，并将其命名为"销售数据管理"。

2 在"Sheet1"工作表标签上双击鼠标，将其重命名为"商品备案表"。

3 规划出"编码"、"系列"、"产品名称"、"规格"、"单位"、"底价"、"统一销售价"这几个列标识，按在售商品的实际情况，输入基本数据，并合理设置表格格式（包括字体、边框、底纹效果等），如图 26-1 所示。

编码	系列	产品名称	规格	单位	底价	统一销售价
		商 品 备 案 表				
A-0001	水嫩精纯系列	水嫩精纯明星美肌水	100ml	瓶	75	115
A-0002	水嫩精纯系列	水嫩精纯肌底精华液	30ml	瓶	85	118
A-0003	水嫩精纯系列	水嫩精纯能量元面霜	45ml	瓶	78	99
A-0004	水嫩精纯系列	水嫩精纯明星眼霜	15g	瓶	85	118
A-0005	水嫩精纯系列	水嫩精纯明星睡眠面膜	200g	瓶	83	118
A-0006	水嫩精纯系列	水嫩净透精华洁面乳	95g	支	36	48
A-0007	水嫩精纯系列	水嫩精纯明星修饰乳	40g	支	90	128
B-0001	红石榴系列	红石榴倍润滋养霜	50g	套	77	90
B-0002	红石榴系列	红石榴鲜活水盈润肤水	120ml	套	69	88
B-0003	红石榴系列	红石榴鲜活水盈乳液	100ml	瓶	72	95
B-0004	红石榴系列	红石榴去角质素	100g	瓶	48	65
B-0005	红石榴系列	红石榴面膜贴	25ml	片	5.5	9.9
B-0006	红石榴系列	红石榴套装（洁面+水+乳）	套	套	140	178
C-0001	柔润倍现系列	柔润盈澈透精华水	100ml	瓶	35	50
C-0002	柔润倍现系列	柔润盈澈洁面泡沫	150g	瓶	33	48
C-0003	柔润倍现系列	柔润倍现套装	套	套	220	288
C-0004	柔润倍现系列	柔润倍现保湿精华乳液				85
C-0005	柔润倍现系列	水嫩柔滑夜间精华面膜				69
C-0006	柔润倍现系列	柔润倍现保湿精华霜		瓶	62	88
C-0007	柔润倍现系列	柔润水嫩莹白能量精华乳	30ml	瓶	72	99
D-0001	超丽日化	深层修护润发乳	240ml	瓶	32	58
D-0002	超丽日化	清爽造型者喱	150克	瓶	35	45

图 26-1

26.1.2 创建销售记录单表格

Step 01 创建销售记录单表格。

1 在"Sheet2"工作表标签上双击鼠标，将其重命名为"2 月份销售记录单"。

2 规划好表格应包含的列标识，输入列标识，并合理设置表格格式（包括字体、边框、底纹效果等），如图 26-2 所示。

图 26-2

Step 02 设置"日期"列的单元格格式。

1 选中"日期"列单元格区域，在"开始"选项卡的"数字"选项组中单击按钮，如图 26-3 所示。

2 打开"设置单元格格式"对话框，选择"日期"分类，并选择"3/14"类型，如图 26-4 所示。

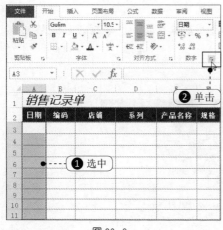

图 26-3

图 26-4

Step 03 设置"编码"列单元格的数据验证，以实现选择输入。

1 选中"编码"列单元格区域，在"数据"选项卡的"数据工具"选项组中单击"数据验证"按钮，如图 26-5 所示。

2 打开"数据验证"对话框，在"允许"下拉列表中选择"序列"，单击"来源"设置框右侧的拾取器按钮（见图 26-6），切换到"商品备案表"工作表中，选中 A3:A32 单元格区域，如图 26-7 所示。

3 单击"数据验证"对话框中的拾取器按钮，返回到"数据验证"对话框中，可以看到设置的来源信息，如图 26-8 所示。

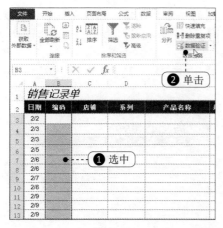

图 26-5

图 26-6

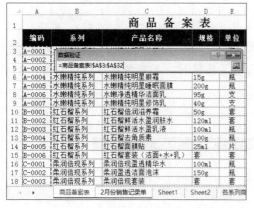

图 26-7

图 26-8

4️⃣ 单击"确定"按钮,完成设置。选中"编码"列的任意单元格,可以看到右侧出现下拉按钮,单击该按钮可以实现选择输入商品的编码,从而避免错误输入,如图 26-9 所示。

图 26-9

Step 04 设置"店铺"列单元格的数据验证,以实现选择输入。

1️⃣ 选中"店铺"列单元格区域,在"数据"选项卡的"数据工具"选项组中单击"数据验证"按钮,打开"数据验证"对话框。

2️⃣ 在"允许"下拉列表中选择"序列",在"来源"设置框中输入"百货大楼店,万达店,乐购店",如图 26-10 所示。

③ 单击"确定"按钮，完成设置。选中"店铺"列的任意单元格，可以看到右侧出现下拉按钮，单击该按钮可以实现选择输入店铺名称，如图 26-11 所示。

图 26-10

图 26-11

Step 05 按销售单据填充基本销售数据。

"日期"、"编码"、"店铺"、"销售数量"、"销售员"这几项信息是需要根据实际的销售单据来手工录入的。录入基本数据（由于篇幅限制，只列举部分数据）后，表格如图 26-12 所示。

图 26-12

26.1.3 在"销售记录单"中设定公式以实现自动返回基本信息

除了需要手工填充基本数据之外，"销售记录单"中的基本数据还可以通过设置公式来自动返回或计算。

Step 01 设置根据商品编码返回系列的公式。

选中 D3 单元格，在公式编辑栏中输入公式：

=VLOOKUP ($B3,商品备案表!$A$2:$G$100,2,FALSE)

按 Enter 键，可根据 B3 单元格中的商品编码返回品牌，如图 26-13 所示。

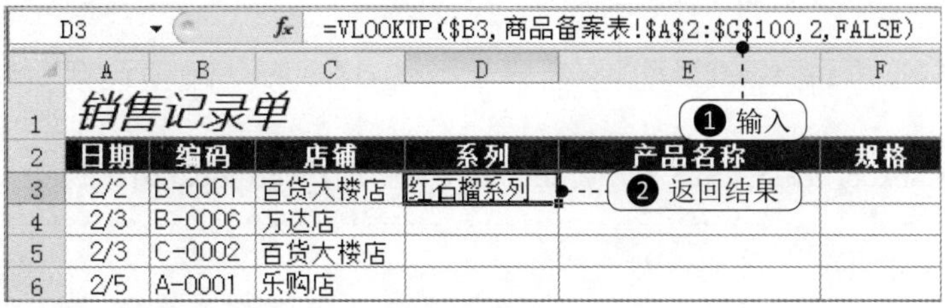

图 26-13

公式分析

=VLOOKUP($B3, 商品备案表 !$A$2：$G$100,2,FALSE) 公式解析：

在商品备案表的 $A$2：$G$100 单元格区域的首列中寻找与 B3 单元格中相同的编码，找到后返回对应在第 2 列中的值，即对应的系列名称。

此公式中的查找范围与查找条件都采取了绝对引用方式，即在向下复制公式时都是不改变的。

Step 02 设置根据商品编码返回商品名称的公式。

选中 E3 单元格，在公式编辑栏中输入公式：

=VLOOKUP ($B3,商品备案表!$A$2:$G$100,3,FALSE)

按 Enter 键，可根据 B3 单元格中的编码返回商品名称，如图 26-14 所示。

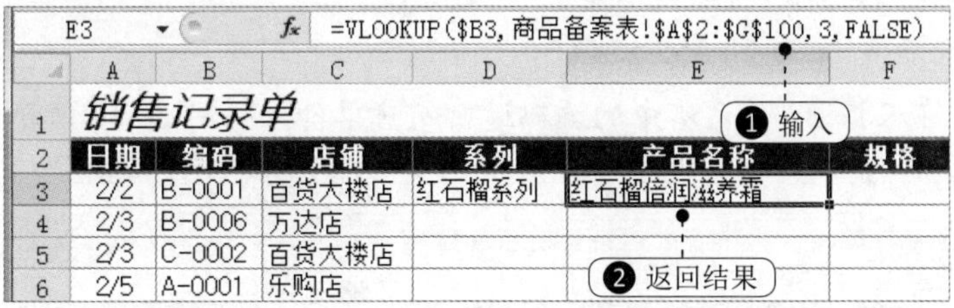

图 26-14

Step 03 设置根据商品编码返回规格的公式。

选中 F3 单元格，在公式编辑栏中输入公式：

=VLOOKUP ($B3,商品备案表!$A$2:$G$100,4,FALSE)

按 Enter 键，可根据 B3 单元格中的编码返回规格，如图 26-15 所示。

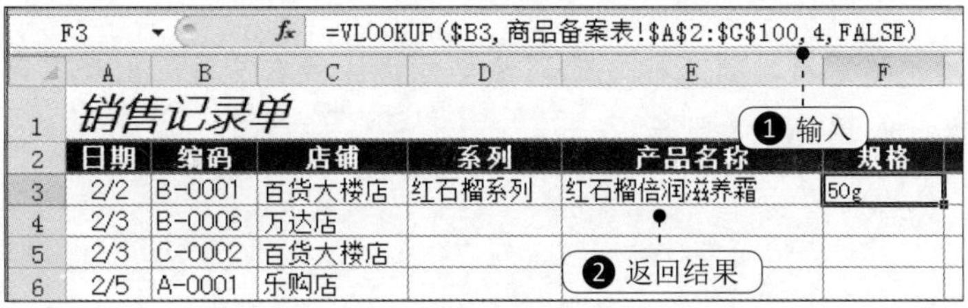

图 26-15

函数说明

VLOOKP 函数：用于搜索某个单元格区域的第一列，然后返回该区域相同行上任何单元格中的值。语法格式为

VLOOKUP(lookup_value,table_array,col_index_num, [range_lookup])

Step 04 设置根据商品编码返回单位的公式。

选中 G3 单元格，在公式编辑栏中输入公式：

=VLOOKUP ($B3,商品备案表!$A$2:$G$100,5,FALSE)

按 Enter 键，可根据 B3 单元格中的编码返回单位，如图 26-16 所示。

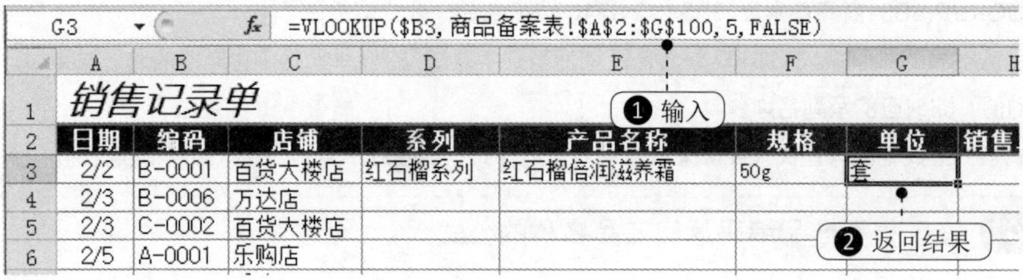

图 26-16

Step 05 设置根据商品编码返回销售单价的公式。

选中 H3 单元格，在公式编辑栏中输入公式：

=VLOOKUP ($B3,商品备案表!$A$2:$G$100,7,FALSE)

按 Enter 键，可根据 B3 单元格中的编码返回销售单价，如图 26-17 所示。

图 26-17

Step 06 向下复制公式实现依次根据商品编码返回对应的系列、产品名称、规格、单位、销售单价。

❶ 选中 D3:H3 单元格区域，将光标定位到该单元格区域右下角，出现黑色十字形时，按住鼠标左键向下拖动，如图 26-18 所示。

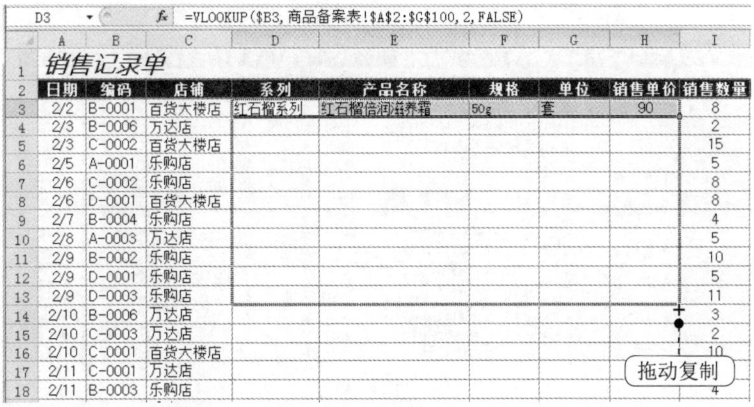

日期	编码	店铺	系列	产品名称	规格	单位	销售单价	销售数量
2/2	B-0001	百货大楼店	红石榴系列	红石榴倍润滋养霜	50g	套	90	8
2/3	B-0006	万达店						2
2/3	C-0002	百货大楼店						15
2/5	A-0001	乐购店						5
2/6	C-0002	乐购店						8
2/6	D-0001	百货大楼店						8
2/7	B-0004	乐购店						4
2/8	A-0003	万达店						5
2/9	B-0002	乐购店						10
2/9	D-0001	乐购店						5
2/9	D-0003	乐购店						11
2/10	B-0006	万达店						3
2/10	C-0003	万达店						2
2/10	C-0001	百货大楼店						10
2/11	C-0001	万达店						
2/11	B-0003	乐购店						4

图 26—18

❷ 释放鼠标，即可完成公式复制，表格效果如图 26-19 所示。

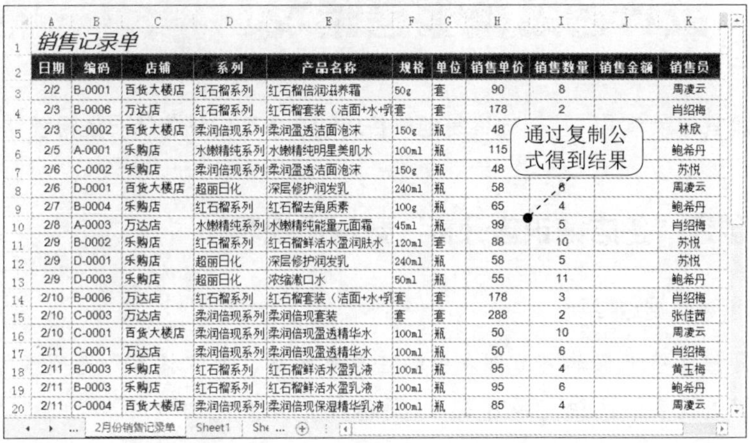

日期	编码	店铺	系列	产品名称	规格	单位	销售单价	销售数量	销售金额	销售员
2/2	B-0001	百货大楼店	红石榴系列	红石榴倍润滋养霜	50g	套	90	8		周凌云
2/3	B-0006	万达店	红石榴系列	红石榴套装（洁面+水+乳	套	套	178	2		肖绍梅
2/3	C-0002	百货大楼店	柔润倍现系列	柔润盈透洁面泡沫	150g	瓶	48			林欣
2/5	A-0001	乐购店	水嫩精纯系列	水嫩精纯明星美肌水	100ml	瓶	115			鲍希丹
2/6	C-0002	乐购店	柔润倍现系列	柔润盈透洁面泡沫	150g	瓶	48			苏悦
2/6	D-0001	百货大楼店	超丽日化	深层修护润发乳	240ml	瓶	58	8		周凌云
2/7	B-0004	乐购店	红石榴系列	红石榴去角质素	100g	瓶	65	4		鲍希丹
2/8	A-0003	万达店	水嫩精纯系列	水嫩精纯能量元面霜	45ml	瓶	99	5		肖绍梅
2/9	B-0002	乐购店	红石榴系列	红石榴鲜活水盈润肤水	120ml	套	88	10		苏悦
2/9	D-0001	乐购店	超丽日化	深层修护润发乳	240ml	瓶	58	5		苏悦
2/9	D-0003	乐购店	超丽日化	浓缩漱口水	50ml	瓶	55	11		鲍希丹
2/10	B-0006	万达店	红石榴系列	红石榴套装（洁面+水+乳	套	套	178	3		肖绍梅
2/10	C-0003	万达店	柔润倍现系列	柔润倍现套装	套	套	288	2		张佳茜
2/10	C-0001	百货大楼店	柔润倍现系列	柔润倍现盈透精华水	100ml	瓶	50	10		周凌云
2/11	C-0001	万达店	柔润倍现系列	柔润倍现盈透精华水	100ml	瓶	50	6		肖绍梅
2/11	B-0003	乐购店	红石榴系列	红石榴鲜活水盈乳液	100ml	瓶	95	4		黄玉梅
2/11	B-0003	乐购店	红石榴系列	红石榴鲜活水盈乳液	100ml	瓶	95	6		鲍希丹
2/11	C-0004	百货大楼店	柔润倍现系列	柔润倍现保湿精华乳液	100ml	瓶	85	4		周凌云

图 26—19

Step 07 计算销售金额。

❶ 选中 J3 单元格，在公式编辑栏中输入公式：

```
=IF(I3="",0,I3*H3)
```

按 Enter 键，即可计算出第一条记录的销售金额，如图 26-20 所示。

❷ 选中 J3 单元格，向下拖动右下角的填充柄复制公式，可以一次性计算出所有记录的销售金额，如图 26-21 所示。

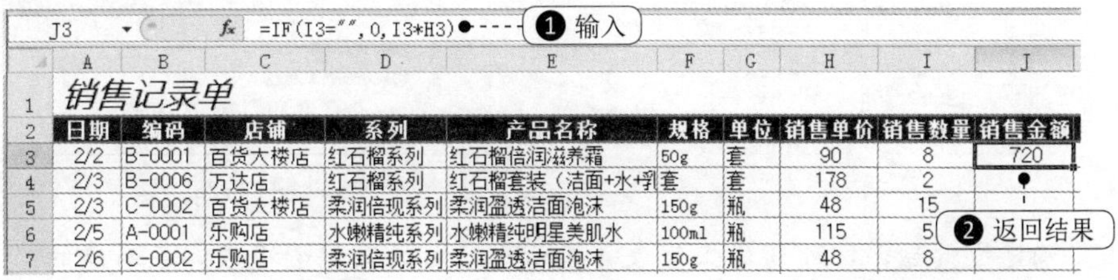

日期	编码	店铺	系列	产品名称	规格	单位	销售单价	销售数量	销售金额
2/2	B-0001	百货大楼店	红石榴系列	红石榴倍润滋养霜	50g	套	90	8	720
2/3	B-0006	万达店	红石榴系列	红石榴套装（洁面+水+乳	套	套	178	2	
2/3	C-0002	百货大楼店	柔润倍现系列	柔润盈透洁面泡沫	150g	瓶	48	15	
2/5	A-0001	乐购店	水嫩精纯系列	水嫩精纯明星美肌水	100ml	瓶	115	5	
2/6	C-0002	乐购店	柔润倍现系列	柔润盈透洁面泡沫	150g	瓶	48	8	

图 26—20

图 26-21

26.2 统计各店铺销售情况

在创建销售记录单后，可以很容易地对各店铺在本期的销售情况进行统计。

26.2.1 创建"各店铺销售分析"数据透视表

Step 01 创建数据透视表。

1 选中"2月份销售记录单"工作表中的任意单元格，在"插入"选项卡的"表格"选项组中单击"数据透视表"按钮，如图 26-22 所示。

2 打开"创建数据透视表"对话框，在"选择一个表或区域"框中显示了当前要建立为数据透视表的数据源（自动显示为当前的表格编辑区域），如图 26-23 所示。

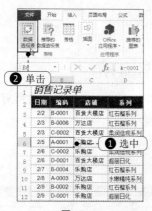

图 26-22

图 26-23

3 单击"确定"按钮，即可新建工作表并显示出空白的数据透视表。在新建的工作表标签上双击鼠标，输入名称为"各店铺销售分析"，如图 26-24 所示。

③ 输入名称

图 26-24

Step 02 统计各店铺的总销售金额。

在字段列表中选中"店铺"字段，按住鼠标左键将其拖到"行"标签中；接着选中

"销售金额"字段，将其拖到"数值"标签中。数据透视表即统计出了各个店铺的销售总金额，如图 26-25 所示。

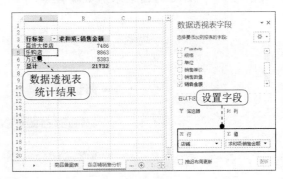

图 26-25

26.2.2 用图表直观比较各店铺销售额

创建数据透视表后，可以快速创建数据透视图，从而让数据比较的结果更加直观。

Step 01 新建数据透视图。

① 选中数据透视表的任意单元格，切换到"数据透视表工具→分析"选项卡，在"工具"选项组中单击"数据透视图"按钮，如图 26-26 所示。

② 打开"插入图表"对话框，选择图表类型，此处选择簇状条形图，如图 26-27 所示。

③ 单击"确定"按钮，即可新建数据透视图，如图 26-28 所示。

图 26-26

图 26-27

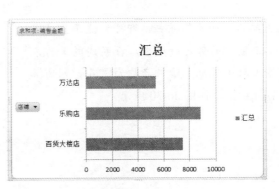

图 26-28

Step 02 添加数据标签。

选中图表，单击右上角的"图表元素"按钮，在下拉菜单中单击"数据标签"（见图 26-29），即可为图表添加数据标签。

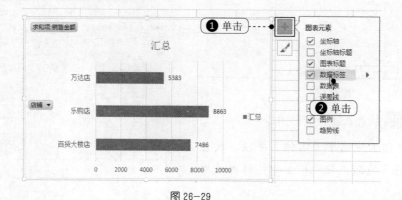

图 26-29

26.3 统计各系列商品销售情况

统计出各个系列商品的销售情况，可以为下期的销售策略规划提供依据。利用数据透视表功能可以实现对各系列商品销售数据的统计。

26.3.1 统计各系列商品的销售数量与销售金额

Step 01 创建数据透视表。

❶ 选中"2月份销售记录单"工作表中的任意单元格，在"插入"选项卡的"表格"选项卡中单击"数据透视表"按钮，打开"创建数据透视表"对话框。在"选择一个表或区域"框中显示了当前要建立为数据透视表的数据源（自动显示为当前的表格编辑区域）。

❷ 单击"确定"按钮，即可新建工作表并显示出空白的数据透视表。在新建的工作表标签上双击鼠标，输入名称为"各系列商品销售分析"，如图 26-30 所示。

图 26-30

Step 02 统计各系列商品的销售数量与销售金额。

在字段列表中选中"系列"字段，按住鼠标左键将其拖到"行"标签中；接着选中"销售数量"字段，将其拖到"数值"标签中；再选中"销售金额"字段，将其拖到"数值"标签中。数据透视表即统计出各个系列商品的销售数量与销售金额，如图 26-31 所示。

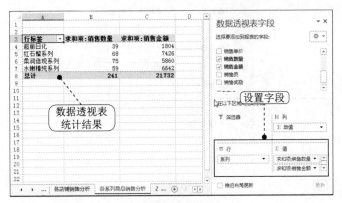

图 26-31

26.3.2 统计各系列商品在各店铺中的销售明细

如果同时设置店铺字段与系列字段作为行标签，还可以显示出各个系列的商品在各店铺中的销售明细。

Step 01 重新设置字段。

在字段列表中选中"店铺"字段，按住鼠标左键将其拖到"行"标签中；选中"系列"字段，按住鼠标左键将其拖到"行"标签中；选中"销售金额"字段，将其拖到"数值"标签中。数据透视表即统计出各店铺下各系列商品的销售金额，如图 26-32 所示。

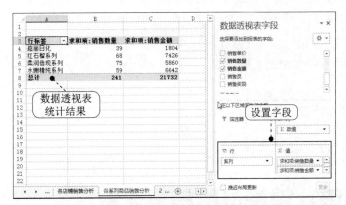

图 26-32

Step 02 用单独的数据表查看明细。如果想使用单独的数据表查看某个汇总项的明细数据，则可以按如下步骤操作。

1 如果想查看“红石榴系列”在“百货大楼店”的明细数据，则双击 B9 单元格（见图 26-33），此时会新建一张工作表用于显示“红石榴系列”在“乐购店”的详细销售记录，如图 26-34 所示。

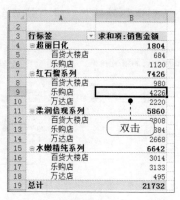

	A	B
2		
3	行标签	求和项:销售金额
4	⊟超丽日化	**1804**
5	百货大楼店	684
6	乐购店	1120
7	⊟红石榴系列	**7426**
8	百货大楼店	980
9	乐购店	4226
10	万达店	2220
11	⊟柔润倍现系列	**5860**
12	百货大楼店	2808
13	乐购店	384
14	万达店	2668
15	⊟水嫩精纯系列	**6642**
16	百货大楼店	3014
17	乐购店	3133
18	万达店	495
19	总计	**21732**

双击

图 26-33

	A	B	C	D	E	F	G	H	I	J	K
1	日期	编码	店铺	系列	产品名称	规格	单位	销售单价	销售数量	销售金额	销售员
2	2014/2/15	B-0006	乐购店	红石榴系列	红石榴套装	套	套	178	12	2136	黄玉梅
3	2014/2/11	B-0003	乐购店	红石榴系列	红石榴鲜活水	100ml	瓶	95	6	570	鲍希丹
4	2014/2/11	B-0003	乐购店	红石榴系列	红石榴鲜活水	100ml	瓶	95	4	380	黄玉梅
5	2014/2/9	B-0002	乐购店	红石榴系列	红石榴鲜活水	120ml	套	88	10	880	苏悦
6	2014/2/7	B-0004	乐购店	红石榴系列	红石榴去角质	100g	瓶	65	4	260	鲍希丹

2月份销售记录单 Sheet1 Sheet2

图 26-34

2 如果想查看“柔润倍现系列”在“百货大楼店”的明细数据，则双击 B12 单元格，此时会新建一张工作表用于显示“柔润倍现系列”在“百货大楼店”的详细销售记录，如图 26-35 所示。

	A	B	C	D	E	F	G	H	I	J	K
1	日期	编码	店铺	系列	产品名称	规格	单位	销售单价	销售数量	销售金额	销售员
2	2014/2/18	C-0006	百货大楼店	柔润倍现系列	柔润倍现保湿	50g	瓶	88	6	528	林欣
3	2014/2/13	C-0002	百货大楼店	柔润倍现系列	柔润盈透洁面	150g	瓶	48	15	720	林欣
4	2014/2/3	C-0002	百货大楼店	柔润倍现系列	柔润盈透洁面	150g	瓶	48	15	720	林欣
5	2014/2/11	C-0004	百货大楼店	柔润倍现系列	柔润倍现保湿	100ml	瓶	85	4	340	周凌云
6	2014/2/10	C-0001	百货大楼店	柔润倍现系列	柔润倍现盈透	100ml	瓶	50	10	500	周凌云

2月份销售记录单 Sheet1 Sheet2

图 26-35

26.4 统计销售员的销售奖金

对于销售数据，通常都需要进行多项分析研究，例如可以根据各位销售人员经手的销售金额，计算其应获取的销售奖金。

26.4.1　统计各员工总销售额

Step 01　创建数据透视表。

1　选中"2月份销售记录单"工作表中的任意单元格，在"插入"选项卡的"表格"选项组中单击"数据透视表"按钮，打开"创建数据透视表"对话框。在"选择一个表或区域"框中显示了当前要建立为数据透视表的数据源（自动显示为当前的表格编辑区域）。

2　单击"确定"按钮，即可新建工作表并显示出空白的数据透视表。在新建的工作表标签上双击鼠标，输入名称为"销售员业绩分析"，如图 26-36 所示。

图 26-36

Step 02　统计各销售人员经手的销售金额。

在字段列表中选中"销售员"字段，按住鼠标左键将其拖到"行"标签中；再选中"销售金额"字段，将其拖到"数值"标签中。数据透视表即统计出各销售员经手的销售金额合计值，如图 26-37 所示。

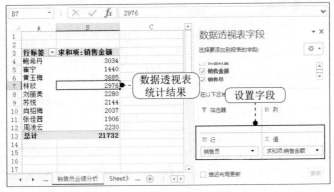

图 26-37

Step 03　对销售金额进行排序。

选中"求和项：销售金额"列标识下的任意单元格，在"数据透视表工具→分析"选项卡的"排序和筛选"选项组中单击"降序"按钮（见图 26-38），即可实现将销售金额降序排列，如图 26-39 所示。

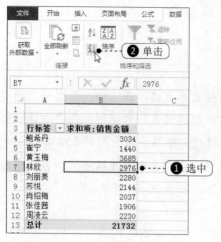

图 26-38

图 26-39

26.4.2 计算销售奖励

销售奖励是根据销售金额按一定的比例提取的，因此在利用数据透视表求解出每位销售员的销售金额之后，则可以通过建立计算公式的方法来计算销售奖励。例如，此处约定：当销售金额小于等于 2000 时，奖金比例为 0.05；否则奖金比例为 0.1。

1️⃣ 在"数据透视表工具→分析"选项卡的"计算"选项组中单击"字段、项目和集"按钮，在下拉菜单中单击"计算字段"命令（见图 26-40），打开"插入计算字段"对话框，如图 26-41 所示。

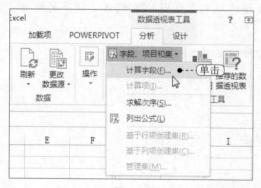

图 26-40

图 26-41

2️⃣ 在"名称"框中输入名称，如"销售奖励"，在"公式"框中删除"0"，输入公式：=IF(销售金额 <=2000, 销售金额 *0.05, 销售金额 *0.1)，如图 26-42 所示。

3️⃣ 单击"确定"按钮后，即可在"销售金额"字段后面显示"销售奖励"字段，如图 26-43 所示。

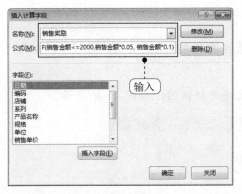

图 26-42

	A	B	C
1			
2			
3	行标签	求和项:销售金额	求和项:销售奖励
4	黄玉梅	3685	368.5
5	鲍希丹	3034	303.4
6	林欣	2976	297.6
7	刘丽美	2280	228
8	周凌云	2230	223
9	苏悦	2144	214.4
10	肖绍梅	2037	203.7
11	张佳茜	1906	95.3
12	崔宁	1440	72
13	总计	21732	2173.2

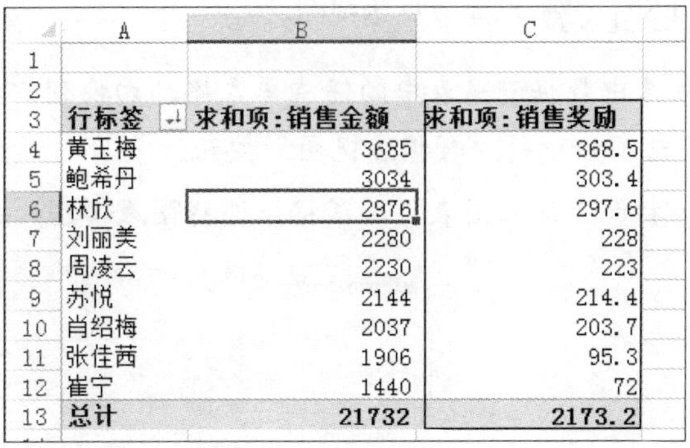

图 26-43

26.4.3 建立销售奖励分配图

Step 01 重新设置字段。

1 将“销售员”字段设置为行标签，并只将上一节中建立的“销售奖励”字段作为数值字段，数据透视表如图 26-44 所示。

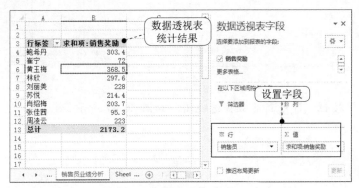

图 26-44

2 选中“销售奖励”字段下的任意单元格，在“数据”选项卡的“排序和筛选”选项组中单击“降序”按钮，即可将销售奖励从大到小进行排序，如图 26-45 所示。

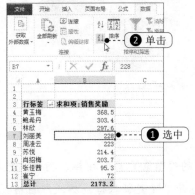

图 26-45

Step 02 创建数据透视图。

1 选中数据透视表中的任意单元格，切换到"数据透视表工具→分析"选项卡，单击"工具"选项组中的"数据透视图"按钮。

2 打开"插入图表"对话框，选择图表类型，此处选择饼图，如图 26-46 所示。

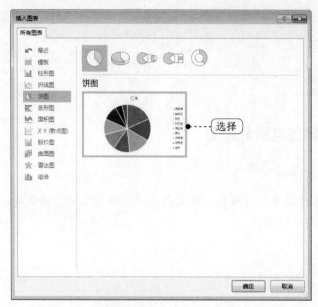

图 26-46

3 单击"确定"按钮，即可新建数据透视图，如图 26-47 所示。

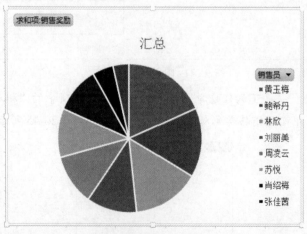

图 26-47

Step 03 添加数据标签。

1 选中图表，单击右上角的"图表元素"按钮，指向"数据标签"，在子菜单中单击"更多选项"（见图 26-48），打开"设置数据标签格式"窗格。

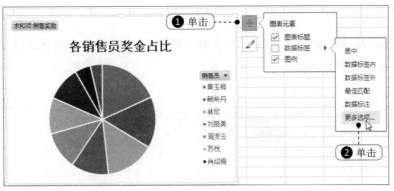

图 26-48

② 选中"类别名称"与"百分比"复选框，如图 26-49 所示。

③ 展开"数字"选项卡，选择数字类别为"百分比"，并设置小数位数为"2"，如图 26-50 所示。

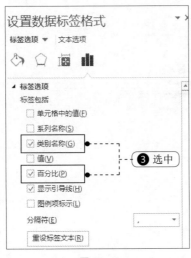

图 26-49

图 26-50

④ 完成添加标签的操作后，图表效果如图 26-51 所示。

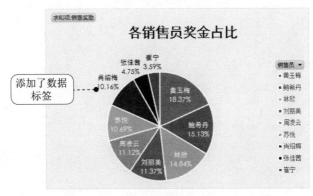

图 26-51

Step 04 更改图表类型，可以达到另一种统计效果。

① 选中图表，在"数据透视图工具→设计"选项卡中单击"更改图表类型"按钮（见图 26-52），打开"更改图表类型"对话框。

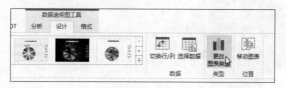

图 26—52

② 将图表类型更改为条形图，也可以获取极好的图表效果，如图 26-53 所示。

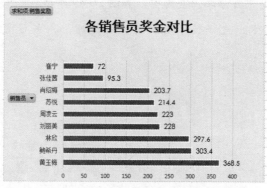

图 26—53